每天一堂心态管理课

舒醒 ◎ 著

时事出版社

图书在版编目（CIP）数据

每天一堂心态管理课 / 舒醒著 . —北京：时事出版社，2017.7（2018.5 重印）
 ISBN 978-7-5195-0094-8

Ⅰ.①每… Ⅱ.①舒… Ⅲ.①人生哲学－通俗读物 Ⅳ.① B821-49

中国版本图书馆 CIP 数据核字（2017）第 079068 号

出 版 发 行：时事出版社
地　　　　址：北京市海淀区万寿寺甲 2 号
邮　　　　编：100081
发 行 热 线：（010）88547590　88547591
读者服务部：（010）88547595
传　　　　真：（010）88547592
电 子 邮 箱：shishichubanshe@sina.com
网　　　　址：www.shishishe.com
印　　　　刷：北京溢漾印刷有限公司

开本：787×1092　1/16　印张：23　字数：465 千字
2017 年 7 月第 1 版　2018 年 5 月第 2 次印刷
定价：39.80 元
（如有印装质量问题，请与本社发行部联系调换）

前言

美国著名心理学家威廉·詹姆斯说:"历史终将证明,我们这一代最伟大的发现是人类可以经由改变态度而改变自己的命运。"这里的态度就是心态。

尘世之中,每个人都在孜孜不倦地追求幸福,并为此做出了很多努力。但很多时候,我们会产生疑惑:为什么我劳苦多年还是没有做出一番事业?为什么我的人缘很一般?为什么我的家里总是充满争吵?为什么我总是不能控制自己的情绪?为什么有些人不管是富裕还是贫穷,都能每天开开心心的,而自己就算物质生活已经无忧,却依旧整日充满烦恼?为什么有的人不管处于什么境地,都能够快乐地过着高品质的生活,而自己却不能做到呢?……

归根结底,这些问题的"元凶",就是人的不良心态。

心态决定人生,心态的影响力是无穷的,能够直接作用于人的行为,影响人的一生。一个拥有积极心态的人,能够用自己有限的生命谱写一首雄壮绚烂的歌曲,令人羡慕和敬佩。

不过,若想让自己的心态一直积极向上,就需要找到管理心态的良方,使自己在心态失衡的时候,有合理的观念做指导。

本书从转变心态、提高情商和调控情绪三大方面展开阐述，每一方面又分为几个章节、若干题目，汇总三百余种有益的心理理念，运用深入浅出、通俗易懂的语言风格，致力于将人生哲理娓娓道来，直接展现在读者们面前。

本书包罗甚广，在修身养性、社交交友、职场生存、理财、教育、婚恋等方面都列出了具体做法，让人可以轻松学习。对于各位读者来说，每天抽出几分钟时间，便可阅读一小节内容。一天一节心态管理课，一年便可在心态管理方面游刃有余。

好的书籍是人类的良师益友。本书会在你茫然时指导前进的方向，在你低落时提供前进的能量，与你携手走向幸福。运用书中教授的心理训练方法，随着时间的推移，你会发现自己的心态越来越好，发的牢骚越来越少，取得的成果越来越多，生活也越来越幸福。

寻一段闲暇时光，品一杯清茶，翻开此书，让你的心态在熏陶中转变，生活从此变得不一样。

目录 Contents

上篇　别让坏心态害了你

NO.1　心态决定人生：
改变，从心开始

1. 改变人生，从改变心态开始　// 003
2. 不同心态，演绎不同人生戏码　// 004
3. 心有多远，路就能走多远　// 005
4. 保持积极心态，最大限度挖掘潜能　// 006
5. 用热忱构筑人生蓝图　// 007
6. 活在当下，把握当下　// 008
7. 没有坏的人生，只有坏的心态　// 009
8. 年轻人拼的是心态，不是智商　// 010
9. 释放压力，活得更有质量　// 011
10. 把自己当成真正的对手　// 012
11. 幸福的开始，是与欲望的和解　// 013
12. 不给自己设限，让脚步追上梦想　// 014
13. 完美心态是接纳不完美　// 015
14. 心态对了，状态也对了　// 016
15. 突破旧格局，人生渐入佳境　// 017
16. 知足者常乐，幸福就是这么简单　// 018
17. 懂得感恩，幸福人生在于分享　// 019
18. 可以被生活打败，不能被生活打倒　// 020
19. 为自己预设一个高目标　// 021
20. 相信自己，不为他人所左右　// 022

NO.2　心态与管理：
管理之道，从心开始

21. 柔性管理，成就刚性效果　// 023
22. 情感激励法，让员工施展才华　// 024
23. 情感共鸣，赋予事业崇高的意义　// 025

24. 内心平静，奋斗才有动力　// 026
25. 以同理心关注员工需求　// 027
26. 以"慈悲心"教化员工　// 028
27. 禅，现代管理的金钥匙　// 029
28. 集体力量，心灵的皈依处　// 030
29. 追求卓越，提升素养的阶梯　// 031
30. 心怀慈和，洁身自省　// 031
31. 塑造自信，给心里撒点阳光　// 032
32. 为员工创造归属感　// 033
33. 倾听，凝聚团队人心　// 034
34. 出于公心，任何时候都要一碗水端平　// 035
35. 要有推功揽过的包容心　// 036
36. 心理安慰，管理的神奇手段　// 037
37. 将心比心，赢得忠诚　// 038
38. 克服嫉妒心，合理分工与授权　// 039
39. 以"疏"化"堵"，有效化解矛盾　// 040
40. 要有决断力，当断则断　// 041
41. 感情投资，用友爱留住人心　// 042
42. 打造团队正能量，从自己开始　// 043

NO.3　心态与理财：
理财先从理心开始

43. 转变心态，将财富视为资本　// 044
44. 心态，致富路上的"晴雨表"　// 045
45. 心态是金，先从心理上成为富人　// 046
46. 自信心，发财先做"发财梦"　// 047
47. 务实心态，理财要落实到行动上　// 048
48. 心态平衡，功到自然成　// 049
49. 共赢心态，赢得财富的必由之路　// 050

50. 保持务实，理财要从实际出发　// 051
51. 野心，有助于理财成功　// 052
52. 要有果决力，盲从永远发不了财　// 053
53. 放松心态，赚钱前先把钱看轻　// 054
54. 贪欲是双刃剑，理财重在自我约束　// 055
55. 该收就收，理财要有平常心　// 056
56. 积极心理暗示，你觉得行就行　// 056
57. 感恩，财富的灵魂　// 057
58. 企图心，执着的必要前提　// 058
59. 自控力，让冒险中少些风险　// 059
60. 坦然，最高明的平衡术　// 060
61. 时间创造财富，但需要些耐心　// 061
62. 责任成就财富，不能为赚钱不择手段　// 062
63. 诚信为首，重视你的信用记录　// 063
64. 设定理财目标，是理财计划的第一步　// 064
65. 创新思维，改变从现在开始　// 065
66. 急于求成，可能得不偿失　// 066
67. 缺乏勇气，财富与你告别　// 067
68. 常怀善心，也是一种财富　// 068

NO.4　心态与创业：
　　　停是智慧，进是勇气

69. 梦想是事业的先导　// 069
70. 警惕你的"打工心态"　// 070
71. 用企图心改变自己的气场　// 071
72. 有点野心更可爱　// 072
73. 与其相信运气，不如相信自己　// 073
74. 让潜在能量充盈内心　// 074
75. 拿出玩游戏的激情来缔造事业　// 075
76. 激情来自"分享"的心态　// 076
77. 敷衍，创业心态第一罪　// 077
78. 机会总青睐不满足于现状的人　// 078
79. 心比天高，则会命比纸薄　// 079
80. 唯有自信，才有可能　// 080
81. 远离浮躁，最重要的是提升层次　// 081
82. 突破思维框架，其实成功就在你身后　// 082
83. 学会选择，克服迷茫心理　// 083
84. 为1%的事情投入100%的专注　// 084
85. 适度追求完美，熟悉工作的每个细节　// 085
86. 甩开固化思维，全面看问题　// 085
87. 创新，让一切皆有可能　// 086
88. 创新，就别害怕失败　// 087
89. 责任心，让我们变得更加优秀　// 088
90. 忠于事业，是一种高尚的能力　// 089
91. 平衡心态，事业没有贵贱之分　// 090
92. 奋斗吧，但是别以钱的名义　// 091
93. 活在当下，天道酬勤　// 092
94. 赢者态度就是要敢于冒险　// 093
95. 保持谦逊，才能快乐创业　// 094

NO.5　心态与教育：
　　　教育就是解放心灵

96. 完整的教育，培育完整的人　// 096
97. 教育是一种"慢"的艺术　// 097
98. 自由，达到至善的必由之路　// 098
99. 心在悠闲中才能学习　// 099
100. 一生勤奋，从自我占据中解脱　// 100
101. 接纳自己，接纳孩子　// 101
102. 倾听，洞察孩子内心需求　// 102
103. 在亲子关系中反躬自问　// 103
104. 共情意识，童年时的自己　// 104
105. 用包容为孩子腾出一些成长空间　// 105
106. 坦诚相待，世上没有完美的父母　// 106
107. 逆向思维，以孩子为师　// 107
108. 心怀谦卑，那是滋长智慧的摇篮　// 108
109. 唯有学习，能带来心与心之间的对等　// 108
110. 保持平常心，孩子是生命的礼物　// 109
111. 去情绪化管教，成就孩子好心态　// 110
112. 尊重孩子，是教育的最根本　// 111
113. 优秀不仅是功课好　// 112
114. 公平正义，要从小开始　// 113
115. 回归自然，让孩子尽情发挥　// 114

中篇　别让低情商毁了你

NO.6　情商的力量：
　　　情商比智商更重要

116. 情商，被遗忘的人生重点 // 119
117. 情商，困境中的"救命稻草" // 120
118. 情商，一种情感能力 // 121
119. 提升情商，别做聪明的"傻子" // 121
120. 情商是情绪调控与表达的艺术 // 122
121. 无法控制的智商与可以提高的情商 // 123
122. 人际交往中，情商让你如鱼得水 // 124
123. 自我认知，衡量自我情绪能力 // 125
124. 通情达理，高情商的直观表现 // 125
125. 情商影响生活，情感驱动行动 // 126
126. 逆境是提升情商的最佳契机 // 127
127. 情商训练，什么时候都不晚 // 128
128. 获取成功，从培养高情商开始 // 129
129. 别让"情商"变成"情伤" // 129
130. 情商高低，看看你的自制力 // 130
131. 树立一个积极的"自我心像" // 131
132. 情商的核心，我的情绪我做主 // 132
133. 理解力，交际中所需的能力 // 133
134. 行动力，自我实现的"加油站" // 134
135. 控制力，控制情绪才能保持平静 // 135
136. 忍耐力，承受压力才能坚持梦想 // 135
137. 观察力，高情商要内外兼修 // 136

NO.7　职场靠情商：
　　　你的职场命运掌握在情商手中

138. 求职，靠智商更靠情商 // 138
139. 情商高低影响职场晋升 // 139
140. 跳出"非此即彼"的僵化模式 // 140
141. 专注力，职场的宝贵财富 // 141
142. 最佳模式，情商与专业技能相结合 // 141
143. 亲和力，团队的高效驱动力 // 142
144. 接受挑战，接受有益压力 // 143
145. 传递正能量，领导的扩散效应 // 144
146. 情商，领导者的秘密武器 // 145
147. 用"情感鸡汤"管理团队 // 146
148. 用情带团队，共鸣最能激励人 // 147
149. 职业道德，职场中的无声美德 // 148
150. 置身其中，才能感同身受 // 148
151. 热爱工作，才能得到回报 // 149
152. 张弛有度，持之以恒 // 150
153. 培养同理心，由心而生 // 150
154. 成功是选择，而非运气 // 151
155. 先赢人心，再赢生意 // 152
156. 让敬业成为惯性思维 // 153
157. 只问耕耘，不问收获 // 154
158. 把握每一天，开拓职场生涯 // 155
159. 心怀希望，锲而不舍 // 155
160. 发展事业，先学会自控 // 156
161. 把握集体优势，发扬集体智慧 // 157
162. 培养会说"不"的神经元 // 158
163. 职场如战场，仅仅"知道"还不够 // 159

NO.8　社交靠情商：
　　　为什么他很有人缘

164. 高情商创造强大社交气场 // 161
165. 学会拒绝，并承受后果 // 162
166. 闭上嘴，然后用心倾听 // 163
167. 第一印象很重要 // 164
168. 与人结交，帮助自我成长 // 165
169. 邂逅之后，还需"再往前一步" // 165
170. 沟通永远不会过分，只会不足 // 166
171. 站在最平凡的位置，打造良好社交形象 // 167
172. 谈论他人喜欢的话题，让你充满吸引力 // 168
173. 时刻别忘了表达友善 // 169
174. 让你的微笑深入人心 // 170
175. 幽默，社交场合的超级武器 // 171
176. 巧用批评艺术，良药不再苦口 // 172
177. 以理服人，以情感人 // 172
178. 热情可以感染你周围的每个人 // 173
179. 吝啬赞美是最大的吝啬 // 174
180. 记住他人的名字，并随时喊出来 // 175

181. 人际交往中不做无谓的表演 // 176
182. 不要沦为"礼尚往来"的奴隶 // 177
183. 了解对方性情，然后灵活应对 // 178
184. 懂得换位思考，做到想人所想 // 179
185. 不拘泥于经验，减少被误导的可能性 // 180
186. 亲疏有别，别和所有人都过分亲密 // 181

NO.9 婚恋靠情商：不要跟着感觉走

187. 事业与感情要兼修 // 182
188. 情感独立，别太留恋父母的温暖怀抱 // 183
189. 寻情路上，给自己不断"充电" // 184
190. 理性思考，择偶条件别设得太高 // 184
191. 发觉内心投射，做最真实的自己 // 185
192. 恋爱中，摆好感性与理性的天平 // 186
193. 当爱已成往事，和旧爱潇洒说再见 // 187
194. 好好爱自己，远离情感自虐 // 188
195. 情深不寿，自信比依赖更有魅力 // 189
196. 倾听有时比甜言蜜语更有用 // 190
197. 最初的30秒，把握直觉的力量 // 191
198. 自我调节，为你的爱情减减负 // 192
199. 未到热恋期，示爱要含蓄 // 192
200. 巧用暗示艺术，心有灵犀一点通 // 194
201. 完美婚姻有秘诀，积极情商要优先 // 195
202. 幸福婚姻，选互补还是相似 // 196
203. 掌控情绪，婚姻的幸福之源 // 197
204. 经济独立，获得平等家庭地位的前提 // 198
205. 聪明女人懂得包容丈夫的自尊 // 198
206. 发挥情商优势，好老公是夸出来的 // 199
207. 信任让家庭更加牢固 // 200
208. 爱屋及乌，使婚姻更美满 // 201
209. 给另一半留点私人空间 // 202

NO.10 逆境靠情商：为生存插上翅膀

210. 毅力，逆商的具体表现 // 204
211. 跨越障碍，在逆境中重生 // 205
212. 要相信，逆境无处不在 // 206
213. 在逆境中发掘潜能 // 206
214. 坏到极致，又是新的起点 // 207
215. 敞开心扉，接纳不幸 // 208
216. 正视生命中的挑战 // 209
217. 磨砺强大心灵，接受缺陷之美 // 210
218. 逆境求生，有欲望才能有希望 // 211
219. 心动了，就马上行动 // 212
220. 逆境中，唤醒心中的潜能 // 213
221. 改变逆境，从改变自己开始 // 214
222. 换一种思维，成功就在眼前 // 215
223. 逆境的背面正是机遇 // 216
224. 在逆境中要有放弃的勇气 // 217
225. 决定成败的正是面对逆境的心态 // 218
226. 依靠坚毅在困境中走出一条路来 // 219
227. 身在逆境，永不妥协 // 219
228. 信念之光，在挫折中熠熠生辉 // 220
229. 凭冷静成为最后的赢家 // 221
230. 在压力之下保持坚韧 // 222
231. 情商是先决条件，在变化中求生 // 223
232. 羞辱正是强者最好的试金石 // 224
233. 抗压力，逆境重生的不二法则 // 225
234. 逆境中，培养"我能行" // 226
235. 在痛苦之源中汲取智慧 // 227

NO.11 情商需开拓：思维可以塑造，情商也可以改变

236. 认清自己，清楚自己的优势与劣势 // 228
237. 种好35%的快乐自留地 // 229
238. 幽默感，开启情商之门的钥匙 // 230
239. 自省，认识自我的一面镜子 // 231
240. 创造力，提升情商的引子 // 232
241. 积极心理暗示，你比想象中更优秀 // 233
242. 保持独立思考，不做情绪的奴隶 // 234
243. 自知之明，情商的加油站 // 235
244. 跳出自我的小宇宙 // 236
245. 走出孤立，在人群中开拓情商 // 237
246. 善待自己，自我尊重 // 238

247. 欣赏自我，与自己和解 // 239
248. 自我实现，充分利用时间 // 240
249. 别因自卑而低估了自己的价值 // 241
250. 调动热情，可能创造奇迹 // 242
251. 重塑自我，撕掉旧标签 // 243
252. 多去尝试，才知道有无可能 // 244
253. 用自己的优势来经营生活 // 245
254. 发挥主观能动性，把不利因素转嫁出去 // 246
255. 选择新视角，打开新视野 // 247
256. 弱者更要懂得保护自己 // 247
257. 学会对他人感兴趣 // 248
258. 弱化自我，把注意力放在他人身上 // 249

下篇　别让坏脾气害了你

NO.12　情绪的健康地图：75%的疾病竟是"情绪病"

259. 负面情绪，伤身又伤心 // 253
260. 肩膀，扛起太多负面情绪 // 254
261. 情绪来袭，"首"当其冲 // 255
262. 颈部，传递情绪的密码 // 256
263. 内脏，敏感情绪的"告密者" // 257
264. 重压之下，腰椎不堪重负 // 258
265. 皮肤是人体的情绪地图 // 259
266. 肝脏疾病，也是情绪惹的祸 // 261
267. 情绪波动引发衰老 // 262
268. 春天里，如何预防"情绪上火" // 263
269. 高温烈日，提防"情绪中暑" // 264
270. 强迫症，自我搏斗的怪圈 // 265
271. 别让抑郁缠上你 // 266
272. 不良情绪容易诱发哮喘 // 267
273. 溃疡患者的潜在"溃疡易感情绪" // 268
274. 原发性高血压，应激事件背后的恶魔 // 269
275. "敌视情绪"给心脏带来重荷 // 270
276. 焦虑情绪让你一夜白头 // 271
277. 放松心情，劳逸结合预防脑血管疾病 // 272
278. 有些糖尿病是被"气"出来的 // 273
279. 月经期间别让怒气来添乱 // 274
280. 神经性皮炎，情绪波动的风向标 // 275
281. 神经衰弱，现代白领常见病 // 276

NO.13　情绪感染力：情绪也有"蝴蝶效应"

282. 情绪感染的模仿—回馈机制 // 278
283. 情绪失控，生命不可承受之重 // 279
284. 情绪链，一个人的坏心情影响几个人的好心情 // 280
285. 情绪的链环效应多半由自己造成 // 281
286. 负面情绪比正面情绪更易传染 // 282
287. 为何负罪感久久不能消散 // 283
288. 不好的记忆是可以被捏造的 // 284
289. 生气是因为心的"旧伤"开始疼 // 285
290. 别让往事触动你的敏感神经 // 286
291. 喜欢"碎碎念"的人是坏情绪的"扩音器" // 287
292. 情绪化是幸福的连环杀手 // 287
293. 宽容一样可以传递 // 288
294. 电影配乐中也有"情绪流感" // 289
295. 信息焦虑，比信息传播得更快的是焦虑 // 290
296. "情绪感染"在家庭中容易升级 // 291
297. 乐观情绪也有"蝴蝶效应" // 292
298. 别受他人情绪感染，十种行为会偷走你的快乐 // 293
299. 易被他人情绪感染，提高情绪"免疫力" // 294

NO.14 洞察他人情绪：
情绪是隐藏的"告密者"

300. 高情商的人才能管理他人情绪 // 295
301. 移情，了解他人情绪的第一步 // 296
302. 相信别人，如同相信自己 // 297
303. 有效沟通，真正"知彼"的前提 // 298
304. 学会倾听，做心灵的守护者 // 299
305. 把不同的声音都听进心里去 // 300
306. 任何时候，不要妄下结论 // 301
307. 情绪表达时学会角色转换 // 302
308. 情绪心理，男女有别 // 303
309. 哪些情绪秘密流失在言语交流中 // 304
310. 从无声的肢体语言中读情绪密码 // 305
311. 胖子和瘦子，体型中的情绪秘密 // 306
312. 真假表情，人是会伪装情绪的 // 307
313. 语速快与慢，心态各不同 // 308
314. 站姿最能反映一个人的心情 // 309
315. 有关"笑"的情绪识别 // 310

NO.15 情绪内在疗法：
让爱捣蛋的情绪乖下来

316. 原来情绪也有"晴雨表" // 311
317. 自我控制，让情绪为我所用 // 312
318. 用爱治愈脆弱的自己 // 313
319. 你必须坦然面对你的情绪 // 314
320. 宽恕治疗，释放伤痛 // 315
321. 情绪调节时多一点仪式感 // 316
322. 换位思考，让心灵柳暗花明 // 317
323. 巧用阿Q精神，找回心态平衡 // 318
324. 做个"白日梦"，带来好心情 // 319
325. 摆脱"情绪泥潭"，不做顾影自怜者 // 320
326. 与其抱怨，不如行动 // 321
327. 敞开心扉，不做"宅男"和"宅女" // 322
328. "装"出好心情，心情就会真的好 // 323
329. 把问题简单化，让情绪晴朗化 // 324

330. 爆发的临界点，给情绪降降温 // 325
331. 换个角度看生活 // 326
332. 把夸奖的话作为礼物送给自己 // 327
333. 坏事发生时的"空杯"应对法 // 328
334. 怒气有信号，只要多加观察 // 329
335. 拥有"妄想"能力，才能快乐生活 // 330
336. 坚信任何问题都有解决的办法 // 331
337. 正视我们内心住着的"小孩" // 332
338. 接纳痛苦感受，心路历程的五个阶段 // 332
339. 对生活中的美好心怀感激 // 333

NO.16 情绪外在疗法：
收获欣欣向荣的身与心

340. 规律生活，成就好心态 // 335
341. 一步一步培养你的爱好 // 336
342. 一杯咖啡的时光，让你的心灵小憩 // 337
343. 旅游散心，你的灵魂在路上 // 338
344. 瑜伽帮你回归自然的宁静 // 339
345. 面朝大海，浪花赶走负能量 // 340
346. 阅读清单，拯救你的心灵 // 341
347. 把抱怨的事写在纸上，烧掉它 // 342
348. 深呼吸，做温和之人 // 343
349. 学习在喧嚣的环境中思考 // 344
350. 放松时，应当尽情放松 // 345
351. 走进健身房，给身心排毒 // 346
352. 哭一下又何妨，我们可以不勇敢 // 347
353. 美好爱情，是好情绪的基础 // 348
354. 甜言蜜语，女人最美味的精神食粮 // 349
355. 逛街是女人放松心情的最佳娱乐 // 350
356. 停下脚步，静心思考 // 351
357. 结交新朋友，打开新世界 // 352
358. 人生"充电"，直面内心恐惧 // 353
359. 记录心事，让日记成为你的知己 // 354
360. 一抹绿色，让你的生活灵动起来 // 355
361. 鸟语花香的家，是心灵休憩的港湾 // 356

上篇

别让坏心态害了你

NO.1

心态决定人生：改变，从心开始

1. 改变人生，从改变心态开始

一个人的成功与其心态有很大的关系。拥有积极心态的人善于将挫折、困难归因于个人能力、经验的不完善，强调内在的力量，他们愿意不断地发展和改变自己，面对挫折也有更强的恢复和适应能力；而消极心态的人更习惯于从外部找原因，他们经常把失败归因于机遇、环境的不公，强调外在和不可控制的因素。然而，抱怨和不良情绪很难让人成就一番事业。想要改变人生，就先从改变自己的心态开始。

100多年前，一位牧羊人因为家中贫穷，就带着两个幼小的儿子整日替别人放羊。有一天，他们在一个山坡上放羊，一群大雁从他们头顶飞过，越飞越远，一会儿就看不见了。牧羊人的小儿子问："大雁要往哪里飞？"牧羊人说："它们要去一个温暖的地方，在那里度过寒冷的冬天。"大儿子眼中写满羡慕，说："要是我也能像大雁那样飞起来就好了。"小儿子也说："要是能做一只会飞的大雁该多好啊。"

牧羊人沉思了一下，然后坚定地对两个儿子说："只要你们想，你们也能飞起来。"

两个儿子模仿了鸟的动作，却还在原地，就用怀疑的眼神看着父亲。这位父亲摆动着手臂，也没能飞起来，他肯定地说："我因为年纪大了才飞不起来，你们还小，只要不断努力，将来就一定能飞起来，去想去的地方。"

两个儿子牢牢地记住了父亲的话，并一直朝"飞翔的梦"努力着。等到哥哥36岁，弟弟32岁时，他们飞起来了，因为他们发明了飞机，可以乘飞机在天空上翱翔。这两个人就是美国的莱特兄弟。

在一项关于是什么制约贫穷的人实现自己理想的调查中，"贫穷的思维"被认为是很重要的原因。很多人无法摆脱"出身卑微"这个既定事实对自己的影响，这让他们自卑，不敢朝着自己想要的结果努力。人的相貌、家境等等先天条件是无法改变的，但至少内心状态、精神意志完全是自己控制的。在很大程度上，心态影响着人生的高度。

无论做什么事情，一个人的态度非常重要。激情投入的工作，与麻木被动的工作完全不同。爱默生说："一个朝着自己目标永远前进的人，整个世界都给他让路。"良好积极的心态促进我们事业的成功。当消极情绪袭来时，思想就可能被环境左右、缺乏主见、心态不稳定，容易沮丧，这都是让我们生活变得糟糕的因素。

我们要相信心态的力量，要时刻调整好心态，勇敢地去面对生活中的一些不如意，不要气馁，勇敢地走下去，精彩生活的大门会朝着每个积极努力的人敞开。

2. 不同心态，演绎不同人生戏码

日本著名的管理大师安岗正笃说："心态变则意识变，意识变则行为变，行为变则性格变，性格变则命运变，也就是说心态决定了我们的命运。"可见，心态的不同会让不同的人演绎不同的人生。

在心理学上，心态是指人内心一种比较微弱而持久的情绪状态。它具有弥漫的特点，往往会影响人的整个精神状态，使这段时间的所有活动都染上同样的情绪色彩。因此，心态不好的人最先扰乱的是自己平静的工作和生活。

一位对自己未来迷茫的人去拜访禅师。他问禅师："我这辈子还有改变的机会吗？您说真有命运吗？"

那位禅师说："有的。"

禅师让他伸出左手，对他说："你看清楚，这条斜线叫事业线，这条横线叫爱情线，这条竖线叫生命线。"

然后禅师又让他把左手慢慢地握起来，握得紧紧的，问他："你说这几条线现在在哪里？"

那人说："在我的手里呀。"

禅师说："对，命运就在你得手里，静下心来，调整好你的情绪和心态吧。"

那人恍然大悟，谢了禅师而去。

很多时候，我们对于一些事情真的是改变无力，比如出身、天赋等。但是对于自己的心态，对于自己的努力，对于自己的选择，我们握有最直接的权利，也负有最直接的责任。不同的心态，会造就不同的人生故事。

在现实生活里，当我们在面对人生的多变、工作的不顺心、生活的不如意、他人的误解时，难免会产生抱怨、苦闷、牢骚、烦躁的心情。但是，牢骚、抱怨本身并不能消除心中的苦闷。如果这时能够换一种心态，不断进行有效的自我调整，与人沟通、交流，努力保持心态的平衡，找到适合自己的人生坐标，也许事情就会有不一样的结果。

有些人活的轻松自在，并不是无所牵挂或无所事事，而是心态平和后的一种心理宁静。心态平和能使人理智，使人充实，使人豁达，使人"提得起、放得下"。

在很大程度上，财产的多寡、地位的高低、职业的贵贱并不能决定一个人是否幸福。幸福取决于是否有一个健康的心态。健康而充实的心态如同阳光一样，正确引导我们的人生之路。

3. 心有多远，路就能走多远

一个人心境的大小，很大程度上决定了他能够取得的成就。坚持相信自己能够创造奇迹的人，才有可能创造奇迹。

中国象棋最奥妙的地方在于下棋者对于未来步骤的把握，只有高手才能领悟其中的奥秘。对它研究不深的人只能看到二三步，而研究很深的高手就能看到五六步以后，甚至更多。我们的人生也是如此，那些在生活中处处留心，眼界高远的人，更能把握自己内心的需求，更敢于追求自己的梦想。

有一位哲人说："其实世界上身无分文的人并不是最贫穷的人，没有远见的人才是最穷困潦倒的。"

现任某地银行总经理的杨晓鸥，在没有从事银行工作之前，认为当银行经理这是一件"非常难办到"的事情。但她应聘上银行柜员后，将自己的计划订在更远的将来，五年甚至是十年以后，自己要达到什么成就，然后以此来制订工作的计划，包括每天的工作任务和每月的工作任务，就这样一点一滴地积累。

几年之后，杨晓鸥可以轻松开展各项业务了，并且职务也得到了一次又一次的提升，取得了几年之前只能在心里想想的成绩。有时候，将自己的眼光放得长远，会让你走得更远。如果你有毅力，能够长期坚持自己的梦想，它一定会给你带来意想不到的收获和惊喜。

曾经以为是遥不可及的梦想，随着不停的努力和坚持，会渐渐变得清晰可见，这反过来会激励你更加长久地坚持，增加你的信心。

随着岁月的增加，我们越会发现这样一个道理，很多事情，尤其是一些重要的事情，并不是你一努力就能看到收获的，它需要你长时间的积累和练习，时间长了，才能看出效果。所以，为自己制定一个切实可行的长远计划，并为之持之不懈的努力是非常必要且很重要的。

红顶商人胡雪岩说："拥有一个县的眼光，就可以做一个县的生意；拥有一个省的眼光，就可以做一个省的生意；如果你拥有天下的眼光，就可以做天下的生意。"不论是经商还是追求自己的梦想,把眼光放长远,眼界放高远,经商就能少走弯路,追求梦想也就能更执着。

在商界有这样一句话:"庸者赚今天,智者赚明天。"也就是说如果要有大的发展,一定要有高瞻远瞩的眼光。在我们人生旅程中也是一样的,你的心有多远就能走多远!

4. 保持积极心态,最大限度挖掘潜能

积极的心态是成功最有力的保障,是一个人持续前进的能量。相信自己,以积极的心态去处理生活中遇到的事情,才能更好地挖掘自己的潜能,释放出最优秀的自己。

一个拥有积极心态的人,往往更愿意接受挑战,更能战胜眼前的困难。

如果让所有的妈妈们在孩子出生时就能得到一本孩子的"人生大事"命运册,并且让妈妈们能够改变其中的内容,她们一定会把其中发生在孩子身上不幸的事情全部划掉。但心理学家告诉我们,这并不是一项明智之举。

研究发现,很多人在战胜困难或是从某件不幸的事件中走出来后,他们的思想会变得更加成熟。一些经历过"生死关头"并且恢复过来的人变得更加友善、乐于助人、热爱生活。他们也更能找到自己的人生意义所在,并且最大限度地挖掘自己的潜能。

但也有很多人在经历创伤后难以恢复,造成精神上的障碍。这两者之间的分水岭便是心态,积极的心态能够帮助一个人渡过难关,并从中找到人生的意义。而消极的心态会让人沉溺到悲伤当中无法自拔,从而阻碍一个人的发展。

很多时候,世界是随着心态的改变而不同。所以,当你处在不得志的人生境遇中时,不妨先改变自己的心态,这样你就会拥有改变人生的力量,发掘自己最大的潜能。

玛丽女士的丈夫是一名美国陆军,他常年驻扎在地处沙漠的基地里。这一年经济形势严峻,玛丽失业了,她决定去丈夫那里修整一阵子。但短短几日过去,现实状况就让玛丽后悔不已。

她身边的人几乎都是墨西哥人和印第安人,玛丽无法和他们沟通,因为他们不会说英语,而且当地气候炎热,严酷的天气状况也让她难以忍受。玛丽心生退意,于是就写信给父母,希望能够返回家去。很快,父亲给她回信了,但只有一行字:"两个人从窗子向外望去,一个看到泥土,一个却看到了星星。"父亲的这封信让玛丽

认真地思索了起来：自己之前看到的都是"泥土"，试着去寻找"星星"吧。

玛丽决定先尝试着和当地人接触，虽然双方无法用英语交流，但他们可以比划着手势来交流。时间一长，她在当地结交了不少朋友，朋友们很大方地把质量最好的纺织品和陶器送给她当礼物。玛丽惊奇地发现，当地的手工艺品很有自己的特色，是美国市场大量需要的物品。之后，玛丽就成了当地手工艺品的销售代理人，她努力地把手工艺品推向大城市，而且生意还越来越好。她庆幸自己留了下来，改变了心态，才拥有了这份前途大好的工作。

沙漠还是那片风沙飞扬的沙漠，周围的人还是不会说英语的人，但是因为玛丽自我心态的改变，周围环境给她带来的感觉也发生了变化。一个由消极到积极的转变，使玛丽把原先认为恶劣的环境变为一生难以遇见的风景，积极心态的力量不言而喻。

所以，假如你不幸遭遇人生的阴霾，那么请你用积极乐观的精神控制自己，当你将内心的悲观失望和消极颓废赶走之后，可能就会收获一个不一样的人生。

5. 用热忱构筑人生蓝图

麦克阿瑟将军在南太平洋指挥盟军时，办公室墙上挂着一块牌子，上面写着这样的座右铭："你有信仰就年轻，疑惑就年老；你有自信就年轻，畏惧就年老；你有希望就年轻，绝望就年老；岁月使你皮肤起皱，但是失去了热忱，就损伤了灵魂。"这段话是对热忱最好的赞词。培养做事的热忱，用热忱构筑人生蓝图，生活就更加有滋有味。

做事怀有热忱的人，他们会把自己的工作看作是一项神圣的天职，并怀着深切的兴趣。在遇到困难时，他们能够用不急不躁的态度去处理，坚持更长的时间。爱默生曾说："有史以来，没有任何一件伟大的事业不是因为热忱而成功的。"

将热忱的心和你的工作结合在一起，你的工作将不会显得很辛苦和单调。在很多人追逐梦想或是创业的时候，满心的热忱会使整个身体充满活力，可能睡眠时间不到平时的一半，工作量达到平时的两倍或三倍，甚至却不会觉得疲倦，这是一种非常奇妙的体验，这就是热忱的力量。

拿破仑·希尔的写作大都在晚上进行。有一天晚上，当拿破仑·希尔正专注地敲打字机时，无意中从书房窗户望出去，他的住处正好在纽约市大都会高塔广场的对面，看到了似乎是最怪异的月亮倒影，反射在大都会高塔上。那是一种银灰色的影子，是他从来没见过的。再仔细观察一遍，原来那是清晨太阳的倒彩，而不是月亮的影子，现在已经是清晨了！由于太专心于自己的工作，使得一夜仿佛只是一个小时，一眨眼就过去了。

如果不是对手中工作充满热忱，身体获得了充分的精力，拿破仑·希尔将不可能长时间的连续工作，而丝毫不觉得疲倦。

热忱是一股伟大的力量，可以使一个人焕发出活力，并发展成一种坚强的个性。有些人很幸运地天生就很热忱，其他人却必须努力才能获得。

培养热忱其实十分简单。首先，要尽量从事自己最喜欢的工作，将自己的兴趣和工作联系在一起。如果你目前还无法从事自己喜欢的工作，你也可以把将来你最喜欢的工作当作你奋斗的目标，以此来激励自己，并满怀热情为之努力。

6. 活在当下，把握当下

"活在当下，把握当下"是每个人都明白的道理，但是能做到的人却不多。在面对伤痛时，我们努力地告诉自己应该要学会放下，但总会在不知不觉中，让自己活在过去，然后幻想未来，沉浸在自己给自己设置的迷茫和伤痛当中。当我们活在过去的时候，就会让自己无法好好把握现在，让自己害怕面对现实以及不敢面对现实。

有个女孩子有一段时间处在失恋的状态当中，很长的一段时间内，工作和生活无法回归到正常的生活当中，总是从别人的蛛丝马迹中寻找过去的痕迹，难以放下。在这样的情况下，女孩子开始写日记。

日记中就记录一些很简单的事情，今天的天气情况，花盆中多肉的生长情况，对于生活中某一件事情的记录和感想。由日记不断地丰富，画画、足球、读书等一一被记录下来。原本空洞的生活被一件件小事填的满满的。

一段时间以后，情况有了很大的好转。悲伤消极的情绪逐渐离开她的生活，取而代之的是一些更加美好的事物，生活变得五彩斑斓起来。

一个人如果无法活在当下，一个重要的原因在于无法放下过去，对于自己曾经犯的错误和伤心的往事耿耿于怀，时间就在这不知不觉中悄悄溜走。

事实上，无论是快乐还是痛苦，过度沉溺于过去，只会徒增不必要的烦恼，自己也会被那些无法改变的事实给困住。人生很多的困扰，都是自己造成的。而走出人生低潮最好的方法之一，就是让自己活在当下、活在此时此刻。

充盈生活的方式有很多，只要你用心发现生活，热爱生活，美好的心情就会随之而来，新的生活自然也会到来。

7. 没有坏的人生，只有坏的心态

相信在这个世界上，没有一个人是一帆风顺的，人的一生总会出现这样、那样不如意的挫折与困难，有的人以此来鉴定自己的人生是"好"或是"坏"，这是不明智的行为，人生的好坏更多取决于自己的心态，正所谓"没有坏的人生，只有坏的心态"，困难是人生的必要历程，如何解决困难，主要看你以怎样的心态去面对它们。

当遇到挫折与困难时，我们要摆正心态，勇敢地面对，想法设法地去解决问题，而不是推卸责任，埋怨别人。

音乐家奥里·布尔是位名震全球的小提琴演奏家，很多人对他的天赋惊叹不止，可是人们不知道他曾经经历了多少艰苦。在他小时候，他的父亲一直反对他学小提琴，贫穷与疾病也紧紧地压迫着他。这样的环境不仅没有让他妥协，反而更让他对生活有更加细致入微的体验。在别人看来是不利的环境，却成就了他。当然还有他的热诚和专心，这些都帮助他登上高峰，最终取得一番事业。

到底什么才是坏的人生？是没有如愿升迁，还是贫穷到食不果腹？这并没有一个明确的界定，说是你的生活达到某一项指标就被称为"坏的人生"。真正"坏的人生"是自己给自己界定的，在坏的心态的指引下，自然也就会做出与"坏人生"相符合的事情来。

"坏人生"更多的是一种懒惰的人生观，是不愿意改变的借口。现在社会上需要的是那些敢于奋斗和有主见的人。一个大有前途的人，从不在别人面前诉苦，他们有思想，善于独创，能吃苦耐劳，也只有这样，才能够创造出一番事业。

如果将每个人的一生都比作画板，我们就是作画者，在上面涂涂抹抹，最终画出的是姹紫嫣红的美景还是灰黑一片的断壁颓垣，很大程度上取决于自己的心态。心态好的人，始终对生活充满热情，就算在困境中也能发现美，将其记在自己的心里，画到画板上。而怀有坏心态的人，经常抱怨看到的丑陋，对美视而不见，人生自然就被涂抹的一团糟了。

8. 年轻人拼的是心态，不是智商

在职场竞争中，企业对于人才的需求不仅仅要求他们有一定的专业能力，更看重求职者与人相处、处理紧急事件以及他们在公司是否具有创造积极和谐气氛的能力。

记住一句话：告别痛苦、失败与忧愁的手只能由自己来挥动！成功并不是那些天生聪慧的人的专利，它更青睐于拥有良好心态的人。

人的心态主要分为两类：一种是固定心态，一种是成长心态。

拥有固定心态的人觉得自身难以改变。当遭遇挑战，任何不在掌控范围内的事情都会让他们觉得绝望和不知所措。而拥有成长心态的人则坚信可以通过努力提升自我，因此他们更敢于接受挑战，能将挑战看成学习新东西的机会，因而他们的表现比那些固定心态的人更出色。

无论你是哪一种心态的人，你都可以做出改变。以下这些策略将帮助你调整心态，使你朝着健康的成长心态发展。

一，积极的面对困境，将眼前的挑战当作前进的垫脚石。拥有成长心态的人不会觉得无望，因为他们知道，为了取得成功，必须愿意承受失败，然后用力反弹。

当失败的恐惧袭来时，拥有成长心态的人能够更好地克服恐惧。因为他们知道，恐惧和担忧是在麻痹情绪，克服这种麻痹情绪的最好办法就是采取行动，改变现在的生活。

二，制定每天的成长计划，有中长期的期待和目标。拥有成长心态的人知道失败可能随时降临，但他们从不会让这个认知妨碍自己去期待结果。期待结果会让你变得有动力，变得更积极乐观。

三，拥抱逆境，迎接挑战。每个人都可能会遭遇意料之外的磨难和不幸。那些内心强大、拥有成长心态的人会将其作为提升自我的途径，而非放任逆境将自己打垮。

四，内心不抱怨，才是好人生。抱怨是消极心态的人的明显标志。拥有成长心态的人总会在事物中寻求机遇，不会把时间浪费在抱怨和懊恼上。

9. 释放压力，活得更有质量

许多人都曾经感受到生活、工作，甚至人际关系的压力，压力处理得宜，会变成一种动力，产生生命的活力。可是，如果这个压力持续存在，没有办法得到缓解，压力如果一直持续增加，这非但会严重影响生活质量，从身体健康方面来说，还会使得肾上腺、荷尔蒙出现很大的问题，引发免疫系统方面的疾病。所以，学会释放压力，就是一件很重要的事情了。

日常生活中有很多的方法可以帮助我们释放压力，让生活更有质量，下面就是一些小窍门，从现在开始改变，让不良的压力远离我们的生活。

一，常思己过，识过改过。时常注意不要妨碍他人，情愿自己吃一点亏，受一点委屈，把方便给他人，是高效释放大脑压力，卸下心灵重负，调节平衡好自己精神情绪，获取、培育、生发浩然正气和能量的最好方法。

二，让运动成为你的习惯。最好养成规律运动的习惯，因为运动是缓解压力最好的方法。另外，每天赤脚在草地上走，也可以释放压力，人的脚底有众多穴位，赤脚走路能使穴位得到按摩，使人体经络通畅。

三，保证充足优质的睡眠。睡眠是非常好的方法。但是，现代人普遍睡不好觉。台湾医师协会统计，台湾每天靠安眠药入睡的有 500 万人，睡觉是一门大学问，千万记住，晚上睡觉不要把手压在胸口，会做噩梦。也不要压在腹部，会承受很大的压力，最好的方法就是放在两旁，手心朝上。睡眠品质越好，压力释放的速度越快。可是不要等全身非常累了再去睡，这样很容易睡不着。

四，保证休息的时间。休息和睡眠不同，休息是脱离原来的工作，转换一个场景。举例，吃工作餐的时候尽量不要在原来的办公桌吃，吃完之后，留 15 分钟来做和上班无关的事。

五，注意饮食。不要吃高压力的食物，有刺激性的食物都是高压力食物。例如可乐、汽水、咖啡、茶、酒精、香烟等，吃这些食物，会使交感神经亢进，甚至会刺激身体所有的功能，使之处于警戒状态。而蔬菜、水果、五谷杂粮等则会让一个人保持放松的状态。另外，喝水可以减轻压力，释放压力。

六，经常进行户外运动，多晒太阳。很多忧郁症患者都不爱晒太阳，事实上，平常多晒太阳，身体的抗体会增加，心情也会愉快很多。

10. 把自己当成真正的对手

一个人最大的对手其实是他自己，别人再怎么想帮助你，你不愿意改变，那也是徒劳无功。面对自己，把自己打造成一个内心丰富的人，方能彰显自己的人生价值。你需要对自己有一定的了解，或者你有过人的口才，或者你有思想和能力。将这些优点转化为你求职创业的基础，成功也就不远了。

以下提供一些方法，能够帮助你认识自己，改变自己，成为自己生命的主人。

一，任何的成长都需要一步步地做，需要点滴的积累来积淀自己的内涵，使自己变得有深度、有气质。那些曾经读过的诗书、经历的风雨，都会是你成长道路上最重要的收获。

二，认识你自己。自知之明这个提法虽然已经相当古老，但是，这确实是一个人应该做到也是必须做到的。自知，就是正确地认识自己，了解自己的优点和缺点，例如，勤奋或懒惰、乐观或悲观、外向或内向、做事认真或敷衍了事、容易激动或遇事冷静。

当我们能够清楚地看到自身的优点和缺点时，才算得上有自知之明。自知之明的更深层含义，是要对自己的能力做出更加深入地分析，例如你的特长是什么，例如你的缺点是什么。当我们有了自知之明以后，就要积极地、有意识地发挥自己的长处，克服自己的缺点和不足，力争使自己的优点更加突出。

三，直面自己。很多时候，我们能够客观公正地评价别人，却难以正确的看待自己。当我们看自己的时候，经常会带上一副放大优点，缩小缺点的眼镜。我们需要的是常常能够做到自查自省，勇敢地面对自己并改正他。

发挥优势并不算难事，难的是克服自身的缺点和劣势。然而，正是克服缺点和劣势有困难，才需要我们去挑战自己。因为从某种程度上讲，成功就是将自身劣势变为优势的过程。

11. 幸福的开始，是与欲望的和解

人们拥有多高的地位和金钱才能感受到幸福呢？关于这个问题，心理学家们展开了长期的研究调查。结果令人惊讶。当一个人的收入水平达到中产阶级，有了一定的可支配收入后，他们的幸福程度与他们的金钱的增长的相关性非常小。

也就是说，当一个食不果腹的人的经济有所提升时，他会明显感受到幸福感的提升。当对于一个生活已经有了一定保障的家庭而言，经济的提高似乎很难让他们的幸福指数有大的提高。

对于很多人而言，欲望太多，反而会成为幸福生活的累赘。淡泊的心胸，更能让自己充实满足。想要幸福，就要学会与欲望和解。如何和解呢？要做到下面几点：

一，要有宽容之心。宽容让人心静，如能以一颗宽容之心对己对人，以一份豁达的心境对人对事，就能够避免很多烦恼。生活中的很多事情，都没必要锱铢必较，忍让并不等同于软弱，更多的是一种做人处事的人生智慧。

二，耐得住寂寞，经得起等待。每一件事的发展都是一个过程，时间也是做成一件事的重要因素，善于等待能让你迎来成功。智者善谋，谋其机也。何时该做什么，就专心做好什么，不要吃着碗里的，瞅着锅里的。急于求成往往只能功败垂成。

三，静以修身，俭以养德。喧嚣的生活，躁动着每一颗不安分的心，在这样的环境中觅得宁静，也就真正的明白了生活的真谛。节俭之人必能克制物欲的诱惑而淳养品德，德高则易静。静者，不为外物所动也。

四，安谧常显自我。生活唯有做到心平气和，波澜不惊，才能窥见真正的自我，才能做到不卑不亢，从而明白自己真正的幸福所在。少计较，多宽容，让心宁静，幸福才会现身。

只看自己的不足，你会自卑；只看自己的长处，你会自负。只有冷静、客观地审视自己，坦然面对缺点，并善于发现自己的长处，扬长避短，才能发现优秀的你。人无完人，敢于正视自己的缺点是一种勇气，善于把自己的缺点转化成优点是一种睿智。优劣无绝对，懂得运用，缺点也能成优点。

12. 不给自己设限，让脚步追上梦想

一个人的能力到底有多大，我们能实现怎样的梦想，在很多时候往往高出我们的预期。对于梦想，只要你敢于追求，敢于去做，敢于承受一路上的艰辛与寂寞，梦想总会给你带来意想不到的惊喜。

"上帝在我生命中有个计划，通过我的故事给予他人希望。"这是尼克·胡哲演讲时最爱说的一句话。

上帝对他是不公的。他降临人世的那一刻，把所有人都吓得够呛。因为他没有四肢，只在左侧臀部以下的位置有一个带着两个脚指头的小"脚"。但上帝为他打开了另一扇窗户，让他拥有善于教育、敢于担当的父母。父母接纳了他，他们希望他能够像普通人一样生活。

18个月大的时候，父亲把他放到浴缸里，让他感受水的浮力，获得学习游泳的勇气。6岁，父亲教他用仅有的两个脚趾练习打字。后来，父亲把他送到学校，母亲为他设计了一个塑料装置，帮助他握笔写字。

是父母点亮了他的心灯。父母告诉他，在任何环境下都要微笑；不因缺失而抱怨，要为拥有去感恩。在真情感召下，他学会了以阳光心态面对人生，用感恩情怀融入社会，主动为自己创造各种机会。用他的话说，自己去创造奇迹。

他用自强不息书写的精彩人生更加令人不可思议。他不仅拥有会计与财务规划、地产双学士学位，而且创办了"没有四肢的生命"国际公益组织，自任总裁兼首席执行官。他还出版了励志DVD《生命更大的目标》《神采飞扬》和自传体励志书籍《人生不设限》。

他永不言弃的精神给无数人带去光明的希望、前行的勇气和力量。他的传奇让人们对"心有多远，就能走多远"有了更真切的体会。他，就是澳大利亚年度杰出青年——尼克·胡哲。

不给自己的人生设限，勇敢地去追逐属于自己的梦想，生活就会焕发出不一样的精彩。

13. 完美心态是接纳不完美

天有阴晴，月有圆缺，年有四季，花开花落，潮起潮汐。真正完美的人生只是人们对于人生乌托邦的幻想，客观世界里，我们只能做到尽量完善自己的人生，对于人生的种种遗憾给予接纳和理解。

从孩童到年老，人生经历多个阶段。有学业工作、事业爱情、婚姻家庭、健康财富等诸多方面，这诸多方面便会有诸多的遗憾和不尽人意的地方，不完美的事情有时候不是好与坏的争执，更多的是好与好之间的抉择，善与善之间的较量。比如你刚刚接到两份工作，而一份工作工资比较高，生活稳定；另一份工作虽然工资不高，也不稳定，但却是一直想做的……诸如这样的事情实在是太多了，生活中不尽如人意的地方也实在是太多了。

面对这样的困境，大多时候，我们无力改变。抱怨、悔恨、沮丧都是无济于事的，唯有勇敢面对，唯有从心底里从容地接纳这一切，以宽容的心态面对生活中的困难，转换角度去思考问题，才会发现不一样的精彩。

接纳不完美是一种崇高的人生境界。生活中常有不尽人意的地方，我们自身多多少少也会存在缺陷，一味地盯着那些不如意和缺陷，无疑是在放大这些痛苦。只有勇于接纳不完美，才能打开自己的心结，让自己的心态完美起来。

有一个女生嗓音粗犷，十分像男生，她一直羡慕其他女生清脆悦耳的嗓音，由于太厌恶自己的声音，她能不说话就不说话。后来她看了一些音乐选秀节目，发现有和自己一样嗓音与性别不相符的人，但那些选手和常人一样生活，还唱反串歌曲，过得很快乐。她自此不再嫌弃自己的嗓音，开始热情地与人交谈，朋友慢慢多了起来，她的生活也快乐了许多。

就象我们赞美圆月也接受月缺一样。其实，月圆月缺也只是受我们有限的视觉感觉的欺骗，即我们所处的时间与位置的不同而已，它原来就是同一个月亮啊，对于完美人生认识不也是同样的道理吗？只是人生道路的波澜起伏和阶段变化而已。给自己信心，给自己力量，不断地完善自我，不懈地追求完美又要心平气和地接纳不完美的人生。

14. 心态对了，状态也对了

心态，是我们唯一可以掌控的东西，让自己快乐，还是让自己忧伤；让自己努力，还是让自己放弃；让自己宽容，还是让自己狭隘，都完全取决于我们自己的心境。

如果以玩世不恭、懒懒散散的心态处世，你的人生必定是消极的，不论什么事情便很难做好。相反，如果你以饱满的热情，以精益求精的态度做事，也必将会收到最高的回报。

朝自己所乐于追求的方向去追求，不必抱怨环境，也无须羡慕别人。生命本没有什么意义，你要给它注入什么意义，它就有什么意义。每一个人的生活都有不同的颜色，你要给它装扮什么颜色，它就会有什么颜色，我们需要做的，就是全心地付出。

有一句老话："一遭被蛇咬，十年怕井绳。"这句话，是对一个人心态的最好的表述。很多遭受了挫折的人，最后往往彻底放弃努力，走向潦倒、颓废、一蹶不振。其实，这个时候，打到他的，并不是挫折本身，而是心态。

有人总是沉湎在自己曾经失败的过往当中不能自拔。其实，如果这样想，你所有做过的事情，不论是成功的还是失败的，都是你人生的一段经历，都是生命中不可缺少的重要的经验和财富。如果能想明白这些，你的心境必然阔然开朗，世界所有的窗口都为你豁然洞开。

如果具有了这样的心态，你会发现，世界上最可靠的人，最可以依赖的人，不是别人，就是你自己。而且，你自己，与那些原来你羡慕甚至崇拜的人，并无本质的区别。你也完全可以依靠自己的力量，到达理想的彼岸。

心态对了，状态才能对。这句话说得一点也不为过，好事或是坏事，皆由你的心态决定。在你做决定之前先调整好自己的内心，学会取舍，珍惜现在。就如泰戈尔所说的：如果你因失去太阳而流泪，那你也会失去群星。不管做什么，成熟稳健的心态是最重要的前提。

15. 突破旧格局，人生渐入佳境

有这样一句谚语：再大的烙饼也大不过烙它的锅。我们所希望的未来就好像这张大饼一样，是否能烙出满意的"大饼"，完全取决于烙它的那口"锅"——这就是所谓的"格局"。格局就是指一个人的眼光、胸襟、胆识等心理要素。

于丹说得好：成长问题关键在于自己给自己建立生命格局。

拥有大格局者，有开阔的心胸，不会因环境的不利而妄自菲薄，更不会因为能力不足而自暴自弃；拥有小格局者，往往会因为生活的不如意而怨天尤人，因为一点小的挫折就一筹莫展，看待问题的时候常常是一叶障目不见泰山，最终成为碌碌无为的人。

突破旧的格局，首先要有打破原来生活的勇气，然后建立起新的习惯加以代替。假如你想养成读书的习惯，不妨找一个既定的时间，比如晚上的8点到10点之间，在这个时间段内什么也不做，就是专心致志的读书，相信一个月后，不用别人督促，在这个时间段你也会安安静静地坐在书房看书的。生活中的绝大多数事都是如此，打破陈规，才会有新的可能。

突破旧有格局，想成就一番事业，还需要有远大的志向。立志对人生有重大的意义，一个人的目光和行为很容易被当下所处的环境限制，比如说一个花匠肯定每天都在想着怎样才能把花养得更好，平日里也是围着花打转，但一旦一个人有了远大的志向，他的精神就跳出了环境的限制，所作所为也会服务于理想。

范仲淹少时只是一个普通的寒窗学子，同窗纷纷立志要考进士做大官，他却在博通儒家经典的要义后，立志要"兼济天下"。他做官后，提出很多改革措施，主导了庆历新政，使之成为王安石变法的前奏。他写下了千古名句"先天下之忧而忧，后天下之乐而乐"，这也是他做事原则的写照。或许，早在他树立远大的志向时，他就超越了很多人，也打破了读书力求做官的旧格局，让自己拥有了创新的眼光，更为社会带来了巨大的变革。

最后，要有改变的决心，并持之以恒地坚持下去。旧格局是人们已经习惯了的，它会束缚我们，有些人想要改变，却会臣服于惯性的力量。所以，在我们突破旧格局的过程中，要带着勇气之剑，要以志向为指导，还要怀有改变的决心，如此才能一路披荆斩棘，向着新的人生进发。

16. 知足者常乐，幸福就是这么简单

"知足者常乐"，对自己知足，就是对自己的优点能够欣赏，对自己的缺点能够包容；对别人知足，就是能够接纳别人的缺点，赞赏别人的优点；对生活知足，就是对生活中抱有美好的期望，能够善待每一天。

知足是一种积极向上的心态，它让人对世界的美与爱的可能性、知识的魔术充满感激和谦卑，它是一种积极昂扬的生活态度。

人生想收获幸福，并非那么难，只是很多时候我们容易把它复杂化，让幸福看起来遥不可及。想要幸福首先要喜欢自己。盲目自大自尊，是骄傲无知的人生；一味自暴自弃，是消极悲观的人生。这两种态度都是不健康的。拥有健康恰当的自尊心理的人，面对挫折会表现得格外坚强。不会因外界的诱惑而丢失自我，不会因一时的挫折否定自己，客观冷静地评价自己。

接纳别人，幸福就会环绕在你身边。水至清则无鱼，人至察则无友。与朋友亲人相处要能够包容他们的缺点，欣赏他们的优点。不知足的人去挑剔别人，很容易使双方无法友好相处；知足的人会肯定别人，让彼此间关系融洽。用恶的眼光看世界，世界无处不是破残的，用善的眼光看世界，世界总有可爱处。

想知足，就要使自己每天的生活充实起来。把每一天过好是最大的幸福，快乐源于每天的感觉良好，总忧虑明天的风险，总抹不去昨天的阴影，今天的生活也不会如意。任何不切实际的东西，都是痛苦之源，生命的最大杀手是忧愁和焦虑，痛苦源于不充实，生活充实就不会胡思乱想。

愉悦的心情是自己创造的。一般人总是将人生的愉悦，依附于别人的眼光里，寄托在地位、财产，以及待遇、名誉等东西上，对他们而言，一旦失去这些，便是沉重的打击，常会痛不欲生，其幸福和快乐的根基也随之毁灭。殊不知，幸福的生活永远都掌握在自己的手里，自己才是自己人生的主角。

感觉幸福就是幸福。许多人都在刻意追求所谓的幸福，在追求的途中陷入了追求金钱、地位的沼泽。其实，幸福与金钱、地位、房车的关系很小，它就是一种发自内心的感觉，与人的心境、心态密切相关。而知足就是通向幸福的快车道。

17. 懂得感恩，幸福人生在于分享

生活的智者是懂得感恩和分享的，他们知道快乐、幸福和喜悦越分享越多。

有位老禅师在院子里种下了一株菊花。菊花不断繁衍，三年过去了，满院菊花飘香，哪怕是在山下的村子里，也可以闻到那沁人心脾的香味。来禅院的信徒们在看到大朵大朵的菊花时，都由衷地赞叹："好美的花儿啊！"

有一天，有人忍不住开口向老禅师讨要菊花，想种在自家院子里，智德禅师答应了。他亲自动手挑选开得最鲜、枝叶最粗的几株，挖出来让那个人带走。这消息传播的很快，前来要花的人越来越多，禅师全都应允了。这样一来，没过几天，满院的菊花就都被送出去了。

弟子们看着院子里空空的土地，忍不住说："真可惜了！这里本来应该是满院的菊花。"

老禅师微笑着说："可是，你想想，这样不是更好吗？因为以后就会是满村菊香了啊！"

"满村菊香！"弟子听师父这么一说，脸上立刻浮现出笑容。

老禅师说："美好的事物与别人一起分享，每个人都能感受到这种幸福；即使自己一无所有了，心里也是幸福的啊，因为这时我们才真正拥有了幸福。"

"一枝独秀不是春，百花齐放春满园"，老禅师将一院菊花与村民们分享，待到来年秋天，整个村子笼罩在菊香之中，人人喜气洋洋，老禅师心中的快乐也会增加很多。

真正的幸福不仅仅是自己心里的幸福，幸福需要分享，分享可以让一个人的幸福变成一群人的幸福。当你看到别人脸上洋溢的笑容时，你就会体会到，其实与别人分享幸福比独自占有幸福更幸福！人往往在与别人分享自己的幸福的时候，能获得更多的幸福，幸福不会越分越少，只会越分越多。

懂得感恩的人会乐于分享，分享会使他们得到由衷的快乐。其实，常怀感恩之心，更容易感受到来自别人的善意，体会到别人对自己的付出，在这样的情况下，自然要投之以桃报之以李，多和别人分享就成了一件水到渠成的事。比如说，感恩父母对自己的养育之恩，就会把自己的收入拿出来赡养他们；感恩朋友的陪伴，就想与他们分享生活中美好的事物。而当我们与他人分享美好后，别人也会产生感激之情，对我们更好。人与人之间的关系和睦了，自己的幸福指数自然会不断上升。

18. 可以被生活打败，不能被生活打倒

在漫长的人生中，我们会遭遇各种挫折和失败，陷入许多意想不到的困境之中。这时，请轻易给自己下结论，更不要轻言放弃。只要心头那个希望之火永不熄灭，并不断努力去拼搏，哪怕是面临绝望的境地，那么再坚持一下，再奋斗一下，可能很快就会走出人生困境，人生柳暗花明。

很多经历过重大人生挫折的人在恢复之后都变的比以前更加坚强，那些和死神擦肩而过的人，更能懂得生命的意义。因此，挫折在很多时候是一种磨练我们人生观、世界观的最佳方式。心理学界已经发现，一个人在15岁到25岁之间经历挫折是一件非常好的事情，经历一些重大事情，并解决这些重大事情，能够帮助他们更快速的成长。

但值得强调的是，挫折本身并不能帮助一个人的成长，而是对挫折、困难的处理方式、思考及反思可以一个人快速成长。

高晓松的母亲多年前赠予他一句话，"生活不止眼前的苟且，还有诗和远方"，这句话激励高晓松不断前行，被他编入歌曲后，更成了大众在困境中经常说的一句话。"眼前的苟且"有很多，比如创业失败、惨遭裁员等等，人们可以被这些问题打败，突然不知所措或者一片茫然，但反应过来后就要反击啊，不努力拼搏奋力反击的话，就等于自己被打倒了，倒下的人只能躺在原地，如何到达"诗和远方"？

对于幼年期的小象，驯象员会在地上嵌入一根木棍，用铁锁将小象与木棍连接起来。小象尝试了一次又一次，都无法挣脱，便放弃了。当小象长成大象时，明明有足够的力量拔出木棍了，却因为惯性思维不作为，任由自己被木棍束缚。可以说，小象被木棍"打倒"了，失去了挣扎的勇气。被打倒是一件可怕的事，我们不能重蹈小象的覆辙，无论在什么样的困境中，都要怀有勇气。

出色的人生总是伴随着失败和挫折，跌倒并不可怕，可怕的是一蹶不振、偃旗息鼓。因为一次跌倒而拒绝爬起来继续上路，会错过太多的人生美景。要知道，跌倒不过是下一次腾飞的开始。

奇美集团的董事长许文龙说："跌倒了不必急着站起来，四周找找看有什么可以捡的，再站起来！"此言确实不错。人生的顺境、逆境，对于一个有智慧的人来说都是宝贵的经历。

人生最大的敌人是自己，只有敢于承认失败，敢于从头再来，才能最终战胜自己，战胜命运。

19. 为自己预设一个高目标

一个人能够实现多大的目标，很大程度上取决于他为自己设定了多高的目标。

晓晓在高中时，成绩并不是很好，但她遇到了一位非常好的老师。这位老师告诉晓晓，要想考上自己梦想中的大学，就要先定一个更高的目标，更要对自己有信心。在老师的指导下，晓晓开始有计划地学习，制订了很多计划，规定自己每个月要达成哪些目标，每周要达到哪些目标，每日要达成哪些目标。就这样，学习的时间并没有增加，但是学习的效率却提高了很多，在高考时，也考入了一所不错的大学。

在一项关于公司效率的研究中，研究人员惊奇地发现，做一件事情所需要的时间并不取决于它的大小和所实际要占用的时间，更多的是取决于人们完成它的态度。

比如，如果你计划今天上午要写一封信给朋友，那么在上午的时间里，你会为准备信封，思考、写东西、邮寄而不知不觉花费一上午的时间。但如果你规定自己在半个小时内完成这件事，你甚至不到半小时内可能就完成了，效果可能比花费一整个上午的时间做出来的效果还要好。

心有多大，舞台就有多大；目标有多高，到达的高度就会有多高。设立一个高目标，想要实现它，就需要付出更多的努力，花费更多的精力，但为了梦想，人们甘之如饴。很多成功的人都是有梦想的人，很多看起来那么遥远不可实现的梦想，其实只要开始做了，并且坚持一段时间，其实发现也并不是那么难做。如果连开始都不敢的话，那就永远没有成功的可能性。

如果一个远景目标对我们来说太过遥远，我们可以把他化为一个又一个近景目标、一个个小目标，他们往往是通向远景目标路上的方向标记，有了他们远景目标将不在遥远，小目标最终也能积攒为大目标，这一个个目标的完成，最终会让你走向成功！

20. 相信自己，不为他人所左右

在生活中我们经常会听到一些成功学大师的格言，或者来自于父母或者长辈的谆谆教导，但是道路终究是要我们一个人自己走的，没有谁能够代替你走完这一生。相信自己，不为他人所左右是很重要的。

青年作家独木舟是一个热爱写作的女子，在刚开始从事写作时，最先知道的是她的朋友，他们一开始很支持她，给了她不少鼓励和帮助。但当她在写作方面有了一定的成就，决定以写作为主业而脱离一般的人生轨迹的时候，赞同的人就有所减少了。很多人以"为你好"为理由来苦口婆心地劝阻她，甚至她的母亲也希望她有一份固定工作，走上"人生的正轨"。这个时候，她坚持了自己的主见，决定自己要走写作这条路，并发表了越来越多的作品。

是要稳定的工作，还是要一份自己喜欢的工作？是继续念书考研，还是先工作？人生之中面临这样纠结的事情实在是太多了，而在这种时刻，总会有很多好心人出来，来给你一些建议，而这些建议往往是从他们的角度出发，这个时候，矛盾也就产生了，这些声音在耳边荡来荡去，挥之不去，迷茫和焦虑也就无法避免。

然而，这种对未来的迷茫和不知所措是很正常的，这也是我们思考的结果。不思考的人不会迷茫。遇到这种问题，也并非难以解决。认真去想一下五年后的自己或是十年后的自己，问问他们想要怎样的生活，你可能就会做出决断了。

相信自己的人，会更有责任感，是对自己人生负责的人。当面临问题时，如果一个人直接听从别人的意见，那么如果别人的意见是错误的，就会让局面变得更加糟糕，很难保证这个人不会在心里埋怨别人，甚至把责任推到别人身上去。而凡事自己做决定的人，他对自己有信心，哪怕局面恶化了，他也会一力承担，怀着强烈的自信，勇敢地去解决问题。

当然，我们也不能完全不顾旁人的想法。正所谓是"听别人的意见，走自己的路"别人的意见，尤其是父母的意见，他们都是为你好的，这些意见应该听取，但更重要的是你要做的就是遵循自己的内心，把自己的想法与他们进行充分和有效的沟通，勇敢地走自己的路，并为自己的选择承担相应的责任。

NO.2

心态与管理：管理之道，从心开始

21. 柔性管理，成就刚性效果

企业的管理既可以凭借制度约束、纪律监督，甚至是惩处、强迫等刚性手段，也可以依靠激励、感召、启发、诱导等柔性管理。刚性管理是指根据成文的规章制度，依靠组织职权进行程式化管理；而柔性管理则是依据组织的共同价值观和文化、精神氛围进行的人格化管理。

一般来说，刚性管理是"以规章制度为中心"的，管理方式具有浓重的强制性色彩，而柔性管理则"以人为中心"，管理方式有着突出的人性化特点。柔性管理不会用强制性的规章制度约束员工，它的人性化，能产生润物细无声的效果，让员工心悦诚服，自觉地用行动践行组织要求。柔性管理能够以自己的独到之处，成就刚性效果。

与其他管理方式相比，柔性管理有两条显著特征。

一，柔性管理具有强烈的内在驱动性。有一个小故事，说的是太阳与大风比赛，看谁能让行人身上的衣服掉下来。大风想自己风力强劲，一定能把衣服刮掉，于是大风呼啸，但寒风乍起，行人纷纷裹紧了衣服。该太阳出手了，它将阳光播洒人间，温度升高了，行人觉得暖洋洋的，就自动脱掉了衣服。毫无疑问，太阳获胜。柔性管理方式就好比太阳，能让员工在感受到温暖的同时，自觉主动的遵守公司规定。常言道："滴水之恩，涌泉相报"，当员工被一家公司温柔对待时，他会怀着感恩的心态，拿出被柔性管理所激发的主动性、内在潜力和创造精神，以此为动力，必能在工作上更加尽职尽责。

二，柔性管理所导致的影响具有持久性。人都有惰性，在严苛的规章制度的重压下，员工很可能会尽量遵守，工作也没有大问题。而柔性管理的力度比较绵柔，它的管理效果一开始会不尽如人意，员工也不会在短时间内把外在的规定转变为内心的承诺，并体现在自主行动上。这时候，就需要给员工一段转化的时间，柔性管理是慢慢渗透进员工内心的，再加上有人迟钝有人敏感，各个地方历史文化传统和社会风气也不同，每位员工被柔性管理所影响的时间也就有早有晚。然而一旦员工被打动，他对公司的认同感和忠诚度就会更上一层楼，柔性管理强大而持久的影响力也会在日后的工作中展露无遗。

柔性管理可以让人的智力活动更加活跃，这一点对于从事创造性工作的人来说，尤是如此。比如说，让一个画家在一小时之内画幅画，画家肯定能画出来，但那些传世名画，大多却都是画家们心有所感、灵感突袭时画出来的。每个员工的身体里都蕴藏着巨大的潜力，柔性管理给予他们发挥的空间，激发他们的工作热情，员工会创造出更大的价值。

柔性管理具有众多优点，值得企业管理人员学习、运用。但这并不代表刚性管理一无是处，在某些情况下，刚柔并济、双管齐下能收到特殊的良好效果。简单来说，企业不能没有柔性管理作为企业文化，但也不能缺少用规章制度来约束员工的刚性管理工作法，二者相结合，奖惩得当，张弛有度，互为表里，才能让管理效益最大化。

22. 情感激励法，让员工施展才华

在日复一日的工作中，每个职场中人都有可能产生倦怠心理，从而降低工作效率。另外，也有一些人觉得按时完成自己的工作就行了，从来没考虑过要为公司多做一些贡献。如果类似的情况发生了，就说明员工需要一些激励，以刺激那日益下滑的工作热情。俗语说："人非草木，孰能无情。"对员工的激励方法有很多，因为人都是有感情的，所以情感激励法是一种很重要的方法。

所谓情感激励法，就是用情感激励员工，要求管理者做到以情动人、以情感人，以对待家人的态度去对待员工，让员工能够感受到领导的关心与爱护，心甘情愿地信任、追随领导，兢兢业业地对待工作。可以说，这是一件投桃报李、以心换心的事，领导给予员工温暖和感动，员工自然就会努力施展自己的才华，以求回报领导。

在员工犯错误时，与其用生硬的规章制度来强迫员工改正，还不如使用情感激励法，令员工自觉改正。不同的是，前者可能会让员工产生不满心理，因为被惩罚了如果没有心服口服，可能会更无心工作；后者会使员工心服口服，深刻意识到自己的错误，而后以感激的心理开始高效率的工作。曾有一家成立不久的公司，员工们总是迟到早退，在上班时偷偷忙自己的事。虽然公司有相对的惩罚措施，但老板决定以情动人，让员工自省。他召集所有员工于下午三点开会，自己却迟到了十分钟，在开会期间，他又时不时拿出手机玩。眼看员工们烦躁不满起来，他才认真地说："我迟到十分钟，工作期间忙私事，大家都不太高兴。那大家

最近的行为又如何？我又该怎么处理呢？请诸位回去认真思考一下，散会。"员工们恍然大悟，从此极少犯错。老板的做法不但提高了员工们的工作积极性，还凝聚了人心。

情感激励可以是多对员工说赞美、激励的话，但领导者必须把员工的需求放在心上，并尽力满足，免除员工的后顾之忧，员工才能把更多的精力放在工作上，才有充分施展才华的机会。例如，某公司的小孙因父亲生病住院而焦虑，想去照顾父亲，但他是一个项目的主要负责人，一时走不开。他更加着急，工作中也出现了几次小错误，领导了解情况后，对项目做了另外的部署和安排，让小孙先去照顾父亲。小孙心中大慰，请假回来后完美地完成了项目。所以，要知人之所需，对症下药，方可以事半功倍。

在当今时代，公司人员流动是一种很正常的现象，这种情况下，对员工的情感投资越多，员工对公司就会越忠心。情感激励法正是情感投资的重要体现，使用得当可加强企业凝聚力，也会让员工拥有充分施展才华的平台。

23. 情感共鸣，赋予事业崇高的意义

要想做好事业，除了单纯的热爱，还需要具备强烈的实现自我价值的内在驱动力，并找到工作的崇高意义以满足自我实现的需求。

实现自我价值，马斯洛认为这是人类的最高需求，当金钱与地位都无法满足对于成就感的要求时，人们就会开始考虑，如何实现自我价值。

正如乔布斯自己所说的："活着就是为了改变世界"，苹果公司能改变世界，是因为它一开始的目标就是帮助人们更有创造性地生活。

曾任苹果公司首席宣传官的盖伊·川崎说："整个 Mac 部门都分享着'Mac 之梦想'，那就是让更多的人用上计算机，让他们的生活更丰富更有创造性。这也是我们改变世界的一步。我们怀揣着用计算机改变世界的信念，早已习惯了每周工作 90 个小时。但必须承认给乔布斯干活也是一种极大的快乐。"

可见，当因为工作本身而热爱工作的时候，就会对公司更加尽职尽责。

身为职场的一名员工，只有在工作中寻找到乐趣，认识到工作的意义，并保持一颗热爱之心，才能在工作中不断地探索和求新，从而提高自身的工作能力，最终取得辉煌的成就，并成为职场中的佼佼者。

工作是一个人幸福和快乐的源泉之一。卡尔文·库基说过，"人生真正的快乐不是无忧无虑，不是去享受，这样的快乐是短暂的。缺少一份有意义的工作，

你就无法领略到真正的快乐。"

那么，我们怎样才能让自己寻找到一份有意义的工作呢？很重要的一点是让自己有大思想。有大思想，才有大事业。智者先行一步，愚者十年难追。思想与成功是密不可分的，有多大的思想，就有多大的事业。

一个人要想成就一番大事业，必须树立远大的理想和抱负，有广阔的视野，不追求一朝一夕的成功，耐得住寂寞和清贫，按照既定的目标，坚持下去，到最后，你一定会获得成功，对社会做出贡献。

24. 内心平静，奋斗才有动力

在生活中，每个人都会遇到这样或那样的困难，但为什么有些人能够坦然面对，冷静地处理问题；有些人却耿耿于怀，被一时的困难捆住手脚。关键就在于：是否能够做到心平气和，用平和的心态对待奋斗过程中所遇到的挫折。

所谓心平，就是心灵能量平稳地输出和输入，没有心理逆转、没有跳闸、没有短路，也没有接触不良。所谓气和，就是心灵能量稳定之后，所释放出来的明亮而祥和的气场。这种气场具有强烈的亲和力与吸引力。它让你在职场中拥有良好的人脉和更长久的奋斗动力。

乔布斯说："专注和简单一直是我的秘诀之一。"简单可能比复杂更难做到，简单需要你理清思路，对自己目前的状况有深刻的了解。内心平静的力量非常大，它让你拥有撼动山河的持久力。乔布斯还说："佛教中有一句话——初学者的心态。拥有初学者的心态是一件了不起的事情。"初学者的心态来自于没有成见的简单的心灵。如果有了成见，心灵变得复杂起来，人对于所做的事情就会有过于复杂的判断。

内心平静不是一件容易的事情，它意味着心灵之中没有心结，心灵能量能够顺畅的流动。如此一来，循环往复的心灵能量就会释放出明亮而强大的气场。

每一个成功的人，内心的力量一定很强大。那些好运连连的人多少都有些天真，他们都是内心淡定的人。在好运来临的时候，他们能够把握住，并且坚持走下去，最后取得了成功。

真正的好运往往披着一层外衣，它不像买彩票中了大奖那样直接，而可能只是一个发展的方向，这些很难直接给你带来收益。想把这种好运转换为成功，还需要你长时间的坚持和相信，内心平静坦然，不为外界所打扰，好运才能成为真正的好运。

保持内心的平静其实很简单，我们不妨向下面这位老太太学习一下。

纽约街头的一位老太太穿得相当破旧，身体看上去也很虚弱，但脸上满是喜悦。有人问她为什么："你看起来很高兴。""为什么不呢？一切都这么美好。"老太太回答。"您有什么秘诀呢？"老太太说："耶稣在星期五被钉在十字架上的时候，那是全世界最糟糕的一天，可三天后就是复活节。所以，当我遇到不幸时，就会等待三天，一切就恢复正常了。"

"等待三天"，这是一颗多么天真而又不平凡的想法。

25. 以同理心关注员工需求

众所周知，只有当员工的需求得到满足之后，才能更好地为公司工作，更充分地发挥自己的才能，为公司创造出更大的价值。因此，管理者是否善于运用同理心来关注员工的需求，就成为管理者一项重要的能力。

有一家公司曾被日本总公司检查出300多项不合格需要大力改善，这种情况让厂内所有员工都绷紧神经，无所适从。这时的厂长是一位非常正能量的人，他想尽办法引导员工将负面情绪转成正向能量，每天鼓励他们、分工合作，最后竟在短短两三个月之内就把所有问题都解决了。等到总公司再次来视察时，对结果非常满意，并将这家子公司的事例作为案例来分享给世界各分公司。

这位厂长是一位有同理心的人，他非常善于关注员工需求，他说："自己好是不够的，要让周遭的人一起好，才是真好。"他一直抱持这样的理念，在跟主管级干部沟通时，也以此勉励他们："让部属和你一样好，才是好主管。因此遇到难关时，总能带领员工一起渡过。"

具有同理心的管理者，亲和力指数也都比较高，能够获得员工的支持与信赖。某公司有硬性规定，基层职工轮流加班。但总有一些人晚上有事，不想加班，而另一些人因为养家压力大，希望能够多加班、赚钱。主管叶荣偶然间听见员工抱怨加班后，决定与上司协商加班制度，希望能够在维护公司利益的前提下，为员工谋取福利。之后，加班改革方案推出，有事要忙的可以不加班，加班的多发工资，叶荣又与底下员工进行了充分的交流，员工们心情舒畅，工作也做得更有质量了。叶荣很能为员工考虑，知道员工有什么需求，都尽力帮助解决，因此在公司有了良好的口碑，她所带的团队也往往能够取得优异的业务成绩。之后叶荣也因此得以升职。

作为一个管理者，发布指令时多为员工着想，就会提升员工凝聚力，员工尽心尽力做事，公司在市场上也就更具有竞争力。

　　管理者怎样做，很大程度上会影响员工的行为。这种影响会在公司内部形成一种公司文化，深刻地影响公司管理的效率和企业盈亏的情况。但假如管理者能够和员工共进退，站在他们的角度关心问题，思考解决的方案。这样，员工自然会站在企业发展的角度为公司服务，因为只有真心实意地为大家，大家才会真心实意地回报你。

26. 以"慈悲心"教化员工

　　有一位资深的老厂长，做了一辈子的管理人员，他将管理的精髓归纳总结为八个字："软硬兼施，恩威并重"。这句话很有道理。企业管理如果制度体系健全完善，纪律但执行起来过于严明和刻板，就会显得没有人情味，缺少人性化管理也不会起到预期的效果，这也是一种"不完整的管理"。

　　企业管理的核心是人，主要是人的管理，人管好了，其他都可以理顺，人是一切的根源。

　　以"慈悲心"教化员工，就要真心关爱员工，不能高高在上，不要时时处处以老板、雇主自称。优秀的员工是企业的一笔财富，是财富的创造者。老板和员工是合作关系，不仅仅是简单的雇佣关系。关心员工，员工才会关心你，才能把你的事、公司的事当成自己的事去做。人都是有感情的动物，将心比心，"你敬我一尺，我敬你一丈"，反之亦然。要让员工为自己而工作，学会自动自发、自我管理，这才是企业最需要的。生活上关心，工作上支持，员工会成长得很快，会创造的业绩更多。

　　佛学里有一句话："忍耐是力量，慈悲是武器，才能够教化别人。"诸佛心怀慈悲，获得了人们的供奉，而这句话同样适用于管理方面。身处高层，还肯平等待人，多体会底层员工的不易，看到他们的难处，理解他们的渴求，力所能及地改善条件、解决问题，就是慈悲的体现。比如说，对于不慎犯错的员工，如果能换位思考，想下他心里有多忐忑不安，就不会过度责骂，而是帮助他纠正错误。又比如说，逢年过节发的福利，不是一成不变，多听取员工的意见，发放员工喜欢的福利，公司上上下下便皆大欢喜了。

　　以"慈悲心"教化员工的核心之处，就是尽可能地采用人性化的管理方法，用真心感化员工。关爱员工，不会仅仅看到员工在一段时间内为公司创造了多少效益，还会看到各个员工的优势，为他找到合适的职场定位，甚至是倾囊相授，教授职场经验，为员工制定职业生涯规划。具有慈悲心的管理者不会惧怕员工太过优秀，而是想让员工掌握更多技能，拥有更高的职业素质，员工会为这份真情实意而感动，企业就多了一个优秀的人才。

尽管在法律层面来看，员工与企业的关系很多只是靠一纸合同来维系的，但从内心深处被教化的员工，会将个人前途与企业运势紧紧联系在一起，努力充实自己，让自己能够有足够的能力跟随企业前进的脚步，把自己成为企业不可分割的一份子。心怀慈悲，人生格局一下子就高了起来，员工被这种管理者的热情、关爱所感染，久而久之，对工作也就有了热忱，对企业更是感觉亲切。

27. 禅，现代管理的金钥匙

星云大师在一场讲座中谈到管理时说："为管理别人之前，先要学习给人管、管理别人之前，要先管好自己，管理要重视尊重、平等、沟通，以鼓励替代命令，受管理者自然心悦臣服。"这就是以禅的思想理念来管理现代的企业。

星云大师说，管理中最难的是要管好自己！他认为管理不能高高在上，要彼此尊重！当管理者能够准确地理解禅道的思想之后，就能很自然地懂得该怎样管理，怎样和员工保持良好的沟通状态，使得公司充满活力。

禅的基本含义是"定"，即笃定、静虑。它不但是一种沉静省定的思考方法，更是一种静净思虑的修养方式。禅所追求的是一些内在的、本质的东西，而不仅仅是那些表面的肤浅的东西。禅所要求的灵活性，体现在社会、企业以及方方面面，灵运变通，这也是禅的智慧所在。学会用禅的思想来管理企业，主要会有下面一些作用：

一，禅定帮你学会休息。让自己的注意力集中在呼吸上面，以达到放松精神，更好决策的目的。禅定的效果有点像打盹，打盹过后，人会更加精神，对于休息时间少、连续工作高强度的人来说，效果尤其明显。

二，入定助你决策。禅的第一步就是要让人进入安静状态。管理者要尽可能的少出错误，首先要专注某一件事，能专注就是入定了。但入了定之后，还常常有许多干扰，心里又不静了，又思想起各种事来，这就要分心了，事情就会做不好，就会出乱子。特别是作为一名领导者，只要能真正进入安静的境界，就会获得意想不到的收获。你会发现，当头脑不再被万千思绪所牵绊，身体不再被情感所左右的时候，自己对外界的意识将更清晰，工作效率也将大为提升。

三，响应和谐社会。运用佛学禅理来开发我们的智慧，以慈悲、友爱的心态去经商，不要把商场当战场，这样的心态去经商，不但会获得经济效益，还能创造出很多社会效益，与己、与社会都有帮助。

28. 集体力量，心灵的皈依处

衡量一个企业是否有生命力，关键还是要看这个企业是否有团队精神，企业的员工是否具有团队意识，没有"团队精神"的企业，一切美好的想法和愿望都将成为"零"；没有团队意识的员工，无论学识有多高、技术有多精、学历有多深，都很难有最大的发挥。集体对于个人的作用不言而喻，没有人是一座孤岛，也很难在完全脱离集体的情况下做出一番事业。因此，企业的管理者应该为员工创造一个心灵的皈依处，让他们的才智能够充分发挥出来。那么，作为管理者，该如何在团队建设中建立起"团队精神"，发挥出集体力量的巨大作用呢？

第一，时刻关注而不是时刻干预团队的发展。一个优秀的团队管理者应该体现的素养是"上知下行"，团队管理者要经常与同事交谈，要让他们对正在从事的事情乐在其中，给与他们充分施展才华的空间，针对不同员工设计不同的培养计划。事实上，很多企业的规章制度让一些骨干产生了被捆住手脚的感觉，在这种情况下，他们只好寻找能够施展自己才华的公司。

第二，分清领导者意愿和团队规则的界限。当管理者认为改变团队规则非常必要时，那就让你的团队清楚，向他们解释原因，让团队成员参与，至少要让人明白你为什么要这样做。最重要的是，让团队成员看到改变团队规则后的未来。

第三，让你的团队明白他们正在做的事情的目的是什么。不论是谁，都希望自己所做的事情有意义。让员工明白自己所做的事情是一件非常重要的事情。

第四，尊重并信任团队同事。尊重不仅仅意味着礼貌。尊重还意味"己所不欲，勿施于人"。作为一个普通员工，当自己在办公室加班时，如果自己的上司也在"共同作战"，感觉要好得多。

个人的发展很大程度上是在集体的舞台上完成的，作为领导者，最重要的是为每一位员工创造一个能够发挥自己才能的舞台，让他们在上面尽情展示自己。作为普通的员工，要尽力将自己的才华与公司的发展联系在一起，在大方向正确的情况下努力，成功也会来得快一些。

29. 追求卓越，提升素养的阶梯

有没有听过一句话："人是训练出来的，人才是折磨出来的，老板是折腾出来的，大老板是挣扎出来的。"这句话的意思很简单，没有一个人可以不努力就能成功，追求卓越，把自己重新抛回给自己，认识到自己的优缺点，才能更快的进步。

追求卓越，相当于把自己往火海里丢，不要害怕，坚定自己的信念，从苦难中脱胎换骨，你会发现一个更优秀的自己。失败并不可怕，但如果不能感悟到为什么会失败，并从中吸取教训，那失败便是一个没有意义的失败。

常常看到一些人在成长的过程中遇到非常大的挫折和损失，当他们从这些磨难中走出来时，就会变得更加坚强有力量。追求卓越很多时候是一个痛苦的过程，但也只有在痛苦中才能学习到知识，才能成长，让以后不痛苦。

一块石头想变成一尊佛像，需要经过"千刀万剐"才能成型，人生哪有一帆风顺，失败都是因为我们的"不懂"造成的，最后让自己尽快"懂"和"懂的更多"就行了，所以不应该惧怕困难，要让追求卓越成为提升素养的阶梯。

从蛹变成蝶，是从桎梏变成自由，从消耗变成创造，是一切有价值人生必经的过程。虽然这个过程无比痛苦，但却是不可缺少的。因为这不仅仅是形态的改变，更是生活方式和状态的改变。如果不走出这个已适应了的、舒适的环境，我们就无法去开拓一片全新的天地，书写辉煌的人生。

在追求卓越的过程中，我们首先要明白自己的优点和缺点，这是不容易的。每个人都会无意识地将自己的缺点缩小，将自己的优点放大，在这样的情况下，自省是最好的方式。找到自己的缺点后，制定一些可以实现的小计划加以改变，然后逐步增加改变的范围和深度，最后终将成就最好的自己。

30. 心怀慈和，洁身自省

每个人都喜欢心怀慈和的人，他们总是受着大家的怀念和喜欢。可是很多人都知道这样很好，却很难做到，这是因为我们的心不习惯而已。做到这个首先我们要做到能够自省，善于自省的人能够更好的认识自己，改变自己，这是一个人心怀慈和的基础。

古希腊哲学家苏格拉底曾说："未经自省的生命不值得存在。"反省的过程是一个人心智不断提高的过程，是一个人心灵不断升华的过程。同时，反省的过程也是我们对所遵循的标准不断反思和不断提高的过程。一个具备反省能力的人一定要具有自我否定精神，就是要勇于认错。

《论语》有曰："吾日三省吾身，为人谋而不忠乎？与朋交而不信乎？传不习乎？"自省，千百年来为人民所沿用，是我们得以了解自身问题的关键所在。如果一个人身有缺陷而不自知，总是依靠别人来指出自己的问题，他在人生道路上就很容易处于被动的境地。坚持自省，不仅可以及时改正自己的错误，掌握主动权，还能做到问心无愧，培养出光明磊落一身坦荡的气质。这种人品德高洁，爱惜名誉，不做苟且之事，严格要求自己，无形中就能收获别人的尊敬。

晋代才子陆机曾写道："慈和以结士民之爱。"说的就是，心怀慈和的人，会得到民众的爱戴。对于我们来说，就是对于别人的缺点和过错，要有包容理解的心。有同理心，理解包容别人并不是什么很难做到的事，在生活一点一滴的小事中打开自己的胸怀，让自己多练习如何和别人友善的相处。即便是遇到自己不喜欢的人，也能做到以礼待之；对于身处困境的人，要及时施以援手。多一点慈悲，周围的人际关系会和谐很多。

如果说洁身自省是对自己的要求，那心怀慈和则是做人处事的原则，可以简单地归结为"严以律己，宽以待人"。但从深层次来说，心怀慈和的人有一颗悲天悯人之心，心态比较大气、平稳，在工作上也是不疾不徐，缓缓图之，踏实走好每一步；再加上善于洁身自省，总是在不断地完善自己，工作上也很少会出现失误。这样的人即使是在激烈的竞争中，也能始终持有自己的一席之地，甚至可成大器。

31. 塑造自信，给心里撒点阳光

在面试时，对于两个能力不相上下的面试者，面试官往往更倾向于录取那个表现十分自信的人。因为拥有自信的人，生活态度会比较乐观向上，在工作中遇到困难时，也会积极进取。而有的人，明明具有实力，却总是怀疑自己的能力，不会展示自己的优点长处，以至于白白错过了很多机会。而现在的时代，不是人人都有识得千里马的慧眼，更需要有能力者毛遂自荐。所以，塑造自信就成了一件重要的事。

人靠衣裳马靠鞍，对于自卑的人来说，穿上得体的衣物会增加自己的自信心。

购置衣物时一定要挑选适合自己的，合身得体、简洁大方就可以，不必购买过于昂贵的。外出时，一定要保证自己的衣物是整洁的。另外，只有做到形体的自信，才能把衣服穿出气质来。

形体的自信是一种整体性效应，除了行为举止还包括面部神情、站立的姿势，目光的运用等等。与别人说话时挺胸直立，会显示出人格的尊严，也是尊重对方的表示，而靠着墙或桌子，颓然地面对别人，不光自己无精打采，对方也觉得索然寡味。消极的、不正确的形体姿态会妨碍正常有效的人际交往，也不利于自身的信心表达，只有充满自信的形体和语言，才会引人注意，受人尊重，进而达到好的人际互动。

当一个人的外表看起来充满自信后，他的行事态度也要体现出进取性。首先，要清晰地明白自己擅长什么，可以做好什么。然后当别人遇到这类问题时，就大大方方地帮助解决，相信在被别人夸赞后，信心又会多一点。另外，可以为自己列一张计划表，充分安排自己的时间，保证做事时从容不迫，没了急迫感，自己的生活尽在掌握之中，想不自信都难。

想要塑造自信，还需要在内心深处有一点傲气。而傲气的来源之一就是自己在某方面有过人的实力，这就要求不断地充实自己，提高自己的能力。另一个来源就是自己品行高洁，不做亏心事，行得正坐得端，身正不怕影子斜。

当一个人腰板笔直，衣着得体，品行高洁，在生活中不断进取，能力又出众，那么他一定拥有了自信，不再需要从别人那里寻找安全感，因为心里的阳光足以暖和自己。

32. 为员工创造归属感

管理大师杜拉克曾说过："团队的目的，在于促使平凡的人，可以做出不平凡的事。"管理者的任务主要是让团队中的每一个人围绕着共同的目标发挥最大潜能，为员工创造积极、高效的工作环境，让员工在企业中有归属感，并帮助他们获得成功。

在企业中，管理者应该赋予员工更多的权利、更大的灵活性和更广阔的空间。让员工尽可能参与到决策中来，员工对决策的参与程度越来越高，他们对企业的责任感和归属感也会越来越强。每个人能够更加积极主动地参与团队工作，自觉地分担压力和困难，工作效率与效益大大提高。

提高员工的归属感是企业很重要的工作。以下这些建议对你组建优秀团队，提高员工的归属感会有所帮助：

一，为团队确定合理的目标。合理的目标为团队指明方向，目标应该能够代表团队的意志，获得团队中大多数成员的认可。

二，为团队掌好舵。作为团队领导者，作为企业管理者，你需要在保持组织活力的同时，确保企业或团队始终朝着一个方向发展，始终不偏离目标。

三，容许员工犯错。没有人永远不犯错，关键是你要使团队所有员工从错误中获得教训，使之成为一笔"财富"。

四，尊重员工之间的差异。领导者应充分尊重员工的个体差异，包括他们的性格、信仰、成长背景、家庭背景、价值观及需求。管理者应该有宽广的胸怀，能够坦然接受员工的意见和建议。切忌居高临下，任何时候都不要摆出一副不可侵犯的面孔。

五，管好你的嘴和手，少插话，少插手。管理者应适时控制自己发表演说和多管"闲事"的欲望，让下属有更多参与的机会和发挥的空间。每个人都很有潜力，如果给他们机会，你会发现，他们往往干得比你期望的还要好。

六，和员工分享关键信息和成果。分享信息有助于增强团队的向心力和员工的主动性，避免不必要的猜忌，而且还可使员工感受到自己在团队中的重要性，增强其自信心。

33. 倾听，凝聚团队人心

事实上，管理问题很多都是沟通的问题。不会倾听的管理者自然无法与下属进行顺畅地沟通，从而影响了团队的凝聚力，影响管理的效果。倾听，是每一个管理者必须要学会的内容。

倾听，并不一定代表你对对方谈话的认同，它仅表示对对方的尊重。每个人都有表达自己想法的权利。每个管理者都希望自己的讲话能够被下属认真地倾听，同样，每位下属也希望自己的声音能够被自己的上级知道。

倾听不仅仅是"听见"那么简单，它反映了管理者对下属的态度，直接影响着下属对于领导者的看法。倾听不仅仅用耳朵，更要去用心。那么，该如何做到倾听，并收获良好的效果呢？

一，明白员工的话中之意和目的。各人性格不同，倾诉的方式也就不同，有的员工会很直接地说明意见和目的；有的员工则表达很委婉，所以管理者既要耐心倾听，又要仔细思考，抓住重点。只有弄明白员工究竟对什么有意见，是觉得公司制度不合理，还是与同事不能和睦相处，又或者是想提高待遇等等。抓住重点问题，才能给出相应意见。

二，在倾听时，要换位思考。站在自己的角度，很难真正理解员工的想法，容易对员工产生不满之意，又如何能够理智地帮助员工解决问题呢？所以，不妨易地而处，从员工的角度出发，思考问题是怎么形成的，又该如何解决。多一份理解，多一份体谅，既能使员工解决问题后踏实工作，又能发现一些公司潜在的问题。

三，不要打断员工的倾诉。听话要听全，只有完整地听完倾诉，才能大致了解事情的始末。最忌讳的就是在倾听时情绪化，听一半就打断别人的话，"你别说了，这件事应该……"这样会影响员工的心情，打乱他的思路。正确的做法是，在听的时候点点头，或者在员工停顿时接几句话，问"接着呢"，鼓励他把事情都说出来，在听完后，再讨论细节。

四，言而有信，对自己的承诺要负责。在听完倾诉后，可以说一些安慰的话，让员工的情绪慢慢稳定下来。但说到问题的具体解决方法时，要慎重一些，不许诺做不到的事，否则员工对管理者的信任便会大打折扣。思索之后给出的解决方案，要记录下来，尽快落实，表达对员工的重视，展现自己的责任心。

34. 出于公心，任何时候都要一碗水端平

作为管理层，要想真正服务好职工，得到下属的支持、理解和尊重，就应该做到：无论讲什么话、做什么事，必须出于公心。公心怎样体现，就是领导要先行一步，做出表率，突出服务职工这个着力点。

公心是管理者必须恪守的职业准则，尤其是员工的集体任命提拔，要时刻把"公"字放在心中，让那些一心为企业、有创新、坚持原则的员工脱颖而出，公正、公开、公平，职工看在眼里，记在心上，才会干劲十足。

一位管理学家曾经指出："一个组织要成功，关键就是要公正地对待并帮助下属，在用人上有一致性，只有这样他们才会跟你走。"只有做到一碗水端平，让下属明白所有员工都是平等的，大家都在一个起跑线上，能否被表扬、被提升，完全在于自己的努力程度，才会使下属确认自己的努力不会白费，从而积极地投入到工作当中。用公平的态度管理下属，有诸多益处。因为公平，下属不会对上司有微词，不会觉得上司在暗箱操作，而会对上司有尊敬之意，上司的命令就容易被高效地执行，上司与下属间也能建立起互信互赢的和谐关系，对双方的工作开

展都有帮助。因为公平，公司的各项规章制度都会得到应有的执行，具有应有的震慑力，而不是一纸空文，这有助于员工遵守规矩，使整个公司井井有条地运转。

作为管理者，切不可因个人好恶，对下属有不同的态度。有一个著名的"等距原则"，说的就是上司和每个下属间都应该保持同样的距离。可能有些下属十分能干，或者性格讨人喜欢，就算这样，有好的工作任务时还是要公平分配，让整个团队都从中受益，人心才会齐。对于所有下属，都要执行同样的奖惩制度，这样业务不突出的人也能受到奖赏，从中获得前进的动力。

一个企业，只有风气正，才能走得远。如果管理者做事有失偏颇，做不到公正公平，这会让一部分努力工作的员工心理失衡，心生不满，影响工作完成，工作效果大打折扣。更有一些性情中人，当发现企业风气不正时，有人会直接跳槽，流失了优秀人才，企业就更难发展壮大了。

用公心管理下属，就事论事也很重要。一个员工搞砸了一笔订单，给公司造成了一些损失，这当然要批评。但之后有机会时，仍然要让这个员工参与。有过者罚，有功者赏，一件事过去了就翻篇了，而不是因为一件事的成败，定格了某个员工的形象。要始终用公心对待下属，出于公心，做事公正，员工才会满意。

35. 要有推功揽过的包容心

哈佛大学肯尼迪政治学院的哈斯教授说："要在一个组织内做好，一定要做到三点：推功、揽过和成人之美，而要做到这三点却并非易事，也非常人可以做得到、做得好的。"管理者有推功揽过的包容心，会让他在员工面前更有威信。

个人的力量是十分有限的，即便对于位高权重的管理者而言，也很难独立完成一件事情。如果管理者能够有"推功"的平和心态，将更多的功劳分享给团队的成员，组织中的凝聚力就会因为他的谦虚而增强、因为他的磊落而加分。

假如一个团队出了问题，往往涉及到其中的很多人。如果一个团队中，出了问题就把责任推给别人，或者别人出了问题就认为和自己无关，这样的团队无疑是缺乏凝聚力的。管理者或者领导者应该做的，就是要勇于承担责任，并将这种"揽过"的精神渗透到每个人的心中，让每个人更加勇敢的担负起团队的错误，成为这个团队的主人，而不是旁观者。

古人云："揽功而推过，不可同谋共事。"在一个单位中，如果一个人出了成绩就自夸"劳苦功高"，出了过错就推脱"毫不知情"，纵然一时可以左右逢源、立功受奖，但时间久了必然会让人厌烦。

《菜根谭》曰:"完名美节,不宜独任,分些与人可以远害全身;辱行污名,不宜全推,引些归己可以韬光养德。"伟大如毛泽东,在毛泽东思想要被写入党章时,还特意申明那不是他个人的思想,而是中国共产党第一代领导人集体智慧的结晶。他的谦逊,让人民更加爱戴他。一个团队因为合作拿了奖,成员不独占美誉,显示出来的是容人雅量;把过失揽到自己身上,体现出厚德载物。

敢于推功揽过的人,必然是一个有大智慧的人。有人可能不理解,不想吃亏:为什么要把功劳给别人?凭什么出了错就得我解决?殊不知,名利其实是包袱,让人负载,不能轻装上阵,悠闲生活。当自己独获一项大的荣誉时,一起工作的人必然会不服气,不如分工给众人,人人有光,才能再次愉快合作。而"揽过"这件事,可以减轻同伴的心理压力,使项目保持原有的积极状态进行下去,而且是自己能弥补过失就自己做,弥补不了就大家一起想办法。无论怎样,人心不能散,所以有点推功揽过的包容心是很有必要的。

一个敢于推功揽过的人,容易成为一个团队不可或缺的核心人物,他的领导方式和人格魅力会使其他人更加折服,会使团队具有高度的凝聚力,这种同心同德的团队,一路前进,自然是所向披靡、无坚不摧。

36. 心理安慰,管理的神奇手段

在管理中,适当地安慰员工会让他们感受到更多的归属感,让他们感受到管理者对他们生活的关心和重视。但是安慰别人需要一定的技巧和方法,否则就会适得其反,原本是好心却造成不好的效果。那么,作为管理者,该如何做到良好的安慰呢?

一,认真倾听,少开口。有很多人在进行一番淋漓尽致的倾诉后,都表示虽然倾听者没有给出什么好的解决方法,但自己觉得把心里话都说出来了,感觉好了很多。员工也是这样,很多时候说的时候更是寻求安慰,希望上司能够耐心细致地听听自己的心声。一件不算复杂的事,可能员工说着说着就说到了其他话题,这时仍要温柔地聆听,不要急着表达自己的意见,也不要总是开口询问事情的细枝末叶。

二,换位思考,体会对方的感受。每个人的成长经历不一样,经历的磨难也就不一样。当员工忧愁地说自己吃了多少苦、现在有多累时,最怕的就是管理者对这些不以为然,这种态度表明对方根本理解不了自己,自己心里的海啸在对方看来只算一朵浪花,那还有说下去的必要吗?所以,在倾听员工诉苦时,不要急着拿他和自己做对比，尽量地换位思考，想象一下在他的境地，自己会是什么感受。有了同样的感受，双方才容易产生共鸣，才容易深刻地理解对方并看清问题。

在没有理解对方感受之前，千万不能妄下论断。当管理者的评价太过片面时，会让员工心生不服，觉得不被理解，甚至会反驳，出现尴尬局面，而交谈的气氛一旦改变，便难以逆转。

三，做陪伴者而不是主导者。有些管理者认为：员工来找我讨论问题了，我应该尽快给出一个解决方案，让他别再受心病折磨。这些管理者的出发点是好的，却忽略了一个事实。如果一个人被什么事困扰了很久，依然解决不了，那么他一定思考过很多次，也做过很多努力，但却全都失败了。这时候，管理者要认真倾听员工的诉说，陪他重温这一路上的抗争与失败，让他觉得自己被理解了，不再孤单了。

陪伴本身就是一种安慰，员工需要用诉说来发泄心里的压力。如果管理者执意要做主导者，反而会让员工觉得自己的秘密之地在被人刺探。

四，默默陪伴，以静制动。默默地听着员工的诉说，员工会觉得你很可靠。这会勾出他的倾诉欲望，一股脑儿地说出心里话，说说自己内心的挣扎和痛苦，抑或者再也找不回来的欢乐。等说完之后，他重温了一遍过去，知道自己还是改变不了，就会慢慢平静下来，重新进行眼前的生活。而管理者的静静陪伴，就如同月光一样温柔，会他心生感激。

懂得安慰员工的管理者一定会受到员工的尊重，管理者和员工的距离更近了，管理也就容易了很多。管理者和员工的关系不再是上下层的关系，更增加了一层朋友的关系，合作的关系。在这样的氛围下，员工也会把公司的事情当做自己的事情来做，公司的效率也自然会提高。

37. 将心比心，赢得忠诚

美国心理学家杰森·道格拉斯指出，职场中 80% 的敌对情绪都可以被克服。在公司中，敌对的情绪一旦产生，就会不由自主地把对方的缺点扩大，并在潜意识里扮演"无辜者"的角色。而对方会很快意识到你的情绪变化，以其人之道还治其人之身。于是，你的抱怨就更多，对方也会显得越来越可憎。

不论是员工还是管理者，都需要有将心比心的能力。对于职员而言，这能力可让同事之间的敌对情绪消除，也为你赢得良好的人际关系。对于管理者而言，能够将心比心的理解员工的需求，以及理解员工为什么对公司有意见，将会赢得他们的信任和忠诚，而这两点对于公司发展来说，都是极为有利的。

如何做到"将心比心"呢？其实非常简单，简单的三句话就能够说明白。

第一句：把自己当别人。当遇到问题需要做出选择时，把自己当成别人，跳出自己的思维方式，以他人的角度看待问题，会让自己的心态更平和，让自己的头脑更清醒。

第二句：把别人当成自己。这样就可以真正同情别人的不幸，理解别人的需要，而且在别人需要帮助的时候给予恰当的帮助。

第三句：把别人当成别人。要充分尊重每个人的独立性，在任何情形下都不能侵犯他人的核心领地。

总而言之，如果能够灵活运用"将心比心"，多考虑同事和员工的利益和要求，那么就会在职场上左右逢源，游刃有余，无往而不利。

38. 克服嫉妒心，合理分工与授权

在绝大多数情况下，企业经营失败并不是因为缺乏合格的人才，而是因为企业领导不能很好地使用人才。人力资源浪费是企业最大的浪费，善于用人不仅是对管理者的基本要求，也是最基本的责任。很多的领导者不想将自己的权利分出去给别人，害怕别人取代自己的地位，这实际上非常愚蠢的做法。善于发现人才、任用人才的管理者才能让团队有更好的发展。

广告大师奥格威说："假如我们所用的都是比我们小的人，我们将成为侏儒的公司；但若我们所使用的都是比我们大的人，我们将成为巨人的公司。"

作为管理者，你的直接支持对下属的业绩表现是至关重要的。管理者单单是赋予员工责任还远远不够，还必须努力为他们创造良好的工作环境，配置必要的资源，包括与职责对等的权力、财务及人力资源。

不愿授权的管理者总能找到1000个理由，以证明他们这样做是合情合理的。而高明的管理者懂得授权的必要性并深知如何授权，不会把自己累得半死，同时还可获得下属的尊重与合作。更重要的是，他们深知：在工作强度日益加剧及信息量越来越大的今天，不通过分工与授权，根本无法很好地完成工作。

诗丽雅集团的一位高级管理者说："十几年的工作中我获得的一个宝贵经验是：你必须通过别人、通过合作与授权来共同完成工作。"美的集团的一位资深经理也深有感慨："再能干的经理也不可能三头六臂，时间和精力毕竟有限，如果你偶尔不在其位，或有更重要的事情需要你暂时抽身出来，你就应该让具备能力的下属来代替你发号施令。"

"只有平庸的将，没有无能的兵。"优秀的管理者总能从身边发掘人才并充分发挥他们的潜能，而拙劣的管理者总是报怨和慨叹无人可用；优秀的管理者带领身边的人才不断走向成功，而拙劣的管理者在慨叹中逐渐走向没落。

不愿意授权给下属的管理者总有一种"嫉妒心"的情节，就是害怕别人的能力逐渐超过自己，从而取代自己的位置。这其实是一种自卑心理在作祟，大胆任用有才能的人不仅不会让你的地位下降，反而会让你在公司中形成自己新的位置，更好地为公司的发展贡献力量。

39. 以"疏"化"堵"，有效化解矛盾

在职场里，同事之间产生矛盾与冲突在所难免，学会化解矛盾也是职场必学功课之一，只有处理好了同事关系，才能不影响工作。但如果这些摩擦和冲突处理不当，就会加深误解，甚至导致彼此间的关系破裂，让自己陷入困境。在解决冲突时，应该对事不对人，尽量控制自己情绪，缓和气氛，以"疏"化"堵"，才是解决问题的正确办法。

一般情况下，职场中没有人想成为仇人。当意见冲突后，有矛盾的两个人心里都会不坦然，都在期待对方先开口，以缓解尴尬的局面。所以，遇到有隔阂时，如果能够让一步，应及时主动问好，热情打招呼，不但可以消除冲突所造成的阴影，也可以给对方留下一个不计前嫌，大方处事的印象。职场中不必要坚持一份不实在的自尊，如果只因为一时之气而不理睬对方，长期下去会令冲突矛盾像滚雪球般愈滚愈大，令和谐共事更加困难。

如果与自己发生冲突的是下属，作为上级更应该不计较和不争执，冷静地表达观点，避免不必要的冲突和语言暴力。假如双方都情绪激动时，最好停止争论，暂时终止讨论，让气氛平复下来后，再做处理。

一个人职业发展的好坏，很大程度上取决于其周围人际关系是否和谐。但也不要走入误区，如果过分强调人际技巧，也很难获得长足的发展。

在竞争激烈的职场中，和同时产生矛盾不可避免。但是无论怎么样，都要学会去化解，只有这样才能最大限度地为自己营造一个良好的工作环境。学会一些小技巧，比如帮助同事解决一些小的事情，带个饭或是一起购物，这些都会帮助你改善和同事之间的关系。想要在职场中更加游刃有余，和同事的关系是非常重要的因素。而同事之间的关系不是三言两语就能说清楚的，需要你长时间的磨合和维护。

40. 要有决断力，当断则断

在做决策中，既不能盲目地前进，想当然地为所欲为，也不能优柔寡断，贻误商机。在信息时代，面对转瞬即逝的机遇，瞬息万变的市场，合格的管理者更应该具有果敢决断的魄力，并能坚持原则，对遇到的问题做出快速准确的判断。犹豫不决或举棋不定，会使企业失去发展的最佳时机。

作为管理者，培养以下素质对于正确快速的做出决断非常有效：

一，树立自信心。太多的事例说明，有成就的人都充分信任自己。他们意志坚定，面对艰难险阻时以及外界的种种意见时，不会怀疑、恐惧，而能够充分的相信自己的判断，带领团队向更好地方向发展。不热烈地希求成功、期待成功就很难取得成功。成功的先决条件，就是你的自信心。

二，承担风险决定。经济市场瞬息万变，竞争激烈，任何人都不敢说自己的决策是没有风险性的。管理者只能在权衡之下，尽力制定风险性较小的决策。但机会都是稍纵即逝的，情况有时候会十分紧急，没有足够的时间让人慢慢做决定。做决策时既忌讳鲁莽冲动，也忌讳举棋不定，两者都会让人错失时机。当机立断是一种很好的做决策的方法，因为机遇经不起拖延，反正决策都是带有风险性的，拖得越久风险越大，不如早点做出决策。而纵观那些优秀的管理者，他们都敢于做出承担风险决定。

三，增强忍耐力。决策的实施过程都不是一帆风顺的，会出现一些意想不到的的阻力和困难，如果你坚持要把决策实施下去，就必须要增强你的忍耐力。在别人放慢前进脚步、萌生退意时，你要坚持前进；在别人中途折返、打道回府时，你还要执行。这很难做到，需要一腔热血和莫大的毅力。但只要你坚持了，不管周围情形有多糟糕，忍到了最后，那你就能摘取成功的桂冠。

俗语说，无知者也无畏，不知道事情严重性的人，当然可以迅速地给出决策。但身为优秀的管理人员，应当从科学角度出发，而不是盲目的大胆。要想果敢决断地处理事务，就要进行切实的信息采集，综合丰富的知识经验，再用科学思维做出决断。

管理者的决断能力很重要，要有敏锐的判断力，才能准确地分析市场行情，预测接下来的走势。这要求管理者具有较强的独立解决问题的能力，还要从市场行情出发，用自己积累的经验，实事求是地去分析问题，做出决断。不仅如此，在做出决断后，还要坚定不移地付诸实施，不能朝令夕改、半途而废。

41. 感情投资，用友爱留住人心

有一位企业家曾说过："在所有投资中，感情投资花费最少，回报率最高。"在管理企业时，要想人心稳固，要想让员工对企业有高度的忠诚度，一方面要给予员工物质奖励，另一方面，进行感情投资是必不可少的。只有员工对工作、对企业有了感情，工作起来才有积极性，而且无论什么时候，都不会轻易离开，和企业共进退。

对于求职者来说，如果几家企业给出的薪资待遇都差不多，他往往会对比一下各个企业的企业文化，往往会选择人性关怀浓重的那一家。因为对员工进行较多感情投资的企业，基本上会尊重、爱护每一个员工，管理方面也体现出人情味，整个企业的人际关系也比较和谐。

不要以为感情投资就是关心员工的生活。在工作时，稍微用点心，就能让员工心情愉悦，干劲十足。作为管理者，要学会投员工所好，在分配工作任务时，尽量分配给每个员工他所擅长的、感兴趣的内容，员工接到任务也不会觉得任务难以完成。在任务完成后，要针对员工的不同需求，给出不同的奖励。对踏实工作的员工，就公开表扬，使之获得成就感；对喜欢创新的员工，多将有新意的任务分配给他，并给出指导意见；对于业绩优秀的员工，多发奖金，还要在精神上激励他们。当员工有进步时，不要吝啬自己的赞美之语，哪怕是一句简单的赞赏，也会让员工振奋起来。

在生活方面，进行感情投资的方法就更多了，可以从各个细节着手。

一、企业内部可成立互助组织，由企业按时存入基金，加入的员工每人缴纳极少的费用，比如说每人每月交十元。然后这笔钱可用于员工的医疗，当员工患病时，公司负责一部分费用。对于那些需住院治疗或在家疗养的员工，可进行病中探望。患病的人心理都会比以前脆弱一些，这时候更加需要别人的安慰与关切。病中的探望，员工会记在心底，更加热爱企业。

二、为员工送去生日祝福。生日对员工来说是特殊的日子，尤其是在外地工作的人，没有家人陪伴，没有朋友特意赶来庆贺，生日时就会觉得孤单。记住员工的生日，在那天送去一个蛋糕、一张贺卡或一份小礼物，都会使他们感觉到温暖。

三、关注员工的心情变化。当员工显得无精打采时，很可能哪方面出了问题，如果员工愿意倾诉，就耐心聆听。如果员工不方便说出来，也要送去安慰、鼓舞的话语。

感情投资的核心是将心比心，用真心关爱员工，将之落实到细节上，这种用友爱之心自然可以留住员工的心。

42. 打造团队正能量，从自己开始

所有人都愿意和乐观积极的人相处。当一个人拥有了积极快乐的正能量，就会吸引越来越多的人，也会影响越来越多的人，向其他人传递更多的正能量。

让别人快乐是一种能力，当一个人心情好的时候，很容易做到。但当一个人遇到挫折，就很难保持正能量，这个时候，就要学会去调试自己，保持一种积极、乐观、无所畏惧的人生态度，让正能量留在自己的身边。身为一个团队的领导者，要想打造团队正能量，就要从自己开始。先改变自身，进而可以影响整个团队。

打造正能量的第一步，就是杜绝抱怨，防止负能量产生。当工作遇到不顺时，或者有什么突发危急情况时，人会产生负面情绪，但一定要抑制住，不要想到什么就直接抱怨出来，这会使整个团队的士气变得消沉。想要营造积极向上的团队气氛不容易，但要破坏它却再简单不过，抱怨之语中蕴含的负能量和消极心态，具有极大的杀伤力。

第二步，从自身做起，打造出新的环境来。有一个故事，一个小女孩得到了一件漂亮的小蓝裙，妈妈赶快帮她换上，打扮得光彩照人，随后她觉得家里太过脏乱，便动手将家里收拾得一尘不染；爸爸下班后十分惊奇，认为房子外面比较老旧，就重新修整了一番；邻居们看他家那么干净整洁，纷纷动手清理自己家，最后整条街都变得焕然一新。在工作上也是这样，如果你认为团队气氛消沉，完全可以调整自己，创造正能量，再感染他人。

人可以通过想象法调整自己的心情，当去上班之前，可以展望一下工作圆满结束、庆功时的热烈场面，一定很让人舒适愉悦。怀着热情开始工作，遇到难题也不会气馁。与员工打招呼、交代任务、讨论问题时也要注意面部表情，适当的笑容让大家都安心下来。也可以和大家说一些振奋人心的话语，一扫员工面上的颓势。有一个传播正能量的领导者，团队的精神面貌也会发生改变。

让自己成为一个充满正能量的人，是对整个团队的负责任。俗语说，强将手下无弱兵，要想下属拥有积极的心态，自己必先在行动上积极进取。以身作则，为员工树立学习的标杆，潜移默化，让员工自觉改进自己，团队也就充满正能量了。

NO.3 心态与理财：理财先从理心开始

43. 转变心态，将财富视为资本

面对财富，不同的人有不同的心态。有些人挥霍无度，今朝有酒今朝醉，钱花光了再去挣；有些人赚到钱也舍不得花，把钱看作"命根子"，牢牢握在自己手里；有些人理性理财，把财富当作资本，而后获得更多的财富。第一种人是挥霍型，第二种是守财奴型，第三种是睿智型。只有资金不断流通才能产生财富，所以第三种人的心态和做法才是正确的。

对待财富，要有正确的心态，才可能获取更多的财富。简单地将财富用于吃喝玩乐，财富被消费掉了，不会有任何增值的可能。把财富存在银行里，只能收获微薄的利息，永远赶不上通货膨胀的脚步，财富甚至会贬值。钱只有在运动起来的时候，才能发挥它增值的作用。因此，摒弃守财、挥霍的心态吧，把财富视为资本，用来做各种各样的事，才能财生财。

把财富视为资本，合理地运用起来，进行理性地运作，假以时日，财富自会像滚雪球一样越滚越大。财富被当作资本后，会被人们用来买股票、投资房地产、办工厂等等，关于财富的这些使用方式，都会让人有一定的收益，之后把收益再投放市场，获取收益，如此循环往复，财富就会滚滚而来。有一部分富翁就是这样富起来的，他们把节衣缩食攒起来的钱当作资本，让钱转动起来，不断增值，财富就越来越多，终成富翁。

俗语说，"有钱不置半年闲"，"让钱'转'，就有钱赚"，由此可见财富转动的重要性。马克思的著作《资本论》也表明，钱财流通可以增利。这就要求我们转变心态，将财富视为资本，投放市场。这样不仅可以获利，增加有形的物质财富，还可以培养理财观念，锻炼理财能力，增加无形的精神财富，使我们受益良多。

44. 心态，致富路上的"晴雨表"

如果对自己的经济收入进行总结与分析，很容易发现这样的情况：当自己拥有积极向上的良好心态时，事业就会比较顺利，收入呈上升状态；当自己的心态陷入低谷时，事业也会随之出现问题，收入也很难呈上升状态。一个人心态的变化，会使其经济收入受到影响，二者之间显然有着密切的联系。可见，心态是致富路上的"晴雨表"。

通向财富的道路有千万条，但每条道路都有惊人的相似性，拼命积累财富的人都拥有良好的心态。很少有人天生富有，很多富翁都是白手起家，他们热衷于积累金钱，有着极其良好的心态。因为心态良好，他们富有冒险的勇气，能够及时抓住时机，敢打敢拼，就在市场上占据了一席之地。之后，过硬的心理素质使他们冷静地把生意做大，不为一时的胜利而冲昏头脑，不因暂时的失利而畏缩不前，财富自然就越积越多了。

当一个人的心态出问题时，其赚钱能力也会大打折扣，只能眼睁睁地看着财富溜走。心态不好的人很难和别人打成一片，不会观察别人，很难有心思去研究如何通过与别人打交道来获得他们所需要的东西，也难以知道别人对他们的反应如何。这样的人内心深处有着强烈的孤独感，他们渴望财富，却因为心态不正，无法做到全神贯注地追求财富。

心态调整不好，可以说这是致富路上最难的一关，很多人无法获取财富都是因为心态问题。他们往往缺乏过程感，急躁冒进，总是幻想着一战成名，一夜成功，恨不得一口吃个胖子。他们在做事情时，无法脚踏实地，总是过分关注战略、规划、制度、流程等一些宏观性的东西，无法脚踏实地做事情，总是把事情复杂化，这样无形中抬高了成本，降低了效率。

天下没有免费的午餐，没有人能随随便便成功。成功者都善于调整自己的心态，他们会在自己的收入减少时，迅速反思哪里出了问题，也会去钻研如何使自己的投资获利最大化，平时更是在理财上下大功夫。所以，失败者们不要自怨自艾，并非只有你在历经坎坷，大家都一样，都经历了很多的沟沟坎坎，及时调整好你的心态，很快就可以在致富路上一帆风顺。

45. 心态是金，先从心理上成为富人

富人之所以是富人，很大一部分原因是因为他们拥有良好的心态，在与普通人竞争时，心态的力量使他们脱颖而出。所以，要想成为富人，首先要学习的不是如何致富的技巧，而是要先具备富人的心态。

有位成功学家曾说过："祈求不会带来财富，但把祈求财富的心态变成坚定的意志，然后用计划明确的办法和手段去获得财富，并以永不言败的坚毅精神坚持这些计划，就会带来财富和成功。"有些人渴望致富，却一直用穷人的思维生活，在他们的心里，致富就是一个遥不可及的梦，缺乏致富的信心，随之而来的是不敢坚持梦想，受到打击就畏缩不前，只能得过且过的生活着。

有一则小故事，两个农夫在田里一边锄地一边闲聊，讨论皇帝的生活有多奢华，一个说："我想皇帝肯定天天白面馍吃到饱！"另一个说："不止不止，我想皇帝肯定下地用的都是金锄头！"由此可见，穷人不知道富人的心理和生活方式是何种模样，眼界狭隘，心态也就受到了限制。思想决定行动，如果普通人给自己贴上平庸的标签，那就很难有所成就。要想创造财富，就要观念先行，人的思想是可以改变的。

心态决定人生，一个人的心态是什么境界，就能到达多高的高度。生活中不乏普通人中了大奖一夜暴富的例子，他们由于运气成了富人，但其中很多人都没能长久地富下去，有些人坐吃山空，有些人挥霍无度，都没能做到让钱生钱、赚更多的钱，最终又变成了普通人。究其原因，一时的好运带来一定的财富，但缺乏富人的心态，目光短浅，不做长远打算，使得财富白白地从手里流走了。

从心理上成为富人，不一定就能迅速致富，但绝对可以加快致富的速度，增大致富的可能性。学习富人的心态，会使你发现很多致富的机会，对财富更加敏锐，更有洞察力。有了富人的心态，你会最大程度的调动自己的一切能量去追求财富，竭力寻找致富良机。当把握住机会后，也不会得意忘形，而是冷静地扩展生意，把事业做大。

46. 自信心，发财先做"发财梦"

俗话说："大成就者必须要有大自信。"要想发财就必须敢做发财梦，一心羡慕别人的成就却对自己毫无信心，自卑地认为那些光荣与成就本就该属于别人的，那些财富与权力是自己一辈子都挣不来的，这就是梦想面前的懦夫。成大事者必须先告诉自己："我要做大事！"其次让自己相信："我能成大事！"所以想发财的人，首先要有自信让自己相信。

没有一个成功典范不是拥有强大欲望的超级自信者。我们常说心态是成功的一半，自信心则是成功人士奋斗途中必不可少的心态，毫不夸张地说，一个人有没有自信从很大程度上决定了这个人会不会有大的作为。因为只有自信的人才能自强，只有自信的人才不会在困难的"激流"来临时后退畏缩，只有自信的人才会有宠辱不惊、临危不惧的淡定和勇气，也只有自信者才会有让别人信服的气场和魅力。

很多人都听说过日本保险"推销之神"原一平的故事，他在总结自己成功经验时说的最多的两个字就是"自信"，他认为一个人的成功最离不开的就是自信，自信是成功的催化剂。也有不少人听过原一平的这样一段话："成功的心态包括：给自己加油鼓劲的信心；坚持就是胜利的信念；锲而不舍走向成功的意志；乐观积极真诚的人生观，以及正确的工作观。"这些话听起来就是满满的自信，这样的人怎能不成功？

1930年，27岁的原一平还一事无成，一天他怀揣着自己的简历走进了明志保险公司的招聘现场。当时的主考官是一位刚从美国研习推销术归来的资深专家，主考官只瞟了一眼这个身高145厘米，50公斤左右的"小人儿"，便冷冷说了一句："这里的工作你不能胜任。"原一平十分不解，半天才回过神来结巴地问道："何以见得？"主考官轻蔑地说："实话跟你说吧，推销保险非常困难，你根本不是干这个的料。"原一平被激怒了："请问进入贵公司，究竟要达到什么样的标准？"主考官说："每人每月销售保险最低到10000元。""每个人都能完成这个数字？""当然。"原一平当时也很自信地说："那这样我也能做到。"尽管勉强进了公司，可是并不受待见，但原一平依旧自信，并凭着这股劲最终实现了9个月16.8万的业绩，让人刮目相看，最后又打入三菱，一路自信满满成为"推销之神"。

自信的力量是无比强大的。人患无欲亦患无大志，有自信的人才敢立大志，敢立大志的人才会比别人更努力。如果连自己都不相信自己会发财，那发财的力量勇气从何而来，恐怕连自己本身的能力和财富都会在自卑的沉沦中消失殆尽。所以朋友，在致富的道路上必须自信，必须让自己深信：我能行！

47. 务实心态，理财要落实到行动上

你坐在原地等再久，幸福也不会被等来；你说无数遍要理财，理财也不会凭空实现，只有亲自行动，将理财落实到行动上，才能真正地实现"钱生钱"这一目的。那么，该如何将理财落实到行动上呢？

理财的第一步，梳理目标，做出初步规划。你不妨做一下想象，给自己的理财做一个规划，例如说你近期的理财目标是一顿大餐、一件大衣亦或是一个名牌包包。又或者有的人的眼光比较长远，已经考虑到自己结婚时候的一些理财规划。所以在说出"我要理财"这样的呼声的时候，要先好好梳理一下自己的理财目标，这样才会让我们在理财的时候做到心中有数。

第二步，将财富分类，划出一定的财产用于理财。大部分人都是工薪阶层，我们在拿到自己工资的时候，需要把工资划分成一小块一小块，每一块都有自己独特的用处。例如这一部分用来消费、这一部分用来学习、这一部分用来生活费，剩下的一部分就用来理财。这样的规划才不会让"我要理财"成为一句空话，也不会出现类似想要理财却拿不出钱的尴尬。

以上两步是要实行"我要理财"这个计划所要具备的两个先决条件。

第三步，选择合适的理财产品，尽力规避风险。理财从点滴做起，从身边的好习惯做起，你的荷包才会越来越鼓。理财是一个长远的过程，当过于追求快速高收益理财时，往往会翻跟头，所以一定要选择稳定一些的理财产品。

第四步，坚持理财，不可半途而废。不管用何种方式理财，创造财富都需要时间，有些人一时兴起去理财，发现收益甚少或者是收益周期较长，就会放弃理财，这种做法极其不明智。还有人在理财中遇到了困难，也会退缩。理财需要时间，是逐渐熟练的，收益也会慢慢增长，所以一定要坚持下去，才能收到较好的效果。

此外，"我要理财"不能只喊口号，没有行动，否则一切都是白谈。只有落实到具体行动上的理财，再加上务实心态，才会让人有所收益。

48. 心态平衡，功到自然成

很多人在理财时，最注重如何掌握投资的一些技巧上，比如：怎样去将手上的资金生利，怎样在股票市场上去挑选合适的股票，怎样利用基金等投资工具，怎样投资房地产或生意等等。这样的想法也没错，这是人们潜意识中最表层的想法，要有效地理财，必须了解各样投资工具的特性，然后定下一个整体的计划去实行，但比这些技巧更重要的，是要先有正确的理财心态。

理财心态说起来很简单，但是也很抽象，其根本就是要做到心态平衡。但真正能做得到心态平衡者微乎其微。心态如同"盖房子"时所要打的"地基"，态度不对，即使有再好的理财方法，往往也是徒劳无功，像是没有地基的空中楼阁一般，摇摇欲坠！

理财这件事，急躁不得，也迟钝不得。心态浮躁的人总是急于获利，今天买了一种理财产品，恨不得明天就得到收益，若是达不到自己的预期目标，就会着急上火，听说哪种理财产品好，哪种理财方式收益大，就立马照搬照做，很容易陷入被动。对理财神经迟钝的人，不是他们对理财不上心，而是关注程度不够，理财态度不够积极，往往列出一个理财计划，就一直使用，没有把理财计划完善好。这两类人的心态不够平衡，轻则在理财中获益甚少，重则赔进理财本金。

而心态不够平衡，理财方面就会出现问题。一般来说，理财是投入一些本金，通过购买基金债券等方法获得收益，这种收益大多是稳定的小额收入，也不排除有人不走寻常路，将本金投进特殊产品上，大赚一笔或者赔得血本无归。不管以何种方式理财，都带有一定风险，只是有的风险大，有的风险小。如果选择了风险小的理财方式，收益虽小却稳定，就安心等着财富增多。如果兵行险棋，风险大，就要冷静面对，有所获益就及时收手，想获得更多就坚持下去，但要提前做好大赚或者大赔的心理准备。以上两种假设情况，都需要理财者有一个平和的心态，才能淡定地理财。

理财市场经常发生变化，同一个理财者，在不同时期，理财的结果也不同。这也就要求理财者要有平衡的心态，不因一时得失而心情大起大落，只有走得稳，才能在理财路上走得远。

49. 共赢心态，赢得财富的必由之路

张闻天说："生活的理想，是为了理想的生活。"如今快节奏的社会生活容易给人们带来错误的认知力，有些人认为金钱至上，这样的心态在人与人之间就会产生不信任和相互猜忌，在企业之间就会形成勾心斗角、尔虞我诈的商业常态，这不是我们想要的理想生活。事实上，合作才能促共赢，共赢心态才是赢得财富的必由之路。

在理财方面，有一个很普遍的现象，那就是理财者与理财师的合作，使双方都从中获益，皆大欢喜。理财者手握本金却不知如何理财最好，而理财师有着丰富的经验，却没有足够多的钱，以这份职业为生。于是双方合作，可以使收益最大化，理财者乐于给理财师分一杯羹，理财师为自己的经验帮助了别人而高兴，正是共赢心态使双方的财富都增加了。

"一个篱笆三个桩，一个好汉三个帮。"与他人合作，可以获得他人的帮助，加强自身实力。更有甚者，好的合作伙伴对彼此来说是可以互补的，经过合作，弥补了双方的短板，双方相互配合，合理分工，用自己的长处处理不同的工作，工作的效率就大大提高了，获得的财富也远远多于一个人单干的报酬。而要想合作愉快，留住好的合作伙伴，共赢心态是必不可少的。

拥有共赢心态的人，擅长与人合作，并得到"一加一大于二"的合作效果。在激烈的市场竞争中，谁都想胜出，合作可以大幅提高双方实力。追求共赢，也算是与人为善，可以积攒人脉资源，取得一次共赢后，以后双方也会顺利合作，攻克新的难关。反观那些心胸狭隘之人，一味地想维护自己的利益，要么不与人合作，要么就抢占合作者的应得报酬，等于是削减自身竞争力，毁坏自身的名誉，难以发展壮大。追求双赢的人，财富会越攒越多；想独赢的人，却往往事与愿违。

学会合作，讲究共赢，这样才能创造出更多财富，甚至获得意想不到的成果！在财富路上行走的人，如果不会合作，恐怕是寸步难行，只有于原地空怅惘罢了！

50. 保持务实，理财要从实际出发

提起理财，有些人就滔滔不绝，说自己了解了多少理财知识，认识了多少理财师，听了多少理财讲座……一副无所不知、胸有成竹的样子。但这些人中，有的人是有真本领，将自己的理财进行得有声有色，有些人却理得一团糟，根本无法把那些知识运用起来。只懂理论是理财最为忌讳的一点，心态浮躁又容易频频出错，所以理财要有务实的心理，从实际出发。

当今个人理财的确容易受到高水平、快节奏的社会生活的影响，虽然我们不能像专业的理财师、投资者那样对理财做出完整公正的规划，但是要保持务实的作风，遵循以下几点去正确理财：

一，分析自身情况，留下各项支出后，用余钱作为理财本金。

人与人之间的收入会有所差异，处于不同人生阶段的人要花钱的项目也不同，所以理财的本金也就有多有少。要想理财，先要列清自己的收支清单，摸清自身的财务状况。在经过仔细思考，留下各项开支所需费用，确保自己的生活不会因为理财而出现问题，而后将多出的钱作为本金。

二，把鸡蛋放在不同的篮子里，使用多种理财方式。

除非是把钱放入银行拿利息，或者是用来买国债，其他投资都会有不同程度的风险性。所以，不能把钱全部投进某一单一产品，以避免出现风险，财富大大缩水。采用多种理财方式，进行一段时间后，理财者可从实际收益上得知各种理财方式的特点，进而决定究竟该采用哪些方式。从别处得来的理论总归是浮在空中的，只有进行实践，才能将理论和实际联系在一起，优化自己的理财方法。

三，冒险需谨慎，务实心理方可驶得万年船。

那些能带来高收益的理财方式往往都是高风险的，如果对其有好奇心理，可以尝试一下，但只能投入少量资金，就算亏了也不至于伤筋动骨，要懂得见好就收，太过贪图财富就会适得其反。理财是一件长远的事，心态不稳就会导致行动出错，要随着时间的推移，始终保持务实心态，在不同的时期调整出不同的理财方案。总之，只有从实际出发，才能得到最适合自己的理财方案。

51. 野心，有助于理财成功

早就有研究者指出，穷人之所以是穷人，本质上是因为他们缺乏野心，没有野心就没有财富。在理财方面，野心也是不可或缺的，有赚钱的野心才会有理财的动力，才会苦苦思索理财方案，才能把理财落实到行动中去。如果一个人对于金钱没有强烈的欲望，没有一点通过理财积累大笔财富的野心，怎么可能理财成功呢？

居里夫人曾说过："弱者等待时机，强者创造时机。"有些理财失败者将失败原因归结为自己没有遇到发财的好时代、好机会，殊不知，大多数人得到财富的机会都是由自己创造的，很难从别人那里得到成功理财的好机会。而强烈的野心会让人战胜矛盾和犹豫，为自己创造机会，在理财的路上勇往直前。

曾有人总结过将野心化为财富的过程：一，怀有致富的野心，野心越来越强烈后，会逐步升华为奋斗的目标；二，慎重思考后，确定实现目标的计划；三，敢拼敢打，怀着勇气前进，持之以恒，坚定不遇移地向目标迈进。而理财属于获取财富的一部分，让自己拥有野心，才会甘愿冒巨大的风险，集中精力为理财而奋斗。

只要有野心，敢于磨练自己，人人都能获得理财上的成功。如果你想创造理财奇迹，你可能会大胜而归；如果你想获得大胜，你可能会有所收益；如果你只想有所收益，你很可能勉强维持收支平衡……所以要当一个"野心家"，制订从理财中大大获益的大目标。而后再把大目标拆分为二十年目标、十年目标、五年目标、年目标、月目标。接着根据目标制定具体理财计划，开始行动起来。之后再不断地修改调整理财方案，使之尽量符合理财目标，结果便是丰厚的。

没有谁注定一辈子都要做穷人，只要你有野心，敢行动。理财并不是件很容易的事，那些理财成功的人都经受过残酷的市场打磨，而野心帮助他们站稳脚跟、不被扫地出局。理财路上坎坷与荆棘密布，时常有风风雨雨，有野心的人才能用热枕克服困难，走得远走得稳。

52. 要有果决力，盲从永远发不了财

从众是人类行为的一大特征，而盲从的结果会让我们忽略事物的本质，看不到真正的风险。盲从也是个人理财的最大误区之一。

理财是否能取得成功，在很大程度上取决于理财者的个性，也就是不能盲从。有句关于股市的话：当菜市场卖菜的大妈们都开始讨论股票时，最好迅速撤离股市。的确，当大家一窝蜂地投入某种理财时，盛极则衰，原本大好的市场行情会逐渐趋于平稳，甚至大幅度跌落。看到别人理财有收益就不加考虑，直接模仿跟进，或者是依靠别人的经验去理财，很明显是一种冒险的行为。

在理财时要有果决力，果决力指的是要认清自己的盲点，寻找适合自己的理财方向，快、稳、准地出手。不要盲目跟风，如果根本不了解某种理财方式，会存在很多盲点，轻易入手会使自己进不得退不得，丧失主动权。要试着培养自己的经验，多关注世界信息，通过不断地分析，选好理财方式。"快人一步"很重要，有自己的思想便会领先那些盲从者。另一方面还要行事果决，认定某种理财方式有前景后，不能犹犹豫豫地迟缓不前，等其他人开始获益了才跟进，迅速出击，才能抢占先机。

真正会理财的人，会根据自己的目标，客观分析经济周期的阶段，细心筛选理财产品，并果断出击，入手自己最有把握的理财产品。

拒绝盲从，果断出击，方能抢占先机，成就属于自己的辉煌，果决力是在拒绝盲从的基础之上有属于自己的想法，摒弃前怕狼后怕虎的心态，迎难而上，是成功理财的先决条件！

拥有自己的想法，不去随波逐流，才会在理财这片大海里发现属于自己的那片贝壳，果断出击，发挥新时代的"亮剑"精神，捡回属于自己的那片独一无二的贝壳！

53. 放松心态，赚钱前先把钱看轻

"世界上最愚蠢的人，就是自以为聪明的人；同样，最想自己发财的人，往往也发不了财。"当别人询问马云赚钱的秘诀时，他告诫大家：要想真正发财，要放松心态，先得将钱看轻。

放松心态很重要，就像杂技表演者心态放松时，才能在钢丝上如履平地一样，将钱看轻的人，才能赚到钱。那些太在意金钱的人，脑子里老是想着钱的人，心弦时刻紧绷着的人，迟早会使自己心态失衡而走向失败。

马云曾坦言总想着钱的人不会成功，别人不愿意和这类人做生意。他创建阿里巴巴，初衷就是为了便利民众的生活，他寻找合作者时打出的旗号是"希望能够完善这个组织机构"，从而获得了别人的帮助。可能会有人说，创立企业不就是为了赚钱吗？对此，马云回答说赚钱不是任何企业的目的，而是企业运行的结果。拿理财来说，想要通过理财赚钱前也要先把钱看轻，要注重在这个过程中自己学了多少技巧，积攒了多少经验，不要纠结赚了多少赔了多少。当经验技巧累积到一定程度，成功就是一件水到渠成的事，金钱也就随之而来。

太过看重金钱的人，在金钱方面大多比较吝啬，不舍得花钱。但万事都是有付出才有回报，不舍得花钱给自己充电的人，学习不到好的理财知识，凭着自己的一知半解，又如何能够理财成功呢？心态紧绷的人，过于计较一时得失，目光必定不长远，一遇到坎坷便很难翻过，在理财上做不到游刃有余。

"欲速则不达"，太过在乎的事会出现意外，太想得到的东西更是难以如愿以偿。理财也一样，人人都想成为理财高手，从中获得大笔财富，但能做到的只是很少一部分人。而这些人，心态都比较平和，也不会对金钱太过计较。把心态放轻松，选择一种平淡的活法，用从容不迫的态度，滋养出自信和智慧，才更容易获得金钱。把钱看轻，脱离了金钱的桎梏，以平常心待之，才能在理财时保持冷静，用理性的态度选择理财产品，或调整理财方案，取得胜利之果。

54. 贪欲是双刃剑，理财重在自我约束

在理财时，有一点非常重要，就是要进行自我约束，不能陷入贪欲的泥沼里，否则会越陷越深，最终赔了夫人又折兵。

贪欲是把双刃剑，要正确认识到贪欲的双重作用，使之发挥正面作用。著名经济分析师章子鑫曾说过："空头、多头都能赚钱，唯有贪心不能赚。"人对金钱有欲念是很正常的，对金钱的渴望可以让他们积极寻找机会，采取行动实施方案，离财富越来越近。从理财这件事的背后，也能看到贪欲的存在，人们通过理财使自己的财富增多。可以说是贪欲促使人前进，但贪婪过度，过犹不及，就会与赚钱的目标背道而驰了。

拿炒股来说，很多理财者曾被股市套牢过，有的人被套牢是因为经验不足，判断不出正确的走势；而更多人明明已经掌握技巧，却被贪念冲昏了头脑，觉得走势会接着上升，自己过些时候再出售股票也不迟。而后熊市到来，有人眼见不对，迅速抛售，把损失降到了最小，心有贪念的人还指望股价上升，一直拖着，直到最后被彻底套牢、财富大量缩水时，才悔不当初。

贪欲过盛绝对不是好事，可是很多人都无法控制自己的贪欲，只要有利可图，就寸步不让，完全意识不到利益背后的风险，最后不得不为贪欲付出沉重代价。为了能够理财成功，理财者必须对自我的贪欲进行自我约束。

首先，要牢记高收益与高风险如影随形，万不可因贪图利益，头脑发热买入高风险理财产品。这类产品不是不可以购买，但在资金有限、经不起损失的情况下，最好选择稳健型的产品。其次，不要盲目跟风，不随意更换理财方式。几乎所有的理财方式都是投入的时间越久，利益越多，所以坚持很重要。如果实在想更换更好的理财方式，也要经过仔细考量后再选择，切忌跟着别人的思路走。最后，不要把希望寄托在不切实际的幻想上，踏踏实实理财才是王道。

所以，在理财时，一定不要贪心，贪图越多，越难实现，得到的越少。而对自己进行自我约束，就可以充分发挥贪欲的积极作用，收到较好的效果。

55. 该收就收，理财要有平常心

有的人理财多年，却还是伤痕累累。究其原因，就是因为失去了平常心。在理财这个没有硝烟的战场上，心态往往很大程度上决定着理财者最后的成败。太激进的人容易用力过猛，一不小心就栽进了陷阱里；太保守的人又总是瞻前顾后，容易错失良机，倒腾多年也没有什么起色，只有拥有平常心的人，既不会被一时的贪欲蒙蔽双眼，也不会因胆怯而犹豫不前，这样才能稳扎稳打，步步为营。

平常心为很多人所推崇。作为 2009 年上海十佳理财之星、上海市金融理财师、光大银行私人理财客户经理马艳旻总是给客户灌输一个理念——理财要保持一颗平常心。她指出，相比以前，现在投资者已经稳健很多，成熟很多。经历了市场的起起伏伏，很多客户都能对理财这件事保持良好的心态。同时，越来越多的投资者开始关注理财方面的知识，会主动和理财师沟通。即使面对理财产品的暂时浮亏，也能平静面对。这表明，越来越多的理财者拥有了平常心，就多出来了一份淡定与从容。

在理财时，及时收手说起来容易做起来难，总有人担心自己收手的决定是否正确。但在理财出现问题时，及时收手才能止损，看淡某些小损失，才能更好地投入到接下来的理财方案中。无论如何，保持平常心，才能宠辱不惊，淡然面对盈利与亏损。

56. 积极心理暗示，你觉得行就行

一个人能否成功，心态很重要，心态积极向上，做起事来便有无穷的力量，心态消极低沉，往往连尝试挑战的勇气都没有。而想要保持良好的心态，多给自己一些积极的心理暗示很重要，这可以有效地为自己加油打气，让自己克服艰难困苦，开启财富的宝藏。

古代商人比较迷信，家里供奉着财神，每次外出行商前都要烧香祈求财神庇佑，其实这等于是给自己一个积极的心理暗示。而在现代，我们明白没有什么神明，自己拥有一个强大的内心才是最重要的。进行积极的自我心理暗示，在心里埋下梦想的种子，终有一天会长成枝繁叶茂的大树。反复暗示自己，自信充盈心间，事情会向着预期目标发展，成为现实。所以，理财时不要怯懦迟疑，你觉得

行就行！

　　心理学家马尔兹说："我们的神经系统是很'蠢'的，你用肉眼看到一件喜悦的事，它会做出喜悦的反应；看到忧愁的事，它会做出忧愁的反应。"这样看来，当人习惯性地想象快乐的事，人的神经系统便会习惯地令他处在一个快乐的心态。所以，我们最好多输入积极的语言，比如，"我聪明极了，我能从一堆理财产品里挑出最合适我的那种""我的心情愉快，因为我将要有一大笔收益啦""我一定能获得很多财富"等，这些语句简洁有力，又带了美好祈愿，会令我们从中得到积极力量，付出努力，尽力去实现这些话。

　　福勒幼年时只是个穷小子，他很疑惑为什么自己家一直没钱，母亲说："并不是上帝安排我们贫穷，而是我们家任何人都不曾抱有出人头地的想法。"福勒牢牢记在心底：我们穷是因为我们不奢望富裕！他告诉自己一定要摆脱贫穷的命运，为此不断地在心理暗示自己：福勒，你一定可以改变贫穷，变得富裕！福勒由此获取了无穷力量，并坚持不懈地努力着，最终获取了八个公司的控制权，让心理暗示变成了现实。

　　有心理学家指出：人类10%的活动来自于意识，90%的活动来自于潜意识，而且潜意识的力量比意识大三万倍以上！这意味着如果能够与潜意识建立联系，财富、地位、幸福都变得容易得到。而仔细分析，人们给自己积极的心理暗示，就是在调动潜意识的能量，不断激发自己的创意和思维，引领自己获得事业的成功。

57. 感恩，财富的灵魂

　　在古代，皇帝们会把国库里的银子"取之于民，用之于民"，越是为百姓改善民生条件的皇帝，越受百姓的爱戴，而百姓生活安乐，也会上交更多的赋税，充实国库。至于那些暴敛赋税、不爱惜民众、毫无感恩之心的皇帝，统治总是难以顺遂。时至今日，这对我们仍具有教育意义，多做慈善、经常回报社会的人与企业，财富会因此而继续增加。具体来说，就是感恩是财富的灵魂，社会给予人们财富，人们应该满怀感恩之心去回报社会，才会得到更多财富，同时让自己的灵魂得到升华。

　　怀有感恩之心的人，在工作上会更加努力上进，更容易得到好的工作机会。窦立国原本只是一个平凡的快递小哥，却因为成为阿里巴巴的上市嘉宾、陪着马云敲响上市钟声而出名，而他背后的故事也十分传奇。1996年，因家贫而早早辍学的窦立国来北京闯荡，因为学历低而被很多公司拒之门外，这让他暗下决心：

"一定有赚很多钱,为家乡的孩子带去知识。"他在快递员这个职位上兢兢业业地做了几年,慢慢升为了分公司经理,收入一高,他立即联合客户于 2010 年为家乡建了一座"乡村图书馆";2014 年,他又和朋友一起发起"吾心为爱"项目,收集图书、衣服送到乡村。他卓越的工作能力和热爱慈善的行为,让他成为了马云的座上宾,接着他又被邀请拍摄了一个汽车广告,还参与录制了中央电视台的节目《开讲啦》,自然又获得了一大笔财富。窦立国的快递车上写着:"世界上有两件事不能等:'第一孝顺,第二行善。'"可以说,是他的感恩之心,成就了他逆袭的故事。

感恩是一种积极心态,也是吸引财富的利器。国内有着众多杂志品牌,最广为人知的就是《时尚芭莎》,这与"芭莎明星慈善夜"有着密不可分的关系。2003 年,非典肆虐,其全体员工都想为社会做点什么,歌手那英提议把明星的服饰用品拿出来拍卖,所得钱财捐给有需要的人。这个建议启发了芭莎,他们联系上愿意做慈善的明星,举办了"芭莎明星慈善夜",一年一次,一直延续至今。在此期间,有的纸媒悄无声息地消亡了,《时尚芭莎》却越办越好,销量居高不下,甚至于那些参加了慈善夜的明星的人气也增高了,双方都得到了更多的财富。

公道自在人心,万物自有规律。用感恩之心回报社会的人,群众会感受到他们的善心,社会会给予他们更多财富。

58. 企图心,执着的必要前提

财富源于野心,有所图才有所行,企图心是人获取财富的先决条件。不管是选择怎样的理财方式,只有带着企图心,并加以执着地行动下去,才能把财理得有声有色。

当你对某一事物的渴望不是那么强烈时,你会很容易地放弃对这种事物的追求,所以说,企图心是执着的必要前提。对金钱的渴望越加强烈,企图心也就越大、越强烈,追求财富的行动才越加执着,才不会轻易地停下追逐财富的脚步。

经调查,亿万富翁在未发财时,对财富的渴望要远远大于普通人,企图心也比较强烈,这就刺激了他们不断努力。想要获得财富,企图心和执着缺一不可,两者相辅相成。有了这些,任何诱惑都不会动摇心中的理想,任何困难都阻挡不了前进的步伐,致富的企图最终会成为现实。

大卫·布朗是"马丁"牌赛车的生产者,而在他幼时,他的父亲却只经营着一间小小的齿轮制造厂。父亲经常要求他到厂里干活,他意识到自己并不想接手齿轮厂，但由于在齿轮业务上积累了经验，他有了生产赛车的企图心。成年后，他投入了所有的积蓄创业，并取得了父亲的帮助，去引进先进的制造技术和设备，聘请专业技术人员，又克服了众多困难，才成立了大卫布朗公司。所有的付出终于有了回报：在1948年的比利时国际汽车大赛上，"马丁"牌赛车高居榜首，公司有了名气，接到了很多订单，布朗成功地将自己的梦想转化成了现实。

梭罗教授曾说过："朝你想的方向前进，过你想过的生活，人生的法则也会变得简单，孤独将不再孤独，贫穷将不再贫穷。"对于理财者来说，企图心是一种很重要的能量来源，因为有企图心要取得财富，所以要坚持理财；因为有企图心要理财成功，所以会努力拼搏。因为有了企图心的存在，才更容易完成理财的目的。

59. 自控力，让冒险中少些风险

风险和利益相伴相随，尤其是在理财市场上，高风险的理财方式和产品有着特殊的魔力，它背后的巨大利益极具诱惑，它所带的高风险又让人心生恐惧，大多数人对此望而却步，敢于尝试的人要么赚得盆满钵盈，要么赔得血本无归。难道我们就只能选择稳妥的理财方式，不能冒险吗？非也，只要掌握了冒险的诀窍，提高自控力，躲避或降低风险，就能在风险与收益中找到平衡点，获得财富的青睐。

亿万富翁乔治·索罗斯是一个极通投资理财智慧的人，其个人收入在全世界也曾名列榜首。追寻他的发财轨迹，会发现他既有冒险的勇气，又有强大的自控力去规避风险，这两点让他在商海厮杀中屹立于不败之地，获得了惊人的财富。

作为一个犹太人，索罗斯曾在童年时和家人一起被纳粹迫害，全家人离开故土，过上了逃亡生活。在那个特殊时期里，多亏了聪明的父亲用假身份证等手段，才让家里人躲过了危险。流亡生涯教会了索罗斯如何生存，他将这些经验运用到了理财投资上：他从不怕冒险，不曾胆怯，又谨慎地控制投资金额，从不压上全部身家，而是依据风险的大小，投入一定的资金，并在获得收益后，赶在风险爆发前撤离。

有人曾惊叹于索罗斯投资选择的巧妙：在常人眼里可获利丰厚的机会，他坚持不投资，而事实证明这些机会并没有什么赚头；商人认为风险太高的商机，他则有选择性地出手，取得意想不到的成功。如果索罗斯过于守成，那么他财富增长的速度会十分缓慢；如果索罗斯盲目地冒险，再多的财富也会赔干净。正是他超强的自控力，让他避开了很多风险，赚取了丰厚的财富。

随着经济的快速发展，理财形势日益复杂，名目繁多的理财产品，让人们挑花了眼，不知道用哪种理财方式能使利益最大化。其实，不论理财环境有多灵活，只要提高风险意识，判断清楚后再下手，用自控力抑制发热的头脑，就能够大大降低冒险过程中的风险。

60. 坦然，最高明的平衡术

"君子坦荡荡，小人长戚戚"，坦然是内心自信的体现，是一种潇洒从容的人生态度。坦然面对生活的人，能接受世间的美好，也能容纳缺陷，不因物喜不以己悲，心态基本上不会失衡。在理财时，我们也要坦然地面对理财得失，镇定处理理财市场上的风云变幻，不因为股价跌落而灰心丧气，不因利率提高而欣喜不已……坦然是最高明的平衡术。

大多数人都不是因为一时冲动才去理财的，大家在确定自己的理财方式前，估计都做了不少功课，选了又选、比了又比，经过重重思虑后才确定下自己的理财方式。凡是在理财市场发生些许变动后，仍然坦然不动的理财者，一种可能是对自己的理财方式、眼光很有自信，坚持自己的选择不动摇；还有一种可能是，这些变动比较小，从长远来看，并不影响自己的理财计划。无论是哪种可能，都比那些听闻政策变动就急于改变理财计划的人要好，因为变动大都比较小、比较频繁，改来改去，没有充足的时间等待回报，获益的可能性就小了。

坦然是一个成熟的理财者必须具备的心理素质之一，这样才能做到不盲目跟风，才能做到理性思考。市场风向转变太快，有时黄金大热，有时楠木畅销，有时古董横行……有了炒作的存在，投机者会制造各种热点吸引别人来追捧，借机敛财，有些理财者不知某些热度只是泡沫，兴致勃勃地购入大批物品，又眼睁睁地看着它们迅速贬值，而自己的财富却实打实地减少了，感到痛心不已。物出反常必有妖，坦然看待风向，才能进行理性思考，做到不失衡。

坦然的底气在于看清了理财的本质，清晰了解各类理财产品、方式的利弊，明白利益需要长久的经营或者是恰到好处的时机。看得通透的人不会纠结于一时得失，心里明白自己迟早会赚回来，如此才能一直保持平衡。

要想做到坦然，理财者可以依据经济的宏观走势制定理财计划。这样就能够着眼长远，不必太关心小的调整。另外，财富有自己的运行规律，来不得心急。牢记这两点，在理财时心态就会平衡很多。

坦然，会让我们的内心保持淡定，会让我们的生活美丽而快乐。

61. 时间创造财富，但需要些耐心

人突然暴富的几率很小，小到了几乎可以忽略的地步，绝大多数人的财富都是一点一点慢慢积累起来的，这无疑需要较长的时间，我们要耐心等待。总结那些财阀世家的昌盛原因，可以发现经过很多代人的努力，漫长时间的积累才积累了一大笔财富。对普通人来说，努力工作，采取正确的理财方式，加以耐心就可创造财富，万万不可急于求成。付出一些耐心，自然会得到回报。

炒股是理财的方式之一。就拿买股票来说，有人今天买入，一看股价跌了，明天就卖出，等到一段时间后，股价飞升，只好谴责自己太急着出手了。再拿购买基金来说，要想获得长期稳定的收益，必须长期持有。投资的时间越长，回报率就越高。具体举例，如果你投入1元钱购买开放式基金，在回报率（复利）为10%的条件下，40年后，1元钱就变成了45.26元，这无疑是一种获利巨大的理财方式。其实，不管是做什么工作，都是慢慢得到晋升的，理财也一样，要有一个长期的心态，目光长远，才能获得若干时间后的巨大利益。

股神巴菲特曾长期持有四家公司的股票，他说自己最喜欢持有一只股票的时间是永远；万科持股最多者刘延生，从1991年起，他就买了万科400万股，截至2007年，他所持的股票市价已飙升到20亿……众多例子表明，如果一个人愿意耐心地等待，时间会带给他很大的回报。

古时有一个人用了三年时间学做从水里汲水的工具，学好后一直大雨，工具卖不出去；他就去又用三年学做雨具，学好后却又遇上大旱，依旧没有生意；大旱时，蝗灾爆发，人人背井离乡，还是没有人买他的汲水工具；他后来想学别的手艺，家里却已经没有余钱了，他自己也一事无成地变老了。在理财时，很多人容易犯这个人的错误，不断更换理财方式，没有坚持的勇气和耐心，结果也就只能不断碰壁，无功而返。

获得财富的理财方法有很多种，但有一点是肯定的，急功近利很难有大成就，频繁追逐热点获益极低。如果坚持长期理财，树立理性的理财理念，付出耐心，用时间创造财富，必将获益匪浅。

62. 责任成就财富，不能为赚钱不择手段

　　责任感是社会所需要的一种正能量，它督促着每个人各司其职，让社会这台机器得以正常、高效运转。不管从事哪一行业，行行都有自己的作用，任何人的私心都会对他人造成负面影响，最终坑到自己头上来。从企业角度来说，没有社会责任感的企业是做不大的，使用不正当手段谋取利益，黑幕终有被披露的那一天。从个人角度来说，能力越大，该承担的社会责任越多，才会有更多的渠道去获取财富。

　　孙东旺是万通发动机有限公司的董事长，他有一句人生格言就是"责任成就财富"。在他看来，责任是一个神奇的词，也是一种神奇的力量，他创立的公司之所以能在多年来由小变大，靠的就是负责任这种精神。该公司在数十年间，发起过捐款捐物、传授技术、帮扶就业等活动，还资助残疾人和贫困大学生，一直在积极承担社会责任，多次受到社会表彰。有社会责任感的企业才不会安于现状，因为这种企业想为社会做更多贡献，所以才能够不断发展壮大。

　　人的一生，对贫与富、取与予、义与利，应该都有过一些深刻的思考。有些人认为，金钱很重要，但金钱不是人生的全部，成功很重要，但成功不能靠非法手段去谋取，人作为社会的受益者，在依靠自身劳动取得利益的同时，理应承担社会责任，人取得财富的过程就是积累能量的过程，积累能量后要把自己当作"发光体"，把光散出去，自己才能获得更多的财富。而有一些人，却被金钱、一时的成功所迷惑，对自己生产的物品不负责任，欺骗广大消费者，运用种种不正当手段获得利益，对社会造成了无穷伤害。"常在岸边走，哪能不湿鞋"，当那些卑劣手段被拆穿，随之而来的就是消费者的愤怒和抵制、索赔，最后导致名利双失。就算因为侥幸一直没被拆穿，利欲熏心的人也很难拥有安宁平和的心境，也不会过得快乐。

　　当今时代，国人去国外旅游时总是大包小包地往回带，各种代购也层出不穷，难道我们的国货真的品质太差吗？并不是，我们缺乏的只是那种对产品、对客户高度负责的态度，才使得"洋货"抢占市场。一旦国内企业拥有了这种负责任的精神，国货一定会行销全世界。这也就要求我们每个人有责任意识，杜绝在商业活动中使用不正当手段，一定可以使财富滚滚而来。

63. 诚信为首，重视你的信用记录

"得黄金百斤，不如得季布一诺"，诚信自古就是中华民族非常重视的一项美德，无论时代如何发展，诚信都是不可忽略的重要品质。在新的社会环境条件下，诚信更是与经济直接挂上了钩，与我们的生活息息相关。而个人信用报告的出现，更是关系到每个公民生活的方方面面，将对诚信问题的关注推到了新高度。

有不良信用记录的人，在申请信用卡、贷款担保、贷款买房买车甚至是求职方面都会受到不良影响。现实中不乏有信用污点的人急需用钱，银行却拒绝他的贷款请求的实例。毫不夸张地说，如果一个人的信用记录劣迹斑斑，一方面证明他不会理财，花钱时不考虑后果；另一方面他很难再得到足够的资金去理财，在理财路上会遇到比别人多很多的困难。这就要求我们，在理财时，要以诚信为首，重视自己的信用记录。

与信用记录紧密相关的，就是信用卡。在客户提出申请办理信用卡的要求后，每个银行都会根据对客户做出财产评估的状况，发放不同额度的信用卡，以便利客户的使用。但如果客户在透支信用卡后，未在规定日期内归还欠款，就会产生不良信用记录，而此记录会在个人征信报告中保留五年，会直接影响银行贷款的办理。当然，信用报告上不只有银行账单，而是全面地包含了信贷记录、公共记录和查询记录。因此，贷款太多、逾期不还、有欠税情况、有行政处罚及电信欠费记录、甚至是过于频繁地查询信用记录的行为，都会留下程度不等的不良信用记录。所以，在日常生活里，我们要有意识地避免这些情况的发生。

在手持身份证去银行查询后，便可看到自己的信用记录。如果已经有了不良记录，要积极地消除。消除不良记录没有捷径，只能用新的记录覆盖过去的不良记录：正在使用信用卡的，就要按时还钱；正在还贷的，要按时按量还贷。五年之后，就可以用新的良好记录去覆盖之前的不良记录了。

在理财时，良好的信用记录是个人和金融机构发生信贷业务的重要基础，信用记录就像是"信誉抵押品"，所以一定要重视诚信问题，维护、提高自己的信用。

64. 设定理财目标，是理财计划的第一步

千里之行，始于足下；理财计划，始于目标。很多人都曾产生过理财的念头，但却因为没有及时将理财的想法转化为要为之奋斗的理财目标，从而生活照旧，钱财如水流，迟迟不能致富。理财专家指出："理财目标应当早点制定，才能守住财富、创造财富。"

只有设定一个清晰的理财目标，人才会为此行动起来，而不是停留在空想层面。有人曾做过一个关于理财目标的研究，目的是为了探明设定理财目标是否会影响人的收益。研究表明，那些只在脑子里设定理财目标的人的收入比没有理财目标的人高一倍，而那些清晰明确地在纸上列出目标的人，收入平均是前两类人收入总和的十倍。可以说，设定合适的理财目标，就是理财成功的第一步。

要想设定理财计划，不妨从以下两点做起。

一，从实际出发，设定一个务实且具体的理财目标。理财来不得浮夸，必须脚踏实地，如果一开始就制订一个遥不可及的理财目标，在实施过程中，你重压在身，还会从事实情况里受到严重的打击，感受不到丝毫成就感。要综合考虑自己的收支情况，制定切实可行的目标。理财目标要具体化，这会激励我们为之奋斗。比如说，一个想要买房的人，可以制定"两年内赚二十万去付房子首付"的目标，如此，一想到自己认真理财就能得到渴望拥有的房子，理财者自会产生源源不断的动力了。

二，设立长期目标和短期目标，二者结合促使自己坚持理财。一般来说，长期的理财目标实现起来比较困难，因为长期目标比较远大，需要赚很多钱才能实现。而在这个过程中，人们往往舍不得花钱，因为这会直接影响当下生活质量，让人没有幸福感。

有一个世界马拉松冠军说过："每次比赛前，我都会乘车观察路线，画下沿途醒目的标志。比赛时，我就以百米冲刺的速度冲向第一个标志物，然后是第二个……直到终点。长长的赛程被分解为几个小目标，跑起来就会很轻松。"这位冠军的比赛经验值得理财者们学习，设立具体的、短期的理财目标，化大为小，有助于我们在理财赛道上取得长远的成功。

65. 创新思维，改变从现在开始

著名的心算家阿伯特·卡米洛从来没有算错过题。这一天有人给他出了道题："一辆载着283名旅客的火车驶进车站，有87人下车，65人上车；下一站又下去49人，上来112人；再下一站又下去37人，上来96人；再再下一站又下去74人，上来69人；再再再下一站又下去17人，上来23人……"那人话音刚落，心算大师便脱口而出："小儿科！告诉你，火车上一共还有——""不，"那人拦住他说，"我是请您算出列车一共停了多少站。"阿伯特·卡米洛愣了，这道简单的题难住了他。而他的失败原因，就是他的思维有了定式。

由此可见，一旦人的思维成了定式，很容易栽跟头。理财也是如此，这就要求我们要创新思维，灵活一些，改变自己的陈旧观念。

当今时代，银行利息永远追不上通货膨胀的速度，要想致富，致富思维要先行，因为思维就是财富。当面临同样的机遇时，创新思维的人会扼住时代的脉搏，在时代的浪潮中淘金。20世纪90年代初期，上海政府给出一批工厂外迁名额，由于企业都已在市内打下根基，一些企业就拒绝了外迁，而另一些企业却纷纷抢占外迁名额。之后外商纷纷入驻上海市外沿，那些迁出来的企业不仅获得了国家资金补助，还与外商达成了良好合作，壮大了企业。所以说，将自己的思维与时代的步伐联系在一起，才能抢占财富先机。

只有创新思维，才能从已知信息里找到隐藏的商机，从而抓住机会创造财富。有一个青年和同村人一起开山，别人把石头卖给建房的人当建筑材料，他把石头以高价卖给花鸟商人；后来大家都种果树卖水果，他发现水果商需要筐子装水果，便开始种柳树，编织柳筐，大赚一笔；再后来铁路从村中穿过，别人开始集资办水果加工厂，他在地头修了一堵长100米、高3米的墙，广告商用每年4万元的价格在墙上打广告。这个青年人的思维总是比其他人要新颖，他因此成为了村里第一个百万富翁。

大多数理财者都是沿袭已成熟的赚钱方式去获取利益，这本是无可厚非的。但要想取得更大的利益，就要创新思维，另辟蹊径，去尝试别人没想到的方式，在思维上领先别人一步。

66. 急于求成，可能得不偿失

李嘉诚说："理财必须花费较长的时间，短时间是看不出效果的。"任何一种理财方式都不是立刻就能见到大收益的，理财是在长时间中见效果的，所以理财过程中有良好的心态是必不可少的。耐得住性子才是一个理智的理财者。急于求成是理财中的大忌，以这样的心态理财的人，很可能最后血本无归。

财富是要一点一点积累的，所以投资理财的收益也是一天天"熬"出来的。欲速则不达，理财就是要你修炼滴水穿石、铁杵磨针的耐力，像垂涎欲滴的珍馐佳肴背后绝对是对火候的考究和耐心的等待。所谓心急吃不了热豆腐，理财中能稳住才是至关重要的，等待必然不好受，各种市场行情的变化和始料不及的困难挑战都有可能成为你放弃的理由，能在最糟糕的情境中稳住而不心神慌乱的人才有可能成为最后的赢家。那些一心想着"一口吃成胖子"的人，最终往往成为那些看着本来可以进入自己口袋的利益如今进入别人口袋而悔恨的人。耐得住性子并且有坚持之心的人才能成为最后的成功者。

即使你有赚一亿的欲望而你却只有一天的耐心，一切的愿望也只能是幻想。人不能活在"一步登天"的过分贪婪中，所以理财既不能"把鸡蛋放到一个篮子里"，也不能盲目随大潮。理财要有在计划性，耐心也是在合理的计划下才能保持的。理财不是赌博所以理财需要提前制定合理的计划，按计划有目标有秩序的理财才会让自己的资金投资更有保障。

王女士和李先生是同事，两个人家境差不多，手头都有些暂时的余钱，于是都打算用这些钱去投资，希望可以赚些钱让家庭更富裕。平日里王女士就是个井井有条的人，所以她投资前早早就认真研究了市场，还制定了投资计划。而李先生却什么也没准备一心想着赚大钱，就直接到处询问别人都投资到了哪里，他也就跟着别人的脚步做了投资。一年后双方都有些许收益，但并不高，王女士按计划耐心继续原有的规划，而李先生耐不住性子了，便改变了原有的投资方向又随着别人做了其他投资。就这样几年之后，王女士赚了很多，而李先生却因不停地跟错"部队"而血本无归。

这就是耐心规划与急于求成的区别，事实上人生中有太多的事需要我们耐心去做，急功近利只会带来"揠苗助长"的笑话。理财不是赌博，赌博靠运气而理财靠心态与智慧。理财如吃饭"细嚼慢咽"才会身体倍儿棒，"狼吞虎咽"只会让人消化不良，急于求成的人终会得不偿失。

67. 缺乏勇气，财富与你告别

世界上任何领域的一流好手，都是靠着勇敢面对他们所畏惧的事物，也只有敢于冒险犯难，才能出人头地。有风险才有诱惑，没有风险的社会，就没有成果而言。在获取财富的路上，勇气是必不可少的。

《新约·马太福音》中有这样一个故事，国王远行前交给三个仆人每人一锭银子，并让他们在他远行期间去做门生意。国王回来后，把三个仆人召集到一起，发现第一个仆人已经赚了十锭银子，第二个仆人赚了五锭银子，只有第三个仆人因为怕亏本，不敢冒险，什么生意也不敢做，最终还是攥着那一锭银子。于是，国王奖励了第一个仆人十座城邑，奖励了第二个仆人五座城邑，第三个仆人认为国王会奖给他一座城邑，可国王不但没有奖励他，反而下令将他的一锭银子没收，奖给了第一个仆人。国王说："少的就让他更少，多的就让他更多。"这个理论后来被经济学家运用，命名为"马太效应"。可见，有勇气，敢于冒险，才有了获取财富的可能。

俗语说："狭路相逢勇者胜。"当你比别人多一份勇气，就能先拨得头筹。在成功的道路上，胜利者和失败者之间的比拼，大部分都是勇气的较量。失败者做事时会前怕狼后怕虎，犹豫不已，而胜利者则有着敢于出手、拼尽全力的勇气。所以说，有获利的机会时，万万不可畏缩不前。

世界上有很多人拿着一份不高不低、刚够生活的工资，可能大家都想过自己要成为富人，却只有小部分人做到了。究其原因，其余的人虽然想要更多的财富，却满足于眼前的安逸，下意识地过着重复的安稳日子，没有冒险的勇气，不敢拼不敢博，财富便与他们失之交臂了。没有勇气的人，总是怕冒险、怕失败、怕上当、怕吃亏，怕来怕去，最后只能看着别人发财。

在童话里，勇士才能打败恶龙、娶得公主、赢得财富，现实也是这样，对于那些有勇气冒险的人，上帝会给予财富做奖赏。不管在哪个领域，想要获得财富都是有风险的，这时候只能用勇气去打败心里对风险的畏惧，而后才能拥有成功的可能性。没有勇气，梦想永远都只能是梦想，财富也不会青睐于你。

68. 常怀善心，也是一种财富

常怀善心、播种善举是快乐的源泉，为别人带来快乐的同时，我们自己也会处于快乐的包围之中。快乐是可以分享的，你分享给别人的东西越多，你获得的快乐就会越多。你把幸福分给别人，你的幸福就会更多；但是，如果你把痛苦和不幸分给别人，那你得到的也只能是痛苦和不幸。生活中你如果整天以一张愁眉苦脸待人，那么放眼看去可能都是愁眉苦脸的人；相反，如果你以笑脸相迎，你会看到更多的笑脸，你的快乐心情加倍了。

假使我们不被自己的欲念和自私心所蒙蔽，那么随着日子飞逝而去，我们会拥有一笔精神财富。如果一个人利欲熏心，自然患得患失。只希望对人有所帮助，不求人家对我有什么好处，这是一种无私的人生观。许多人活着是为了攫取，对于这些人，人生是为了自利。"播种善举比获得更有福"的告诫，对这些人毫无意义，因为他们觉得人生的价值要视能攫取多少而决定。

但是有些人却觉得人活着是要施人以善，处处心怀善念。这些人奉献自己，宽恕他人，并始终怀着一颗感恩的心。他们了解人生的快乐是什么，并努力去寻找。

李嘉诚曾说过："财富不是单单用金钱来比拟的，内心的富贵才是财富。"而常怀善心的人就是精神上的富有者，他们的灵魂也会因慈悲而高贵。富勒经过数十年打拼，成为了一个令人艳羡的千万富翁，但他却感觉自己并不快乐。当他因工作劳累而患上心脏病后，他意识到自己已被财富所困。他决定把自己的财富捐给慈善机构，并且开始投身于慈善事业，与妻子一起为无家可归的贫民们修建"人类家园"。曾经他是财富的奴隶，如今他成了财富的主人，由于自己造福了很多人，富勒自认是世界上最富有的人。可见由于播种善举而获得的精神财富，更能使人幸福。

一个常怀善心、经常帮助别人的人，比一个坐拥财富却小气吝啬的人，更受民众尊敬和欢迎。这也是一笔财富，为那些行善之人所独有。而关于财富和慈善，诸多财富大亨也明确指出，当一个人不能有效管理财富、让财富创造出更大能量的时候，就应该把财富还给社会。所以，要常怀善心，多播种善举。

NO.4

心态与创业：停是智慧，进是勇气

69. 梦想是事业的先导

人生因梦想而精彩，事业也会因梦想开始。创业之人，首先得有创业的动力，然而创业的动力就来自于梦想，只要始终怀抱梦想，敢于实现梦想、不放弃梦想，一切开始的空想都有可能变成最终的现实。

梦想会让一个人心甘情愿的付出。如今IT界的风云人物雷军曾经也是一个心怀梦想的青年。雷军在大学期间就梦想要创立一家世界一流公司，大学期间他努力学习，成绩非常优异，大一时他写的程序PASCAL，被老师选作了下一版教材的示范程序，大三时的他拿到了人生的第一桶金。为了实现梦想大学期间他曾尝试过和同学一起创办小公司，毕业后他进入了知名软件公司"金山"，他凭借自己的努力很快成为了公司的高层管理人员。但在2007年他为了更快实现自己的梦想做出了一个惊人的决定，他辞去了"金山"总裁兼CEO的职位，他说："这是我真正人生梦想舞台的开始。"后来雷军看准了互联网，成功投资了乐讯社区、UC优视、网页游戏、3G社区等等，成为了名副其实的投资达人。如今的他依旧继续循着梦想之路在努力。

雷军已经是创业界响当当的成功人物了，当年的因为怀揣着梦想才甘心做一个事业的"奴隶"，再苦再累，无怨无悔。雷军曾说："人因梦想而伟大，只要我有这么一个梦想，实现这一个梦想，我就此生无憾了。实现不了，我也心安了。"所有事业的开始都是以梦想为先导的，所有的斗志也是源于梦想的激情。所以说从某种意义上来说，梦想的热情有多大，成功的几率也就有多大。

洛克菲勒说："不指望机会降临在自己身上的人，其实是承认自己无能。机会只会降临在有梦想的人身上，实现梦想的渴望越迫切，成功的几率就越高。没什么比'有梦想'更接近成功了。有梦想，就能克服任何困难，甚至可以改变与生俱来的性格。"

不甘于现实的人才是梦想的创造者。看过《阿甘正传》的人，无一不被阿甘的勇气所感动，那种勇气不是逞强的鲁莽，是不甘于现实为梦想而付出的努力。阿甘是个智商只有75的低能儿，却不是个自认无能的怂包，他从一个受欺凌的孩子到橄榄球巨星，再到战争中的英雄、乒乓球世界冠军，以及后来捕虾成为企业家，每一步的他都是踏踏实实的梦想实干者。他是一个笨人，却在梦想的指导下变得伟大。

一个人如果想成功，一开始可以一无所有，但是不能没有梦想。梦想是一个人一路奋斗的导师，梦想会是你所有坚持下去的支柱。

70. 警惕你的"打工心态"

在现实生活里，有些工作人员，尤其是底层的打工仔，总觉得自己和老板之间不过是雇佣关系，自己打工也不过是为了赚钱。他们内心经常回荡着这样的独白：我只是一个普通的打工仔，工作做多做少，做好做坏，对自己意义不大，达到上司要求就行了，保住这个"饭碗"就是最大的幸福，至于别的什么创新技术、钻研项目、开拓事业等等都是老板所需要考虑的，不是自己分内之事，不需要自己多考虑什么。

显而易见，上述的"打工心态"是一种消极怠工、不求上进的心态，由此不仅会引发工作效率低下、产品质量不高等问题，对公司造成危害，更是会慢慢消磨掉自己的进取心，埋没自己的能力，让自己成为一个甘于现状的人。

每个人初入社会时，找一份工作历练自己是正常的，但不应该在日复一日的工作中失去了自己前进的方向。不应该做好高骛远的人，更不应该做浑浑噩噩的人，要坚持自己的梦想，警惕自己被"打工心态"所腐蚀。

有个叫杰克的人，他在一家贸易公司工作了一年，由于不满意自己的工作，他总是忿忿不平地对朋友说："我在公司里就是一个打工的，我的工资很低，老板也不把我放在眼里，每天都在重复那些工作，真是太没意思了。"

有一个朋友问他："你把现在这家贸易公司的业务都弄清楚了吗？"他老老实实地回答："还没有！"这时他朋友又说："你可以去学别的知识啊！我建议你先静下心来，认认真真地工作，把他们的一切贸易技巧、商业文书和公司组织完全搞通，甚至包括如何书写合同等具体细节都弄懂了之后，跟老板提出升职加薪，否则就一走了之，这样做岂不是既出了气，又有了许多收获吗？"

杰克听从了这位朋友的建议，一改往日工作的散漫习惯，认真工作起来，常常加班加点地留在办公室里研究商业知识。一年之后，那位朋友偶然遇到他，就问："现在你大概都学会了，还觉得工作没意思吗？"杰克说："不不，我发现近半年来，老板对我是刮目相看了，最近更是委以重任，升职又加薪。公司里的其他人都开始敬重我、羡慕我,我觉得这家公司真是太好了了!"

故事虽普通平常,却也给我们启示:摆脱"打工心态",认真对待工作,才有上升的空间、进步的机会,在事业上得到很大的进展。

若想远离"打工心态",需做到这三点:第一,要有目标和理想。有努力的目标,才会一步步前进;有自己的理想,才会坚持不懈。第二,认清楚工作的本质。工作并非为他人,而是为自己的发展,表面上工作只是一种谋生的手段,实际上是为了更好地实现自己的价值。第三,树立主人翁意识。明白将自己的身心完全投入到工作中,工作必会厚报于你。

警惕"打工心态",才能踏上属于自己的征程!

71. 用企图心改变自己的气场

企图心是什么?企图心就是一个人的奋斗目标,是心中关于未来的理想,是催人奋进的力量来源。有企图心的人想赚大钱,给自己设定了高目标,因为心态积极,行为总是在奋力拼搏,精神状态也随之振奋,整个人从外观到内在,都是神采奕奕的,气场也变得强大,极具进取性。

没有企图心的人,因为安于平凡甘于平庸,就算有梦想也不去行动,气场也萎靡不振。一个只求及格的学生,不会认真学习;一个只求温饱的小职员,不会参与职位竞争;一个只求拿省冠军的运动员,不会打破世界纪录……这些人对未来没什么企图,只是以现有水平要求自己保持下去,但懒惰久了就会堕落下去,最终很可能导致自己的能力一直下降。企业不会青睐这种员工,这种人去创业也不会成功。

创业的人有很多,但凡是成功了的,都是那些百折不挠、坚持到底的人,而他们的执着,也是由于企图心太过强烈,遇到什么困难都不忍放弃。曾荣登福布斯中国富豪榜的梁亮胜,当初出来闯荡时,不过是个一眼看去和其他人没什么不一样的打工仔。但他对自己的现状很不满,有着强烈的企图心:不想当打工仔想做老板;想赚很多的钱;想给妻子更好的生活条件,而不是两人挤在沙发上睡……他和一群青年被派到香港工作,在企图心的引导下,劳累一天后,工友们早早进入梦乡,他却报了夜校,依靠惊人的毅力坚持学习。在他坚持学习时,他身上的气场已经悄然改变,和工友们有了很大区别。接着,他用学来的知识做起了贸易,最终成立了丝宝集团,抢占了日用品的三分江山。等到他实现梦想后,强大的气场更是让人无法把他和当年那个普通的打工仔联系到一起。

"命运本非天定，成败自在人为"，哪怕之前是穷人，也不能停下努力的脚步。只要积聚强烈的意识能量，怀有企图心，就能改变自己的气场，从而改写命运。犹太人对金钱有强烈的渴望，所以是世界上最富有的民族；潮汕人企图获得大量财富，成就了大名鼎鼎的"潮商"。对于创业者来说，要想创业成功，有些挫折和磨难是必不可少的，这种时候就要坚持自己的企图心，依旧雄心勃勃，强烈的赚钱欲望会让你战胜困难，在创业路上越走越远。

72. 有点野心更可爱

成功或许各有不同，但成功的思维却是出奇的一致。也就是说成功不是飘忽不定，可遇而不可求的，成功可以成为一种定式，可以用来"复制"和"粘贴"。

很多成功者都得出过这样一种结论：成功源于野心。俗话说："不想当将军的士兵不是好士兵。"没有野心的创业者就不是好的创业者。注定平凡还是选择成功，二者之间往往差两个字"野心"。野心就好比梦想，也就是比理想更大的欲望所在。

世上所有的科技存在都是当初幻想的实现，所有的成功者都不是偶然的机遇所造就的，都是在内心的欲望的指引下走向成功。不要认为满足于现状是成功者的高尚，那可能只是你没有勇气成就更好的懦弱罢了，那只是冠冕堂皇的借口罢了，真正的成功者会有更大的"野心"，他们永远都不会满足于现有的成就。

大概很多人都知道吉列剃须刀，但却很少有人知道它的故事，与金·坎普·吉列有关。吉列出生在一个美国小商人家庭里，父亲的小生意并不能让一家人过上舒坦的日子，所以迫于贫穷，16岁那年，小小的吉列就被迫辍学。走向社会的他没有学历、没有经验，只能做推销员，这一做就是24年，他在推销业已经相当出色，有一次和同事闲聊，同事说："我认为世界上没有什么比做一个成功的推销员更痛快的工作了，吃的舒服，住得舒服，玩的自由。"吉列却说："我并不认为做推销员是个长久之计，因为不管你推销的技术多高明，也不管你的业绩何等优秀，终归是替别人干的。这一行赚钱再多也会有个限度，所以我认为如果想赚大钱就要自己干。"同事听了很不屑地说："哟，你这是想当大老板呀，那么胸有成竹？"吉列只是笑着："我相信我不会做一辈子推销员的。"

这样一段谈话就可以看出吉列是个有野心的人，胸怀大志。成功总是留给有准备的人，当吉列痛恨于刮胡刀总是割伤他的脸时，便想到了："难道就没有更好的方法来造福一下男人吗？"在这种思维和野心下，他开始了自己的事业，研究出了既不会割破脸，又不用磨的刮胡刀，开创了世界闻名的品牌——吉列。

由此可见，成功者首先要有成功的野心，没有野心就是没有欲望，没有欲望就谈不上所谓奋斗的动力，就像所有人都知道温州是成功的"故乡"，可我们也要知道温州人的成功靠的就是"胆子大"，有多大野心就有多大胆，终究还是温州人有魄力，敢想敢做！

如果你不想成功，成功就永远不会主动去敲你的门。野心是转运的原动力，创业者要有点野心事业才会有更大的突破，生活中有点野心才不会一成不变，所以有点野心，人生才会更可爱。

73. 与其相信运气，不如相信自己

有句话说："我命由我不由天。"每个人的生命都是自己的选择，每个人的成功与失败也都是自己的选择。因为选择，所以主宰你命运的只有你自己。在人生的奋斗过程中，会遇到很多困难，有很多人在遇到困难时首先想到的不是自己的过错，而是"我运气太差"，事实上"运气"也是自己的选择，所以在创业途中与其相信运气，不如相信自己。

马尔比·布科克说："人们最常见的同时也是代价最高昂的一个错误，就是认为成功依赖于某种天才、某种魔力，依赖于某些我们不具备的东西。"然而事实上，成功不是靠运气得来的，成功就掌握在我们自己的手上。

有两个年轻人想要创业，于是就去拜访一位成功的企业家讨取成功的经验。企业家很赞赏两个人的想法，于是给两个人布置了一个任务让他们去完成。企业家要求他们两个人第二天早起一起去这个城市的中心，在城市中寻找一个愿意帮助他创业的富商，但只能站在街市中寻找，然后第二天日落后去找他交差。两个人第二天都起了个大早，一起去了街市，刚开始两个人都是热情饱满，见人就询问并述说自己的来意，可是随着一次次的挫败以及烈日的烘烤其中一个人就慢慢失去了信心。

临近日落之时，早早泄了气的那个人再也熬不住了，就收了心要回去，但另一个年轻人还在努力等待。可是就是那么巧，就在第一个年轻人离开不久，这个继续坚持的年轻人找到了一个愿意支持自己的富商。年轻人高兴地去交了差，到企业家那里时第一个年轻人说："运气真好，好运气都让你赶上了。"

企业家听见了笑了说："这不是运气，这是你们自己努力的结果，既然你宁愿相信运气，也不相信自己，那么你的创业计划还有必要进行下去吗？有些时候不是运气使然，这些好的或不好的结果事实上都是自己的选择。"提前放弃的年轻人听后惭愧不已，可是已无济于事。

这个故事告诉我们奋斗途中要相信自己，相信一切结果都是自己努力的结果，不要期盼好运会无缘无故地降临，所有的运气都是自己给的。俗话说："求人不如求己。"更何况是虚无缥缈的运气呢。所有的成功都是相信自己的选择，并为之奋斗的结果，所有人都是平等的，没有人的成功属于运气。

74. 让潜在能量充盈内心

　　人的身体素质潜能不可限量，人的心脑智慧潜能更是巨大无比。人的学习、记忆、认识潜能，人的创造潜能，人的思维潜能等都是人的心脑潜能的具体表现。人的这些潜能，无穷无尽，可以被开发利用。正像人类在实现目标的过程中非常需要潜意识的帮助，一切的创造都是由潜意识所形成，人类几乎可以创造出任何只要想得到的事物。通过潜意识，人可以将构想改变为现实，使美梦成真，使问题得到完满的解答。

　　一个人有意识去成功，就可能成功；有意识想着失败，就会失败。所以当你想要实现一个目标的时候，就需要不断地重复它。这样不断地经由你反复地练习，反复地输入，当你潜意识可以接受这样一个指令的时候，所有的思想和行为都会配合这样一个想法，朝着你的目标前进，直到达到目标为止。

　　一个人期望的越多，获得的也就越多；期望的越少，获得的也就越少。成功是产生在那些有了成功意识的人身上的，失败则源于那些不自觉地让自己产生失败意识的人身上。消极的潜意识使人走向失败，积极的潜意识使人走向成功。积极的潜意识是一种巨大的力量，给逆境人生以源源不断的行动动力。

　　充分发挥自己的潜能是获得成功的"第一把金钥匙"，人的潜能具有操纵自己命运的巨大能力。如果意识给潜意识一个指令，潜意识就会认真地去执行这个指令。

　　每个人的身体里蕴藏着潜在能量，那些创业成功的人，无一不是挖掘使用这种能量了的。有人天性谨慎，想要创业，却又迟迟下不定决心，担心以自己的能力做不成事业，这时只要改进自我意向，增强自己的自信，在潜意识里种下财富的种子，就能有效调动潜在能量，为金钱的流入打开通道。心中幻想着能够创业成功，潜意识就会产生反应，用潜在能量引导人去实现梦想。

　　遨游浏览器的创始人胡彦祺，就是一个充分利用了潜在能量的创业者。在他大学刚毕业时，他就打算开始创业，奋斗过程无疑是十分艰辛的：每天工作15个小时以上，赶项目时就在小小的办公室里打地铺，反复修改创意设计直到完美……尽管如此辛苦，他却乐在其中。他说："我并不觉得累，为自己的梦想而奋斗的人是幸福的，因为有了创业梦，我身体里的潜在能量为我提供动力，让我能够全力去拼。"最终，多家企业成了这个小伙子的客户。

只要敢想敢做，潜在能量就会为我们提供能量，帮助我们克服种种困难，加快成功的速度。因此，我们要充分挖掘自己的潜在能量，使之充盈我们的内心。

75. 拿出玩游戏的激情来缔造事业

创业的人需要梦想去"定位"成功，同样需要激情去"导航"成功。在创业途中会遇到各种各样的事情阻碍你前进的脚步，在困难中人很容易失去立场和动力，这个时候我们需要一份激情。激情是一份精神的刺激，是一种信念，一种不想放手的热爱，就像沉浸在游戏中的玩家，那种因热爱而带来的激情可以支撑你的神经时刻处于"备战"状态，让你不由自主的坚持，情不自禁的投入，这种激情足以支撑你躲避所有的阻挠。所以要创业就要拿玩游戏的激情去缔造事业，用那种近乎上瘾永不停止的激情去实现目标。

曾经有人做过一个实验：将一只凶猛的鲨鱼放到了一个玻璃池子里用强化玻璃将其与其他小鱼隔开，刚开始的时候鲨鱼看着对面，不断地冲撞那块看不到的玻璃，它用尽力气、各种尝试，可是每次到玻璃出现裂痕的时候，工作人员就会换一块。就这样，鲨鱼总是在伤痕累累、头破血流中失败，随着这种挑战的失败，它的激情一点点被消磨，最后，它再也不愿意碰那块玻璃了。后来实验人员把隔离的玻璃直接拿走了，可是鲨鱼这时依旧没有反应，它依旧在原来的区域活动，再没接近过曾放置那块玻璃的地方。

事实上，鲨鱼的这种激情就像创业者初入商场，刚开始的时候总是信心满满，一副不干出点事业就不罢休的架势。可是面对竞争中的各种挫折与艰辛，或许刚开始大多数人都是"初生牛犊不怕虎"能闯能拼能干，吃苦耐劳又勤奋。可是能一直维持这种激情的人却是少数，很多人都会因忍受不了长期的心理和生理上的折磨而后退，直到丧失所有的激情和动力。就像马云所认为的："短暂的激情是不值钱的，只有持久的激情才是赚钱的。"

马云在讲述自己的创业经历时说："创业需要激情，而且只是有短暂的激情还远远不够，它需要持久地支持着创业者的灵魂。"所以马云对他公司的精神文化要求是非常严格的，他需要员工有最持久的激情。"乐观向上、永不言弃；对公司、工作和同事充满热爱；以积极的心态面对困难和挫折，不轻易放弃；不断自我激励，自我完善，寻求突破；不计得失，全身心投入；始终以乐观主义精神影响同事和团队。可见在激烈的竞争中保持奋斗的激情对创业者有多么重要。可以说奋斗激情的长短决定了你事业路程的长短，能走向巅峰的人都是在拿全部生命的激情在缔造事业。

要想成功就像热爱游戏一样去热爱事业吧，拿出最持久、最靠谱的激情去追求成功吧，这种激情或许不一定能让你快速走向成功，但这种激情一定会让你更接近成功。

76. 激情来自"分享"的心态

要想做生意，就避免不了和其他企业、客户打交道，而要想把生意做好，就要处理好与对手、客户的关系。一方面，能力再大的公司也无法独揽某项生意，另一方面，客户喜欢和能维护客户利益的公司做买卖，所以做生意要善于分享，走合作之路，才会越走越顺，心中对经营企业的激情，才会一直不断增加。没有什么迈不过去的坎，激情来自"分享"的心态。

多分些利润给客户，确保客户利益最大化，能够将对方发展为自己的忠实客户，甚至在某些特殊情况下，让利给客户，自己便能成倍地赚回来。第二次世界大战结束后，战胜国在一起商洽，决定成立联合国。但联合国的具体选址，却成了让人颇为头疼的问题；联合国应该建在繁华的大都市，可这类城市的土地都比较昂贵，刚成立的联合国总部拿不出这一大笔钱。这个消息很快就传出去了，在其他人未下决定时，美国的洛克菲勒家族迅速拿出870万美元，在纽约买下一大块土地，同时用更多的钱买走了这块地周围的土地。令人惊讶的是，这个家族将那一大块土地免费捐给了联合国，但联合国大厦建好后，四周的土地价格翻了好几倍，洛克菲勒家族自然赚回来了更多的钱。此时人们才看清真相，十分佩服这种"分享、双赢"的手段。

研究证明，有与有竞争关系的企业合作后，优势要远远大于单个企业，能够共同拿下更大的市场蛋糕，即收到一加一大于二的效果。而不愿和他人分享市场蛋糕的话，极有可能会失去吃蛋糕的良机。美国政府曾决定修建一条横贯美国大陆的铁路，这就说明国家急需大量的铁路卧车。钢铁大王卡内基十分想揽下这笔大买卖，可竞争对手布鲁曼公司也想取得铁路卧车的制造权。两家公司各有优势，任何一方想要取得胜利，都要花费很多钱财。卡内基为了避免双方竞争花费的开销，制造了机会，在旅馆和布鲁曼见面，极有诚意地提出了合作请求，表达了愿意双方共享利益的意愿，布鲁曼被他的真挚和分享精神所打动，同意了合作，而后双方都赚得盆满钵盈。

不想和别人分享，会招来别人的嫉妒、仇恨，当别人用敌视的态度设下种种阻碍时，赚钱的激情会被慢慢消磨掉。只有和别人分享财富，双方都心情愉悦，生意才会顺遂，激情才能长久。李嘉诚在教育儿子时说："当你和别人合作，假如拿七分利润合理，拿八分也可以，那你拿六分就够了。"的确，让利于他人，和他人分享，对自己也很有利，创业者们要牢记分享这一法则。

77. 敷衍，创业心态第一罪

这个世界最忌讳的就是敷衍，所有因敷衍导致的不认真在下一刻都有可能让你前功尽弃。凡有大成者都有自己的"潜规则"：要么不做，要做就做最好。世界第一 CEO 杰克·韦尔奇也曾经说过："干事业实际上并不依靠过人的智慧，关键在于你能否全身心投入，并且不怕辛苦。实际上，经营一家企业不是脑力工作，而是体力工作。"可见，干事业者学历和能力并不是最重要的，最重要的是能不能全身心地投入到事业中去。所以，认真最可贵，敷衍就是创业心态的第一罪。

当你认真时会发现全世界都会"怕"你。在台湾有这样一家牛肉面店，一碗面一万元，因为价格逆天，它被美国《华尔街日报》封为世界上最贵的牛肉面。很多当红艺人来到台湾必会来此解馋。但是就这样的价格，吃面的人也得排队预约，店里只有四张桌子，一天只卖十碗面。这家店叫"牛爸爸牛肉面"，老板叫王聪源。王聪源说："四张桌子，不求量，只求精。坚持把面做到极致，目标碗碗世界第一。"谁都不会想到这位做面牛人，曾经是一位在建筑行业待了 12 年的建筑师，只因在温哥华吃到一碗牛肉面久久不能释怀，便辞去了建筑行业的工作决心开一家牛肉面店。为了做好一碗面，他花了 26 年去研究，不计成本地实验改进，最终做成了这顶级的牛肉面。如此的坚持与坚守真不是一般人可以做到的，他的认真造就了他的成功，他是用生命创造了自己的事业。这般认真的人是注定的成功者。由此，也让我们深思敷衍为何就是创业者的"杀手"。

敷衍的人永远只有三分热度，他们永远没有坚持不懈的精神，没有持久奋斗的激情和耐力。对于一切事情永远是虎头蛇尾，最后草草了事。这样的人创业注定会血本无归。

敷衍的人永远是懦弱的，他们有理想，但最终这些只会变成想象。他们爱抱怨，总是怕吃苦，不愿尽力而为，他们对待一切都不认真，总是认为差不多就行了，这样的心态永远不可能让自己的事业牢固。

敷衍的人永远爱拖沓。都说成功者都是言行一致，行动力强，办事快、效率高的人，然而敷衍的人恰恰相反，他们往往喜欢"临时抱佛脚"匆匆完事，办事错误率远超正确率。这种心态注定了他们天生不是创业者的料。

敷衍的人永远是懒散、浮躁的，他们永远不会有魄力，这样也就很难会有领导者的魅力。敷衍的人做事拖沓、不严谨，很难服众，这样就很难让别人听命于他。因而，这样的人很难成大器。

敷衍的人在人际交往中永远处于被动的一方。创业最重要的是在合作中共赢，可是如果你的形象很难给别人信任感，那么你就真的失败了，然而形象恰恰是心态的表现。另一方面，敷衍的人在生意场上必定没有人愿意和之长久合作，当所有人都了解他后就再也没有人愿意和他做生意了。这些都是创业者致命的失败。

由以上可见，说敷衍是创业心态的第一罪是毫无疑问的。所以要想创业，首先必须戒掉敷衍的心态，踏踏实实，全身心投入自己的梦想。

78. 机会总青睐不满足于现状的人

古人提倡"知足常乐"但并不是让我们满足于现状。这里的"知足"是一种心态，而满足是一种行为。知足的人不计较成败得失，而满足的是不尝试成败，也就是不思进取。所以在创业中我们可以做个知足的人，但绝不能做个满足于现状的人。

机会总是留给有准备的人，不满足于现状的人就是机会的时刻期待者，所以机会总是青睐不满足现状的人。

有一只小乌龟出生在一个被半岛阻隔的海峡之间，从小妈妈就告诉它外面有更大的海，可是妈妈从不让它离开这里，妈妈说："这里才是最好的归宿，这里才最安逸。"和妈妈一样这里所有人都知道外面的世界很大、很美，却从没有人想过离开这里去追求外面的生活，他们总说："外面不一定有多危险，待在这里就好。"而是小海龟心里是无比渴望外面的世界的。一天，它再也忍不住了，于是叫了一群伙伴和他们商量一起出去寻找真正的大海，可是伙伴们都不同意，他们都认为这里挺好，没理由去冒险。于是小海龟就开始了自己一个人的"旅行"。不知游了多久，它看到了一片看不到边的海洋，看到了这里五彩缤纷的世界，看到了家乡没有的美丽，它此时是无比的高兴和自豪。它得意于自己的勇敢，得意于自己的不满足。

人生有时就是这样，只有不满足于现状才会去追求更美好的未来，只有敢于追求的人才会得到机会的青睐。但我们身边也有很多像小海龟朋友的人，这样的人就是行动上的满足者，他们闲置自己的能力而一味追求现状的安乐，这样的人不会有机会的。

机会总会青睐于不满足现状的人。成功不可能一蹴而就,不能因为一时的成就而满足,因为追求的越高,到达的终点才会越远。

79. 心比天高,则会命比纸薄

很多创业的年轻人不注重现实,创业刚开始就雄心万丈地想要做大事。如果以此为目标,自然可以激励自己不断前进,可是当现实和理想间的巨大差距显露出来时,心比天高的创业者很难脚踏实地,很容易选择放弃。

在《红楼梦》里,晴雯和袭人都是贾宝玉身边的大丫鬟,且各有所长。晴雯是针线技术好,容貌美丽,个性却是得理不饶人,说话尖酸刻薄,很不得人心;而袭人姿色中等,做事妥帖,有了目标就一步步努力,性情温柔,很会和人和睦相处。到后来,袭人有了姨娘的月例,晴雯却被驱逐出大观园,抱病而死,能落得个"心比天高命比纸薄"的可悲下场。

创业者一定要有务实的心态,谨记晴雯的教训,像袭人一样,脚踏实地的发展自己的事业,努力去除各个风险因素。要认清自己即便身在低处,也有很大的上升空间,可以不断努力,慢慢晋升。事实证明,绝大多数富豪都是从零开始或者依靠小本生意赚的第一桶金,尤其是在中国,改革开放之前商场上差不多都是穷人,几乎都是靠赚小钱慢慢做大生意的。从底层做起,能够积累做生意的经验,增加阅历和见识,还能积累本金,为扩大规模做准备。

心比天高者,不想从小处做起,对于小钱也看不到眼里,但又赚不到大钱,只会落得命比纸薄的凄惨结局。有位百万富翁曾说过"小钱是大钱的祖宗",又有语云"一屋不扫何以扫天下",对创业者来说,就是"小钱不赚何以赚大钱",更何况小有小的好处,从小成本生意开始试水,如果这行有前途,再做大也不迟;如果觉得风险过大,还可以及时调整,改做其他生意,这是大笔生意不具备的灵活性和稳妥性。举例来说,想做电商,可以先开淘宝店锻炼一下,也测试自己是否真的适合这行;想从事餐饮业,不必一开始就开大饭店,奶茶店、快餐店都是不错的选择。甚至当创业者想创业,又没有金点子时,也可以着眼于小的方面,从最基本的衣食住行做起。李嘉诚卖过塑料花,王永庆卖过大米,这些都是很好的学习例子。

"小生意、大计划",任何人的成功都是从一点一滴的小事做起的。不切实际地盲目追求高起点,只会为自己设置障碍,最终一事无成。

80. 唯有自信，才有可能

　　总有这样一些人，他们有心想去做一些事情，却又是顾虑重重，总想着："我没有经验，万一失败了呢？我没有很多资金拿什么去和别人竞争？我没有人脉，怎么和那些商业大佬打交道呢？……"这些人不是没理想没志向，而是缺乏实现理想的自信，缺乏勇气去尝试。可是不尝试你怎么知道自己就一定会失败？人生就是赌场，最后赢者不是那些资金雄厚的人，而是那些有信心认为自己一定会赢的人。

　　的确，创业少不了资金、人脉、经验……但是不要忘了一切成功的开始不一定是充裕的物质准备或者有无经验等，心理准备才是事情成败的关键。心态准备中树立自信心最重要，俗话说：自信，你就成功了一半！这句话在创业中是经过无数人证明过的，比如我们所熟知的俞敏洪、马云。

　　没有人会想像得到当年那个高考三次都名落孙山，甚至都做好了在家乡当一位"面朝黄土背朝天"的农民准备的俞敏洪最后居然能成为如今人们口中的"留学之父""中国最富教师"。如今的俞敏洪是中国最大的英语培训机构的创始人，中国有百分之七十的留学生都出自他的门下。可是当初的他没有任何成功成名的特点，没有资金、没有经验、没有人脉，甚至他都不懂如何与别人打交道，有的只是傻愣愣的自信，他相信自己能成功，他自信到不怕失败。这样的他从中关村第二小学一个简陋的教室，从一张桌子、一把椅子开始了自己的事业。大家都知道"新东方精神"的核心是"从绝望中寻找希望"，然而这种强大的勇气靠的就是强大的自信。

　　如果说俞敏洪还有一个"北大"的金字招牌的话，那么杭州师范专科出身，长相极丑，一样白手起家创业的马云可真是一无所有的最励志的形象了。马云和俞敏洪因为有着相似的经历所以总是惺惺相惜，俞敏洪经常在公开场合调侃马云长得丑，却毫不掩饰对马云的崇拜，他曾经总结了马云成功的关键，那就是："盲目的自信，这种盲目的自信让马云把不可能变成了现实。"的确，也正是这种可以让马云飞快的从挫折和自卑中走出来的自信造就了他的成功。

　　现在的社会充满着浮躁的气息，也充斥着悲观与自卑，人们怀疑社会，怀疑自己。而成大事者应当有一种王者的气质，那就是自信，这是一种无可抵挡的魅力和气场，它会让你看起来是和别人不一样的存在。所谓成功是留给有准备的人的，自信的人当然是时刻准备着的人，所以我们可以什么都不信，但一定不能不自信。有自信，一切才有可能。

81. 远离浮躁，最重要的是提升层次

有一颗浮躁的心，做任何事情都很难成功。尤其是对于创业的人们更是如此，创业者更需要的是一个淡定的创业心态，并逐步提升自己的层次。

商场就像武侠小说里的江湖，越是吵吵闹闹、炫耀自己武功天下第一的，越有可能只是个盲目自大的低等武者，而真正武艺高强的人，会安静地练功，心态从不浮躁，只是日复一日地辛勤练武，提升自己的功力。创业者若是浮躁起来，则很容易被对手打败。

心态浮躁的人，容易受外界影响，渴望得到外界的追捧，当有质疑自己的声音出现时，又会不知所措。心态浮躁者，不能固守自己的本心，做事情做着做着就忘了自己的初衷，为迎合外界而改变，拿出来的产品也就没有自己的灵魂。举例来说，每一本名著都是作家苦思冥、想呕心沥血写出来的，有的书甚至要花好多年去编写，自然是内涵丰富，而有些网络写手是什么题材火就写什么，日更几万字，模仿抄袭事件也层出不穷，没有自己的思想，显得太过低端，很难取得实实在在的成功。因此，在创业路上，必须脚踏实地，一旦浮躁起来，很容易倾覆。

要想远离敷衍，就必须提升层次，层次越高，越受消费者欢迎，竞争力越高，也就有了自己的名气和好口碑。提升层次可从四方面做起：第一，打开思路。不管生产什么产品，最怕的就是泯然众人，和别家产品千篇一律，毫无亮点和创意。那么消费者买谁家的都一样，又如何能使自家发展壮大。多创新思维，思路一打开，思想会转化为财富。第二，扩大规模。创业者都是奔着把生意做大去的，理应慢慢扩大规模。而不是小富即安，没有野心。规模的扩大，也有助于野心的实现。第三，提高产品品质。产品质量如何，决定企业是否能够生存下去。消费者有多种同类产品作为选择，就要求产品越高越好。而优质产品的价格贵一些，人们也乐意购买。第四，提高产品附加值。毫无疑问，附加值高的产品，竞争力强，可以延伸产业链，创造更多效益。

人若是为了提高层次而忙碌起来，就不会有空闲去浮躁；若是因为远离浮躁，而能腾出更多精力，就能专注于提高层次，二者有相互促进的关系。两者联合，创业者一定能够专注于企业发展，提升企业的品格。

82. 突破思维框架，其实成功就在你身后

一位哲人曾经说过："思维一旦有了翅膀，便没有什么不可能的事。"这对翅膀就是解开束缚你思想枷锁的钥匙，冲破传统固化的思维模式，打破习惯性的思维惯性，找到新的路子，依据实际情况找到适合现实的方法。

一直小乌鸦口渴了在路边发现了一只装有水的瓶子，可是瓶子太深水又太少，于是乌鸦想了一个办法，从路边一颗一颗的叼石头放进瓶子里，这样瓶子里的水就会自动溢出，乌鸦就喝到了水。可是如果"乌鸦喝水"的故事放到现在你还认为叼石头是一个最明智的选择吗？不会吧。或许乌鸦可以找只吸管，这样岂不是又省时又省力。所以所有的事情都不只有一个解决办法，我们不必拘泥于过去的经验，尝试着打破思维换一种新的方式或许更适合现实，更容易达到目的。

经验不是万能的钥匙和灵丹妙药，如果思维总沿着习惯、经验、传统走，那么人就很容易丧失自己的主观分析能力，那么这样的人也就是没有思想的行尸走肉。在快速发展的现代社会中，我们必须具备自我否定和自我更新的本领，努力使自己的思维依时而变，依事而变，只有勇敢打破思维定式才能抓住更好的发展机遇。

乔布斯就是这样一位经常突破思维框架的人，他的朋友曾经这样形容他："他不愿意接受任何东西的束缚，他只是做他想做的事情，即使他是一个愚蠢的人，他身上也有一种光环，让这种光环笼罩你，让你激情四射。"就像他在人们习惯了电脑里的排热小风扇时，他大胆提出拆去电风扇，所有人都在试图模仿他的技术，而他却总是在开拓新的思路。为了让苹果销售得更好，他打破了传统零售业商店在设计、选址、管理上的模式设立了苹果专卖店的模式。他的每一步都是对旧思维的突破，每一个新的思路都会否定原有的思路，所以最终他会成功。成功就是这样突破思维框架的过程。

人类的思维不该像动物一样，根据习惯去做出判断。我们要想更好的发展就必须突破原有的模式，寻找更好的路子，相信新的思维会带给你不一样的人生，或许换一种思维成功就在身后。

83. 学会选择，克服迷茫心理

在创业途中，一切成败都可能在一个选择中决定，选择了正确的方向等于成功了一半，选择稍有偏差也可能万劫不复。面对机遇时，选择就是决定生死的战场，有人迷茫而犹豫不定任机遇溜走陷入困境，有人抓住了机遇，很快就突破困境，走出迷茫，走向成功。

罗曼罗兰说："如果有人错过机会，多半不是机会没有到来，而是因为等待机会者没有看到机会到来，而机会到来时没有一伸手就抓住它。"有这样一个寓言故事，两个人一同去深山打猎，他们看到一只正在酣睡的老虎，猎人甲正要掏枪射杀，猎人乙却建议用弓箭去射，两个人为此争论起来。因此不仅错过了最佳时期而且老虎也被两人的吵闹声惊醒，惊醒的老虎朝两人扑去，两人见情况不妙立即逃跑。最终老虎没抓到，两人还在逃跑途中过于慌乱导致满身伤痕累累。

事实上，如果两人能够在最好的时机做出明确的判断，不犹豫、不迷茫，并将老虎打死，便会满载而归。可因为两人没有统一意见，没有及时做出正确的选择，才落到如此狼狈的下场。

马云曾说过："如果肯吃苦努力就能成功那么最有钱的就是农民和农民工了，如果努力就可以获得成功，那么满大街打工者都是成功的人。可是事实呢？所以选择比努力更重要。"思想活跃的马云的第一次选择就是放弃了教师走向了创业，他看准了互联网的发展前程并且在适当的时期做出了准确的选择，后来的阿里巴巴紧紧抓住了电子商务这个在中国市场中的机遇和空缺。瞄准市场的前景、把握时代契机，大刀阔斧改革，马云成功的每一步都是选择的结果。

马云说过："适时出击很重要。我练过太极拳，太极拳要求专注，别看绕来绕去，其实瞄准的目标都只是一个点，而且要选择适时出击。所以在金庸小说里，我特别欣赏黄药师出场的描写。所有人都不怎么在意这个老头，没有防他，而黄药师却突然一招将他认为最能打的人扔到河里。所以选择什么时候出手很重要。"

学会选择，克服迷茫心理。不要害怕选择的失败，及时精准地抓住时机，你可能就是赢家！不要沉浸于迷茫中，不要把时间浪费在等待上，没有什么是可以在等待中得到的，机会要靠自己争取，人生没有后悔药，不要错过了和你擦肩而过的成功。

84. 为1%的事情投入100%的专注

所谓专注，就是集中精力、全神贯注、专心致志。专注是最大限度的认真、积极。做事情最忌心浮气躁、朝三暮四，最重要的便是专注。美国钢铁大王卡耐基说："成功的奥秘在于你将所有精力、所有思想以及所有资金投入到你所从事的事情中去。"也就是说你要为1%的事情而投入100%的努力。

凡大成者都是从专注开始的。当你把自己的时间、精力和智慧最大限度的凝聚到一件事情上时，你会发现原来这件事对于你来说也不是异常困难。如今美国苹果公司的成功就是一个实例。苹果的产品之所以受人追捧最重要的就是精，每一件产品都投入了制作者100%的细心。细算苹果的产品自从问世到现在也就30种左右，可是件件是经典。乔布斯曾说："你的时间有限，你只需要关注你内心的声音。"他把这种精神带进了事业中，他对苹果专注基本上达到了无人能及的地步，因此他总能把不可能变成可能。苹果面临危机之时，当所有人的目光都盯在危机上时，只有乔布斯不理会这些，他一直专注于产品，最终苹果从一个亏损过度，几乎没人愿意收购它的公司成为了今天电子产品的领军者。所以，人生不怕"不可能"就怕不专注。

比尔·盖茨同样是令世界人钦佩的人物。如果说乔布斯是为兴趣而专注的人，那么盖茨就是无所不专注的人，他天生就带有独特的专注性格，也正是这种性格造就了他的成功。他无论做什么都会全身心投入，要么不做，要么就做最好。在中学时盖茨就呈现出了这种独特，无论是在电脑房玩电脑还是玩扑克，他都是废寝忘食、不知疲倦。上大学时计算机消耗了他大部分的时间。后来当他创业时他的生活更是除了工作别无其他，有人曾发现他的房间里不仅没有电视机甚至连必要的生活家具都没有。可见他是多么的专注于事业。

事实上，和成功者相比，我们相差的不是出生背景，差的只是"专注"。在现代社会，充满着浮躁，到处都是色彩缤纷的诱惑，这些都会分散人们的注意力，使人们不能专注。可是往往能抵挡诱惑者就是有所成者，盖茨是这样的成功者，乔布斯也是这样的成功者。

专注是成就伟大的前提，一个成功的企业创造者不会杂事缠身，不会一天到晚只为了无关紧要的事情忙活。在事业的缔造过程中只有投入100%的热情才会获得应有的回报，而且也只有100%的专注才能让你拜托琐碎烦恼走向成功。

85. 适度追求完美，熟悉工作的每个细节

完美是一种境界。虽说一切事物都不可能十全十美，可是追求完美是一种态度，就像没有绝对的成功，只有追求成功才能有所成功。只有追求完美我们才会遇到更接近于完美的契机。所以适度追求完美在创业路上是不可缺少的一种态度。

乔布斯说："人的一生能做的事不多，要做就把每件事做得精美绝伦。"要想达到完美就不能放过工作中的每一个细节，所以细节的把握就是对成功的把握。乔布斯如是说："不要小视这些细节，差距从细节开始，1%的错误可能导致100%的失败。"所以一切成功都要从细节做起，苹果公司自生产第一台电脑开始，乔布斯就信奉一条原则：想要打败竞争对手就不能放过细节。所以自从苹果上市以来虽一直被模仿但从未被超越。

乔布斯对细节的要求近乎完美，在1977年举办西海岸电脑展时，乔布斯发现运来的机箱并非自己所需要的，因而非常不满意，当即命令几个员工对机箱进行打磨、刮擦和喷漆。也正是这些细节的改变才使得苹果Ⅱ代在展览会上一鸣惊人，订单纷至沓来。同样为了使产品能够更完美，乔布斯可以亲自趴在电脑屏幕上一个像素一个像素地进行对比，看看是否匹配，如果发现一点点的误差，工程师就会被臭骂一顿。在这种追求完美中，他熟悉每个工作的细节并能够对每个细节进行调整补充，正是他的这种努力和这种对细节、对完美的极致追求，给消费者带来了前所未有的体验，使苹果成为当今世界几乎无可匹敌的伟大公司。

关注细节就是在关注整体的发展命运，关注细节可以让创业的道路少些曲折和本可避免的意外。创业就像在制作一件艺术品，要想追求完美，每道工序都必须严格把握细节，"失之毫厘差之千里"。

86. 甩开固化思维，全面看问题

有一个关于固化思维的实验：将一些毛毛虫围着花盆边缘摆成一圈，并让它们首尾相连，再在花盆附近放一些毛毛虫食物，毛毛虫急着觅食，却因为只会跟着前面的虫绕着花盆走，始终吃不到食物。表面上看毛毛虫最终死于劳累和饥饿，实际是死于自己的固化思维。"毛毛虫效应"告诉我们，固化思维会让人走上死路。只有灵活变通的人，才能全面看问题，找到解决问题的办法。

思考是人生最大的财富，但只有正确的思考才能获取成功。新的问题层出不穷，此时仍采用以前的先例和经验，问题就得不到解决。对于创业者来说，以下两种思维值得反复观摩、学习。

第一，创新思维。创新可以带来活力，可以让人脱颖而出，获得意想不到的胜利。多年前，一个父亲问儿子："一磅铜多少钱？""35美分。"父亲说："没错，铜的确是这个价格，但我希望你说是35美元——一磅铜做成门把或门锁就是这个价了。"儿子深受触动，接手父亲的铜器生意后，他把铜制成了铜鼓、奖牌等东西，价格卖得越来越高。有一年，美国政府翻新了自由女神像，留下了很多垃圾，一直不知道怎么处理才好。他得知消息，立即收购了那批垃圾，因为垃圾处理不好就会被环保组织投诉，外界并不看好他。他让工人将垃圾分门别类，把各种原料制成小的自由女神像或者钥匙模型，把灰尘包装后卖给花店，最后，这堆"垃圾"卖出了350万美元的天价。

第二，逆向思维。在做生意时，反其道而行之，可以收到出奇制胜的效果。日本有家寿司店，味道十分正宗，每天却只做四桌，想吃的人需要提前一年预订，收的价格也很高，生意却很红火，连一些政客都喜欢光临。有人曾建议老板扩大店面，多卖几桌，老板拒绝了，理由是物以稀为贵。而美国有一家名叫"最糟糕餐馆"的餐馆，也吸引了很多顾客前去，尽管它的宣传词是"食物恶劣、服务则更坏"，尽管它的菜谱上只有一道"隔夜菜"，仍有顾客为满足自己的好奇心，亲自来尝尝"隔夜菜"是什么味道。

俗语说："解放思想，黄金万两。"固化思维早已过时，要远远甩在身后，遇到问题时，多变换角度、多调动创新意识，才能看得更加全面。

87. 创新，让一切皆有可能

世界在不断发展变化，创业也要与时俱进，要紧随市场的变动而变化，要站在潮流前线去发展才有可能赢得一席之地，因为只有创新才能让一切皆有可能。

所谓"创新"是指以现有的思维模式提出有别于常规或常人思路的见解，也就是改变原有的思维创造新的东西。创新是人类特有的认识和实践能力，创新也是人类社会生生不息的动力和源泉，人类因创新而发展、强大。伟大领导人江泽民曾说："创新是一个民族进步的灵魂，是国家兴旺发达的不竭动力。一个没有创新能力的民族，难以屹立于世界先进民族之林。"同样创新也是企业进步的灵魂和兴旺发达的不竭动力，没有创新能力的企业没有资格在竞争中生存。

奥地利经济学家曾说过："创新应当是企业家的主要特征，企业家不是投机商，也不是只知道赚钱、存钱的守财奴，而应该是一个大胆创新敢于冒险，善于开拓的创造型人才。"天使投资人薛蛮子曾这样评价过中西方的创新区别："美国硅谷创业者创新占70%—80%，中国人是山寨占70%—80%，从这个角度来看，我们每个人都有责任，在今后应该越来越靠创新的力量。"只要勇于创新会使一切都不平凡。

鲁班造锯就是一个很好的例子。相传有一年，鲁班接受了一项建造巨大宫殿的任务，任务繁重而且时间紧急。建造宫殿当然需要很多木料，可是当时并没有锯子，工人们只有拿着斧子去山上砍木。当然，斧子的效率十分低下而且相当费力。一次上山时，由于不小心鲁班无意抓住了山上一种野草，一下把手划破了，鲁班甚是奇怪，为什么一颗小草居然能把手划破。于是他便蹲下来细心观察，发现这种草叶子上有很多小细齿，并且非常锋利。他灵机一动，如果把这些放大变成铁片岂不是能用来割木材？于是经过几番改动他做出了第一把锯刀。用轻便的锯刀果然又省时又省力，最终使繁重的工程得以提前完成。

创新可以让成功变得简单。创业就像建造一座宫殿，用以往的方式又笨重又难以按时完成任务，如果敢于创新、努力寻求创新就会让一切变得可能。创业者也需要有鲁班这样善于观察思考的精神，敢于创新的魄力，才能走出一条不同于别人的路。

88. 创新，就别害怕失败

世界上不会有没有风险的收益，想要有所成就，想要走出一条别人没走过的路，那就不能害怕失败。创业是一条漫长且需要一点点摸索和积累的道路，这条路上只有敢于在关键时刻迈出别人不敢走的那一步才有机会比别人更成功，然而这一步的代价往往蕴藏着更大的风险，所以最终能成功的人往往是无惧失败、敢于承担的人。

在以色列有众多成功的创业者，这么小的一个国家已在全世界拥有了4000多家科技创业公司，仅次于美国，数据显示，平均2000名以色列人就有一人创业。当以色列青年在中国分享他们的创业经验时他们总结了一句话：敢于尝试，不怕失败。

28岁的波阿斯·梅尔尼克已是以色列多家企业的老总。当年他曾是一家咖啡公司的客户经理，管理着100多家咖啡店的他，每个月可以为公司赚取几百万的利润，可是他并不喜欢这份工作。辞职后他学起了经管和金融，在学习期间，有朋友提议希望合伙组建一家医疗服务公司，当时的他虽然对医疗一无所知，但还是一口答应了提议。他们仅仅用了三年的时间，便使公司业务从一笔生意都没有到客户纷至沓来，三年半后他成功售出第一家医药服务公司，又组建两家公司，开始向新的领域进军。

现在的他讲起自己的经验时说："创新就不要害怕失败，要敢于尝试失败，更不要害怕离开自己熟悉的领域。"这或许就是以色列人的本色吧，从来都不害怕尝试，只要一步步走下去，哪怕失败也可以当成另一种有收获的成功。

像波阿斯一样，大多数以色列创业者都相信"企业家的精神"是可以教导的，只要有一丝创新的火花就可以努力实现，不管最后结果如何都是最宝贵的经验财富。就像爱迪生在创造电灯时一样，没有1000次的失败哪会有第1001次时的成功。

创新需要勇气和毅力，因为失败随时都有可能发生，成功的希望或许真的很渺小，但是为了梦想，为了成功，我们必须不惧那随时都会来临的失败，我们永远不知道下一刻的结果会是什么，所以此刻还是要相信自己："有一丝的创新火花就要努力实现。"

89. 责任心，让我们变得更加优秀

有句话说："没有做不好的工作，只有不负责任的人。"负责，从某种意义上可以说是一种生存法则，因为任何创业的过程都很少是一个人在奋斗，所有为你工作的人，以及所有消费者都是一个人成功的推动者与向导。所以创业过程中我们一定要有责任心，相信责任心会让你在创业途中更优秀。

责任心会让我们变得认真。有两个年青人同时入职，二人的能力不相上下，且都心怀理想。可是试用期过后公司却只留下了青年甲，于是青年乙就特别不服气地找到公司领导。这时领导让他们分别下楼去看看楼下两个拉车的人在卖什么，首先青年乙下去后很快上来说："那人今天拉了一车土豆在卖。"领导没说话又让青年甲去看看另一个在卖什么，一会儿青年甲回来说："另一个人在卖西红柿，西红柿3块钱一斤，质量不错，如果我们餐厅有需要那人说可以长期提供，并以最低价给我们。我把那人带来了，您如果同意就可以让他进来谈价钱。"这个时候领导转过头看向青年乙说："知道为什么我决定留他不留你了吧。"对于青年乙来说，他仅仅满足于按照老板的吩咐去办事，而没有想过真正需要了解的可能不止这些，由此可见他的工作态度仅限于去工作，而青年甲则更懂得对工作认真负责，

所以这种工作态度更有价值。

　　创业中我们也应该以一颗负责任的心去努力，例如在了解市场行情时，不仅要了解表面现象，更要深入了解其原因及解决途径。带着一颗责任心去工作便会多份认真，所以责任心会让创业路途更加通畅。

　　责任心会让我们更有动力。工作不可三分热度，可是很多人总是很难保持工作的热情，没有热情的工作怎能获得好的成就。有位军人退伍后进入了职业棒球队，他在一个月的时间就成为队里数一数二的优秀队员，可是后来他的动作越来越绵软无力，技术有退无进。球队经理无奈只好辞退他，经理说："你现在这样一点都不像一名军人，更不要说运动员。如果你一直这样，离开这不管你去哪你都不会有所成就。没有责任心就不会有持久的动力。"那是他一生遭受的最大的打击，后来他记住了经理的教训，走进了职场，成为了一位优秀的白领。有人问他："你怎么做到每天面对枯燥的工作都精神抖擞的呢？"他说："因为责任感给了我激情。"

　　人生路上的每一次进步，创业途中的每一次突破都是对生命的负责，对努力的负责。所以所有的成就都是责任心下的驱动，所有能成功的人都有一颗金光闪闪的责任心，因为只有责任心，才会让我们越来越优秀！

90. 忠于事业，是一种高尚的能力

　　忠诚可以说是人类最宝贵的品格了。然而，在当今科技高速发展、物欲横流的现代社会中，很多人已经忘了忠诚，更忘了对事业的忠诚。

　　忠于事业，是一种高尚的能力。现代创业的竞争中除了重视工作能力外，更加重要的是要有敬业能力，也就是对事业的忠诚度。因为忠诚代表着理智、代表着责任。一个忠于事业的人一定是一个诚信度极高的人，一个忠于事业的人才有可能使自己的产品和服务做得更完美。

　　忠于事业的人才懂得追求完美。毛泽东曾说："世界上，就怕'认真'二字。"这里的认真就是对待事情的态度。乔布斯就是一个这样认真的事业追求者。苹果之所以成功除了乔布斯的激情和责任心外，更多来源于乔布斯对事业的无限忠诚，他相信惊天动地的大事是由一点又一点的小事累积而成的，所以他愿意为事业精益求精。当初为了让苹果足够完美，乔布斯曾为了消除"嗡嗡"的响声以免它破坏整体的完美，费尽心思拆去了里面的小风扇，同时又为了寻找合适的彩色电脑外壳，几乎跑遍了所有的原料市场。为了凸显彩色机箱，苹果商标也做出了五颜六色的色彩调整。但是当时如果想在杂志广告或在包装上打上商标，商标颜色最多只能有四种，但乔布斯坚持在商标加入六种颜色。后来无论何时，苹果商标都坚持要六种颜色。这就是忠于事业者的作风。乔布斯就是这样把每件产品都当成

了一个生命去缔造。

乔布斯对事业的忠诚非常执着,他曾说:"你们可知道,我根本不在乎市场的占有率,我所关心的是怎样制造出世界上最好的个人计算机。"就是这样一个人成就了电子产品的奇迹。每个忠于事业者都是"工作狂",可是社会就需要这样的"工作狂",成功也往往青睐于这样"疯狂"的人。他忠于事业的执着让这种精神成为了一种能力。他不再是一个普通意义上的创业者,他可以说是一个发明家或是一个艺术家。他的每一次智慧都能让我们感受到完美的气息。

忠于事业,是一种高尚的能力。而这种能力急需创业者去学会,这是一种能持久地维持一个人奋斗激情的能力,也是一种让你更接近成功与完美的能力。凡有大成者必忠其所爱,所以忠于你的事业,做一个完美主义者,做一个令人仰视的成功者。

91. 平衡心态,事业没有贵贱之分

很多人在选择工作时会有自己的偏见,从而不能够客观衡量。其实换一种角度想想,职业并没有什么贵贱之分,只是分工不同罢了。

一位女孩大学毕业后选择了教师这一职业,她是学校里很优秀也很受欢迎的教师。原本她非常喜欢自己的工作,在一次同学聚会上当别人问她现在从事工作时,她也很自豪的说:"教师!"可是在聚会快结束的时候,大家都喝得微醉了,开始胡言乱语,这时她在不经意间听到有人在讨论她,话语相当难听:"还是从名校毕业的,现在好像混的还不如我们呢,就当了一个破老师,这么低贱的工作也不知道她怎么想的,呵呵。"几人的冷嘲热讽她听得清清楚楚。回到家她便开始怀疑自己当初的选择了,从那以后她几乎每天都心不在焉,讲课马马虎虎。这种情况最终引起了学生和家长的不满。后来,学校才知道原来她在不断找其他工作,根本无心教学。学校迫于学生家长的压力不得不将她开除,后来她换了很多工作可是都不能令她满意,但是她再也没有勇气再回到学校了。

其实如果当初她能平衡自己的心态,认真继续自己的教学事业,或许如今的她早已成就非凡、桃李满天下了,这也是一种值得自豪的成就。可是她始终没能认清自己,没能摆脱所谓事业贵贱之分的心态。

平衡心态,事业没有贵贱之分。有人凭借处理垃圾取得成就,也有人苦守着自己不喜欢的体面事业一辈子无所事事。热爱一项事业就拿出勇气去做,只要能有所成就它就是世界上最适合你、最高贵的事业。31岁的李震现在是北京中环创新科技发展有限公司的创始人。2000年从美国学成归来的他曾涉足过不同的行业,也积累了一定的资金。直到2004年他放弃了原本稳定的工作开始带领助残团队在北京朝阳区附近开始了垃圾分类回收的工作。由于人手有限,他亲自上阵分拣,

从"高富帅"到捡垃圾，这一巨大转变令当时所有的朋友都不能理解。可是他并没有因尴尬而放弃，为此他还创立了垃圾回收的企业，受到政府的大力支持。如今，他的企业已小有成就，他对自己的事业充满信心。像李震这样的新青年正不断诞生，这个社会也让我们慢慢懂得"行行出状元"不是传说。没有低贱的事业，只有低贱的偏见。

树立正确的职业观，把每一种事业都当成最高贵的事业，这才是创业者该有的心态。

92. 奋斗吧，但是别以钱的名义

在网上看到过这样一个对联：上联：为钱生，为钱死，为钱奔波一辈子！下联：为钱痴，为钱狂，为钱哐哐闯大墙！横批：为钱痴狂！的确，这个世界有太多为钱委身的"富人"和"穷人"。而对于即将创业以及创业途中的奋斗者来说，奋斗很重要，但千万别以"钱"的名义。

当然，钱是现实社会中生活必不可缺的物质，也是创业途中必要的资金存在，可是你可以为了更好地生活而奋斗，可以在奋斗中获得财富，但是千万别以钱的名义去奋斗。这是为什么呢？

第一，"钱"无法成为支撑你乘风破浪、勇往直前的强劲的"帆"。当你下定决心奋斗的那一刻挑战已经开始了，那些困难可能不像你想象的那样，但会比你想象得更难，钱的名义根本不足以支撑起你的决心，多少人创业的失败不是因为钱的原因，而是因为自己没有毅力再继续下去了。

第二，万恶之源在于金钱，以钱的名义奋斗可能会让你慢慢在各种诱惑中迷失自我、丧失初衷。创业的奋斗史是和金钱打交道的"血泪史"，各种利益诱惑之下最容易使人变得横冲直撞失去理智。要知道一切不择手段的开始都是利欲熏心下无法自控的结果，所以当你以钱为奋斗的名义时就更会觉得一切可以捞取利润的行为都是理所应当的，你会在更多的利益纷争中慢慢集恶成性，变得越来越不知足，变得越来越大胆，变得越来越不顾一切。在金钱的欲望中会失去自我，最终失去一切。还有一种可能就是在奋斗途中你视钱如命，胆小怕有损失，因而一切都不愿冒险，不敢冒险，不投资就不会有收益，进而导致现有的资本会在你手中慢慢"烂掉"，最终一无所获，一事无成。

以上两点足以说明在创业途中时刻把钱放在第一位，以钱的名义去奋斗是不可取的。事实上，我们可以以各种名义去奋斗，以爱的名义、以亲情的名义、以幸福的名义、以快乐的名义……爱她就为她而努力，为了让她过上更好的生活而奋斗；为了家人不再受苦、不再受人欺凌而坚持不懈；为了以后的幸福快乐而奋斗。这些看似软绵无力的词，背后却都是一颗心的力量，它们才是你奋斗最有力的精神支柱，它们才是可以让你不忘初衷、不懈奋斗的永久动力。

创业磨练的不仅是智慧更是心性，所以最好的结果需要最好的开始。最好的心态就是只为奋斗而奋斗。年轻人，去奋斗吧，但是别以钱的名义！

93. 活在当下，天道酬勤

能活在当下的人，都会充分利用好时间，让每一分每一秒都有价值，不会浪费当下的大好时光。而无论是在怎样的工作环境里，都不能忘记勤奋。俗语说，勤能补拙，勤奋会大大提升普通人获得成功的几率。在同等条件下，谁越珍惜时光，谁下的苦功越多，谁取得的成就就越大。

在职场之中，勤奋的人更容易得到晋升的机会；在创业市场上，勤奋的人会让人觉得有安全感，大家乐于给勤奋的人提供帮助，与勤奋的人合作。

曾有人问李嘉诚他有什么成功秘诀，他讲了下面这个故事：

日本"推销之神"原一平在69岁时的一次演讲会上，有人问他推销的秘诀时，他当场脱掉鞋袜，将提问者请上讲台，说"请你摸摸我的脚板"。提问者摸了摸，十分惊讶地说："您脚底的老茧好厚呀！"原一平说："因为我走的路比别人多，跑得比别人勤。"提问者顿然醒悟。

李嘉诚讲完故事后，微笑着说："我没有资格让你来摸我的脚板，但可以告诉你，我脚底的老茧也很厚。"

人生中任何一种成功的获取，都始之于勤并且成之于勤。勤奋是成功的基础，也是关键。我们都是普通又平凡的人，想获得成功，唯一的途径就是活在当下，踏踏实实打下根基，摆脱浮躁的情绪，认真对待自己的事业。

在创业中，许多人都灵光一现，产生很好的想法，但只有一部分勤奋的人会把想法转为行动；那些想想就算了的人，永远尝不到辛勤工作取得硕果的滋味。刚起步的事业，同样需要每一位员工付出大量的努力，只有勤奋，事业才能成功。

发迹的王永庆是台湾传奇式的人物。他成功的原因之一，正是王永庆本人常常提及的"一勤天下无难事"的道理。王永庆有一次在美国华盛顿企业学院演讲时，谈到了他一生的坎坷经历。他说："先天环境的好坏，并不足为奇，成功的关键完全在于一己之努力。"

天道酬勤，财富总是偏袒那些勤奋的人，不管你正处于什么时期，哪怕你做的工作很单调很琐碎，都应该认真做好每件事情，加速自己的成长。财富需要勤奋去打拼，成功需要刻苦的工作。即使你天资一般，只要勤奋工作，就能弥补自身的缺陷，终究成为一名成功者。

94. 赢者态度就是要敢于冒险

鲁迅曾称赞："第一次吃螃蟹的人是很可佩服的，不是勇士谁敢去吃它呢？"从某种意义上来说，第一个吃螃蟹的人就是赢者，因为他"明知山有虎，偏向虎山行"，他是一位敢于冒险的斗士。纵观世界上的成功人士，哪个不是敢于冒险的勇士？所以赢者的态度就是敢于冒险。

德国著名作家赫尔曼·黑塞说过："有勇气承担命运这才是英雄好汉。"同样，有勇气冒险的人才是真正的英雄好汉。

他来自于农村，通过不懈的努力，在 26 岁时便成了高级工程师、副教授。后来，在短短七年内他将镍镉电池产销量做到全球第一、镍氢电池排名第二、锂电池排名第三。37 岁时便被全球誉为"电池大王"，拥有 3.38 亿财富，可以说这已经是很多人渴望的了，可是 2003 年他又冒险将自己多年来的积蓄投入到汽车行业，发誓要成为"汽车大王"，这个决定让所有人吃惊。他就是比亚迪股份有限公司董事局主席兼总裁王传福。

曾有人问他："是什么让你有机会成为商界奇才呢？"他回答："最关键的是冒险的精神。"有句话说的很对：穷人之所以穷是因为他永远不敢冒险，富人之所以富是因为他敢于折腾。对待创业不妨大胆的放开手去冒险，只有敢于冒险才有机会找到出路，唯唯诺诺，只能等待失败。

《人与自然》中放过这样一个故事：在一个炎热的夏季，非洲的一片池塘里的水慢慢干涸，大部分的鳄鱼都被困在那里不知所措，这时一只小鳄鱼起身离开了池塘，它慢慢地爬向不远处的一片丛林中，它勇敢地走了进去，不久它又回到了池塘，带着所有的鳄鱼一起奔着那个方向走去。原来丛林深处有一个断壁，清水潺潺从上方流下形成了一片水草丰美的池塘。小鳄鱼就这样带领家族逃过了一次劫难。可是如果当初小鳄鱼也像其他鳄鱼一样没有勇气，不敢去冒险结果或许就是一场悲剧。

创业也是这样，要敢于走出别人不敢走、没走过的那一步，才能先于别人找到成功，懦弱胆怯只会让原有的资本在原地腐烂，无法抢占先机。创业本身就是一个充满着"生死"挑战的战场，敢于冒险才有可能在绝境中杀出一条生路，不敢尝试就退出战场的人永远不可能取得成功。

人生本来就充满各种机遇选择，犹豫不决、盲目等待就相当于放弃了成功的机遇。如果不想让自己一辈子平平凡凡，不如赌一把，是非成败都不追究，只为人生不留遗憾。

95. 保持谦逊，才能快乐创业

从孩童时代起，就有师长教给我们"满招损，谦受益"的道理。骄傲往往是我们获取成功的一大障碍，不超越它，就会被它所羁绊。保持谦逊的心态，内心安然平静，才能快乐生活，这对我们创业也有很大帮助。

能够做到虚怀若谷的人，不会在别人的各种赞美中骄傲自大，迷失自己。

谦逊的人，首先是一个有自知之明的人，他了解自己身上的优点与缺点，明白自己擅长什么，如此便能顺利确定自己的创业方向。小云在自己小有积蓄后，准备开一家店，她为人和善，又学过服装设计，便决定在商业街上开服装店。彼时网购已经兴起，她在网上同步开了淘宝服装店。每当有人在她的店里买衣服后，她就发给人家一张有关自己淘宝店铺的介绍，顾客们往往也会在网上回购她的衣服，她的生意就比邻家店铺好了很多。

谦虚的人，能虚心接受别人的意见，更能以宽阔的襟怀胸襟接受他人的批评，甚至为批评自己的人鼓掌。

贝罗尼是19世纪法国的著名画家，他热爱画画，到外地去度假时，他也会背着画架到各地去写生。有一天，他正在日内瓦湖边专心画画，旁边来了三位英国女游客，看了他的画，便在一旁比手划脚地批评起来。一个说这儿不好，一个说那儿不合，贝罗尼都逐一修改过来，末了还跟她们说了声"谢谢"。也许那三个女游客给出的建议并不好，但贝罗尼能够听进别人的意见，勇敢地做出改动，使画作更受大众的欢迎。正因如此，他的画卖的比同时期其他画家好很多。

创业者在创业过程中会听到不同的声音，家里的亲人、身边的朋友、接触的客户都会站在自己的立场上，提出一些创业者自身想不到的问题和意见。如果能够谦逊地接纳这些不同的声音，并积极适应和调整，自己的产品会愈发精致、完善，事业也会得到提升。人们称谦逊为一切美德的"皇冠"，就在于它的包容性。

苏联教育家苏霍姆林斯基说过："谦逊是兴趣劳动、尽心竭力、坚定顽强的亲姊妹。夸夸其谈的人从来不是勤奋的劳动者。脑力劳动是一种需要非常实际、非常苏醒、非常当真的劳动，而这一切又构成谦逊的品德——谦逊似乎是天平，人用它可以测出自己的分量。傲慢具有很大的危险性——这是现代人常见的通病，它往往表现在：把对于某种复杂事物的恍惚。

因为谦逊，在创业时就可以听进外界的各种声音，慢慢改正自己的不足之处，而心里还不会恼火，快乐的心境就不请自来了。

NO.5 心态与教育：教育就是解放心灵

96. 完整的教育，培育完整的人

现在的教育要求学生要努力获取一份工作，以得到物质上的保障。社会和家庭对年轻人的压力是：职业第一，其他一切退居其次。也就是说，金钱第一，复杂的日常生活退居其次。然而，生活仅仅有柴米油盐时远远不够的。如果仅以金钱的多少、职位的高低作为生活好坏的标准，那生活就会变得索然无味，甚至是失去平衡。完整的教育就是要坚持培养一种完整的人，他不仅要有生活必须的技能，还要有健全的人格和广泛的爱好。

功利的教育和以金钱为向导的生活观念让人们的心变得越来越狭隘、局限和不完整。机械化的教育导致学生形成了一种机械的生活方式，一种心智的模式化，这样的学生失去了对事情的判断力和创造性。

教育是培养人的事业，它全部的意义与价值在于育人。培养完整的人，就是要回到教育的原点，别因为走得太远，而忘记为何出发。

"完整的人"不是"完人"。不是要求你什么都要会，而是让你获得和谐的发展，包括健康的身心、健全的人格、学习的能力、自觉的意识等。

"完整的人"不等于"完美的人"。每个人都有自己的优势领域和弱势领域，我们无需强求每个人在所有方面都做得一样完美。完整教育的目的是让学生在优势领域得到充分发展，弱势领域得到一定补充，各个领域的潜能都得到最大限度的激发，个性得到尽可能的完善与张扬，做"最好的自己"，这才是培养"完整的人"。

人的发展完善是永无止境的，在生活实践中不断发现自己的不足，在此基础上不断加以完善和提高。"完整的人"是一个有缺点但却终生学习，不断向前发展进步的人，而不是一个已经尽善尽美的"完人"。

97. 教育是一种"慢"的艺术

著名教育学家叶圣陶先生曾说:"教育是农业而不是工业。"这句话意味深长,工业产品的生产速度非常快,一般都是在流水线上批量生产;而农产品需要因地制宜,生长周期也比较长,期间需要很多工序。毫无疑问,孩子就是"农产品",而整个孩子成长、接受教育的过程,是一种"慢"的艺术。

教育这件事,不能有什么急功近利的心态,孩子是慢慢长大的,学东西也是一点一点学的。有的家长过于为孩子着想,唯恐自家孩子落于人后,早早地给孩子报了早教班,之后又是各种兴趣班辅导班,但孩子太过年幼,根本接受不了多少知识,还不如让孩子自由地玩耍,无忧无虑地度过幼年时期。

自从孩子进入学校那天起,就是一群孩子在一起学习,家长又会担心孩子的成绩不如他人。孩子的成绩真的考差了,有耐心的家长还会帮孩子分析原因,鼓励孩子;有的家长直接把不高兴写在脸上,甚至说一些过分的话,孩子也只能在一边不吭声,唯恐再惹父母生气。其实本不必如此,人生下来智商就不一样,而且成功的标准有很多参量。所以小时候的成绩不算什么,家长应该在这个阶段让孩子养成良好的学习习惯。

"骐骥一跃,不能十步;驽马十驾,功在不舍",有些孩子天赋不是很好,但在小时候就已经培养出了坚韧的心性,他们取得的成就,往往比那些聪明却不踏实的孩子大。

一般人会经历幼儿园、小学、初高中、大学的学习过程,这大概需要十九年之久,才算是接受完了基本教育。由此可见,受教育是一个漫长的过程,在这段时间里,父母完全没有必要揠苗助长,让孩子提前弄懂未来的课程,或者希望孩子小小年纪就懂得很多大道理。

教育是潜移默化的,不能掺进功利性,年年都有学生因为学习压力大而过早葬送了自己美好的年华,这提醒我们要注重孩子的心理健康问题。教育,教的既有文化知识,也有人生哲理,服务于人的一生,所以老师们把重点重复了又重复,也经常讲一些道理给孩子们听。

教育是一种"慢"艺术,如果说每个孩子都是一株农作物,受教育的过程,就是慢慢接受阳光雨露、施肥浇水、锄草捉虫的过程,在这期间慢慢长大。教育的节奏十分舒缓,却能够影响人的一生。

98. 自由，达到至善的必由之路

鲁迅先生曾在《狂人日记》里发出呐喊："救救孩子！"那是因为封建礼教对人荼毒至深，先生不忍稚子们的思想被其影响，不想孩子们的命运像前人一样身不由己，想为孩子们争得一片自由之地。现在来看，先生的目的达到了，他的文章使很多人受到鼓舞、启发，而现在的孩子，较之古代的学童，自由了何止一百倍。那么，孩子们是否应得到更大的自由空间？答案是应该。

在孩子年幼时，普遍都比较懵懂无知，跟父母闹矛盾可能只是因为只吃零食不吃饭、不想做数学题、周末想赖床等种种小事。事情争论的结果，自然是父母一方取得压倒性胜利，孩子乖乖地听从父母的意见，连每天吃几颗糖都被父母控制着。一脱离幼年时期，孩子就开始让父母头疼了，各种各样的问题层出不穷，父母都开始惊讶：我的孩子怎么突然长大了，做事情都要自己拿主意了。

当孩子想要自由时，父母都比较警惕，担心一旦自己松手了，孩子就会摔倒、吃苦头。我们身边有很多这样的情况：一个人上的所有学校都是父母挑好的，专业是父母让学的，工作是父母希望自己从事的……恐怕连将来几岁结婚、几岁生子都是听从父母的决定。这样的人一路走过去，看似顺风顺水，心里充满了迷茫，自己是为父母而活的吗？自己想要做什么？

在某种程度上，父母自小到大对孩子的关心和照顾，会压抑孩子的天性，束缚了他们的自由和创造性。肯德基有句"更多选择，更多欢乐"的广告词，对于孩子来说，如果能够自己做选择，很多人的人生都会是一番不同的模样。

自由，是很对人所追求的状态。作为父母，可以多给孩子一些空间，让孩子做自己喜欢的事。多给孩子一些选择项，看看孩子究竟想学什么还是什么也不想学。每个人都有独特的天赋，有空间才能施展出来。等孩子大了，可以让孩子自己选想走的路，想学的专业或者想从事的工作，因为这些都是孩子自己所喜爱的，而兴趣是最好的老师，他们肯定会做好。

每个人都是独立的个体，也都有自由的权力。研究也表明，人在自由状态下会压力骤减，更容易产生幸福感。身为家长，应该对孩子少一点束缚，在孩子遇到问题时，给出自己的参考性意见，让孩子自己选。总是自己做决定的人，一般都比较富有责任心，处理事情的能力也比其他人强很多。所以说，给孩子自由，是让孩子达到至善的必由之路。

99. 心在悠闲中才能学习

　　心在悠闲时，学习才能真正的开始。悠闲并不是强调环境的舒适，它更强调学习者拥有一个平和的心境。悠闲意味着用安静的心态去观察身边及其内心正在发生的事情，去倾听、去观察；悠闲意味着拥有平静的心，没有动机和目的，没有崇拜，没有恐惧。

　　心在悠闲中最能观察到自己真实的样子，而正确的认识自己是一个人成长过程中最重要的事情。而实际上是，我们都会或多或少的高估自己，或是无意识的把自己的优点扩大、缺点缩小。因此，在成长过程中，我们首先要关注的是自己，学会关注自己才能学会关注他人。而想要关注自己，就需要我们真正的静下心来，认真地反思自己的言行。

　　真正的学习不会在"说服"的土壤中生长，也无法被强迫。自由舒适的学习环境需要老师和家长共同去创造，这样的学习环境应该是轻松的、自由的、无功利性的。它鼓励孩子自由地在知识的殿堂里遨游，而不仅仅是学会社会所需要的技能。

　　相比于成人，儿童更容易进入到这种"学习"的状态，他们也更能单纯地享受到读书带来的乐趣，在悠闲中读书，恐怕成人有很多的地方需要像儿童学习。因此，尽量少打扰正在体验中的儿童，不要为了指导，教训他而打扰他自由而悠闲的学习过程。

　　学习是一个终身要做的事情，它不仅仅是为了生存，更是一个提升自我、丰富人生和享受生活的过程。这就需要我们要学会在悠闲中学习，就像孩子那样，不为学到这个知识能获得多少的技能，只是单纯地享受学习知识的快乐。

　　现代社会的生活节奏普遍较快，人很容易忙碌起来，但当心灵被各种事务充斥填满时，就算拿起书本，眼里看的是字，心却来不及汲取其中的知识。所以，可以制定一个学习计划，拿出固定的时间段去学习，心无杂念，全身心地投入进去，人的心就会在书中闲庭信步了。

　　心灵的悠闲自由是一个人长时间维持学习的基础，很少会看到某一个人能够痛苦地坚持做一件事。在有限的心境下获得阅读的乐趣、学习的乐趣、成长的乐趣，这将会成为一个人一辈子的财富。

100. 一生勤奋，从自我占据中解脱

勤奋和懒惰是反义词，当我们做不到勤奋的时候，我们的身体、心灵都会被懒惰所占据。懒惰的人经常让自己处于懈怠之中，做事懒散，对自己的身体和心理状态缺乏关心，更不会去主动关怀他人，对很多事都抱冷漠的态度。这样一来，人的思维不再富有活力，感官变得迟钝，就好像自己被懒惰占据了一样。而勤奋是一种良好的品质，勤奋的人总是处于运动之中，比较细心、警觉，拥有高度的精神自由。

习惯的力量是强大的，当某些人日复一日地吃饭、睡觉、玩手机，任由自己消极懈怠地面对生活时，他们就会被这种习惯所束缚。而拥有勤奋之心的人，乐于尝试，人生处于运动之中，就不会受到习惯的阻力，从而创造出种种新的可能。

但很多人不愿意挑战自己、改变自己，也有很多人的改变局限在很小的范围内，这也是懒惰在我们心里捣乱的结果。

习惯和常规是勤奋的敌人，正是有了以前思想的习惯、行为的习惯、举止的习惯，改变才变得困难起来。从自我的占据中解脱出来要求我们首先从心态开始改变。将懒惰的思维习惯变为积极勤奋的思维习惯。也就是说，思维的勤奋要求我们不断地思考我们所面对的事物，而不是懒惰被动地接受别人的观点。

我们平常的很多习惯都会束缚我们的发展，在《精进》这本书中有一段话："一个成熟的人，他的标准来自他的内心，而大多数人却受环境所左右。很多的人对自己的标准会不由自主的降低以适应他所处的环境，减少自身与环境的冲突，在一个低标准下，自觉满意地度过一天。"

很多的时候，我们无法从现在的状态中挣脱出来，重新形成更好的习惯。你明明知道晚上的时间可以用来做一些有意义的事情，但却还是在无所事事中度过。有的人生活的越来越好，而一些人的生活却迟迟不见改变，这和一个人的精神状态很有关系，你是一个积极进取的人，还是一个爱抱怨又懒散怠慢的人，很大程度上决定了你以后的生活状态。

从现在开始，做一个一生勤奋的人，从自我占据中解脱出来，你的人生就会出现翻天覆地的变化。

101. 接纳自己，接纳孩子

生命是一个自然成长的过程，每个人来到世上，都会慢慢长大。当两个人组建家庭后，各自的身份发生改变，等孩子出生后，每人就又多了一个新的身份。被改变的不止只是身份，人的生理、心理也会有所变化，这些变化可能会让人在短时间内无法适应。而后，在亲子相处中，双方逐渐表露出来的问题，也让人一时难以接受。这时候，就要学着接纳自己、接纳孩子，让自己成为优秀的父母，也让孩子得以快乐成长。

接纳自己的新身份，负起该负的责任，对自己的错误要及时改正，对自己的缺陷要加以包容。为人父母不是一件容易的事，自己之前一直享受家人的爱护，对孩子却是要付出很多，心理上难免会有落差。但孩子是夫妻爱的结晶，是自己的骨肉，抚养孩子长大是自己该尽的义务，如此一来，不管照顾孩子有多苦多累，也是甘之如饴的。有的时候太过疼爱孩子，要是因为自己的缘故让孩子受伤了、难过了，父母心里自然是自责不已，这时对错误有则改之无则加勉就行了。至于自己的缺陷，也许自己不如别的父母那么多才多艺，可以教孩子才艺；也许自己挣钱不多，无法给孩子提供好的生活条件；也许……人都有缺陷，但只要给孩子的爱是完整的就够了，父母的疼爱，本来就是孩子最想要的礼物。

包容孩子的缺点，接纳孩子的一切，帮助孩子成为更好的人，就是对孩子最高等的爱。尽管大多数时候，孩子都是可爱的、贴心的，但孩子犯错误时也经常会把父母气得火冒三丈，又或者是孩子在某一方面格外薄弱，达不到父母的期望时，父母既无奈又生气，往往不知如何是好。尝试着接纳孩子的一切吧，作为最爱他们的人，父母的耐心和温柔是治愈孩子的良药，批评、责骂会让孩子心生害怕，更不敢尝试不擅长的事，温柔待之，孩子才会慢慢修正自己。

接纳自己并不意味着要让自己为孩子付出所有，接纳孩子也不意味着对孩子一味地溺爱，而是说，在这两种接纳里，找到处理亲子关系的平衡点。不委屈自己，不辜负孩子，双方都能得到快乐。

102. 倾听，洞察孩子内心需求

在中国的传统里，父母两人，在教育孩子时，要一个唱红脸一个唱白脸，不是严父慈母就是严母慈父，两人配合起来教育孩子。两人一人慈祥一人严厉。孩子比较畏惧严厉的人，双方间的对话势必较少，孩子说上几句就想结束话题，对方自然没机会知道心里话。孩子愿意靠近慈祥的那个人，但慈祥的人往往话多，自己唠叨起来没完没了，孩子的心事本来就比较微妙，一听唠叨，就不想说了。所以，要想洞察孩子内心的需求，必须让孩子多开口说话，父母要学会倾听。

要想倾听到孩子的心声，做家长的可以参考这三个步骤：

第一步，尊重孩子，停下手边的事，专心听孩子的话。人的精力是有限的，一心二用会大大降低做事的效率，唯有专注，才能迅速抓到重点。在孩子想要与父母交流时，父母一直忙别的事会很容易打消掉孩子的倾诉欲望。所以，就像尊重朋友那样尊重孩子吧，给孩子一部分时间，先不急着忙，静静地听孩子讲诉。

第二步，不要急躁，耐心地倾听，试着理解孩子的真实意图。孩子也会有自己的小心思或者是奇特的想法，有时候他会意识到自己心里的想法是不太正确的，说话时就会难以启齿、吞吞吐吐，家长更会不知所云。这时候家长要耐心一点，分析孩子话里的关键词。有时候，孩子受了委屈或者正在生气，情绪不稳定，更要温柔安抚，弄清发生了什么

第三步，不要发表太多意见，引导孩子进行自我思考。孩子在成长过程中，难免会遇到各种烦恼，有些父母在倾听时，想直接帮助孩子解决问题，就凭着自己的人生经验，说出一堆指导意见。但真正的倾听，是少说多听的，要有意识地引导孩子分析问题，在分析过程中，孩子会想出大致的解决方案，而这有助于增强孩子的独立能力。

让孩子的话经你的耳入你的心，倾听孩子内心的声音，让心与心之间更加贴近，亲子关系更加融洽。

103. 在亲子关系中反躬自问

在面对亲子问题时，面对问题的态度才是关键。父母要提供环境和引导，但不能执着于孩子必须按照父母设计的轨迹成长。更为重要的是，在孩子成长的过程中，父母要时时反躬自问，在陪伴中逐渐成长为更加合格的父母。

在迎接新生命的降临后，初为父母的人的心情往往既激动又茫然，并不知道该如何培养孩子、如何与孩子相处。经过不断地摸索，才有了相对固定的和孩子相处的模式，建立起或和谐温馨或外冷内热等各种类型的亲子关系。但亲子关系不是一成不变的，亲子相处时出现的众多问题会让彼此间的关系更加亲密或者走向恶化。父母在发现问题时，既要帮孩子纠正错误，也要反躬自问，进一步完善自己。

在孩子的成长过程中，他们的生理和心理都在不断地变化，个子越长越高，越来越有自己的个性，父母应该尽力接纳这些，多包容孩子。进入青春期的每个孩子几乎都有叛逆心理，独立意识逐渐增强，开始有了自己的品味和观点。此时，两代人的观念多会产生分歧，不耐心解决问题，便会导致矛盾的产生，父母抱怨孩子脾气古怪不听话，孩子嫌弃父母思想老旧管太多。有句话说，当青春期撞上更年期，家庭便永无宁日。但事实并不尽是这样，家长的自省就是陪孩子安然度过青春期的不二法宝。比如说，在与孩子争吵后，反思一下自己的语气是不是太强硬了，是不是不该为小事大发脾气等等。

在亲子关系中，家长首先要身正为范。俗话说"说得好，不如做得好"，家长与孩子生活在一起，一言一行都躲不过他们的眼睛，自然也就成了孩子的最直接的老师，所以家长要懂得一个道理：与其让子女去做什么，不如自己先做一个示范：让孩子早晨锻炼身体，自己就不应睡懒觉；让孩子孝顺父母自己就应先孝敬老人；让孩子成为好孩子、好学生，自己就应是家中的好家长、单位中的好职工、社会中的好公民。

一个学生家长就曾深有感触地说：以前自己无所事事，整天混日子，却对孩子要求的很高，效果不佳；后来认识到自己的不足，开始勤奋工作，年终被评为"生产标兵"。这位家长用自己的行动为孩子树立了榜样，结果孩子也发生了很大的变化。相反，家长要求孩子看书去，而自己却与"狐朋狗友"喝酒、玩麻将，其效果是可想而知的。

家长是孩子的第一任老师，孩子的一言一行都会受家长的影响，但我们又不是完人，不可能什么事情都做得好，什么事情都能向孩子解释清楚。因此，时常反躬自问，反省自己在对孩子的教育中有哪些过失，有哪些成功的地方需要继续努力，让自己和孩子一起成为更好的人。

104. 共情意识，童年时的自己

共情意识指站在对方立场设身处地思考的一种方式，即与人际交往过程中，能够体会他人的情绪和想法、理解他人的立场和感受，并站在他人的角度思考和处理问题。在与孩子相处的过程中，孩子常常会做出我们不理解或是让我们很尴尬的事情，这时候就需要家长有共情意识，充分地站在孩子的角度想问题，也许很苦恼的事情也会变得很容易理解。

现在仍然有很多家长和老师信奉"棍棒出孝子""不打不骂不是爱"的教育原则。这也许是这些家长和老师在自己的成长过程中，也吃过不少的棍棒，于是推己及人，觉得在行使教育权利的时候，也必须实行体罚和精神暴力。

共情意识应该要出自非主观以及外界客观的因素，也就是说并非"我认为是这样"，或者"别人说是这样"，而是将心比心，"己所不欲，勿施于人"。

当意识到这一点之后，我们要做的是站在孩子的角度去思考问题。对于孩子来说，可能他的每一个行为都不是故意的。当他在饭桌上哭闹时，我们可以试着站在孩子的角度去想，孩子是不是哪里不舒服了；当孩子不愿意我们进他的房间的时候，我们也不要立马责备他或是怀疑他，应该给予他充分的信任，建立互相信任的亲子关系；当孩子的成绩下降时，我们是不是可以放平心态，将这件事放在孩子一生的成长中去看，并不要因为一次的失利就否定孩子的未来。

家长要做到共情意识，首先要做到这几件事：

第一，孩子调皮时，要努力控制自己的情绪，给自己更多回旋的余地。共情意识产生的基础是一个理性的、平和的心态。生气和抱怨不会有好的处理结果，甚至会将你和孩子的距离越拉越远。

第二，认识自己，因为各种环境和人为的原因，我们在小时候可能没有得到来自父母的足够的关怀，这并不能成为我们打骂孩子的理由。

第三，孩子和我们观察这个世界的方式有很大的不同，父母常常有选择地忽略这一点，用成人的道德标准来要求孩子，这会在孩子和大人之间产生隔阂和分歧。遇到事情如果能多以孩子的角度考虑，父母与孩子的距离也就会拉近很多。

105. 用包容为孩子腾出一些成长空间

在我们的传统认知中，父母对我们的人生具有指导意义，父母在很多时候会充当"决策者"的角色——而父母也非常理所当然地充当着这样的角色，他们非常乐意用"我吃过的盐比你吃过的饭都多"这样的传统俗语来证明自己的"正确性"，并且许多时候他们还会软硬兼施以保证孩子的生活轨迹朝着自己希望的方向铺展开来。

现在，不难听到"我爸妈让我学的这个专业""我爸给我选的学校"及"我家里不同意我去做别的工作"这样的抱怨。这些抱怨产生的根本原因，在于有些父母不愿意给孩子腾出一些自主的成长空间。

包容和理解原本是孩子和家长正常关系的基础，现在却变得越来越难能可贵。

开明的家长会注重培养孩子的独立性，鼓励孩子自己做选择，而不是大包大揽。有些孩子既可以在小时候选择穿自己喜欢的衣服，也可以在长大后去读自己感兴趣的专业，他们所做的决定不一定都是正确的，但跟那些被父母设定好人生道路的孩子相比，他们的生活更丰富和有趣，他们的独立能力相对更好。

有些家长在给孩子空间后，却看不惯孩子的做派，这时候不要急着发布"你该怎样怎样"的指令，而应该用认真而谨慎的态度，提供给孩子一些好的建议，而后让孩子自己做决定。这样的做法会让孩子有更多的权利空间和选择去做自己喜欢的事情，而不仅仅是"更合理的"事情。对于父母的合理建议，孩子也会认真考虑，为自己的未来做打算。

遇到能够包容孩子的父母，无疑是幸运的。正是父母对孩子的包容，让孩子可以更加勇敢地面对生活中的困难，对自己的选择能够承担起相应的责任。而那些牢牢管制着孩子的父母，常常让自己的面子占据自己的思想，占据孩子的生活，以"爱"的名义约束了孩子的成长，他们很难用理性地包容孩子，很难为孩子的自由成长腾出一些空间。

真正的爱，应该是包容的、谨慎的、不逾矩的。它能够让每个人都找到最好的位置去关照对方，去温暖彼此，在需要的时候去支持、去理解，而不是横加干涉，不是将自己的愿望强加于人，将自己的人生寄托在另外一个人的身上，那只会是一种负担。

106. 坦诚相待，世上没有完美的父母

天下没有完美的父母，也没有完美的教养方式。而正是不完美的父母和不完美的教养，才构成了这样一个真实的、带着烟火气息的世界。温尼科特说，一个好妈妈和一个坏妈妈的区别，不在于会不会犯错，而在于，当犯了错误，你如何和孩子一起去处理这个错误。孩子的世界天真无邪，很难接受谎言和欺骗，如果父母有所缺陷或者犯了错，应该对孩子坦诚，这才是最好的使孩子理解生活真面目的方式。

当然，承认自己的错误，与孩子坦诚相待是不容易的，很多父母放不下自己的架子。不难理解，每个父亲或母亲都把孩子当作心肝宝贝，将自己定义为孩子的守护者，总是把自己塑造成一个没有缺陷的人，以此来维护自己在孩子心中的光辉形象。在电视剧《家有儿女》里，那位父亲明明是只会一点太极拳，却告诉儿子自己能用手劈开砖块，儿子听后很高兴，为自己有这样一位武艺高强的爸爸而自豪。现实里有些父母也是这样，容易在孩子面前夸大其词，沉浸在孩子崇拜的眼神和话语里。可牛皮是会吹破的，当孩子知道真相后，局面就很尴尬了，还不如诚实地告诉孩子自己有几斤几两。

坦诚相待，是尊重孩子的体现，还能让孩子从中学习很多处世之道。当儿子询问母亲"为什么你穿高跟鞋"时，母亲可以避重就轻地回答"这会让妈妈更漂亮"，也可说出事实"妈妈比较矮，穿高跟鞋会让妈妈看起来高一些"。年幼的孩子总是有太多的"为什么"，父母若是能够诚实直接地回答，就相当于带孩子领略生活的真实面目，有助于孩子形成正确的三观，做一个诚实的人。

世上没有完美的父母，人人都会犯错。尽管孩子想拥有完美的父母，但父母要坦诚相待，勇敢地向孩子展露自己的缺陷和不足，同时表达自己对孩子的爱意，孩子会予以理解。有些人认为孩子比较天真，很容易哄骗，实际上，八岁以后的孩子就能进行逻辑思考了，有了自己的评判规则，所以坦诚相待是十分有必要的。

很多父母害怕自己在孩子面前露怯就不敢和孩子坦诚相待，面对自己所犯下的错误，总是找各种借口加以掩饰，殊不知，这样的做法只会让孩子对你失去信任。坦诚相待，作为家长首先要认识到自己并不是完美的，即便是在孩子面前，父母也不要害怕露出自己某方面的短处，那些让孩子看到有缺陷的、真实的父母，这远比一直掩饰自己不足的父母要勇敢和真实得多。

107. 逆向思维，以孩子为师

在孩子的成长过程中，父母是孩子的第一任老师，教孩子说话、走路、吃饭、穿衣等基本生活技能。等孩子稍微长大一些，又教他们遵守各种规则，灌输给他们人生经验和哲理。孩子从父母那里学到了很多本领，但孩子也有其独特之处，值得家长学习。

孩子都比较天真烂漫，心思干净纯洁，未经过社会的打磨，容易跳出条条框框的限制，对事情往往拥有独特的见解。有一位父亲带着女儿观看广场上残疾人的表演，一曲唱毕，一个残疾人绕场收费，这位父亲发现没有带钱，觉得十分尴尬。小女孩却突然说："没有带钱，我们送给他们一些掌声可以吗？"说完就随着音乐拍起了手，残疾人大受感染，对他们深鞠一躬。这位父亲汗颜了，女儿教会了他：尊重比施舍更重要。生活中还有很多这样的例子，孩子的视角总是跟大人不一样，而他们充满童真童趣的行为，以及行为下隐藏的童心真心，值得大人向他们学习。

从教育方面来说，以孩子为师，可以充分调动孩子的学习积极性，培养孩子的自信心和责任感。有一个孩子不爱背古诗，他父亲就想了一个妙招：每两天在墙上贴一首诗，让儿子做老师，教他背诗。他儿子一听，表现得十分热情，先是拿字典查生僻字，还跑去请教老师故事的含义，做好准备后为父亲上课，监督父亲背诵。这个孩子自从做老师后，变得喜欢背诗了，还十分享受做老师的感觉，经常给家里人出题，再为他们讲解。时间一长，孩子的学习成绩名列前茅，人也开朗了，还能把自己的事情处理得井井有条。

由此可见，逆向思维可收到奇效，孩子一直都在被教育，有时候想学有时候不想学，但当他们处于教育者的立场时，他们会自觉地弄懂知识，教给他人。

坏父母各有各的不同，好父母却是相似的，他们把孩子当作自己的老师，而不是什么也不懂的"等待教育的人"。在优秀的父母眼里，孩子就像小草，必须给予最大的信任和爱，在充分的安全和自由中，孩子才能最充分发挥自己的才能，才能最健康自由的成长。

108. 心怀谦卑，那是滋长智慧的摇篮

"我低如尘埃，我仰望云彩"，人生在世，心怀谦卑才能脚踏实地，才能有所敬畏，才能在这谦卑与仰望的过程中获得无穷智慧。心怀谦卑之人，往往把自己放得很低，去观察身边的事物；心怀谦卑之人，对生命、宇宙都有所敬畏，才能小心谨慎地过着安稳的生活；心怀谦卑之人，心态平稳，眼界宽广，更能领悟到事物背后的深意，更能修炼成大智慧。身为父母，自身也要心怀谦卑，才能领悟生命的真谛，而后教育孩子，让孩子也学会谦卑，在成长中遇到挫折可以安然度过，同时修炼智慧。心怀谦卑的孩子会把自己放得很低，他们容易产生好奇心理，善于观察事物，乐于探索大自然的神秘之处，比如说翻开岩石看下面藏了什么，追踪蚂蚁找到他们的家，大自然是他们最好的课堂。同时，他们对未知事物有敬畏心理，乐于探知其后的秘密。在学习上，他们像是一块海绵，不断地吸收知识，只为弄清楚问题的答案，这类孩子不需家长逼迫监督，便会主动学习。

"满招损，谦受益"，如果孩子不懂心怀谦卑，骄傲自满，迟早会栽大跟头。而心怀谦卑的孩子，性格比较沉稳，虽然不如某些聪明伶俐、爱出风头的孩子抢眼，但一旦接触，就会从心里喜欢上他们的乖巧沉静。随着年龄的增长，他们就像酒，愈发内敛，越沉越香，使人心生好感。在遇到挫折时，谦卑的他们依旧心态平稳，会沉稳地去寻找解决答案，而不是手足无措。

拥有一颗谦卑之心，身处低处不焦躁，走到高处不骄纵，这种宠辱不惊的出尘气质，也是大智慧者的象征。在教育方面，不仅仅要让孩子学习知识，让孩子有一颗谦卑之心更为重要，因为这是滋生智慧的摇篮。

109. 唯有学习，能带来心与心之间的对等

很多人都说读书是没有用的，而且会以很多身边的例子来加以证明，某某某并没有读书就当上了企业家或是成为很成功的人士。然而，这种"读书无用论"是一种片面的、短视的行为。他只看到了某一个时刻，一个人才学和他拥有的资源不匹配的情况，便一叶障目，以为这就是全部，却没注意他们其他方面的努力和才华，而更多的成功者都是不断学习的。唯有学习，才能带来心与心之间的对等。

教育可以带给孩子一种正确的世界观和人生观，告诉他们人生不仅仅是以金钱为导向，更应该有自己的丰富精彩的生活。比如听音乐会、看话剧，甚至是艺术收藏，这是高层次的精神享受。

学习能够让人拥有独立思考的能力，并有自己的是非观。有独立思考的能力，不会一味地迷信权威，不再人云亦云，能让人拥有广阔的视野，可以看到这个世界的复杂性和多面性。

为什么说"唯有学习，能带来心与心之间的对等"呢？因为读书会让你遇到同样喜欢读书的人，而相近的价值观是沟通的基础；读书会让你看到更为广阔的世界，接触到更优秀的人；读书是一种和有智慧的人的一种对话，在这种对话中，会让人的智慧不断地提升，让人的事业开阔，心胸也开阔了。

学习会给人带来更多交流的机会，让人有更多不同的选择。龙应台说："孩子，我要你读书用功，不是因为我要你跟别人比成绩，而是因为，我希望你将来拥有选择的权利，选择有意义、有时间的工作，而不是被迫谋生。当你的工作在你的心中有意义，你就有成就感。当你的工作给你时间，不剥夺你的生活，你就有尊严。成就感和尊严，给你快乐。"

学习和教育最重要的意义就是让我们遇到最好的自己，遇到美好的别人。让我们有机会与优秀的人心与心之间平等的交流。

110. 保持平常心，孩子是生命的礼物

著名的教育家陶行知先生说过："不要让孩子成为人上人，不要让孩子成为人下人，也不要让孩子成为人外人，要让孩子成为人中人。""人中人"就是"平常人"，就是心地平和、能与人和谐相处的心理健康的人。

很多父母希望孩子要成为"人上人"，有了这种心理，教育孩子就很难科学又冷静。为了让孩子当"人上人"，许多家长逼着孩子拼死拼活地考大学。考试成绩稍差，家长便冷眼相待；如果排名靠后，更会暴跳如雷，甚至大打出手。孩子承受着巨大的思想压力，这样的压力使他们对学习失去了兴趣，失去了持续学习的能力。

培养平常人，要有平常心。所谓做平常人，就是少给孩子提一些过高的、难以做到的要求，而是把人生的道理用最平常最通俗的语言讲给孩子听，并将这种平常心的态度贯彻到日常琐碎的生活中，让他们自己去把握自己的命运。

所谓有平常心，就是让孩子快乐地成为自己。许多父母喜欢支配孩子，喜欢按照自己的愿望支配孩子的未来，逼着孩子去做他没有兴趣的事情。这样的结果

只有两个：一是使孩子成为只能顺从地按照别人的意志办事、缺少创造力的人；另一个是引起孩子的反感使，使亲子关系紧张，让孩子与父母较劲，你让他朝东，他偏要向西，事与愿违，有的甚至走向了期望的反面。

你想把孩子培养成"伟大"的人，但最可能的结果是孩子很平庸，连普通人也做不好；有些人按照平常人的模式和心态去培养孩子，也许经过或长或短的历练，最后孩子真能成为一个"人物"。

有平常心的父母往往创造出平常之中的不平常。台湾著名漫画家蔡志忠先生教育孩子的信念是：让孩子快乐地一辈子"当自己"。他认为，父母并不是孩子本身，凭什么替孩子决定前途？尤其是依从父母的意愿而不是孩子内心的想法，这根本是本末倒置。他认为孩子的快乐是金钱买不到的，童年也不会重来，强迫孩子学习不喜欢的东西，那份痛苦会成为孩子心灵里抹不去的阴影。

不要把你的愿望强加在孩子的身上，不要让孩子来实现你自己的愿望。尊重每个孩子的不同，让孩子在规则中找到自己的路，留一个自由的空间，让孩子尽情地成长，完全地自我发展。你的孩子并不是你，你可以给他爱，却不能给他思想，因为他有他自己的思想。

111. 去情绪化管教，成就孩子好心态

父母在教育中要努力做到去情绪化管教，什么是"去情绪化"呢？简单来说，就是当你看见孩子把口红涂满大衣、把水放得满地时，不能大喊一声，然后把孩子丢进小黑屋，而是反复告诉自己，要保持冷静。

在吃饭时，孩子挑三拣四，这个不吃那个不吃；在做功课时，不能老老实实地做作业，一会儿喝水一会儿上厕所；让孩子帮忙做事时，叫了好几声孩子都不动，只顾着玩自己的……

生活里这样的情景是太多了，简直就是在不断地挑战父母的耐心和容忍度。父母们多多少少都会有忍不了的时候，轻则责骂孩子几句、摆出生气的表情来；重则直接上手打、不给孩子吃饭等等。但这些方法都会对孩子造成伤害，生活中不乏父母生气时暴打孩子一顿，打完看着伤痕又心疼地抱着孩子哭的例子，所以最好是去情绪化管教。去情绪化管教，可以使家长保持理智，冷静客观地看待孩子的错误，做出正确的处理决定。有些家长一看孩子犯错，顿时又气又恼，对着孩子劈头盖脸一顿骂，孩子吓得瑟瑟发抖，问题还没解决。所以，下次孩子犯错时，与其直接责骂孩子："你怎么能这样？蠢货！"不如在开口前深吸一口气，平

复自己的情绪，而后和孩子商量如何解决问题，这样自己既不会生气伤身，孩子也不会心怀畏惧了。

去情绪化管教，能维护孩子的自尊心，让孩子真正认识问题、改正缺点。有这样一个案例，一个男孩语文特别差，父母一提问课文，他就吞吞吐吐地背不出一个完整句子。在心理医生的耐心劝导下，他说出了实情：刚开始他只是没背熟课文，父母提问时本来就害怕，背不出来完整的段落，结果被父母两人狠狠地批评、抱怨了两个多小时，让他对背课文这件事产生了阴影。类似的例子还有很多，俗语说"一朝被蛇咬，十年怕井绳"，孩子暴露出缺陷时，父母的粗暴对待会使孩子恐惧自己的缺陷。如此，倒不如双方心平气和地交谈，帮助孩子弥补缺陷。

去情绪化管理，不断地摸索和孩子相处的模式，成就孩子的良好心态。与孩子发生矛盾时，不要用争执的方法去解决，和平对话，家庭氛围才会更加融洽。父母的处世态度是冷静理智，孩子也会受到熏陶，在今后的人生中仿照父母行事，用理智的好心态淡然处理人生路上遇到的各种问题。

112. 尊重孩子，是教育的最根本

父母赋予了孩子生命，提供物质条件供养孩子长大，还付出心血关注孩子的精神需求，可以说孩子最应该感谢的人就是父母。两者关系如此紧密，有时候却会因为教育问题出现隔阂，甚至被割裂开来，实在是令人痛心。而可以有效避免这些问题的方法就是尊重孩子，这是自然法则，也是最基本的教育法则。

要想做到尊重孩子，父母首先要平衡自己的心态，把孩子当作独立的"人"，平等对待。孩子在成长期间，几乎一切都是父母给的，但这不代表孩子是父母的"私有财产"，父母也不能按照自己的个人意愿随意摆布孩子，要明白孩子是一个独立的个体。孩子小时候可能会十分依赖父母，但在成长过程中会逐渐萌发出独立意识，希望得到父母的平等对待，希望父母尊重自己的意愿。所以父母一定不能强求孩子事事都听自己的安排，只有发自内心的尊重，才能建立起和谐融洽的亲子关系。

尊重孩子，也要求父母在教育孩子时，信任孩子，这会培养出有自信的孩子。通常情况下，在孩子初次去自己买东西、初次去上学、初次独自旅游的时候，父母都有些担心，唯恐孩子出现意外。而孩子遇到什么困难时，父母又心疼孩子，生怕孩子受苦受累，直接帮他们解决问题。这些原本是对孩子的呵护，却不利于孩子自信心的培养。父母要有这样的想法：我的孩子能力出众，不管碰到什么问题，都可以完美解决。父母相信孩子了，孩子才会觉得自己得到了父母的认同，

才会觉得自己的努力成果得到了尊重，从而对自己更加有自信。

　　尊重孩子，摒弃严厉教育，用宽容的心去为孩子创造一个宽松的成长环境。有些父母在教育孩子时很严厉，孩子做错一些事情，不问青红皂白就去批评，父母的本意是让孩子成为一个完美的人，但这样却很容易挫伤孩子的积极性、自尊心，牢牢地束缚孩子。孩子的心是脆弱的，不要经常严厉和苛刻地对待孩子，以免孩子变得暴躁、敏感、自卑。只有用真诚、宽容的态度来关注教育问题，才能促进孩子学会如何尊重他人。

　　尊重孩子，还要尊重自然成长规律，不能揠苗助长。孩子从稚嫩走向成熟，需要很长一段时间，父母想让孩子快点长大，领先他人，就会对孩子提出诸多要求。但这些要求往往让孩子疲惫不堪，对学习产生恐惧厌恶之情。不如尊重孩子的成长步伐，该玩耍时就让孩子玩耍，让孩子按时生长，是对孩子、对生命的尊重，也是教育的基本法则。

113. 优秀不仅是功课好

　　自隋朝起，历代皇帝开始用科举制选拔一些官员，学而优则仕，读书考试几乎成了百姓获取功名的唯一途径，甚至还出现了"万物皆下品，唯有读书高"的理论。千百年过去了，读书仍受民众关注，孩子们要经过十几年寒窗苦读才算毕业，上学期间要考试很多次，而每一次的考试成绩，家长都比较关心，甚至以此来判断孩子是否优秀。但只关心孩子功课无疑是极为片面的，真正的优秀是一种综合品质，要求孩子在功课、品格、修养等方面全面发展。

　　"分分分，学生的命根"，每到考试，学生们都会紧张起来，唯恐自己的成绩不好，被老师、家长批评。但"只以成绩论高低"的教育风气是极为不妥的，这一方面会对孩子产生心理压力，另一方面抑制了孩子的全面发展，甚至造成"高分低能"现象的出现。著名女作家龙应台曾写给儿子："作为母亲，我不要求你取得多少世俗意义上的成功，只愿你做一个快乐的人，如果你喜欢，你可以去给大象洗澡，给河马刷牙。"她的这种心态引发了很多家长的讨论和学习，并被广为认可。

　　要想成为一个优秀的人，高尚的品格和良好的修养是必不可少的。功课能反映出孩子的智力高低和勤奋程度，而品格和修养折射出来的却是孩子的内心和灵魂是否纯净美好。如果家长忽视了这两方面的培养，必定会追悔莫及：品格低劣的孩子，行为恶劣易误入歧途，屡犯错误而不知悔改；没有修养的孩子，不会尊重他人、没有礼貌、素质低下，则很难受到别人的喜爱和欢迎。家长从小就要注意孩子的德行，德行出众者，心胸开阔，行事稳妥，彬彬有礼，品质高洁，身上自有一种难得的君子风范。

功课好只能证明学习文化课的能力较好，而要想让孩子在激烈的竞争中立于不败之地，还要让他们拥有更多的能力。曾有人以高分考入清华大学，却因生活不能自理而被劝退，这说明独立能力很重要；孩子长大难免要与形形色色的人进行接触，如何能够和别人友好相处，让自己拥有好人缘？这要求父母帮助孩子培养交际能力；孩子在功课方面表现平平，却很喜欢某种才艺，才艺突出也是一种优秀……无论孩子在哪一方面能力出众，都有利于将来在社会上找到自己的定位，应该受到家长的鼓励和支持。

优秀的定义不仅仅是功课好，人生路漫漫，眼前孩子功课如何并不是判断孩子是否优秀的唯一依据，只有全面地培养孩子的品德和能力，才能在未来成就优秀和幸福的孩子。

114. 公平正义，要从小开始

我们都希望自己生活的社会是充满正义感的，希望自己的孩子是一个有责任、有担当的人。在日常生活中，我们该如何培养孩子的正义感呢？同情弱者，遵守社会良知，是正义感的一种重要表现方式。在学校的各种教育中，有很多活动可以培养孩子的这种品质。比如为募捐，不歧视残疾人，就是一种在爱心依托下的健康而正义的行为。

无论是对孩子还是对大人而言，正义感和爱心都是相辅相成的。我们很难想象，没有爱心的人，怎么会有正义感？同时，正义感的爆发，有时候又是一瞬间的，不加思索的，比如那些在紧急情况下的舍己救人行为。培养孩子的正义感，应该从爱心教育抓起。有爱心的孩子，更有可能把目光投向周围的弱势群体，了解他们、尊重他们、帮助他们。

文化对人的影响是潜移默化、深远持久的，家长可以有意识地引导孩子多接触三观端正的优秀文艺作品。比如说给孩子看包含公平正义思想的故事读本，讲述有关法律的知识，教孩子背诵正气凛然的诗句。孩子可能暂时不能完全理解里面的深意，但公平正义的种子会在他们心里生根发芽，影响一生。

父母是孩子的模仿对象，父母的行为无疑会对孩子的行事准则造成影响。一个自私自利、不遵守法律法规的家长，在和孩子讲公平正义时，是毫无底气支撑的，甚至带着讽刺性。这就要求家长加强自身关于公平正义的道德素养。

要在实践中培养孩子的正义感，从生活的方方面面做起。平常带孩子外出时，无论是排队等候，还是看红绿灯过马路，亦或在公交车上让座给老孕病残等等，家长全都按规则做事，孩子就会明白原来这件事该这么做，这也有利于孩子拥有浓厚的法律意识。带孩子去捐款，与孩子一起为贫困弱小者送去温暖等行为，则会让孩子学会体恤他人，让孩子拥有博爱的胸怀。

"石可破也，而不可夺坚；丹可磨也，而不可夺赤。"人们的正义感，应该像石头一样坚硬，像朱砂一样赤红。从小开始培养孩子的公平正义感，对于一个人的成长非常重要，这也是社会对每一个人格健全的人的要求。

115. 回归自然，让孩子尽情发挥

"我告诉爸爸，我告诉妈妈，今天我不想去把琴练，也不想把那画笔拿，我只想痛痛快快地玩泥巴。我捏的小狗汪汪叫，我捏的小猫摇尾巴，我捏的小鸟飞呀飞，我捏的小人乐哈哈。"上述内容出自儿歌《玩泥巴》，虽然简单明了，却也反映出了孩子渴望接近大自然的天性，以及亲近自然有利于提高孩子创造力的事实。大自然是最好的课堂，又是一部活生生的教科书，在城市化的现代社会，千万不要忘了让孩子回归自然。

随着科技的发展，孩子们接触最多的就是各类电子产品：手机、电视、电脑、游戏机等等，这固然丰富了孩子的娱乐生活，却也限制了孩子的天性。研究人员指出，相比起看电视、上网，户外活动更能锻炼孩子的生活能力，有益孩子身心健康。此外，多接触大自然，还可以提升孩子的想象力和创新能力。欧美各国早已提倡让孩子回归自然，并出台了不同的任务要求：澳大利亚列出了户外活动清单，美国鼓励孩子玩沙子……

在我国，家长文化素质慢慢在提高，很多家长明白：让孩子快乐幸福的成长才是更好的教育方式。很多年轻的家长逐渐把孩子塑造成一个懂得与自然和谐相处、懂得敬畏自然、懂得享受生命的人。父母们可以寻找时间，陪孩子去旅游、野炊、踏青等等，一起接近大自然。野外空气清新，让孩子闻闻自然的味道，带着青草香和花香；大自然里有众多动物，父母可以让孩子观察、为孩子介绍各种动物，增加他们的见识；哪怕是带着孩子去农家乐，也可以让他们见识到一派祥和的田园风光，了解农作物和家养动物……不管怎样，一家人走进自然，感受美景，让孩子亲身体会自然的奥妙，解放孩子的天性，一定是幅其乐融融的画面。

长期接触自然的孩子，他们会有广阔的视野和博爱的胸怀，对生命更加珍惜

热爱，会细腻地注意到周围那些细小的感动。在他们身上，既有植物生长的坚韧，又有动物奔跑的活泼，还有皎洁月光的温柔，更有微风拂面的舒适……这样的孩子，是真正的自然之子。孩子的内心充满着对自然的热爱，也必定会热爱生活，热爱一切美好的事物，最终会成为一个品德高尚、品位高雅的人。在面对生活的困难时，也会有一股韧劲，用坚定的意志克服困难，勇敢地面对生活。

中篇

别让低情商毁了你

NO.6 情商的力量：情商比智商更重要

116. 情商，被遗忘的人生重点

在过去的很长一段时间里，人们总将成功者的成功原因归结于他们的高智商，各种各样的智力测验层出不穷。智力测验甚至成了某些国家社会文化的一个重要组成部分，个人在测验中的得分，可称为其指导其一生职业选择、安置和决策的主要依据。

"智商风潮"大行其道，渐渐有人提出了各种质疑：智商等同于一个人的聪明程度吗？智商高的人必定能够取得成功吗？智商测验是否有效？智商到底能在多大程度上预测一个人的未来，这一问题使心理学家们争议不休。美国的心理学家就智商和成功的关系做了研究，他们对某中学的几十位优秀毕业生进行跟踪研究，但智商为全校之冠的毕业生在三十岁时大都表现一般，甚至远落后于同行。参与此研究的凯伦教授指出："面对一位高智商者，你所知道的也就是他在回答某些心理学家所编制的智力测验时成绩不错，但我们无法对他的未来成败做出准确的预测。"

智商并不是影响人成功最有力量的筹码，心理学家认为成功因素中至少还有70%以上的作用有待发现。经过多年研究后，他们提出了另一个关键词——情商。情商指的是把握自己和他人的感觉和情绪，并对这些信息加以区分利用，来引导一个人的思维和行动的能力。如果说智商能被用于预测一个人的学业成绩，情商就是能被用于预测一个人能否取得职业上的成功，甚至是能否活的快乐、有意义。而后，关于情商的重要性，各方面专家都发表了见解。

美国作家戈尔曼曾出版《情感智商》一书，他指出，情商不同于智商，它不是天生注定的，而是由学习的能力组成。这表明哪怕是智商不高的人，也可以通过学习提高自己的情商。而情商的高低决定一个人其他能力（包括智力）能否在原有的基础上发挥到极致，继而决定人会有多大的成就。情商是影响个人健康、情感、人生成功及人际关系的重要因素，将它遗忘的人，应当及早纠正，认真研究，助己成材。

117. 情商，困境中的"救命稻草"

有一个典故说，一个人掉落到水里，肺内空气将要耗尽，忽然发现了一根稻草，然后通过空心稻草在水下进行呼吸才得救，这根稻草被称为"救命稻草"，又引申为困境中的唯一希望。人生之路漫漫，人会避无可避地陷入困境。这种时候，人有多大的能力已不重要，因为能力很可能已无法施展。而很高的情商，可以发挥恰到好处的妙用，这才是人在困境中的的救命稻草。

高情商者往往拥有认知他人情绪的能力，一旦意识到自己身处困境，立刻利用过人的情商脱困而出。史学家对张良多有称赞，因为他正是一位情商出众的人，多次化险为夷。楚汉争霸时，项羽布下鸿门宴，"项庄舞剑，意在沛公"，张良见情况不妙，出帐找到樊哙，命其进入保护刘邦，后又助刘邦脱离虎口，自己留下应付局面，可谓智勇双全。汉朝建立后，刘邦总是怀疑功臣，很多人不知闪避，还想要更多的封赏。而张良选择明哲保身，从不居功自傲，低调做事，还自请告退，打消了刘邦的猜疑，成为了汉初三杰中唯一得到善终的人。论行兵打仗，韩信、彭越比张良厉害得多，但他们情商不及张良，空有一身才能，却落得了惨死的下场。

高情商者在身处困境时，不会惊慌失措，而是迅速分析局势，寻找突破点，用心理战术打败对手。三国时期，蜀相诸葛亮带2000多军士驻守西城县，哨兵来报，说魏将司马懿带领15万大军来袭。众官员大惊失色，诸葛亮仔细思考后，决定使用空城计。司马懿看着大开的城门却没有进攻，选择了撤退，他认为诸葛亮为人谨慎，城中定有伏兵，根本想不到那是空城。诸葛亮可谓是摸透了对方心理，用情商度过了这一困境。

一个人的能力是有限的，不可能每次危难境地都能化险为夷。溺水的人找到"救命稻草"才能活下去，深陷困境的人也只有发挥自己的情商优势才能安然脱困。对于高情商者来说，拥有积极的心态、冷静的思考态度、敏锐的观察力和卓越的理解力，无论什么样的困境，都将被高情商攻破。

118. 情商，一种情感能力

1995年10月，美国作家丹尼尔·戈尔曼的新作《情感智商》出现在市场上，很快就成为流行于世的畅销书。他认为情商由五种能力组成，分别是：了解自己情绪的能力、控制自己情绪的能力、激励自己的能力、了解别人情绪的能力和维持融洽人际关系的能力。他的观点得到了广大心理学家的认可。总体来说，情商即一种情感能力，一种识别、调控自身和他人情绪和情感的能力。

情感在人们的生活中是非常重要的，能够识别人的情绪，可以使人把握心理动向。"感时花溅泪，恨别鸟惊心""剑外忽传收蓟北，漫卷诗书喜欲狂""寻寻觅觅，冷冷清清，凄凄惨惨戚戚"……人的感情向来都比较细腻，需要仔细甄别。当人的需求被满足时，便会产生幸福、开心、满足等积极情绪；反之则产生失落、惆怅、难过等消极情绪；受到惊吓时产生的就是惊讶、害怕、厌恶等情绪，等等，需多加观察。

在识别情绪之后，还可以运用情商来调控人的情绪，解决各种问题。比如，自己烦躁时，可是试着去想一些可以静心的事物，让自己的情绪平静下来。朋友心情不佳时，可邀请朋友散步、看电影，使他放松。这些都有些借助外物的意味，情商极高者可以在几秒钟内控制好自己的心态，可以用寥寥几语转变他人的情绪，因为他们的情感能力非常强大，知道如何迅速有力地调控情绪。

没有人天生就拥有高情商，情感能力可以慢慢培养，并在学习中得到提高。识别他人情绪的关键是移情，即和他人易地而处，在内心亲自体验别人的情绪。之后，通过一些认知活动或行为策略，有效地调节和改变他人的情绪。在用情商解决问题的过程中，情感能力随之强大。

119. 提升情商，别做聪明的"傻子"

生活中有这么一类人：他们学习成绩优异却不受同学欢迎，工作能力突出却难得老板喜爱，会很多技能却没几个朋友，生活条件优越却没有幸福的感觉……这类人通常都有一个共同点，拥有较高的智商，情商方面却比较低下，也就是人们口中"聪明的'傻子'"。

这些人脑瓜聪明却屡遭挫败，拥有突出技能或素质却难以大放异彩，那是因为他们不懂情商的奥妙,在这方面远落人后,空有一身本事却无处发挥,甚至被别人故意埋没,只能早早退出历史舞台。三国时期的杨修,就是一个聪明的"傻子"。杨修才思敏捷,智商很高,能够迅速看穿很多问题。他在曹操手下当主薄,毫不掩饰自己的高智商,曾在片刻之间猜出曹操的字谜,又在猜曹娥碑上"黄绢幼妇,外孙齑臼"八个字的字谜时,曹操想了三十里路才想到的答案,而他即刻就已知晓。他经常在智商上把曹操比下去,曹操渐渐对他"心恶之"。在"鸡肋"事件中,他确实又猜对了曹操心中所想,但却不假思索地说出,扰乱了军心,更是大大挑战了曹操的权威,落得身死的下场。没有高情商做倚仗,高智商不但不能让人获得好处,还可能招致猜疑,惹来祸事。

高情商是成功的基石,智商平平的高情商者就能够取得成就,若是智力超群的人能够提升情商,仿若如虎添翼,定能比较容易地取得更大的成就。如果不知道该如何提高情商,可以先阅读一些有关情商的书籍,从中对照自己的行为,找到思维盲点,发现不足,进行修正。身处快节奏的现代社会,竞争激烈,生存压力大,人际关系纷繁复杂,不仅仅要求人们有较高的智商,出众的专业能力,更要求人们情商卓越,能够管理好自己的情绪,调整好与社会的关系,将情感效益转化为经济效益。

那些聪明的"傻子",犹如坐拥金矿却依然穷困潦倒的人。只有提升情商,才能将金矿炼化为金子,成为名副其实的聪明人。

120. 情商是情绪调控与表达的艺术

著名作家丹尼尔·戈尔曼在《情感智商》一书中说道:"情商高者,是能清醒了解并把握自己的情感,敏锐感受并有效反馈他人情绪变化的人,在生活各个层面都占尽优势。"在生活中,每个人都可能遇到不如意的事,有的人因此怒发冲冠、大发雷霆,任由自己的负面情绪展露出来,事情都变得越来越糟糕;有的人及时调控情绪,冷静地解决问题,在困难中屹立不倒。后者就是高情商者,他们能够将情商这门有关情绪调控与表达的艺术运用自如。

情商具有调控情绪的功能,它在使人了解自己或察觉他人情绪后,通过某些行动或话语,改变人的情绪。人类的情绪世界可谓是五彩缤纷,有积极情绪也有消极情绪。由于消极情绪会有害生理健康以及其他方面,所以必须调控情绪,以保持生命健康成长。比如,人在失业后,心情会十分消沉低落,时间一久还会喜怒无常,这时若是努力控制了负面情绪,换上积极的心态,就会重拾对生活的信心，主动去找新工作。

情商还有表达情绪的功能，人在知道自己情绪产生的原因后，还要能通过动作、语言、神态等方式表达出自己的情绪，以使他人理解自己，达到影响别人的目的。东晋书法家王羲之为人豁达，行事潇洒，官员郗鉴派门生到王家选婿，门生回来说："王氏诸少并佳，然闻信至，咸自矜持。惟一人在东床坦腹食，独若不闻。"在东床坦腹的人就是王羲之，他表现出来的的洒脱打动了郗鉴，最后将其女嫁与王羲之为妻。正所谓你想让别人怎么看你，就要做出什么姿态来。能否准确地表达出自己想表达的情绪，直接影响别人对你的评判。

恰当地调控和表达情绪并不是一件易事，这需要人拥有较强的察觉力、判断力、自控力，还要能够随机应变，灵活地用不同的手段应付不同局面。正因为这些对一般人来说难以做到，而高情商者拥有这些能力。所以说，情商是一种情绪调控与表达的艺术。

121. 无法控制的智商与可以提高的情商

智商是测量个人智力发展水平的一种指标。具体来说，智商主要反映人的认知能力、思维能力、语言能力、观察能力、计算能力、律动能力等。而情商又称情绪智力或情绪商数，是近年来心理学家们提出的与智力和智商相对应的概念，具体指人在情绪、情感、意志、耐受挫折等方面的品质。智商和情商对我们来说都非常重要，但智商是无法控制的，情商却可以通过学习等方法得到提升。

首先，影响智商和情商的关键因素不同。据英国《简明不列颠百科全书智力商数》词条载："根据调查结果，约70%—80%的智力差异源于遗传基因，20%—30%的智力差异受到不同的环境影响所致。"而人的情商很容易受到社会环境的影响，比如说，古代某一时期讲究"三纲五常"，当时整个社会的人的思想便都被封建礼教束缚着。一个人的父母的智商越高，他就越有可能也是高智商人士，但有时候先天遗传基因也会有误差，某些高智商者就生出了有缺陷的孩子。情商主要受后天环境影响，而后天生活环境是一种可控的选择。

其次，智商和情商反映的心理品质是两种不同的性质。智商主要表现人的理性能力，情商主要是表示认识、控制和调节自身情感的能力。正因如此，一个人的智商水平是稳定的，就算经过了开发，也不可能有大的改变。而人的情商与自己的生活经历密切相关，当人经过了一系列的情感历程，有了种种感情经历，情商就会自然而然的提高。

最后，智商和情商的作用不同，也使得两者间有很大差别。一般来说，高智商者对学术问题认识程度深，容易在某一专业领域达到一定高度，高智商者能通过调控感情，做到专注又勤奋，从而获得更大的成就。但当高智商者情绪失控时，理智被抛到一边，智商就无法保持正常水平。另一方面，情商决定一个人的社交能力和自我调控力的高低，主要是在后天的人际互动中培养起来的，这说明人们很容易通过种种途径提高情商，让为人处世的能力呈稳定增长状态。

总体来说，智商的高低会受到很多不确定因素的干扰，无法准确控制，这一方面表现在每个人出生时的智商不尽相同，另一方面表现在，即使是那些高智商人士，在客观环境的影响下，也不会固定发挥出应有的智商水平；情商的高低主要由主观因素决定，离不开个人的努力，只要个人勤奋学习，多加感悟，就可以提高自己的情商。

122. 人际交往中，情商让你如鱼得水

有些人在社交反面比较迟钝，明明很想与别人建立良好的人际关系，做一个受欢迎的人，为此还付出了很多努力，但却总是事与愿违。这时候不要轻易沮丧，更不能像无头苍蝇一样乱试方法。要知道，赢得欢迎的秘密武器是拥有高情商。想要在人际交往中如鱼得水，必须发挥出情商的莫大能量。

情商的作用之一是了解他人情绪，这要求要关注他人，并善于观察分析。在人际交往中，无论是只顾着忙自己的事还是不自觉地神游天外，都是很不礼貌的行为，还会错过别人表露出来的信息，是社交场中的一大忌讳。若是想了解他人，就要默默地观察对方的衣着打扮、言行举止等，以此为依据分析对方心理，然后做到知己知彼，可以轻松地与对方交谈他所感兴趣的事展开交流，给别人留下良好的印象。

情商还有维持融洽人际关系的能力，要求能够理解并适应他人的情绪，与周围的人和谐相处，能迅速适应环境。所谓看眼色行事，就是说要能识别旁边人的情绪，并采取相应的策略，以适应当时的氛围，让别人感觉你们处于同一阵营，心理上就亲近多了。如果把握了对方心理，顺应对方心中所想地说话做事，别人自然很乐意和你交往。

情绪智商高的人，善于控制自己的情绪，善于用微笑表达善意和亲和力，能够激发出周围人的热情，与之进行有效沟通，既能够设身处地为别人着想，又能够认真倾听别人的烦恼，还能够使别人心情轻松起来，这种高情商者自然会受到周围人的喜爱。

123. 自我认知，衡量自我情绪能力

有一个销售员工作十分勤奋，每天都给客户打数百通电话，但却效果奇差，业绩往往低于其他同事。她为此心忧不已，主管也希望找到问题所在，就听她打了几个电话，而后指出："你别的方面都很好，但语气有些凶，客户一问问题你就不耐烦，这是做销售的大忌。"销售员听后十分惊讶，因为她一直以为自己的语气温柔可亲，在改正语气问题后，她的业绩终于有所好转。每个人都会有一些缺点，做不到全面的认知自我，就无法改正缺点，可见自我认知很重要。而情商的主要能力之一是自我情绪的认知能力，如果想要认识自我，可以从衡量自我情绪认知能力开始。

自我情绪认知能力，指的是一个人能迅速察觉自己的情绪，并了解情绪产生的原因。这种能力看起来好像人人都有：谁不了解自己啊？但在生活中，莫名其妙烦躁起来的人可不少，更有一些人在与人争吵后后悔不已，想不通自己怎么就轻易地与人争吵了，其他的例子更是数不胜数，这些都表明：自我情绪认知能力并不是那么容易做到的，是一种需要学习的能力。

衡量自我情绪认知能力，指的是察觉自己情绪变化的快慢，以及能否全面、迅速找到自己情绪变化的原因。如果一个人能够在自己动怒的瞬间反问自己为何动怒，并自己马上给出答案，这个人的自我情绪认知能力就很强，反之则为弱。此种能力强的人能够准确察觉到自己的喜怒哀乐，这就为了解别人情绪、理解别人感受打下了坚实基础，更可以将自己与他人做对照，对自己有进一步的认知。

衡量自我情绪认知能力后，如果自己很强，就可以认知自己的个性和心理情绪，之后才能管理和操控自己的情绪。如果自己很弱，可以通过他人对自己的评价来了解自己，或是通过角色的转换来认识自己，这样就可以使自己对自己有一个相对全面的了解。所以，想要进行自我认知，应该从衡量自我情绪认知能力开始。

124. 通情达理，高情商的直观表现

通情达理的字面意思是通晓人情、明白事理，释为说话做事很讲道理，是一个经常用在夸赞人时使用的褒义词。当我们听说某个人很是通情达理后，心里就会对他有一个好印象；当我们觉得某人通情达理时，便愿意和他打交道、做朋友。

通情达理者，很容易拓展人脉、拥有良好的人际关系，所以，能够拥有这种名声与能力的人，他们的情商一定比较高。

通情达理者一般都拥有良好的耐心和较高的认知他人情绪的能力，愿意设身处地为他人着想。

一天傍晚，某酒店迎来了一对被雨淋湿的老夫妇，他们身上的钱不够开房间，但下雨天赶客人走又太冷酷，一个服务员于心不忍，自己为他们垫付了房费，端上热茶和干毛巾，还教老人如何使用浴缸，第二天又帮他们联系家人。老夫妇感动极了，在儿子来接他们时，转述了这个服务员的暖心行为，没想到这对老夫妇的儿子是一个大公司的老板，就这样，服务员就在这位儿子的公司里得到了一份薪水更高的工作。通情达理的人，做的事都很有道理，让人不得不赞叹、欣赏。

高智商者明白要在社交中打造良好的形象，通情达理无疑就是他们愿意留给别人的直观印象。要做到通情达理，首先要关注别人，认真倾听别人的话，观察别人的表情，才能理解别人的心情；还要有一颗包容的心，包容别人种种看起来不正常的言行；最后要对别人进行肯定，表明自己是理解、支持他的，别人自然会觉得你很通情达理。

世事洞明皆学问，人情练达即文章。高情商者就像是拥有一颗七巧玲珑的心，既善解人意，又懂得如何表达善意，通情达理是他们高情商的直观表现，为他们增添了极高的亲和力和独特的魅力。在生活中，人们也更偏向于和通情达理的人建立友谊，对刁蛮任性的人则是远远避开。

125. 情商影响生活，情感驱动行动

与智商相比，情商的概念出现的较晚，但事实上它贯穿历史、跨越古今，一直都存在于我们的生活中，只是被发现的较晚。情商与每个人的生活都息息相关，无声无息地影响着我们的生活，关于它的现实解释有很多，它绝对不是书上苍白无力的一个词语。而情感与情商有着密切的联系，每个人都会有自己的观念、态度和需要，情感就是一个人在这些因素的支配下，对事物的切身体验或反应，它可以驱使我们不由自主地做出一些行动。

不管是在控制自己的情绪时，还是在与人打交道时，情商总是能通过各种方式，影响我们的生活。高情商者很容易受到人们的欢迎，形成良好的人际关系；会为自己谋取很多便利，营造合适的成才环境；会在职业生涯中得到老板赏识，不断地得到升迁的机会；也会拥有幸福美满的家庭，将日子过得红红火火……现

如今,"情商决定命运"的观念已获得大众认同,情商影响生活的观点的正确性也是毋庸置疑的。

情感驱动行动说法的证据之一是情感对人的生活能发生作用,这就是情感的效能。情感效能低的人,受情感波动的的影响较小,就算内心情绪变化激烈,也很少有什么行动。但情感效能高的人,情感就是他们的动力,无论是什么样的情感都会驱使他们行动起来。其次,人类精神世界的核心地位被情感占据,在危急时刻,人们没有解决危急问题的经验,情感就打败了理智,占据上风,人的行为就由情感驱使了。比如说,有人一生气就乱摔东西,根本不在乎摔的是什么,等理智回来了,又开始心疼。

情感能起到驱动行动的作用,如果起的是良好作用,自然皆大欢喜;如果起的是负面作用,就应该用情商约束好自己的情感,对情感进行调控,将之转化为正面情绪。这样,情商也就只会对生活造成好的影响了。

126. 逆境是提升情商的最佳契机

英国作曲家韦伯说:"有许多人一生的伟大,都自他们的逆境中来。"逆境,是一些人不喜欢的人生阶段,因为他们对自己没有信心,害怕挑战,更怕自己会在逆境中输得一败涂地。但幼鹰在被摔下悬崖的途中才能学会如何在空中翱翔,钢铁被敲打锤炼后才能成为锋利的刀剑。逆境虽是挑战,也是机遇。对于不知如何提升情商的人来说,逆境是他们提升情商的最佳契机。

只有在逆境中,才能有认真反省自己的机会,让自己看清楚自身的缺点。林冲被高俅陷害,发配沧州,路上被狱卒百般刁难,昔日的好朋友陆谦还到草料场杀他。他之前是禁军教头,对高俅的弄权行为不发一词,被自己最好的好朋友出卖也无计可施,知道妻子被逼死后,终于觉醒,奔梁山而去。若不是自身遭遇逆境,林冲还会对官场的黑暗视而不见,继续被朋友蒙在鼓里,他最终觉醒了,选择了一条成为大英雄的道路。很多人对自己现有的生活不满,又有很多不舍,但只有在逆境里才会反省和改过。

身处逆境,待久了,意志力会得到锻炼,最终可以磨练出无所畏惧的勇气和坚持努力的恒心。电影巨星史泰龙就是在逆境中提高了自己的情商。幼年时,他的母亲是酒鬼,父亲是赌徒,他经常挨打,上到高中就退学了,街上的人经常用蔑视的眼光看他。他不甘心,一次次为自己设想可以从事什么职业,他选择去当演员。但因为他没有天赋和经验,他在两年时间内被人拒绝了一千多次。他依旧没有放弃，自己写了剧本，请求各个导演让他做主演。他的坚持最终打动了别人，答应让他试拍一集。他一炮走红，从此越来越顺利。有人评价史泰龙有高情商，这正是他经历了长久的逆境所得到的最好的回报。

在顺境中安逸太久，人们会渐渐不思进取。遇到逆境，人们才会发现自己的潜力有多大，会重新拿出昂扬的斗志和不服输的勇气。突出其来的逆境，就如同天然的磨砺良机，可以使人变得坚强和勇敢，学会反省和觉悟，不断地拼搏进取。所以说，对于有勇气的人来说，逆境是提升情商的最佳契机。

127. 情商训练，什么时候都不晚

心理学家约翰·戈特曼博士认为，情绪管理在婴儿期、幼儿期、幼童期、少年期和青春期有不同的训练要点，父母要抓住情绪管理训练的五个关键时期，提高孩子的情商。五个关键步骤分别为：察觉到孩子的情绪；把情绪性的瞬间当作增进亲密感，对孩子进行指导的好机会；对孩子的情绪感同身受，倾听孩子的心声，认可孩子的情绪；帮助孩子表达情绪，用言语为情绪贴上标签；划定界限，指导孩子解决问题。很显然，从小就被父母训练情商的孩子无疑是幸运的，但就算在年少时没有父母的苦心训练，什么时候进行情商训练也都不算晚。

人的一生要靠自己的努力才能过好，只不过有的时候努力的方向和错误会出现偏差，收不到预期的效果。选择进行情商训练，是一种非常有效地提高自己情商的方法，而且提高情商之后，高情商可以帮助人避开很多不必要走的弯路，进行正确的选择。曾有人一直为处理不好与同事之间的关系而烦恼，他也曾尝试过向同事表达善意，但还是收效甚微。后来他在朋友的推荐下报了情商训练班，进行学习、训练，让他豁然开朗，他还学会了如何带着激情工作，同事们和上级都对他大为改观。

人生路上有无数转折点，转对了就是柳暗花明，转错了就是跌入低谷，有的人可能已经错过了很多美妙风景，但在下一次转折中就有可能看见鲜花。所以说任何时候进行情商训练都不算晚，因为有那么多可以把握的转折点存在，但如果一直让自己处于迷糊的状态里，一次次转到小路上，人生就会平添很多坎坷。东隅已逝，桑榆非晚，情商训练也是这样，错过了以前的训练机会，之后在进行也不算晚。

如果一个人能够进行自省，察觉到自己在情商方面出了问题，那么就不应该再拖拖拉拉，让自己一直苦恼。虽然无论在什么时候进行情商训练都对我们大有裨益，但越早进行越好，可让自己多一些成功的把握，早一些改变自己的命运。

128. 获取成功，从培养高情商开始

资深心理学家丹尼尔·戈尔曼曾宣称："婚姻、家庭关系，尤其是职业生涯，凡此种种人生大事的成功与否，均取决于情商的高低。"可以说，一个人是否能取得成功，与他的情商高低有着密不可分的关系。而相关调查表明，情商是震撼人心的人类智能评判的新标准，它主宰人生的80%。因此，情商是人获取成功的决定性因素。若想获得成功，就应该从培养高情商开始。

拥有高情商的人，能够正确认识自己，知道如何控制自己的情绪，擅长把握周围人的心理，能够处理好自己周围的人事关系。卡耐基曾参加一个宴会，宴会上有一群人在讨论有关世界旅游的话题，卡耐基曾到过很多国家，对此了解很深。但他没有急于表现自己，向别人夸耀自己的见识有多广，而是认真地倾听别人的话，还及时给予中肯的赞美，最后等别人都说完了才发言。而有些人则相反，在别人说话时总是忍不住打断，急着表达自己，但这样会降低别人的喜悦程度，拉开双方之间的距离。与此相比，卡耐基是一个成功的社交者，他的高情商总能为他判断出怎样做是最好的。

用积极的心态极面对眼前的不顺，持之以恒地做事，不轻言放弃，也是高情商的体现。曾有一个学习成绩很一般的学生，她是班上学习最刻苦的人，尽管成绩从没有过什么突飞猛进。她的作业总是干净又整齐，从不迟到旷课，上课听不懂也会坚持听，她的老师很喜欢她，鼓励她说："以你的努力程度，你的人生最坏的结果，也不过是大器晚成。"若干年后，她真的以她的认真和努力做出了一番成就。后来，她回忆说，是母亲一直在教她要坚持和乐观。培养出高情商，就算智商不高，也能以勤补拙，最终获得成功。

高情商是成功的基石。研究表明，在职场里，表现优异的人士中有90%的人都具有高情商；相对的，表现不佳的人中有80%的人情商都不高。当然，高情商不仅能使人在事业上取得成就，几乎在人生的各个领域里，高情商都能让人在追求成功的路上如虎添翼。

129. 别让"情商"变成"情伤"

一般来说，情商有促进人际关系亲密的作用。如果一个人的人缘特别好，在哪里都受人欢迎，大家就会说这个人情商高，交际能力强。但情商运用得不好的

话，就会适得其反，遭到别人的不解与刻意远离，自己也觉得失望难过，让"情商"变成了"情伤"。

　　有些人想要与人进行交流，但采取的方式不对，就收不到好的效果。比如，班上新转来一位同学，王华觉得要对新同学友善一点，让他不觉得孤单，就上前与新同学说话。刚好新同学在跟周围人展示自己的手表："这是我爸今年去英国旅游，特意给我带回来的手表，看着好看，好像质量也很好。"王华急着接话："从英国带回来的？或许还是中国制造，现在好多国货都出口到外国商场里，咱中国人去旅游又把它们买回来……"话音未落，新同学就不乐意了，"那你意思是我爸不识货吗，我摘下来让你看看，怎么你一来就这么说话。"看着新同学明显不开心的表情，王华也郁闷了，自己来看他不是一片好心吗，怎么就变成了一件坏事。王华就是典型的"情商"变成了"情伤"，他出发角度是好的，说的话却让人产生了误解。

　　多站在对方的角度想问题，设身处地的为别人考虑，可以有效避免"情伤"的出现。例如，小林看见同事的脸色苍白，本来想说"你看起来很疲劳"，转念一想，大早上说这个她可能会不高兴，就说："你今天好白啊，记得多吃饭补充血色。"这样一来，他既避开了忌讳，又表达了对同事的关心。多为对方考虑，从细节做起，能为自己加很多分，比如男士要主动为女士拉开车门，高个子女生和身高低的男生相处时，可以稍微弯腰等。

　　多学习一些与人交际的经验，阅读一些提高情商的书籍，做一个生活中的有心人，慢慢改变自己的不足，弥补自己的短板，人的情商会慢慢得到提升，"情商"也就不会变成"情伤"了。

130. 情商高低，看看你的自制力

　　曾有一句话："若要看一个人的修养如何，不需观察他的打扮和外貌，只需看他的言行举止是否优雅。"同样地，一个人的情商高低，不在于他是否有才华，或者坐拥多少财富，而是看他的自制力有多强。一个时时刻刻都能克制自己情绪的人，心胸必然宽广，思虑必然缜密，行事必然周全，能做到万事操之在我，心中自然会有一片天地，而这正是情商的至高境界。

　　自制力较好的人都有一种处理消极情绪的能力，而情商管理最重要的一点，就是如何有效的管理自身的负面情绪，使其不对我们的思维和正常生活造成不好的影响。遇到不好的事发生时，人们会心烦意乱、怒气腾腾；或是消极低沉、疲

惫不堪，但这些不好的情绪会影响我们的思维甚至身体健康，使人失去平时的理智，若因一时之气酿下苦果，更是大错特错。所以，自制力高的人一般都尽力让自己拥有一份平和的心态，保持冷静，清晰地识别出自己的情绪波动，然后在心里告诉自己该怎么做。

举例来说，自制力强的表现之一就是会制怒，能做到这一点很不容易。当人们难过的时候，哭出来后就会好一些；疲倦了，可以让自己好好放松一下；低落了，可以去做一些自己喜欢的事……可人一旦愤怒起来，可能想大喊大叫，或是有压抑不住的破坏欲，再不就是斯歇底里地尖叫哭泣，这是种迅如猛火的情绪，很容易当场爆发出来。情商高的人不是不会愤怒，而是他们会迅速地调整心态，让自己适应当时的环境。要么会忍耐，能做到"心怒而色乐"，事后再独自宣泄出来。毫无疑问，这些方法都比当众发火好。

情商高的人会避免让自己情绪化，他知道要为自己而活，如果太在意外界的影响，就等于将自己情绪的控制权交到了别人手上。当情商低的人因为别人的贬低而低沉时，或为别人的错误而惩罚自己时，或因别人的讥笑而愤怒时，高情商者默默地自我控制，对玩笑话是一笑了之还是斤斤计较，对批评讽刺是听听就好还是当场发火，他们心里有着自己的判断，理性永远在感性之上。其实，当人能控制自己的情绪时，他也就战胜了自己。

131. 树立一个积极的"自我心像"

自我心像，指的是一个人对自己的评价和看法，相当于在内心里给自己画的一个画像，也是人潜意识里对自我的描述与定位。自我心像建立在自我认识或自我意识的基础上，是人根据过去的经历、他人的评价总结出来的，相当于自我意识的一部分。因此，自我心像一旦形成，人们在判断自己时就会受其影响，它以此牢牢控制着人的外在行为。它的影响如此之大，我们应该树立一个积极的自我心像，然后在它指导我们的行动时，能够积极地面对一切。

树立一个积极的自我心像，是获取成功的首要条件。如果你在内心深处觉得自己能力低下、做什么都不会成功，你就会在这种消极的自我心像里变得越来越懦弱，没有勇气去尝试认真做什么事，因为"嗨，反正我认真也做不好，不如不做了，交给别人"。做事的机会都让给别人后，别人会从中锻炼了能力，丰富了经验，哪怕一开始你们是处于同一起跑线上的，但你输了心态，也就输了先决条件，到最后只会越来越不如别人，与成功无缘，徒留叹息。

拥有积极的自我心像，整个人都会自信起来，有勇气去挑战生活、面对困难。"诗仙"李白在现代享誉极广，人们不但喜欢他的绝妙佳句，更喜欢他自信与豪情、不羁与洒脱。"天生我材必有用""仰天大笑出门去，我辈岂是蓬蒿人"，他的自信使他写出了狂放的诗句，狂放的诗句让人感受到了他的自信。积极的自我心像，真的会改变一个人的精神风貌和所作所为，若是李白当年没有这种狂傲的自信，或许就只是做一个平凡的书生了，绝不会有跨越千古的感人魅力。

　　如果自己过去做的事充满了失败，心里的"自我心像"可能会比较消极和负面的。这种时候，更要改变一下，不然过去已经活得不精彩了，难道还要让它影响、操控以后的生活吗？多想想自己的优点，在真实自我的基础上，树立高一些的自我心像，让它带着你积极做事，久而久之，你就会成为一个真正积极、优秀的人了。

132. 情商的核心，我的情绪我做主

　　诗人亨利曾写过一句著名的诗："我是我命运的主宰；我是我灵魂的船长"，告诉我们要主宰自己的命运，掌控自己的灵魂。那么，在此之前，我们要学会控制我们的情绪。生活中有因一件小事而发生争执的，有因一时之争而锒铛入狱的，有因一念之差而酿下大错的……这些都是人的情绪在作怪，我们不应该被情绪驱使，毕竟谁都无法确定自己冲动之下的行为会造成什么后果，要试着强化情商，做到我的情绪我做主。

　　许多不善于控制自己情绪的人，因为放任情绪，造成了原本不该有的损失。两羊过桥，互不相让，等着对方退后，后来争执起来，"我先走上桥的，应该你让我！""我就是不让，你想过就得让我先走！"两只羊由怒骂化为了武力解决，用羊角抵着对方，两羊都觉得疼，但在愤怒之下就是不肯让，最后双双掉入了河中。要不是有路过的动物搭救，恐怕就要溺死在河水中。生活中不乏像"两羊"这样的人，无法控制自己的情绪，轻而易举地因为一点事情就发生大的情绪波动，吃亏了才会责怪自己。若还是不知改正，还会一直因为情商低而吃苦头。

　　做自己情绪的主人，可以及时将消极的情绪化为进步的动力，而在任何时候都不失君子风度，独特的稳重气质会使自己更加乐于亲近。回想一下，在生活中，对于总是闲愁万种、娇娇弱弱的林黛玉式女子，有人会疼惜，有人则是敬而远之；但对于稳重大方、积极乐观的人，人们会佩服他，愿意相信他、与他共事。昔日，汉使苏武出使匈奴之地，同行的人犯了错误，匈奴人的首领单于扣下他们，要他

们归降，苏武在重压之下坚持不降，被派到北海牧羊。他在北海吃野果野草，日复一日地牧羊，但艰苦的环境没有影响到他的情绪；单于后来又派人来招降，许以高官厚禄，并说出他家人死散的惨状，想要动摇他的心绪，但苏武丝毫不为其所动，他对情绪的控制可谓是登峰造极。终于，他在十九年后回国，受到了百姓的尊敬和爱戴，而那些意志薄弱、情绪易被他人控制的归降者，在苏武面前黯然失色。

我们要时刻保持健康的精神状态，用理智和意志控制情绪活动，在头脑中要有一个控制情绪的"阀门"，保持情绪的平稳和稳定。在此基础上，才能保证各种情商技巧的实施，若是自己的情绪都做不了主，知道再多的道理也毫无用处。

133. 理解力，交际中所需的能力

理解力，就是指好的理解事理的能力。在社交方面，理解力好的人能够轻松创造出良好的人际关系。

在职场上，理解力好的人都拥有较好的执行力，办事很有效率，因为他们能准确快速地理解任务的重点和含义。而在交际方面，理解力可以促进人与人之间的良好沟通，因为拥有较好理解力的人更能准确察知并理解他人。

拥有较好理解力的人，对人比较体贴，善于体谅他人，这并不是所有人都能做到的。一般来说，善于将心比心、换位思考的人，能够想人所想、站在他人角度思考问题的人，拥有同理心的人，他们的理解力都是出类拔萃的，比较容易在社交中获得成功。因为拥有好的理解力，才能体会并理解对方的意思，而且执行效率也高，因而自己就很难被任何一个社交圈所淘汰。

缺乏理解力，就无法获知对方真正要表达的意思，沟通上就容易出现误会。有一个故事，说的是一个年老的木匠决定退休，向主人辞行，主人想起他曾经为自己盖了很多房子，不如送他一栋新房子作为感谢。主人便提出："你可以依照你的喜好为我盖最后一栋房子吗？"木匠同意了，但他一心想要早点退休，就马马虎虎盖了一栋很凑合的房子。当木匠汇报房子已建成时，主人就将房子的钥匙放在木匠手中，对他说："这是属于你的房子！你为我工作这么久，我没有什么给你，只好将依你自己喜好建成的房子送给你。"木匠心里后悔万分：自己的敷衍了事，到最后竟然坑了自己，如果当初自己深入了解下主人的话该多好啊！自己一定会认真盖房子……

木匠的故事是一个反面例子，教育我们在交际中，一定要理解对方的意思，

他想要的结果是什么，你就努力做出来，这样行事才不会有所偏差，讨人欢喜。

若想提高自己的理解力，就要学会换位思考，要一边站在对方的角度想问题，一边注意提高自己辩证思维的能力，做到审时度势，抓住重点。理解力好的人会轻松拥有好人缘，所以说理解力是人际交往中所需要的重要能力。

134. 行动力，自我实现的"加油站"

人文思想家蒙田曾经说过："要有所行动，然后认识你自己。"这句话告诉我们：要有所行动，才能够真正地认识自己。只有真正认识自己，才有机会真正实现自我价值。对于高情商的人来说，行动力是成功的保障。

黄永玉大师曾经写过这样一个故事：螃蟹、猫头鹰和蝙蝠一起去上恶习补习班，几年之后，他们虽然都顺利毕业并且获得了博士学位，但是螃蟹依旧横行，猫头鹰依旧白天睡觉晚上行动，蝙蝠仍旧倒悬。在这个故事中，螃蟹、猫头鹰和蝙蝠虽然顺利的从补习班中毕业了，但是他们的恶习还是没有改变。

这个故事想要告诉我们的就是：行动比知识更加重要。在智商大体相同的情况下，情商的作用就会比较明显，它甚至可以成为决定我们生活和事业的关键性因素。而行动力作为高情商的必备技能之一，高情商的人总能够拿出最有效的行动力，认真完成自己应该做的事情，以达到自我实现的目的。

行动力是这个日益发达完善的社会对现代人提出的要求，同时也是现代人生存的必备技能。随着社会竞争的激烈和压力的不断提升，现代人在感到迷茫的同时，加速了学习前进的脚步，不断充实自己，而在这时，我们每个人都希望成功，但是我们大多数的人都成为了思想上的巨人，行动上的矮子。是什么阻止了我们的成功？正是行动力。我们常说："心动不如行动。"我们大多数人都是心动了，可是却没有一点点的行动，只在脑子里转动，是没有任何意义的，不如从现在就行动起来，不断完善自己，实现自我。

如何才能提高行动力呢？首先，应该有明确的目标，只有明确的目标才能够有誓死方休的斗志；其次，要想象目标达成的快乐，人们都有这样的特点，看到美好的事物总会想通过自己的努力得到，这样的奋斗才更有斗志；最后，通过自我学习提升行动力，激发行动力潜能。

135. 控制力，控制情绪才能保持平静

托马斯·曼说："控制感情的冲动，而不是屈从于它，才能得到心灵上的安宁。"一个人的自我认知、自我控制能力是情商最基本的表现。一个人要修炼情商最基本的要求就是能够理性地控制自己，以一种理性的平静去追求自己想要的一切，克服自己情感上的冲动、愤怒、不安及感性状态下的任性等行为。

对自我情绪的约束不是对自由的约束，这种自我控制恰好是为了让自己更自由，因为人在心浮气躁的时候往往是思维最局限的时候。有句话说"心静自然凉"，其中"凉"不仅是身体燥热的释放，更是对心灵压力的释放，放下烦躁的压力后，你才能更加自由地思考所有的利弊得失，这也是一个心浮气躁的人很难成就大事原因。因为做事情如同开车，速度越快，稳定性就越差，风险越大。

大家或许都曾听说过当年三株公司的盛况，鼎盛时期年销售达 80 亿，巨人集团史玉柱都曾惊讶于那惊人的数字，可是"黑天鹅事件"后便败得一塌涂地，这是为什么呢？三株总裁吴炳新曾对史玉柱说："天底下黄金铺地，哪个人能够全得？一个人要学会控制自己的贪欲。"控制情绪才能在做重要决定时保持内心的平静，不被一时的利益所诱惑。心急吃不了热豆腐，一个有控制力的的人才能让自己的情绪随时随地保持平静，不急躁，不冲动。

一个人并不需要很聪明，能在关键时刻静心判断才是王道。有控制力的人总能心如止水，心态决定状态，心如止水才能波澜不惊，遇事不惊才会一切从容。情绪的控制是一切事情成败的起点，平静面对总会给你意想不到的效果。平静时，会让他人看到你的成熟与稳重，会使你由内而外的透出自信与乐观，控制情绪，保持平静是一种心态更是一种气质。

控制情绪，保持平静，因为平静是一种境界，一种能成就自己成就他人的境界！

136. 忍耐力，承受压力才能坚持梦想

马云曾说："今天会很残酷，明天会很残酷，后天会很美好，但大部分人会死在明天晚上。"梦想是坚持的结果，承受住今天的压力，更要准备承受明天的压力，一个人有多大的忍耐力就有多大的潜力。

通往成功的道途中，有时候拼的并不是你有多么机制灵敏的头脑，而是你有多强的忍耐力，承受压力是比机智更强有力的成功翅膀。期待一个不能承受压力、没有忍耐力的人去坚持梦想，即使他再聪明也是不可想象的，所以坚持梦想最终走向成功的必定是那些忍耐力极强的人。古代荀子有云："锲而舍之，朽木不折；弃而不舍，金石可镂。"在成功面前有时候情商是比智商更可靠的开门钥匙，不退缩、不放弃或许是解决问题最笨的办法，但却是最有保证的办法。人们常说："追逐梦想。"既然梦想是"追逐"而来的，那必然只有永不会在困难面前退缩，有强大忍耐力、抵抗得住压力的人才有资格追逐梦想并获得梦想。

成功者往往都是"打不死的小强"，他们虽然在夹缝里求生存，但有着极强的忍耐力，再艰苦的环境再大的压力都不能摧垮他们的意志，他们的心态总是坚定不移，他们的梦想总是屹立如初。大家熟悉雷军大都是因为"小米"，在移动互联网时代中，"小米"也算是科技行业不可不提的传奇了。对于雷军来说谈及"小米"，他直言那是："坚持梦想的力量"，已经算是人生赢家的他在不惑之年依旧心心念着那个心里的梦想，对于很多人来说，四十岁后再从零开始是一个疯狂的想法，但就是在众多的质疑声中，在心理和生理的双重压力下，他依旧选择了默默忍耐，选择了继续坚持。所以"小米"的成功不仅是电子科技界的惊喜也是雷军对自己梦想坚持的惊喜。雷军曾在武汉大学发表演讲，他衷心告诫大学生要"勇于坚持梦想"。他说："创业绝对不是人干的活，是阿猫阿狗干的活，如果没有钢铁般的意志你绝对干不了的……"

"钢铁般的意志"多么强有力的词，又那么精准地道出了创业要承受的痛苦和压力是多么大，同时也告诫了广大青年忍耐力和抗压力是他追逐梦想途中多么重要而且无可替代的支撑。坚持梦想绝对不是嘴上说说就能完成的事，这绝对是对人生理和心理的双重考验。

能在成长与成功途中必定充满艰难险阻，对于想要实现梦想的我们只能学会忍耐，学会坚持，要像弹簧一样有多大压力就爆发多大动力，要永远记得只有能够承受压力才有能力坚持梦想。

137. 观察力，高情商要内外兼修

情商较高的人能够充分有效地利用自己的观察力，细致观察，使事情朝着能够产生最大效益的方向发展，观察力不够的人不仅可能办不成事，甚至会坏事。所以，具备过硬的观察力对我们做到内外兼修至关重要。

观察力是一种有意识、有目的、有组织的知觉能力。它可以用来获取外界的信息，也可以用来审查自身，进而达到个人情商的内外兼修。

要运用观察力，对内进行主动的自我认知。这样的人，善于自我省察，发现自己的缺点，进而改正；也善于发现自己的优点和潜能，将它们发挥出来。自省是自我净化的一种手段，情商高的人善于通过自省来了解自我。自省是现实的，是积极有为的，是人格上的自我认知、调节和完善。自省所寻求的是健康积极的情感、坚强的意志和成熟的个性，它可以使人消除自卑、自满、自私和自弃等不良心态，培养出自尊、自信、自主和自强等良好的心里品质。

观察力也可以运用到他人身上，在交际中要关注他人。在社交场合，要和别人多沟通交流，善于听取别人的建议和批评。沟通交流和善于听取别人的建议和批评是每个人成长不可或缺的法宝。高情商的人善于沟通、善于交流，在交流中学习他人长处，取长补短，不断提升自己处理各项事务的能力。在他人的帮助下改进行事作风和做事的方法，做到与时俱进。

面对内外压力，要坚定信念，保持积极生活的激情。信念和激情是战胜一切困难的利剑。面对生活中的各种困难时，很多人都会遇到事业失败、朋友不理解等这样那样的困难与问题，很多人可能就此意志消沉，没有战斗到底的信念和决心。这就要求每一个人充分运用自己的观察力，提高自我管理、自我激励的能力，增强自己的意志力，学会耐得住寂寞，守得住清贫，抗得了压力，做一个内外兼修的高情商者。

NO.7 职场靠情商：你的职场命运掌握在情商手中

138. 求职，靠智商更靠情商

在这个世界上有一些人，学富五车、能力超群，却总是能"巧妙"地避过人生各种机遇，最后沦落到穷困潦倒、一事无成、忧郁终身，只能眼睁睁地看着那些自己都看不上的人春风得意，大放光彩，自己在一旁哀怨自己的怀才不遇，念叨着："千里马常有，伯乐却不常有"，以安慰自己受伤的心灵。

是别人选错了人，还是你从来没让"伯乐"看到你是匹"千里马"呢？世界上从来没有"天上掉馅饼"的好事，没有人能"守株待兔"屡试不败，职场里从来不缺人，每个人都是一个脑袋、两条胳膊两条腿，别人为什么不同？靠抱怨是想不出问题的，找到别人忽视你存在的关键才是正解。你为什么就怀才不遇了呢？怎么才能让自己以正确的方式得到赏识呢？

求职不是你有才能就一定会得到重用，职场如战场，潜规则更是处处可见，这时光有才能和智商是远远不够的。实力、人脉、机会就像电源一样供起你职场生涯的走向，然而三要素中只有实力是靠智商的，人脉和机遇这些资源只有高情商的人才能拥有。就像实力是让你把握机会的法宝那么人脉就是为你打开机会大门，所以一个高情商的人求职成功的机率会是一个高智商者的两倍。

8020人才招聘职业顾问郝建曾说："有个涉及188个公司的调查，用心理学方法测试了这些公司里每一名员工的智商和情商，并将测试结果和员工在工作上的表现联系起来进行分析。经过研究，在对个人工作业绩的影响方面，情商的影响力是智商的两倍，因此企业在招聘过程中，更看重应聘者的综合素质。"智商高只是小聪明，情商高才是大聪明，没有多少人会真正喜欢只会小聪明的人，所以情商高的人往往会在求职生涯中更顺风顺水，而只是智商高的人受挫的机率反而越高。在身边随时随地都会听到很多人感慨自己的某些同学当初学习根本不如自己，而现在却不得不承认职场上的他们现在可以用自己几条街。

求职靠智商，更要靠情商。习近平主席在天津和高校毕业生、失业人员座谈时也曾说过:"做实际工作,情商很重要。"很多人都看过电影《当幸福来敲门》这部电影,其中男主的求职历程一定也让不少人心潮澎湃,但不知道有没有人思考过男主的成功,他靠的不是智商而是情商,当面试时他坦诚地说出了他的学历,他以幽默、诚恳的态度赢得了面试官的肯定,随后又运用他超高的情商获得了更多人的肯定和欣赏。可以说他的成功依靠的就是他的情商。

在现代社会的竞争力下智商高的人比比皆是,智商已不是求职成功的唯一筹码,所以提高情商尤为重要,求职中高情商定会给你一个意想不到的人生惊喜。

139. 情商高低影响职场晋升

一个对浙江商人的调查显示,浙江个体私营商人 70% 以上只有初中以下文化程度,近 80% 出身于农民。这些大企业的领导者有一些共同的特征,比如他们都来自底层阶层:正泰集团南存辉——修鞋匠;横店集团徐文荣——农民;广厦集团楼忠福——建筑工人;德力西集团胡成中——裁缝……这些学历不高的人如何能成为呼风唤雨的著名企业的领导人呢?情商可以说是其中最重要的因素之一,正是出众的情商,让他们从众多底层劳务者中脱颖而出,成为了精英人士。

著名心理学家戈尔曼曾指出,随着工作职位的升高,技术能力和认知能力的重要性会递减,而情商的重要性却会增加。事实也的确如此,在同一批入职者中,随着时间的推移,职位最高的人,一定是那个情商最高的人。究其原因,情商高的人有较强的自我控制能力,能够很好地管理自己,最大程度地发挥自己的能力,为企业尽心尽力;如果成为了管理阶层,他们也善于影响别人的情绪,察觉员工的需求,可以调动员工的工作积极性,及时解决员工间的矛盾,使整个团队高效运转。

对于入职者来说,工作能力过硬固然很重要,这决定你是否会被一直雇用,但情商更是无法忽视的重要因素,情商高低直接影响你是否会得到升迁,成为管理阶层,甚至是一个企业的中流砥柱。曾有人抱怨:某某的业绩没我好,能力没我高,来的还比我晚,为什么他先升职了,领导真偏心。这种观念无疑是错误的,慧眼识英才的领导,自然明白每个人的优点是什么,应该放在什么岗位上,别人有高情商,就适合去做管理。

据调查显示,优秀员工的工作业绩中,情商要素所占的比重高达三分之二。不得不说,这就是情商的高低是区分精英和庸才的重要因素。在工作上,实力就是资本,而情商高就是一种独特的竞争力。只要多加观察,就能发现精英们工作起来总是聚精会神，容易进入神驰状态；拥有合作精神和集体意识，社交能力和沟通能力也很强……这些都使精英们和庸才们在职场中拉开较大距离。当然，只要认识到自己和别人的差距，有意识地学习别人的优点，庸才也能慢慢成为精英。

140. 跳出"非此即彼"的僵化模式

"非此即彼"又称为极端化或对立分割性思维，很多人用简单的二分法看待事物，习惯于对事物得出一个确定的结论（是或非，对或错，好或坏），对事物要么全部接受，要么全盘否定的思维方式。"非此即彼"思维模式最突出的特点是，一说什么东西好就全是优点，一说什么东西不好就全是问题。

人们常常会陷入这样一种"选择僵局"，两个选择，哪个都有可取的地方，哪个又都有不可取的地方！我们往往在两个选择之间苦苦纠结，不知道究竟该如何选择。如何打破这种"选择僵局"？如何在两难的抉择中做出合理的选择？

但如果我们仔细观察，可以发现其实并不只有两个选择，在看似非此即彼的选项之外，还隐藏有很多可能性，而我们只是被这个题目本身所限制，忽略了题目外的广阔天地。比如，明明希望陪伴家人的时间多一些，却又觉得自己作为家庭重要经济支柱，应该拼命工作赚钱，结果弄得工作很痛苦，又无法和家人好好相处。

所以，我们在做选择的时候，要先思考清楚两个问题：

第一，很多人生的重要问题都不是一时半会儿可以找到答案的，真正的答案往往需要时间带给我们。例如在面对职业困惑时，没有人能够一开始就确定自己适合什么职业，只有经过一段时间的摸索，才能找到自己的准确定位。

第二，不违背自己的内心是一件说起来容易做起来也容易的事情，因为自己的真实意愿自己是最清楚的，但为什么人们却总是做出违背自己内心的选择呢？最重要的原因就在于我们往往被一些外界强加给我们的信念所束缚。

总结起来，打破选择僵局的关键就在于先打破自己思维的固定模式，拆掉自己在大脑中给自己筑起的墙，当我们面对生活中一些难于解答的问题，最首要的事情就是重新审视问题本身，看看是否被问题本身所局限。一旦我们跳开原有的信念，不再见题答题，而是见题审题，往往会发现原来问题本身才是最大的问题。

141. 专注力，职场的宝贵财富

专注力是一个人职场成功的重要条件之一。如果一个人不知道自己真正想要做什么，今天干一行明天换一行。那么，即使他再聪明勤奋，也难以成就事业。很多目标的实现需要长久的坚持。人生就像爬阶梯，需要一步一步地走，要一个一个地解决问题，这样即使只做成了一件小事，也比样样都想做好却样样都做不好要强很多。

如今，互联网技术让信息在很大程度上不再是稀缺资源，甚至有些过剩。而专注力成为了稀缺资源，成为一个人的宝贵财富。

有一只小猫在钓鱼，一会儿蜻蜓飞来了，小猫就去捉蜻蜓；一会儿蝴蝶飞来了，小猫又去捉蝴蝶，三心二意怎么能钓着鱼呢？刚刚进入职场的年轻人很多都要重新学习一门技术，枯燥重复是必不可少的，掌握之后，更需要不断钻研，才可能有所创新，将工作做到精益求精细节制胜。比如投资股票，投资者需学习大量的股市相关知识，经得起诱惑，耐得住寂寞，不好高骛远，不妄自菲薄，做好长期的心理准备，才有可能获得高额的回报。

专注会有神奇力量，懂得选择，学会放弃，时间有限，不可能样样都做，更不可能什么都能同时做到最好。玛格丽特·米切尔的父亲告诉女儿，人生不一定要做很多事情，但至少要做好一件事。因为质量远比数量来得重要。目标不需要很大，认准了一件事，就投入兴趣与热情坚持下去，这才是聪明人的选择。

142. 最佳模式，情商与专业技能相结合

在卢森特科技公司，采购制造原料的团队除了要求具有专业素养外，更需要具有倾听与理解对方的能力，以及随机应变和团队合作的能力，他们还要有激励他人、责任心、信赖伙伴等特质。总而言之，他们要求工作的最佳模式，应该是情商与专业技能相结合。

阿莫科公司是一家大规模的石化公司。在这个公司里面，员工要想在工程技术或者信息管理方面表现卓越，必须具备专业能力和分析思考能力，但是自信、随机应变、成就驱动力、服务取向、团队合作精神、感召力和帮助他人发展的能力也是成功的重要因素。

当今时代，评估工作的标准正在发生一些变化。衡量一个人能否胜任一项工作，评判的内容不仅包括有多精明能干、受过怎样的培训、相关业务素质如何，而且还包括如何进行自我管理、怎样为人处世。这个新标准正日益受到广泛重视。在决定招聘哪些人员、决定员工的裁员和留任、决定提拔晋升的人选时，很多企业都使用这个新标准。

研究人员在对各行各业成千上万名员工进行了调查研究后发现，在各方面的能力中，认知能力突出的优秀员工与一般员工有很大的差别，这项认知能力被称为"模式识别能力"。有了这种能力，他们就能从一堆杂乱无章的信息当中找出有意义的方向，对未来有高瞻远瞩的全面衡量。

在研究中，智力或是技术能力的差异对一个人能否成为领导者的影响比较小。在高级管理层，领导者除了需要认知能力外，还需要有较高的情感能力。顶尖领导者情感能力表现在方方面面，包括影响力、团队能力、政治敏感度、自信与成就驱动力等方面。一般来说，顶尖领导者的成功有很大一部分要归功于情商。

在这个时代，已经没有绝对的"铁饭碗"，"工作"一词的含义已被"便携式技能"迅速取代，要想应聘成功并保住工作岗位，就必须注重情商与专业技能的双培养。专业技能能够保证你入职成功，而情商能够为你事业的企业增添必须的动力。

143. 亲和力，团队的高效驱动力

亲和力是指使人亲近愿意接触的力量，多用来形容人与人之间的友好、亲近自然的状态。亲和力不仅是我们在人际交往中不可缺少的情商，同时也是团队合作中提高效率不可替代的力量。一支成功的优秀创业团队中，每个人肯定不会像冷冰冰的机器一样面对队友，对于团队中领导和被领导者来说亲和力就是团队的凝聚力，对于每个团队成员来说，亲和力就是让他们为团队的殊荣尽心尽力的支柱。

亲和力是团队高效的驱动力。第一，对于一个团队来说良好的交流沟通往往是必不可少的，良好的团队关系是团队合作共赢的基础。亲和力可以促进成员之间更好地交流和出谋划策，这不仅有助于工作的协调和同步，而且能让成员之间互相信任了解，更好地履行团队的职责，自愿担起团队成败的责任，同理同心下的工作成效必然会比互相猜疑、勾心斗角下的工作效果要好。第二，有句话说："力在则聚，力亡则散！"团队有亲和力才会使成员有归属感和安全感，在向心力下自觉的合作意识和趋向意识会让团队成员更容易融入集体，也就能更快地进入集体合作的工作状态，可以想象一个具有向心力的团队在稳定和谐的环境下的工作

效率有多高。第三，团队讲求互相合作，互补共赢，所以最需要的不是相互攀比和争功，而是相互认同和尊重，所以一个具有亲和力的团队拉近的不仅是人与人之间物理上的距离，更是心灵上的敬重与投和，这才是团队合作的核心力量，也是团队效率的保证。

曾看到过这样一个故事。一个想要拓展国际市场的企业，为发展需要便高薪聘请了一位海归人员以帮助企业顺利打开国际市场，然而这位海归刚坐上领导岗位，便自持自己是留学归来者，目中无人，非常傲慢，听不进下属的意见和建议，还经常在团队集体会议中让别人难堪，慢慢地引起了众人不满，团队最终死气沉沉没了活力，无奈之下公司只能顺从民意另请"高人"。这次聘请的人温文尔雅但又不缺魄力，在人前从不摆架子和团队成员甘苦同享，一起努力奋斗，结果短短几个月就拿下了不少业绩，成为了公司楷模，他的团队也成为了公司最有活力的团队。

从这样一个简单的事例中就可以明了一个冷冰冰的团队是没有生机的，一个团队需要的不仅是威严的管理，也不仅是竭力竞争的态度，一个团队最需要的是要有强大的亲和力，亲和力才是团队生机的源泉，亲和力才是团队高效的驱动力。

144. 接受挑战，接受有益压力

面对挑战，有的人显得更加有信心，这种信心来自于在压力之下完成各种任务后一次次对自己能力的肯定。因此，当面临挑战时，要试着愉快地接受挑战，在克服一个又一个的困难之后，你会觉察到自己的能力与信心的日益增长，原本枯燥的工作也变得有很多乐趣。

人类最伟大的精神就是敢于接受挑战的勇气，这种勇气让我们对事物能够有更加深入的了解。刚刚毕业入职或是转行跳槽的人刚开始会担心害怕，担心太辛苦、怕忙于工作会失去朋友、怕被公司裁员、担心受伤害、怕受批评，更怕因为失败受到打击，这样的情绪绑住了他们的手脚，最终成绩很可能会不尽理想，结果终于进入了自我验证的阶段："我不适合这行业""这行是给口才好的人做的，我不是这块料"，给自己的不成功找了许多借口和理由，然后选择逃避！

很多时候，我们需要接受挑战，接受有益压力。这就需要你勇敢地去做你"最怕做"的事，去想你最怕想的事，当这些你原来不敢想、不敢做的事情一步步达成，你的能力和自信也就会不断地得到提高和强化，才能产生能量去战胜逆境，最终才会超越障碍，获得成功。不过，在接受挑战之前要最好两个心理准备：

一，下定决心。面对职场中的种种挑战，对于陌生的恐惧、面对拒绝、面对挫折，甚至面对客户的不理不睬，如果没有下定决心冲过难关，只会在考验的过程中慢慢地把激情消磨掉，甚至被淘汰出局。

二，接受改变。职场中人必须要时刻像水一样，能随时改变自己的形状来适应环境，要能随时诚实面对自己的缺点并接受改变缺点的挑战。

改变自己很难，因为人自身有很多惰性和惯性，对于习惯会产生依赖而拒绝改变，可是真正的财富往往就藏在这些改变之后，有人说这是上帝为了那些愿意改变自己缺点的人所准备的礼物，因为愿意选择面对自己的缺点并努力去改变的人，改变的过程虽然痛苦，但是一定值得！

145. 传递正能量，领导的扩散效应

在心理学上有一个"踢猫效应"。

某公司董事长为了重整公司事务，许诺自己将早到晚回。有一次，他在家看报太入迷以致忘了时间，为了不迟到，他在公路上超速驾驶，结果被警察开了罚单，最后还是误了时间。这位老董愤怒之极，回到办公室时，为了转移别人的注意，他将销售经理叫到办公室训斥了一番。销售经理无故挨训之后，气急败坏地走出老董办公室，将秘书叫到自己的办公室挑剔一番。秘书自然也是一肚子气，于是就故意找接线员的茬儿，接线员回到家看到不做作业的儿子，又把儿子训斥了一顿，儿子只能把气撒在旁边的小猫身上，于是，小猫无缘无故地挨了一脚。

生活中，每个人可能都是"踢猫效应"长长链条上的一个环节，遇到低自己一等地位的人，都有将愤怒转移出去的可能。好心情也一样，所以，为什么不将自己的好心情沿着金字塔传递下去呢？

人并不是孤立的存在，社会中的每个人都需要面对其他人，领导者在领导他人的时候更是如此。聪明的领导者能够利用自己的身份，将轻松愉悦的气氛从上至下传递下去。他们不会用挑剔的眼观看待下属，更多的是鼓励和支持。领导身上对于企业热情通过一级一级地传递，从而感染到公司的每一个人，这种良好的工作氛围能够为公司带来巨大的红利，促进公司健康良好的发展。

正能量一级一级地传递下去，或许到了"小猫"哪里，它会得到一个亲切的爱抚或是一盒小鱼饼干。

作为一个合格称职的领导，一定要学会有效地控制情绪，正确对待错误。不要让坏情绪传递到更多人的身上。

146. 情商，领导者的秘密武器

现今社会，很多领导者都把管理的重点放在了"管"上，在制度规则上下足了功夫，但很多时候还是没有取得预想中的效果。领导者在管理过程中"管"固然重要，但真正聪明的领导者更愿意靠情商去感化员工，他们不需要制定那么多的条条框框，他们要的是员工能够心悦诚服地为公司、为自己工作。高情商的领导者可以达到"管理省事，员工自觉；无为而为，不治而治"的境界。所以，做一个高情商的领导，对企业的管理会有很大的加分效果。主要体现在：

一，影响力在情商中提高。一个好的领导者一定要有属于自己的个人魅力，这样才能让自己在管理中有威望有影响力。有些人在管理中总是遇到员工不服，甚至"倒打一耙"的情况，往往就是因为影响力不够，不能服众。然而让下属"服"你，并不是要多严厉、多高冷，这样只会适得其反。要想服众首先要放下身段和员工们一起努力，陪他们同甘共苦，这样他们才会由衷地开始喜欢你，真正地对你心服口服。其次，是要在必要的时候放弃个人的荣誉以成就集体的荣誉，这样才能进一步打动员工，并驱动他们更努力地为集体奉献。最后，就是要诚心诚信对待自己的员工，让他们深信你不会亏待他们，促使彼此之间形成一种坚不可摧的信任。那么你就成功了一半。还记得马云创业初期与他的"十八罗汉"的故事吗？十八个人放弃自己的高薪待遇死心塌地跟着一穷二白的马云，陪他"疯"！他们或许并不完全赞同他的疯狂，可是出于信任，还是不离不弃。这就是高情商领导者的影响力。

二，领导力在情商中提高。伟大的领导者会感动跟随他的人。他们在任何时候都能点燃起下属奋斗的激情，有时候不需要任何解释，便能一字一句地刻在员工们的心中。想要有强大的领导力首先要懂得让团队拧成一股绳，团队的凝聚力才是业绩的保证。团队的凝聚力考验领导者的团队态度，所以好的领导者要把团队看作是个民主的平台而不应该"独裁"。这样团队才有向心力。其次要赏罚分明，只有领导者把握好"赏有道，罚有宗"，团队才会有动力和警戒线，但是赏多罚少还是有必要的，员工们当然希望积极动力区大于不安全的警戒区。所以一个好的领导者对于这些情商中的小秘密的掌握当然是必不可缺的。

在情商中提高你的影响力和领导力是领导者最完美的技能训练，所以一个好的领导者必然高情商。

147. 用"情感鸡汤"管理团队

在管理团队时，太多的规章制度会让员工觉得压抑，适当端出"情感鸡汤"，动之以情，晓之以理，则会很容易地从内心深处打动员工，收到良好的管理效果。每个人都很关注他的领导者，人们总是想要获得情感上的鼓励，即使在那些老板并不轻易现身的工作场所也是如此。例如在楼上独立办公室办公的首席执行官，他的一言一行，一些微妙的情绪都会影响直属员工的情绪，并且通过"多米诺骨牌"效应波及整间公司，从而影响公司整体的情感氛围。

"情感鸡汤"在管理方面有着独特的显著功效，可以事半功倍地引导员工们的情绪朝着预期的方向发展。优秀的领导者会点燃员工的热情，激发他们的最佳状态，无论领导者是打算制定新的策略还是调动团队积极行动，如果领导者无法正确引导人们的情感，那么一切将很难让人如意。

英国传媒业巨头英国广播公司的一个新闻部门处于生死攸关的关键性时刻。该部门成立之初就只是为了做一项试验，现在实验结束，部门面临着解散的危险，但部门内的200多名记者和编辑都已经对自己的工作产生了深厚的感情，十分不愿意被解散。

奉命传达这个坏消息的主管一开始大肆表扬竞争对手的业务做得如何好，讲述着自己的戛纳之旅是多么美妙。本来这就是一个坏消息，再加上这位主管傲慢无礼的传达方式，员工们被激怒了，当时的气氛变得非常紧张，而后，这位主管在保安的护送下才得以安全离开。

第二天，另一位主管来到该部门。他采取了一种截然不同的方式。他首先讲述了新闻工作对保持社会活力的重要性，而且谈到了当初吸引他们进入这个行业的重要性。他提醒大家，当初他们中没有一个人是为了发财而加入这一行业的，因为这个行业的工资并不高。他激发在场所有人对自己职业的热爱之情和奉献精神。最后，他祝愿所有的员工未来可以事业有成、一帆风顺。

同样一件事情，但由于两位领导者传达信息时的情感和表达不同，产生了截然不同的效果。这两种截然相反的结果揭示了领导力中潜在的、至关重要的一个方面，即领导者说话做事时一定要注意情感影响。

领导者的管理目的就是将积极的、敢于面对困境的情感传达给自己的员工，让他们感受到自己所做的事情的重要性。这需要领导者有很高的情商，善于用"情感鸡汤"来提高整个团队的活力和热情，让整间公司充满一种由领导人所散发出来的气质，这是单纯的物质奖励所达不到的。

148. 用情商带团队，共鸣最能激励人

没有人喜欢不被重视的感觉，我们都希望自己能够得到认可和鼓励，所以一个好的团队领导者不是用惩罚制度来"驱赶"着员工前进的，而是尽力去鼓励他们自愿去奋斗，所以领导者要学会和员工之间创造不谋而合的共鸣，并让他们觉得这完全是出于你的本意。

塞尔曼先生是一个汽车销售部的新任经理，他有着准确的市场判断能力，可是缺乏管理经验。刚开始他经常以自己的意愿去命令员工工作。一天，他意识到员工已经失去了刚开始奋斗的激情，精神涣散、吊儿郎当，甚至有时候并不愿听从他的命令，他开始深思，并去请教老经理，老经理告诉他："不要经常以自己的思想去控制他们，这是不行的，要想让他们有动力去执行一个方案，最好使这个方案从他们自己口中提出。""那么要想有一个正确的合理的销售方案，怎么能任听他们随便提议，随便执行呢。"塞尔曼先生问道。老经理说："当然不是任他们随意提议，既然他们不喜欢被命令着做，那你就要引导他们，让他们自己提出这个你心中的理想方案，当你把自己的正确意识成功地植入他们思想中时，再与他们创造一种不谋而合的共鸣，他们就会更有成就感，当他们觉得这是他们自己研究出来的方案时，必然会很努力地想去实践它来证明他们的能力，这样员工们就会感受到成功的价值和乐趣，也就有了奋斗的激情。"赛尔曼听后很受感触并将此付诸于实践，结果出乎意料，每个人都感觉到了自己在团队里的价值，也享受到了成功的乐趣，他们愈奋愈勇，最终成为公司最有活力的团队。塞尔曼也被授予"最优秀的团队领导人"称号。

有时候并不是员工不愿意努力，只是没触发到让他们努力的动力点而已。共鸣恰恰是最好最快和员工迅速"合体"的办法，他们会在这种方式中越来越自信于自己的存在，越来越爱表现自己的能力，那么这种风气渲染了整个团体，那将是一笔巨大的财富。所以尝试着用情商和员工沟通好过一切赏罚制度。

149. 职业道德，职场中的无声美德

职业道德随着职业的出现而出现，并且，其内涵逐步深化，其作用不断增强。企业越是发展对于职业道德建设的要求就越高。加强职业道德建设，要求每个人掌握职业道德基本原则，对于每一位从业人员都非常重要。

我们工作的目的，一方面是为了得到能够满足我们衣食住行的薪酬，但是我们不能把得到薪酬作为工作的全部目的，这样很难在工作中找到自我实现的满足感。在工作岗位做事，既要做自己喜欢的事情，更要按照工作规范去做，遵守职业操守，要充满热情地去工作。

一个有职业道德的人，他既能意识到个体的存在，又能对企业负有较高的责任感，并自觉地把为企业服务作为职业理想，这样的人才会更加容易发挥个人的才智，使个人幸福与部门发展、企业进步充分结合，在事业当中体验人生的快乐。所以，有人把职业道德比喻为一盏明灯，引导人们走向真正的人生快乐。

集体利益是每个成员最根本的利益。每个人都要生存发展，希望获得更大的成功。集体主义不是要剥夺个人发展的权利，而是让每个成员获得更好的发展。因此，在个人利益与集体利益相冲突的时候，将集体的利益放在第一位，不能把个人的利益凌驾于集体利益之上，更不能损害集体的利益。

一个有职业道德修养的人，更能够获得其他人的赞美与认可，在自己成长发展的道路上能够走的更远、更快。

150. 置身其中，才能感同身受

能够设身处地地为别人着想，善于洞察别人心理的人，一般都会有好的前途。如果把握住了对方心中最迫切的欲求，才有可能获得别人的认可。一些管理人员往往有些不好的习惯，当遇到问题的时候，他经常会说："我都说多少次了，怎么还是老犯这种低级的错误。"如果只是这样一味地从员工身上找问题，而不是探究为什么会发生这样的问题，不能置身其中，感同身受的话，同样的错误很可能会发生很多次而得不到纠正。

在管理时，只有站在员工的角度看问题，才能看到事情的本质。如果管理人员脱离了员工，高高在上，平时对员工不闻不问，通过道听途说来评价员工的思

想行为，出现了问题就一味地埋怨员工不配合、不听话，把问题都推在员工身上。这样的企业就很难团结一心，向前发展。

作为一个管理人员，一定要将自己置身于员工当中，多关心员工的工作和生活。他们除了公司职员的身份还要扮演父母妻子等多重角色，扮演好这些角色是他们能够安心做好工作的首要前提。所以，作为领导应该置身其中，充分考虑、关心他们的生活让他们免除后顾之忧。这样的领导才能受到员工的尊重。只有真正转变观念，与员工关系密切了，管理才会上一个大台阶。

151. 热爱工作，才能得到回报

我们每天都应该对工作保持兴趣，保持持久的热忱，并能将每一天看得同样重要。每个人都需要工作，工作是自己的责任和义务，一个人应为实现自我价值而用心工作。工作可以满足一个人，让他快乐。每个人都需要在工作中寻找自己的归宿和价值，实现自己的理想。

职场中存在一些"会干但不想干"的人，对他们而言，每天的工作似乎是一种苦役、一种负担、一种逃避。他们在工作中不愿意多付出一点，更没有把工作看成是成功的机会。

美国著名活动家贺拉斯·里利曾经说过："只有那些具有极高心智并对自己工作有着极高热情的人，才有可能创造出人类最优秀的成果。"热情，使人保持高度的自觉，使他把全身的每一个细胞都调动起来，完成内心渴望的工作。

正是有这种热情，维克多·雨果在写作《巴黎圣母院》时，才把自己的全部外衣锁入柜中，一直到作品完成之后才拿出来。一位非常成功的业务经理说："热情是优秀推销员最重要的品质，握手时要让对方感觉到你真的很开心见到对方。"虚情假意是骗不了人的，刻意地迎合别人，每个人都能看得出来，也没有人会相信。

爱迪生曾说："在我的一生中，从未感觉在工作，一切都是对我的安慰。"努力工作，每天多做一点事，把额外分配给自己的工作看作是一种机遇，当顾客、同事或者公司交给我们某个难题的时候，也许正在为我们创造一个个珍贵的机会。我们能够通过这个机会使自己脱颖而出，还能够从其中领悟到更多的知识，积累更多的经验，能在全身心投入工作的过程中找到快乐。

相信自己，努力工作，热爱工作，工作一定会回报你、眷顾你。

152. 张弛有度，持之以恒

张弛有度说的是一种"松紧有度、收放自如"的生活状态。这样的人比较会生活，该工作的时候工作，该休息的时候休息，潇洒自如。中国传统说法中也有"过犹不及"的说法，凡事有度。高兴的时候不疯狂，沮丧的时候不长期萎靡不振。做任何事情都保持一个平衡，包括自己的工作和生活。张弛有度的生活不仅能带来健康的身体，还能让你做事情更能持之以恒。

学会适当地给自己留空间，平时只把一定的精力投入工作。这好比奥运会中，只有100米、200米赛跑才冲刺，而5000米、马拉松等长跑都是讲究有节奏的。我们的生活工作更多地像一场长跑马拉松，学会把体力平均分配给每一个时间段，才是最聪明的选择。

人人都有一颗渴望成功、追求卓越的心，因为生命的价值在于奋斗。然而，相比于成功本身，努力向前的过程才是最重要的。唯有不断地完善自我，用平和的态度看待成功，尽情享受奋斗的过程，让自己在朝气蓬勃中前进，才能享受人生，因为成功带来的快乐是短暂的，但追求成功的过程却可以给人带来长久的愉悦感。

其实，张弛有度的生活并不是一件难事。在周末的时候，关掉电脑，和伴侣一起到郊外踏青；趁着各种假期，邀上曾经的挚友们，来到体育场尽情地挥汗如雨；在工作的间歇，听一首歌来调节自己疲惫的大脑；到自然的环境中去真正地放松自己；下班回家的时候，抽出半个小时的时间，或是跳绳，或是慢跑，甚至是在家里做做饭，体会一下最平淡生活的幸福。

幸福真的很简单，只要你真正的用心去感受，就能感受到生活带来的乐趣。给自己的生活加点料，让它五彩斑斓起来，有质量地过好生命中的每一天。

153. 培养同理心，由心而生

同理心，就是进入并了解他人的内心世界，并传达给他人的一种能力，因此也称之为换位思考、共情。有同理心的人，在人际交往过程中，能够体会他人的情绪和想法、理解他人的立场和感受，并善于站在他人的角度思考和处理问题。当他们的人际关系出现问题的时候，他们更容易设身处地、将心比心，尽量了解并重视他人的想法，这样也会比较容易找到解决问题的方法，化解矛盾。

同理心强的人，更善于体察他人的意愿、乐于理解和帮助他人。当然，他们也会受到大家的欢迎和信任。塞涅卡说："一个只关心自己，凡事都问是否合乎自己利益者，是不可能活得快乐的。"约翰·邓恩也说："没有哪个男人、女人或孩子是一座孤岛。"我们的成长、快乐和荣誉都与他人有密切的关系，而同理心是人际交往的基础。因此，他也是我们个人发展与成功的基石。

人与人之间经常因为对彼此的误解而发生冲突，如果因拉不下脸来而咄咄逼人，或是情绪过于激动，过于固执己见，这些都会严重影响到我们的人际关系。其实这些都是可以避免的，同理心的作用也就在于此。换位思考、将心比心，我们将不会处处挑剔对方，抱怨、责怪、嘲笑或是讥讽；冷静下来，让赞赏、鼓励和谅解取而代之，结果可想而知。这样一来，人与人的相处便变得愉快、和谐。

同理心对于个人的发展也极为重要。一个具备同理心的人，更容易和对方建立密切的关系，从而获得他人的信任，而信任则会让你们的关系更为密切。这种信任更多的是对一个人人格、态度或价值观方面的认可。在现代社会中，很多事情都需要通过协作来完成，没有信任也就没有顺利的人际交往，也就很难获得成功。

需要注意的是，同理心并不要你以为的牺牲自己而迎合别人的感情，而是要你能够理解和尊重别人的感情，在处理问题或做出决定时，能够充分考虑到别人的感情以及这种感情可能引起的后果，在实现自我的时候不伤害他人，这样才能实现共赢的结果。

154. 成功是选择，而非运气

1911年，挪威探险队和英国探险队同时出发，踏上对南极的探索之路。两支队伍装备齐全，都是五人队，面对着同样的挑战和危险，可以说获得成功的几率是一样的。但结果却反差很大，两个月后，挪威队踏入南极这块处女地，留下旗帜并风光回国；英国队却用了三个月才到达，看到挪威国旗后黯然撤退，并在归途中遭遇暴风雪，无人得以幸存。英国队长在遗言里写："我们的运气不好。"但一队成功一队全灭的原因就在于运气好不好吗？未必。

成功得来总是不易，做出正确的选择才能成功。挪威队在未出发时，队长亚孟森就根据路程订下了严格的规则，规定无论天气有多么恶劣，不管有什么理由，每天一定要前进二十英里，不许多也不准少。在行进过程中，两队都遇到了长达十五天的暴风雪，但挪威队选择按计划前进，英国队却选择连续休息六天。正因如此，挪威队才领先一个月到达终点。由此可见，成功是选择，而非运气！

　　百年前的南极探险事件表明成功靠选择，这条规则也同样适用于职场。有句话是，只为成功找理由，不为失败找借口，失败者在遭遇打击后更应该仔细找找自己和成功者的差距，而不是一味地怨天尤人，说自己运气不好，以此来安慰自己。比如说，在职位竞聘中，某同事胜出了，自己落选，这时候应该学习胜利者的长处，提高自己的综合素质，迟早也会有晋升的机会，而不是把失败理由归结为运气不好，不改正自己的缺点，这样自己只会在原地踏步。

　　对于企业领导人来说，做出正确的选择，更容易让企业发展壮大，一味地依靠运气，与混吃等死实则没有什么区别，只会让企业陷入困境。当身处高位时，做决策时更要慎重，选择适合自身企业的发展路子，而后坚持自己的选择，在面对商海风云变幻和重重压力时，不轻易妥协，也不贪急求快，如此才能使企业屹立不倒、越发壮大。

　　在现实生活中，靠运气成功的例子也是存在的，但其概率过于渺茫，没有什么规律可循，这种成功经历也难以复制，所以不能依靠运气去获取成功。实实在在地奋斗，多积累经验，多学习知识，培养自身的长远目光，才能在人生路上做出正确的选择，获得成功的桂冠。

155. 先赢人心，再赢生意

　　有很多成功人士，他们在经营管理或是为人处事中，都很受人尊重。作为领导，他们关心下属；作为商人，他们尊重客户。这样的人，员工愿意为他卖力工作；客户信赖他的产品，成功也自然是水到渠成的事。

　　郑裕彤是周大福黄金的掌门人，当初，他为了开拓市场，赢得消费者的认可，在市场上所有金铺卖的黄金，一律为99金，甚至是很多商家还把94、95的黄金都当成99金来卖的时候，他将周大福的黄金全部定位为9999金。当时，很多人反对他，因为周大福的99金已经很强了，而且也面临着很大的压力，做9999金不是会赚的更少甚至是亏本吗？郑裕彤听完这些意见后，坚定自己的想法：没有人心，就没有利润。他对所有人说："先干一年再说，亏本再改回去。"

　　结果，不到三个月，成绩就很明显了。"当时，很多人买完黄金后会拿去典当。抵押的人把其他金铺的黄金拿去，当铺一般给价270块或280块，但周大福的可以拿到300块。因为当铺老板都知道周大福的黄金是9999，不会掺假，所以价钱就高。"郑裕彤高兴地说。

之后公司的业绩一倍一倍地翻，郑裕彤也不独享，他将公司的利润也分给那些积极优秀上进的员工。很多员工在周大福做了几十年，一直都没有离开。

赢利之前先赢人心，赢得人心要舍得给予，这是郑裕彤做生意的一个策略。郑裕彤还将"分行掌管"改称为"经理"；将"账房"改称为"财务人员"，这些细节上的改变，充分体现了他对员工的尊重，赢得了人心。

最近的一项关于"给予"的研究显示，关心他人者要比接受帮助者获益更大。那些能够赢得人心的人，必然是"给予"的高手。你帮助了别人，别人也会反过来帮助你。如果一个人喜欢单打独斗，在与人合作时，不考虑顾客、员工的感受，只是一味地谋取利益最大化，那么他迟早会丧失人心，亲手丢掉最能帮助自己实现理想、获取成功的关键因素后，再后悔也来不及了。

156. 让敬业成为惯性思维

古往今来，能够在事业上有所成就的人，大多具备这两条特性：一是有强烈的事业心和责任感，二是锲而不舍地勤奋和努力。这两条都为敬业精神的精髓。

人们如何看待自己所从事的职业和岗位，能否从所从事的工作中找到自己的价值和归属感，是一个人能否成功的重要因素。如果没有任何认同，就很难有敬业精神，认可程度不同，就会有不同的敬业态度。因此，培育敬业精神首先应从树立职业理想入手，如何培养自己的敬业精神呢？可试试下面的方法和手段：

一，树立自己的职业理想。有职业理想才可能培育出敬业精神。我们应把自己的职业看成是为企业创信誉的光荣岗位，为社会做贡献，看成是企业、社会运转链条上的重要环节。

二，设定岗位目标。将自己的理想与自己所从事的职业找到契合点，我们每一天的努力即是在实现自己的小目标，向自己的人生大目标迈进，这样我们才更有动力持续让自己保持敬业的状态。

三，加强职业责任。勇于承担职权范围内的责任，不推卸、不逃避，能够用积极理性的一面去面对所发生的问题，是一个人敬业的重要表现。职业责任是主人翁意识的体现，作为企业的一员应视企业发展为己任，自觉履行职业责任和义务。

四，自觉遵守职业纪律。职业道德规范，企业的各项规章制度，都属于职业纪律，是敬业的主要内容，也是我们能够安心工作，创造人生的前提。

五，不断提升自己的能力。随着社会变化的日益加快，我们需要不断掌握新技术、新工艺，更新知识结构，不断提高管理水平。良好的个人能力在企业中表现得更优秀，也为自己事业的起飞插上了强壮翅膀。

敬业精神从来不是脱离实际的口号，它更应该成为我们在工作当中所实际追求的东西。很多人的成功并不是一个人的成果，它与集体紧密相关。当一个人将敬业变成自己的思维惯性时，他做事情往往能更加充满动力和责任感。也更容易获得别人的认可，获得成功。

157. 只问耕耘，不问收获

有句话说："不是所有的努力都有收获，但要有收获就必须努力。"很多人都希望干大事，但他们只是整天把这些伟大的梦想挂在嘴边，并不付诸于实践，这些纸上谈兵的人太多太多，实现理想者却只有寥寥几人。也有些人曾努力了奋斗了，只是没换来自己想要的结果便丧气了、抱怨了。他们太想要成功，却忽视了踏踏实实努力有多重要。"只问耕耘，不问收获。"这八个字简单却很难做到。

马云曾总结自己的奋斗史说："先把自己沉下来，踏踏实实做一个小公司。"不要抱怨自己的机遇不好，那是因为努力还不够，不要羡慕别人的成就，你从未看过他背后的努力，每个人磨练自我都是为了能让自己从石头变成金子。可是这是一段漫长的修行，踏踏实实努力是最基本的修为，心浮气躁很难有好的结果。每一个成功人士的经验都是日积月累的，每一家大公司的形成都始于一个无人问津的小公司。上天是公平的，没有人可以一步登天，没有一点一滴的实干很难有实实在在的收获。

自信的人从来只在乎过程，南怀瑾曾经在一次国学课上讲过：做好"前因"，不问"后果"。人要成功首先要豁达，要豁达就不能太在意结果，不要以为一时的失败就再也没机会了，一次挫折就是上天不公了。这些都只是对耕耘者的考验。你只要努力做好自己应该做的，"尽人事，听天命"。

在职场之上领导最喜欢什么人呢？是踏实做事的人，这种人仿佛只为工作而努力，不争功、不争利。可是在无形之间这样的人已经用他的踏实和吃苦耐劳打动了领导。所以想在职场上站稳一席之地，不是把自己当成一个自认为聪明的人摆在众人之间，那样只会让人觉得突兀，最初最强有力的表现就是努力做好自己分内的工作，只有这样你才有机会获得更大的舞台去发展成功。

只问耕耘，不问收获，留给别人的是本分，留给自己的是更大的梦想！

158. 把握每一天，开拓职场生涯

马可·奥勒留在《沉思录》说："虽然你打算活3000年，活数万年，但还是要记住：任何人失去的不是什么别的生活，而只是他现在所过的生活。唯一能从一个人那里夺走的只是现在。如果这是真的，即一个人只拥有现在，那么一个人就不可能丧失一件他并不拥有的东西。在人的生活中，时间是瞬息即逝的一个点。道德品格的完善在于，把每一天都作为最后一天度过。"

很多人都盼望自己能做出一鸣惊人的壮举，却因此忽视了每一天的质量，忽视那些小的任务，忽视那些最根基的关系，也正是因为如此，很多人只能停留在展望中，与成功和机遇失之交臂。怎样才能让一天过得有效率、有价值呢？

19世纪意大利经济学家帕雷托发现：世界上80%的财富掌握在20%的人手中，同样的，在一个企业中，80%的价值来自于20%的项目。麦肯锡公司多年的查询拜访研究发觉：现代工作变的复杂而没无效率的最主要缘由就是"缺乏核心"。

因此，如果我们每天都要为自己将要做的事情制定一个执行表格，在上面写明了明天要做的五件事情，然后标明它们的重要程度。第二天早上所做的第一件事情就是把纸条拿出来，做第一项最重要的，完成第一项任务后再去看第二项任务，就这样直到下班为止。这样，我们就能首先完成那些最重要和紧迫的事情。

时间管理最重要的意义在于能经常以20%的时间付出来取得80%的成果，如果一个人常常把自己80%的时间花费在一些不重要的事情上，那么他不仅浪费掉很多时间，而且也不会取得很大的成果。

为每天构想一个明白而专注的规划，使工作做有目标、有组织、有系统地展开。当然，很多时候我们无法按照所列出事情的先后顺序来完成，也有很多琐碎但是必须要做的。这就需要合理统筹地安排自己的时间，不要让时间过度的碎片化，浪费在没有意义的事情上面。

159. 心怀希望，锲而不舍

曼德拉说："你若光明，这世界就不会黑暗。你若心怀希望，这世界就不会彻底绝望。你如不屈服，世界又能把你怎样。"这是一句很有道理的话，我们要相

信世界不会断了希望的光。每一次"山重水复疑无路"之时都要相信继续拼下去总会"柳暗花明又一村",上帝不会打击一颗爱着光明的心。无论你陷于生活琐碎还是职场纷争,不相信失败就永远不会失败。

在如今竞争激烈的职场血战中,不免会伤了自己或被伤到,挫折、打击已是家常便饭,可是即便生活给了你绝望的理由,你也要心怀希望,要相信只要自己不放弃就不是无路可走,坚持一下或许转折的春天很快就会来到。职场如战场,只要还战斗着就有活下来的希望,但如果你给了自己任何放弃或停下来的理由,你就可能在进入成功大门之前被干掉,所以必须相信自己,坚持到最后就是赢者。

他22岁经商失败。23岁竞选州议员落选。24岁经商再度失败,从此还了16年的债。25岁当选州议员。26岁未婚妻逝世,他几度崩溃想过自杀。27岁精神崩溃卧床6个月。29岁争取州议员发言人失败。31岁争取被选举人落选。34岁国会大选落选。37岁当选国会成员。39岁寻求会议员连任失败。40岁想担任土地局长被拒接。45岁竞选议员落选。47岁争取副总统提名,得票不到100张。49岁再度参选参议员落选。51岁成为美国总统。他就是美国第16任总统,亚伯拉罕·林肯。

多么励志和传奇的一生,他的一生几乎都在失败中度过,可是他从未真正放弃过希望,生活给他再多的打击都让他愈战愈勇,从未放弃过希望,几乎每年都有一次大的打击,这种人生或许没有多少人能够承受得了,可是他承受了,他从未放弃,锲而不舍地追逐着希望,所以他成功了。

几乎所有成功的人都经历过了苦难的折磨,经历过了生活的不堪。心怀希望,相信阳光就在身后,即使你眼前只有黑暗,光明也要永远存在心中。

所谓"剩者为王",我们坚信,只有心怀希望,锲而不舍的人才能坚持到最后,成为最后真正的胜者。

160. 发展事业,先学会自控

心理学家曾做过这样一份问卷调查,让人们说说自己最大的优点,答案往往是诚信、善良、幽默、谦虚等,很少有人说自己的优点是"自制力强"。但当研究者问到"失败原因"时,回答"缺乏自制力"的人却最多,自控力成了事业成功或失败的关键因素。

控制力就是对自己的注意力、情绪和欲望的掌控能力。包括管住自己不做不该做的事情,坚持自己想做的事情。一件事情的完成分为两步:第一步是开始,第二步是坚持。坚持靠什么,就靠自控力了。

自控力可以通过锻炼来增强。我们需要先设定一些小的目标，坚持完成，这样会增强信心，然后再挑战更大的目标，循序渐进，如同跑步一样，今天跑了五圈，明天就可能跑六圈，日复一日，后来跑个十圈八圈轻松愉快。

日常生活中我们可以掌握一些小技巧来增强自己的自控能力，成为自己人生的舵手。

一，远离诱惑。如果不是下定决心要做某件事，自己就很容易被别的事物所诱惑，所以要远离诱惑。俗话说，眼不见心不烦，在写文案时，把手机锁起来，就不会去刷微博逛论坛；在想要戒烟时，把家里的烟清理干净，就没有烟抽……如此下去，没有了诱惑源，就能专心做自己想做的事了。

二，逐步培养良好习惯。当一个人下决心要改掉自己的坏毛病时，就会发现自己要做的事实在是太多了，要锻炼身体，要学习知识，要提升素质，要进行交际……改造自我实在是个大工程。如果同时进行这些改造，很快就会感到疲惫不堪，然后因为无法坚持而放弃。一口吃不成胖子，良好习惯也要慢慢培养，做好计划，先做什么再做什么，事情一件一件来就很容易处理了。

三，发挥想象，激励自我。正因为欲望不容易控制，所以成功才不会唾手可得。当欲望升起时，可以运用想象来克制它。比如，在瘦身的人面对美食想要大快朵颐，就多想想自己瘦身成功后的美丽身材，以及朋友们的赞扬话语；在工作的人想要去旅游，就想象自己工作完成后有多轻松惬意，拿到酬劳再去旅游有多舒心……运用想象，给自己精神支持，自控力也就提高了。

四，转移注意力。把一天的计划列下来，当做某件事感到厌倦时，就不要硬着头皮做下去，因为效率会很低下。看看计划，寻找感兴趣的事去做，或者去做一些额外的、自己喜欢的事，这都能有效改善人的心情。在烦躁之时转移注意力，实际上是为了避免情绪失控，是锻炼自控力的良方。

161. 把握集体优势，发扬集体智慧

企业的发展往往不是一个人的单打独斗，这需要几十人甚至几百人的共同努力，所以在企业管理中要相信一个真理：整体能量大于每个人之和。所以在一个需要团体的地方，千万不要奉行个人主义。融入一个团体中去工作远远比你一个人努力的效果好得多，所以在企业管理中必须要懂得把握集体优势，发扬集体智慧。

事实上团队合作既能更好的发挥每个人的能力，又能达到最佳效益。那么怎

样把握集体，组建一个强大坚固的团队呢？

一是要培养团队意识。一个团队的成立基础必须每个团队成员都要有深入心底的团队意识。团队成员必须相互了解。团队内部要建立起正确的沟通机制，这样不仅可以促进彼此了解，还有利于团队在工作中的相互交流，及时反映问题、解决问题。沟通是促进团队成员之间彼此信赖依靠最好的调和剂，彼此了解才能彼此理解，才愿意彼此尊重、彼此信任，信任是让团队成员不遗余力共同奋斗的坚实堡垒，也是让每个成员依赖团队心甘情愿地对团队负责的钥匙。最终形成"团队是我家，努力靠大家"的心理认同感。每个人都把自己当成主人翁时，这个团队也就无坚不摧了，集体的智慧也会源源不竭，公司在无形中便会形成强大的竞争力。

二是要明确每个成员在团队中的角色。如果有了团队意识，整个公司就会激起奋斗的活力，才能够让每个人各尽其才，才尽其用，那么团队最佳效益也就凸显出来了。所以好的团队领导者是有"伯乐的眼睛"，能够知才善用，懂得依据每个人的特长合理安排每个人的工作，从而达到整体效益最大化。当每个人都能各尽其才时，团队成员就会有前所未有的存在感，就会感觉到自己的价值，这样便会有不竭的动力。人们总是愿意相信自己能成功的，如果一个人不能用自己的优势去创造成就，那么他就会郁郁不得志，便很容易丧失奋斗的动力。人尽其才，才尽其用是使企业管理井井有条最容易，也是最难的办法。让每个人都做发光的金子才是管理之道中最完美的方案。明确每个成员的角色是给每个人一个接近梦想的机会，也是给企业一个大跳跃的机会。

如果每个人都是一颗星，那么放在团队里就可以发出太阳般的光芒。永远不要低估团队的力量，它会是一个企业发展走向的决定力量，所以千万不要错过让"星星"成为"太阳"的机会。

162. 培养会说"不"的神经元

适合自己的事要多做，不适合自己的最好不做。但在生活中，做自己不擅长的事并非心甘情愿，甚至是被赶鸭子上架，这种情况较为常见。这个时候，合情合理的拒绝是十分必要的，这也是一门艺术。

毛遂从一位普通的门客，凭借自信和勇气，以及超人的胆识与智慧，自荐出使楚国，促成了楚、赵合作，挫败了秦国的侵犯。毛遂成了平原君十分倚仗的红人，事事非毛遂出面不可。

就在"毛遂自荐"的第二年，燕军派大将军粟腹领兵大举进犯赵国，平原君便力举毛遂统帅大军前去御敌。毛遂也自知并非统帅三军的将才，便再三推辞。但是却推却不了平原君的一番美意，只好挂帅上阵，结果昌都一战赵军被燕军杀得片甲不留。毛遂面对一败涂地的惨状，羞愤万分，自刎身亡。

从"毛遂自荐"到"毛遂自刎"，短短一年时间，毛遂便从人生的顶峰坠落低谷，乃至殒命，这不得不让人叹息，究其原因，是不会说"不"造成的。

在很多时候，对别人说"不"是一件让人难为情的过程。你可能会认为这伤及了对方的感情，并让自己陷入两难的境地。但是我们仍要拒绝，因为一旦你接受难以胜任的事情，结果可能会毁掉双方之间的信任，这比伤害来得更彻底。

很多刚刚步入职场的新人，都是干劲十足，总想将自己最优秀的一面展现在别人面前。因此，当同事、领导交给自己不是分内的某项任务时，即使有难度，也会随口应下。这样做往往会适得其反。有时候不拒绝，就会给对方一个信号：这件事你确实可以完成。那么，当你没有能力完成时，不但会让对方觉得你没有尽心或缺乏可信度，还会给工作本身带来麻烦，使本应简单的事情变得复杂化。因此，适当地拒绝是对工作认真负责的表现。

怎样拒绝别人又不会伤害你们之间的感情呢？这里有一些小技巧可以学习：

一是要认真倾听。让对方知道自己也很重视，再婉转地表明自己无能为力，给他提出建议，告诉他如何取得更好的帮助。若是你能提出有效的建议或替代方案，对方一样会感激你。二是拒绝也要讲究方式和方法，要让别人很心服地接受，这样的拒绝才是有效的拒绝。三是要讲究场合和人群。不同场合、不同性格的人有不同拒绝他的方式；四是讲究时间和时机，不讲时机的拒绝会让好心变成坏心，好事成为坏事。

163. 职场如战场，仅仅"知道"还不够

职场不同于学校，仅仅是"知道"是远远不够的，还需要我们有行动力，将自己已有的知识转化为行为。我们经常说人生应该有思想，但思想不是人生的目的；决定人生价值的不仅是人的美好的思想，更重要的是行动。墨子说"志行，为也"，也就是说意志付于行动，才会有作为。

晓蓉在一家金融公司上班，每到月初月末，公司便格外繁忙，各种账让人算到手软还是算不完。在公司领导询问谁愿意月初月末加班时，同事们沉默不语，正常上班已经够累了，都想早点回家，工作拖一天完成也没什么。但晓蓉知道公

司压力也很大，就主动承担了加班任务。一段时间后，晓蓉不仅拿到了加班酬劳，还被领导推荐去外地学习，这就是"知道"后马上"行动"的好处。

　　同样的信息，有些人知道了就是知道了，只有有心人才会在意信息背后的机会，行动起来，牢牢地把潜在机会转为实际利益。在公司里，领导说出意见后，也不是单纯想要听到一句"我知道了"，他更在意的是员工在知道自己的要求后，是否切实行动起来，有没有按意见办事。这都要求我们做一个行动高效的人，而单纯就行动力本身而言，其实就是做好以下几个关键步骤：

　　一，做好准备。"工欲善其事，必先利其器""磨刀不误砍柴工"，充分的准备，是达到既定目标的必要前提。行动并不难，但只有做好准备再行动，才能有高效率的行动，从而尽快达到目的。而机遇只垂青有准备的人，对行动目标做好充分准备的人，在关键时刻会发挥自己的才能，得到领导的重视，甚至使领导刮目相看。

　　二，做事时要专心致志。歌德曾有句名言："一个人不能同时骑两匹马，必须骑上这匹，就要丢掉那匹。"人的精力是有限的，如果精力太过分散，往往会一事无成，这要求我们专注于做一件事，这样才能把事做好。

　　三，注重细节。现代社会对各行各业的要求都开始具体化、细节化，细节决定成败也成了共识。所以，在激烈的竞争中，谁更注重细节，谁成功的几率也就越大。

　　四，坚定不移地朝目标前进。马云曾说过："今天很残酷，明天更残酷，后天会很美好，但绝大多数人都死在了明天晚上。"这句话的含义是胜利就在于坚持，中途放弃的人，不管之前付出了多少努力都是徒劳，要有遇到挫折还百折不挠的信念。在行动的过程中，我们也会遇到困难，只有坚定不移地走下去，才会看到胜利的曙光。

　　总的来说，只有行动起来，才有成功的可能性；只有高效的行动，才能增大成功的概率。职场如战场，仅仅"知道"还不够，我们要行动起来，将自己的想法付诸于实践，才能摘到胜利的果实。

NO.8 社交靠情商：为什么他很有人缘

164. 高情商创造强大社交气场

在社交场合里，有这么一类人：他们风度翩翩，笑容亲切，让人给出很高的印象分；他们观察仔细，体贴入微，不经意的小动作使你觉得暖心；他们口出妙言，把握时机，能扭转任何尴尬的局面……这类人的情商都比较高，身上似有独特魅力，对周围的人造成强烈的吸引，制造出强大的社交气场。

高情商者拥有强烈的自信，总是以积极乐观的心态面对生活，就算遇到突发状况，也善于控制自己的情绪，迅速给出解决方案。他们身上散发的强烈自信让人无法忽视他们。同时，他们头脑冷静，行为理智，能抑制感情的冲动，克制急切的欲望，及时化解和排除不良情绪，使自己在社交场合保持着良好状态，有足够的精力去关注其他人。因此，他们自信而不自大，积极而不傲慢，看起来既可靠又亲和力十足，是做朋友的上好选择。

更可贵的是，高情商者能在觉察和理解别人情绪的基础上，通过一些认知活动和行为策略，有效地调节和改变其他人的情绪反应。

曹操率军前进，天气燥热，士兵们口渴难耐，行进速度变慢，他也感到闷热，但更忧心士兵们的不良情绪，便大声说道："前面有个大梅林，里面的梅子又酸又甜，可以解渴。"士兵们听完振奋起来，怀着对梅子的渴望，坚持走到了有水的地方。与此相应合的是，某机构在研究"昙花一现的主管人员"时，发现这些主管的失败是因为情绪控制能力差，社交方面了陷入困境。社交场合里不免会出现意外局面，当人们出现各种不良情绪时，高情商者往往能够扭转局势，给大家创造出轻松愉悦的氛围，人们会纷纷认可他们的能力，愿意做他们的追随者。

高情商者的一个最显著的表现，就是通过娴熟的交际和沟通能力，给他人造成很强的影响力。当一个人能够游刃有余地影响着自己的上级、下级、同事、朋友或其他人时，毫无疑问，他已经创造了属于自己的强大社交气场。

165. 学会拒绝，并承受后果

作家三毛年少时曾前往西班牙念书，上飞机前，父母跟她讲过："在外待人处世，要有中国人的教养，凡事忍让，吃亏就是占便宜……"三毛虽然心中不解，还是按父母的话做了。刚开始宿舍女生们对她都很友好，渐渐地把卫生都留给她打扫，支使她做这做那。三毛衣服鞋子很多，学院里的女生们起初还客气地向她借着穿，后来看中了衣服鞋子就直接拿去。三毛描述道："说起三毛来，总是赞不绝口，没有一个人说我的坏话。但是我的心情，却越来越沉重起来。"不难看出，三毛一直忍耐，没有拒绝同学们的无理请求，变得越来越不快乐。有时候，我们是否也因不会拒绝他人，而让自己陷入了泥沼之中？

后来三毛终于爆发了。一天晚上，同学们挤到三毛床上，违规喝酒，还闹得很大声，院长来了后却对着三毛破口大骂。暴怒的三毛拿着扫把打同学来宣泄着自己的委屈和不满。之后，三毛由着性子做事，拒绝别人的要求，同学们反而对她更加客气亲热起来。可见，"拒绝"也不是什么大不了的事，对别人有求必应只会给自己徒增烦恼。

"拒绝"是一种量力而行的表现，也是一种保障自己行事优先次序的有效手段。如果别人要求你做的事很简单，并不耽误自己的事，就爽快答应；如果你觉得别人拜托的事情不好完成，或是与自己的计划有冲突，就可以跟对方简单解释一下，然后拒绝。适当地帮助别人是可以的，但千万不能养成别人对你的依赖心理，有事情都喜欢找你帮忙，让你应也不是，不应也不是，属于自己的时间越来越少。有些人出于面子，可能会不好意思拒绝别人的要求，但拒绝本来就是是我们的一项权利。古人云："有所不为才能有所为"，这里的"不为"就是指拒绝，拒绝了某些事，才有机会做其他事。

其实拒绝也是一门艺术，太过生硬的拒绝可能会让别人心生芥蒂。在拒绝别人时，应该是和颜悦色同时不失坚定的态度，直接陈述理由，让对方不再纠缠。最重要的是，要让对方感到你拒绝的是他的请求，而不是他本人，这样你们的关系便不会出现裂痕。而且，你得相信你是有足够的能力去承担后果的，不必因为拒绝而害怕失去什么。要对自己有自信，不要畏首畏尾，答应了别人的请求而让自己不开心，拒绝了又担心别人不开心，简直就是自相矛盾。拒绝并不可怕，可怕的是因为不会拒绝而变成了压抑的懦夫。

166. 闭上嘴，然后用心倾听

在生活中，我们有时会感到自己满怀心事，想要找个人倾诉。但当自己鼓起勇气跟朋友诉说时，对方时不时地打断你的话，大谈特谈自己的观点，或是注意力不集中，一副心不在焉的样子，偶尔"嗯""啊"一下。这时，你感觉自己不被尊重，不被理解，心中更添苦闷，对这个朋友的印象也变坏了不少。推己及人，我们该如何做一个合格的倾听者？牢记一句话：闭上嘴，然后用心倾听。

作为一个倾听者，在诉说者没有将事情说完之前，最好不要轻易打断对方，喋喋不休地诉说自己的意见。诉说者憋了一肚子的话，急于与人倾诉，分享自己的郁闷或是迷茫等私人情感。可能是诉说者话语中含带的情感太过具体，倾听者有时会被对方的情感驱使着，不由自主地把自己放到了诉说者的位置，开始谈我要是你就怎样怎样，或是你应该如何如何，全然不顾对方话才说了一半，事情还没有明朗化。所以，要想做一个合格的倾听者，先要学会控制自己，在听的时候把嘴闭上。

要用心聆听诉说者的思维与心声，用心感知对方要表达的话里面的含义，这是最好的倾听方式。眼睛是心灵的窗户，可以在倾听时全神贯注地看着对方，用期待的眼神鼓励对方说出来心里话，或是以温柔的目光抚慰对方的不安，等等。在倾听过程中，不要做浏览手机新闻等容易分散注意力的行为，可以用身体语言向对方传达信息。试着去理解对方的话，走进对方的内心世界，在分析好意思之后，再说出一些合适的建议。也可以给情绪低沉的诉说者一杯热饮，或一个拥抱，让对方感受到温暖。

对于倾听者来说，之所以要先闭上嘴，是因为过多的话语会让对方觉得你并不关心他和他所说的内容，只是在表现自己。另外，你表达的观点，并不能解决诉说者的问题，你唯一可以做的就是展现出自己的关心和体谅，用心倾听。如果诉说者向你询问意见，你可以去引导对方更全面地认识和了解所面临的问题，然后鼓励对方用自己的方法解决问题。

167. 第一印象很重要

我们常说要"给人留下一个好印象",一般指的是第一印象。之所以要给别人留下良好的第一印象,是因为它在人际交往中对人的影响很大。比如,对一个全然陌生的人,你看他一眼就会在心里判断他的性格和品位,潜意识里对他就有了一个定位,如果你以后没有深入地了解他,你就会一直认为他就是你印象里那样的人。

交际心理学里有一个专业名词叫"首因效应",它与第一印象有莫大的关联。在《心理学新词典》中,它的界定是:"在人际知觉过程中最初形成的印象起着重要的影响作用,亦即'先入为主'带来的效果。虽然这些第一印象并非总是正确的,但却是最鲜明、最牢固的,并决定这以后双方交往的进程。"可以说,你留给对方的第一印象是什么样的,就决定了对方会以什么态度面对你。所以,我们应该充分利用首因效应,在交友、招聘、求职等社交活动中,给别人留下美好的第一印象,以便于以后的双方交流。有些人你可能很久才见一次,如果你第一次见别人时,整体形象很美好,那么接下来的很长一段时间里,你在对方心里都会是美好的存在。

在第一次与别人见面前,我们要使自己达到最完美的状态,因为形成第一印象的时间实在是太短暂了。据统计,交往中的个体只在最初的 0.25 秒到 4 秒可以给对方造成深刻的良好刺激,接下来的 4 分钟是关键期,第一印象会进一步被完善。但在这短短几分钟里,别人对你的第一印象就形成了,并且对一个人感观判断占着高达 75% 的比例,之后很难会有改变。给人留下的第一印象是很难被改变的,就算那不是真实的你,别人也会认为你就是那个样子的人,而且不会轻易改变自己的观点。

初次进入一个社交场合时,一定的修饰是必不可少的。无论是你的外表打扮还是言谈举止,都要努力给人一种愉悦的感觉,让人觉得和你相处很舒服,很乐意与你建立友谊,甚至主动对你抛出友谊的橄榄枝。你需要为此做一些准备,像将要出门约会的女孩子一样,认真地打理自己的外表、穿着,以求别人看着就觉得舒服不突兀。如果你的身材不是很好,那也要保证仪态是落落大方的。如果你的五官算不上英俊漂亮,也要有得体适宜的微笑。

好的第一印象会在无形中为你博得他人的关注,是双方建立友谊的良好开端,坏的第一印象则可能让人对你产生远离之心,让你失去潜在的人脉。第一印象如此重要,我们应努力提高自我修养,把自己收拾得清爽利落,使人见之则如沐春风,产生亲近之心。

168. 与人结交，帮助自我成长

当今时代，人与人之间的交际日益频繁，每个人都需要与外人打交道。可以说，与人结交是生活中必不可少的一部分。朋友对我们的陪伴作用是很重要的，他们让我们的生活变得更多姿多彩，为我们带来了很多温暖，能够帮助我们成长。

首先，与人结交，对自己的身心健康有好的影响。专家指出，社交频繁的人不易生病，睡得更香，记忆力更好，更聪明并且长寿。这是因为社交活动会使人体内分泌催产素和内啡肽，而催产素能减轻焦虑感、降低血压和心率，内啡肽则可以使人产生幸福感。这两种化学物质都在人与朋友待在一起时出现，犹如上天馈赠给人的礼物，带给人们友谊的包容、温暖和愉悦，同时让人的身心进一步完善。

与人结交可以促进身心发展，而它对人思想、性格等方面的影响更为深远。不与人结交的人大多性情孤僻，对自己不够自信，交际能力差，遇到问题想退缩。与之相反，热衷于交友的人，在一次次跟人打交道的过程中，形成了开朗大方的性格，变得越来越自信，遇事脑子比较灵活，会尝试用各种办法解决问题。有人说，朋友是光，照亮你心里的阴霾。但若是不敢迎光而上，又怎么能沐浴着光成长呢？另外，真正的朋友不只是关心对方现实身体的需要，也互相关心生命和灵魂的成长，若是交到了密友，双方都会成长。

一个人在交友的过程中，对方会指出他身上的缺点和不足，并帮他改正；当他发现对方拥有的诸多优点时，他会不自觉地学习，让自身一点点变得更好。"他山之石，可以攻玉""尺有所短，寸有所长"，两个人的交往就仿佛是一场奇妙的碰撞，双方在不断地磨合中去粗留精，拥有了自己本身没有的东西。更遑论是与多人结交，自己不知将会受到多少好的熏陶，学会多少新的本领，自身便在这些过程中成长了。

169. 邂逅之后，还需"再往前一步"

邂逅的含义是不期而遇或者偶然相遇，指两个完全不认识的人第一次见面。有这么一句带着淡淡忧伤的话："经历的故事越多，遗忘的越多，邂逅的人越多，错过的人越多。"说这话的人在追忆过去的事，遗憾邂逅之后错过的人。或许大家也有这样的经历，和某些人有了或美好或搞笑的邂逅后，明明说着分别后还联系，一转身却忘了，后来偶尔想起，又暗暗责怪自己太粗心。要知道，邂逅是一种缘分，之后如何发展，就要看自己有没有"再往前一步"了。

"再往前一步"，可以拓宽交际圈，接触到更广阔的世界。人的交际圈是有局限的，除了亲戚朋友、同学同事外，很难主动与他人打交道，这就导致了个人的朋友圈子固定了下来，不容易找到新的投缘的朋友，在人脉方面就受到了限制。而邂逅带来了新的机会，让两个陌生人有了做朋友的可能，让彼此的生命更加丰富多彩。比如说，两个都喜欢跑步的人邂逅了，若是再往前一步，甲会被乙的乐观心态而感染，乙会跟着甲学会打羽毛球，双方的生活都增添了新的色彩。

邂逅让人认识陌生人，做到"再往前一步"才能将陌生人转化为朋友，实现交友资源的最大利用。一次简单的邂逅，并不会给对方留下深刻而长久的印象，如果自己觉得对方不错，想要考察一下，看是否能交个朋友，这时候就需要主动出击。可以在与对方相处时，委婉地询问联系方式，也可以直接给出自己的联系方式，看对方如何反应。双方联系后，可以就对方的兴趣爱好展开谈话，慢慢了解，偶尔一起聚会、做一些志同道合的事。久而久之，原本陌生的人会越来越熟悉，变成朋友。

邂逅了十分感兴趣的人，不采取行动，一分离便再难相见，自然是很可惜的事。在打定要结识对方的主意后，抛却羞怯，鼓起勇气，再往前一步，才有可能成功收获友谊或者爱情，即便是对方拒绝了，自己也不会因错过时机而后悔。

170. 沟通永远不会过分，只会不足

《诗经》有曰："知我者谓我心忧，不知我者谓我何所求"，暗指了解别人的人才知道别人在想什么，不了解别人的人只会乱猜测。那么，了解从何而来？来自于沟通。上下级之间不进行沟通，工作如何圆满完成？夫妻双方不沟通，婚姻怎能更幸福？朋友之间不沟通，怎能知道对方究竟需要什么？诸如此类，不胜枚举。沟通是最基本的生存技巧之一，人们在不断地与他人沟通的过程中，解决了众多问题，对我们的生活至关重要。在人际关系发达的今天，沟通永远不会过分，只会不足。

很少有人在一次交流中就能展示出全部的自己，要想了解、结识别人，只有不断地进行沟通，才能获得稳固而深厚的友谊。刚认识一个人时，双方谈论的话题都比较浅显，不会显露出各自的内心深处，一次次的沟通积攒下来，大概才能描绘出完整的对方，双方因熟识而成为好朋友。当然，不管是新朋友还是老朋友，

都需要经常沟通，因为世事总是在不断变化，老朋友也会发生改变，若是缺少沟通，慢慢地，老朋友也会变陌生了。

与人沟通是生活中不可或缺的一部分，充分的沟通能够促进谈话双方的互相理解，沟通过少则可能导致不良影响。比如，当今时代网购兴盛，人人都希望客服能够迅速而准确地回答问题。反之，客服迟迟不回答询问或说不清状况时，就算是喜欢他家产品也不太敢买了。沟通对每个人来说都是很重要的，充分而良好的沟通可以带来很多益处。

有的人性格内向，不擅长与人沟通，这可能导致自己的想法不能被别人理解，心事憋在心里反而会引起各种不良反应，这类人应该鼓起勇气，多与人沟通，才能更好地融入社会。有的人怕自己总是和别人说话，别人会厌烦，这时就要明确沟通目的，为达到目的，进行再多的沟通也是应该的。研究证明，多次重复的话会让别人记得更清，重要的话不妨与别人多说几次。沟通是人与人之间进行信息交流的必要手段，沟通的少，人际关系就不会太好，沟通的越多，越有可能在社交中获得成功。

171. 站在最平凡的位置，打造良好社交形象

在社交活动中，人人都有自己的喜好。当一个人给我们留下好印象时，我们对他的评价就比较高，希望以后能够继续与他交往和合作。与此相反的是，假如自己对对方并没有什么好印象，会隐隐约约有不快的感觉。这就是一个人形象的重要性。在人际交往里，可以选择站在最平凡的位置，打造出良好的社交形象。

站在最平凡的位置，并不意味着没有表现自己的机会。在平凡中彰显出自己的优点来，会让人更加赞叹。在根据当代海派经典长篇小说《长恨歌》改编的同名电视剧里，女主角王琦瑶曾寄居在朋友蒋丽莉家，并多次陪她去参加晚宴、酒会，蒋丽莉爱吵爱闹，喜欢出风头，王琦瑶就从不在这方面与她争光，只是静静地微笑，恰到好处地说几句话，打造出一个端庄大方的淑女形象，人们都很喜欢她，称赞她是"各个社交场合的里子"。优秀的人并不担心最平凡的位置会埋没自己的光芒，反而会以此为基点，塑造出得体的社交形象。

良好的社交形象能为自己加分，推动我们在办事时获取成功，哪怕我们是站在最平凡的位置。珍妮曾去参加美国联合航空公司的招聘。她面带微笑地进了面试房间，主考官在途中曾背过身去与她交谈，她很疑惑。最后她被聘用了，因为主考官在看不见她的时候，仍能感觉到她迷人的微笑。而她以后的工作就是在电

话里和人交流，她独特的微笑魅力，会使顾客在电话里也能察觉到。最后被聘用的原因很简单，那就是珍妮的良好形象让她在求职中成功了。

站在最平凡的位置时，就要展露出自己的优点，让人知道你的不一样，在心里记住你的好。良好的社交形象一旦形成，以后的交际就会顺畅很多。当然，这需要在私下不断地开发、完善和提高自己，这样才能在适当的时机和场合，淋漓尽致地表现出自己的优秀，使自己在众人里脱颖而出。

172. 谈论他人喜欢的话题，让你充满吸引力

俗话说："到哪儿的山坡，唱哪儿的山歌"，这样当地人才会接纳认同你。同样，在与人沟通时，如果对方一直对你不冷不热，那很有可能是因为你没有讨论到对方喜欢的话题，无法让双方找到共鸣点。以他人喜欢的话题未切入点，能够让他人对你产生兴趣，觉得你充满吸引力。

酒逢知己千杯少，话不投机半句多。所谓的"投机"，就是指能够把握他人喜欢的话题，找到共同语言，心灵上的距离就拉近了。若是聊的开心了，对方可能还会产生相见恨晚的感觉。拜访过美国总统罗斯福的人，对他的评价是："无论是一个牧童、猎奇者、政客还是外交家，罗斯福都知道同他们谈些什么。"罗斯福涉猎之广让人惊奇，但其实他是做足了功课。罗斯福在接见访客的前一晚，总是会阅读客人的相关资料，以便谈话时使访客开心。正因为有所准备，迎合了访客的喜好，他才能在交谈时博取他人好感，他在美国历届总统中的人气也一直居高不下。

人们总是喜欢讨论自己感兴趣的东西，从对方兴趣入手，就相当于认同了他喜欢的事物，那么他就会以为彼此有相同的价值观。那么你对他而言，也就是个充满吸引力的人了。在与尚未熟悉的人见面时，要注意观察，随机应变，找到对方喜欢的话题。某公司的公关助理需要去请一位成名已久、为人清高的设计师来担任公司的设计顾问，他四处打探也没能得到关于设计师兴趣爱好的资料，忐忑不安。当他去拜访设计师时，在桌子上看到了一副设计师刚完成的山水画，他灵机一动，说："老先生您寥寥几笔就画出了悠远的意境，画工真是了得。寄情山水之间，您可是向往淡泊的生活？"设计师听后十分高兴，便就人生志向与他聊了起来。后来，助理提到邀请设计师的事时，设计师略加思考就答应了。这证明了我们不可能凭空吸引别人，要以他人喜欢的话题为突破口。

无论是要与别人建立友谊，还是想要做成生意，迎合他人的喜好都会起到重

要的作用。在交往中，要投其所好，善于审时度势，化被动为主动。了解他人的价值取向和兴趣点，知道他人关心什么，谈论他人喜欢的话题，会很快就能赢得他人的心理认同，产生很大的吸引力。

173. 时刻别忘了表达友善

友善，是指一种亲近和睦的关系状态，是我国社会主义核心价值观的基本内容之一，被国家大力提倡。若是每个人心中都能够多一份友善，社会环境就会越来越友好。人是群体性动物，每个人都需要与其他人打交道，在与人相处时，如果能够表达出来足够的友善，便会使人感到温柔可亲。有友善之心还不够，还要适时地都表达出来，才是获得好人缘的关键。

有着高情商的人知道如何利用生活中的每一个细节，向人们表达出友善和真诚的信息，从而获得大家的认同和支持。美国总统老布什深谙此道，不管是在任何场合，他都会同每一个陌生人热情地握手，向民众致意，并给出友善的微笑。他出任总统后，如果解除了某个人的职位，他会尽力与这个人成为私人朋友，诚恳地邀请他参加晚会、一起运动，还不断写信问候。这些友善的举动，使得被解雇者对他没有丝毫怨恨，还赞美老布什的友善。老布什深受民众喜爱，他将友善作为家族的处世原则，孩子们也因充满友善情怀，并时刻表达出来而被人民夸赞。

时刻表达出友善的人，更容易被人信赖，还能打造出友好的社交氛围。一个友善的人，乐于给他人灿烂的微笑，乐于给予别人帮助，这种亲和力，给自己独添了一份魅力。时刻表达出友善的人，因为心存善念会在混乱中保持冷静，以求快速找到解决问题的方法，这种热心肠和能力会让他出众。面对一个十分友善的人，人们无法与之大吵大闹，遇到问题，会心平气和地解决，双方的关系就融洽了一步。"负荆请罪"的故事流传甚广，面对廉颇的鄙夷和不屑，蔺相如一直选择退让，用友善的态度对待他，最终感动了廉颇，两人成为刎颈之交。

与人为善是一种美德，而把友善时刻表达出来就是美德的体现。有人说，友好地对待陌生人，最能反映出一个人的内心品质。那么一个时刻表达出友善的人，不仅会让陌生人感到舒服，还会让所有与之交际的人心生感动，自己便会收获许多由衷的敬佩和真挚的友谊。

174. 让你的微笑深入人心

泰戈尔曾说过:"当人微笑时,世界爱了他。"这句话虽稍显夸张,但却是正确的。在人际交往中,一个经常用善意的目光和笑容去表达友好的人,既可以使自己富有美感,也会让别人感受到你的魅力。如果你给人印象最深刻的是微笑,那么对方在想起你时心情也会变好,接下来,出于趋利避害的心理准则,人们都会与你比较亲近。

微笑是我们赢取友谊的敲门砖,是增深友谊的调味料,是保持友谊的保鲜剂。试想一下,当你初次与人见面时,你给对方一个微笑,便可免去双方的拘谨;认识新朋友后,你经常展露出的微笑,能让他感觉到你与他相处很舒服;与老友聚会,对之轻轻一笑,多年默契便让他明白你心情很好……微笑是一种无声的感召,能沟通心灵,让人感到温馨和亲切。经常微笑的人更容易收获好人缘。

微笑能够表达出自己的友善,散发出自信、自豪的气场,在职场上也是必不可少的。因为一个总是板着脸的人,会让人下意识地远离。王先生曾是一家印刷厂的厂长,有经商头脑,事业小成,但他的公司最终却倒闭了。因为他有一个致命缺点:在公司工作时,他的脸总是紧绷着,不苟言笑,十分严肃。员工们不敢亲近他,还在背后戏称他为"老虎"。后来公司出现了危机,员工纷纷跳槽了,他提高工资水平也无济于事。经历这次失败后,他认真反思,恍然大悟。他找到了新工作,推出了独特的"微笑名片",并身体力行,见人时总是春风满面,微笑成了客户对他的最深印象,都乐意和他谈生意。老板慧眼识英雄,将他升为总监。王先生的经历说明:败也微笑,成也微笑。我们可以不走弯路,经常对他人微微一笑,便可省去不必要的麻烦。

微笑是一种有效的"世界通行语"。它存在于所有的文化与国家中,可以帮助你与各种关系的人交往,并收到好的效果。如果想要使你的笑容深入人心,可以在镜子前多加练习。微笑的基本要领是自信、真诚、明朗。练习时,要使面部肌肉放松,两端嘴角微微向上翘起,目光柔和,表情充满活力、神采奕奕。练熟之后,我们的笑容就是自然不做作的了,可以随意展示出富有魅力的微笑,使我们的微笑深入人心。

175. 幽默，社交场合的超级武器

美国一位心理学家说过："幽默是一种最有趣、最有感染力、最具有普遍意义的传递艺术。"幽默在人际交往中的作用是不可低估的。俗话说"笑一笑，十年少"，每个人都想要一个轻松、愉悦的谈话环境，若是和别人在沟通交流的过程中，能够言之有物，用语幽默诙谐，别人就会觉得与你谈话是一种享受，这会让人在社交场合游刃有余。

幽默的话语，可以调节紧张的社交氛围，让周围的人轻松起来，心平气和地开始交流。坐公交车的人比较多，要上车的人就用力往里面挤，被挤的人难免会心生不悦，车里弥漫着烦躁的气氛。人群中一个孕妇忽然嚷道："别挤了，再挤孩子都要出来啦。"此言一出，大家都忍俊不禁，自觉地远离了她，还有人起身给她让座。人性的美好得以体现，缓解了紧张的人际关系的正是幽默。

在某些尴尬的情况下，用幽默的话来缓解，会获得大家的理解。南非前总统曼德拉曾在一次演讲中，把讲稿的页码弄乱了，当时台下的听众都是各国首脑，这件事就显得有些尴尬了。他却一边整理讲稿一边说："我把讲稿的页码弄乱了，你们要原谅一个老人。不过，我知道在场的一位总统，在一次发言中也把讲稿页码弄乱了，他却不知道，还是照着往下念。"整个会场哄然大笑，曼德拉的幽默转移了听众的注意力，大家毫不介意他犯的小错误。

适当地运用幽默，还可以达到委婉地批评、教育别人的效果，使人易于接受，避免双方难堪。在理发店里，一位理发师不小心把顾客的一绺头发理得特别短，他急忙致歉："不好意思，这部分理得太短了。"顾客无奈地说："还行吧，亏得我也不是头可断血可流发型不能乱的人。"理发师已经犯错，指责又有什么用呢？这位顾客善意地提醒了理发师发型的重要性，达到了批评和提醒的目的但又不使人难堪。很少会有人拒绝幽默的话语，因为它是如此体贴人心。

幽默是一种优美地健康的品质，也是现代人应该具备的素质。在社交中，乐观风趣的言谈会化解任何乏味的气氛，身旁的人都会随着你的幽默感觉轻松，与别人的交谈也会容易起来，还能促进人际关系的和谐。所以，我们应该常怀乐观豁达的心态，做一个风趣洒脱的人。如此，在你为别人带去阵阵笑声的同时，好人缘也就随之而来了。

176. 巧用批评艺术，良药不再苦口

美国心理学家威廉詹姆士曾说过："人类本质中最殷切的要求是渴望被肯定。"由此可见，人人都希望受到别人的认可、赞扬。但完美的人是不存在的，每个人都会犯错误，这时，若是直接指出错误，批评别人，会让人感到尴尬和失落，自尊心强的人则可能会十分生气。批评是一门很深的学问，要学会巧妙地运用批评艺术，才不会刺痛别人，收到良药不再苦口的效果。

在别人犯错误的时候，如果是触犯了你的利益，首先要控制好自己的情绪，不要一怒之下，用恶劣的态度大声批评别人。尤其是在对方无意犯错的情况下，你若是一味指责，犯错者以后就会远离你。应该委婉地批评对方，把批评裹在表扬的里面，如此对方就比较容易接受批评，认真反思自己的错误。例如，朋友打碎了你的水杯，你就可以委婉地说："某某你一直都挺稳妥的，今天这是怎么了，犯这种小儿科错误。"

直接批评别人会触犯别人内心的自尊，要把握批评的秘诀，发挥批评艺术的作用。不能直接批评，就旁敲侧击，间接指点。英国首相丘吉尔曾说过："要人家有怎样的优点，就那么赞美他。"有一个公司的某位职员，比较懒惰，老是把自己的办公桌弄得很乱。主管就对他说："你的胡子今天刮得很净，身上的衬衣也很好看，要是工作环境也很整洁，就更完美了。"这个职员明白了主管的用意，后来桌子一直收拾的很整洁。

批评别人，绝不是为了把别人击垮，让别人下不来台，而是为了促使对方改正，把事情做好。有了真诚的想要帮助别人的心，也就能做到多为对方考虑，批评可以在私下里进行，尽量使用委婉的语气，还要指明批评的是对方的行为而不是对方本人，给出一些改正的建议。掌握了这些批评艺术，被批评者很容易接受你的批评，才不会让你陷入不必要的人际矛盾中。

177. 以理服人，以情感人

每个人与人交流时，都希望自己的话能被对方认可并接受，这会让我们获得认同感和满足感。但事实有时不尽如人意，每个人都有自己经过长期实践而形成的观点，这样你就无法轻易地说服对方。有的时候，别人为了表示礼貌，在嘴上

说你说的真对，但心不在焉的神态却显示出根本不赞同你说的话。说话是一门艺术，人与人之间很多时候都是在进行沟通，为了收到良好的沟通效果，必须要坚持以理服人，以情感人，让对方心服口服。

以理服人的重点在于用事实说话，把有力的论据展现出来，还要把道理讲透彻。在辩论赛中，正反双方你来我往，唇枪口舌，观众会觉得哪一方更有理呢？据调查，观众会在心理上认为采取事实案例、具体数据、名人名言的那一方是有理的。因为无论是具体的数据还是真实的案例，都来源于生活，而名人名言更是有一定程度的权威性。人们去商场买东西时，在同类物品中，也更倾向于买曾在广告中见过的那一款，下意识地会觉得既然它都被广告过了，而且还是某某代言的，一定是比较好的。

以理服人很重要，但在某些情况下，以情感人更能收到好的效果。一味堆砌起来的大道理有时会有空洞的嫌疑，理智的人尚能听进去，可和情绪不稳定的人讲道理是没有用的，必须用有真情实意的话，先安抚对方的情绪。比如，面对一个脾气暴躁的人，对方正在气头上，是要据理力争，让他意识到自己的错误，还是要温言细语，使对方平静下来？以情感人的魅力在于用真情打动别人的心，要求我们在开口前先站在对方的角度，分析对方的心理，以此为出发点，对症下药，说到对方的心坎儿里。

情理交融是最好的表达方式。大道理让人觉得空泛，一味突出情感又让人觉得没有底气，情理相结合，最容易使人接受。在医院里，医生对患者就常常采用这种说话方式，比如，对一个要动手术的人，医生不会跟他大谈特谈医学知识，而是深入浅出地说明病情，使病人理解，说出自己曾经的成功经验，让病人对自己的手术抱有信心，最后说一些鼓励的话，让病人心态更加放松。以理服人，以情感人，与人沟通起来会事半功倍。

178. 热情可以感染你周围的每个人

当你去看一场盛大热烈的演唱会时，台上的歌手活力四射，舞者激情似火；台下的观众不停挥舞着荧光棒，忘我大叫，整个场面高潮迭起。这时候，你会不由自主地跟着人群疯狂，释放心中的热情。因为周围人的热情感染了你，你的情绪在不知不觉间发生了转变。热情如火，若你携带热情行走众人间，便可点燃他们心中的"火焰"。

情绪具有感染性，而最易感染到周围的人的情绪就是热情。显而易见，人们都喜欢与热情开朗的人接近，因为从他们身上可以感受到蓬勃向上的生命力，可以使自己的心情随之明媚。情绪的感染力无处不在，你可以做一个主动的"感染源"，也可以做某种情绪的被动"感染者"。但高情商的人都愿意做情绪的主导者，把热情传给周围的人，因为整个环境会因此而充满活力。很多文人描写的秋天都是凄凄惨惨的，唐朝刘禹锡却赋《秋词》："自古逢秋悲寂寥，我言秋日胜春朝。晴空一鹤排云上，便引诗情到碧霄。"一反常态，豪情万丈。千百年过去了，朗诵此诗时，人们仍会为刘禹锡的热情而心潮澎湃。

  人们会在无意识中模仿他人的情感表现，比如表情、手势、语调等非语言的形式，而后在心中重塑对方的情绪。如果你是充满热情地出现在社交场合，周围的每个人都会被你的热情所感染。"疯狂英语"的创始人李阳，总是热情万分地去演讲，台下的人可能并不认可他的学习方法，但当他大声地持续地喊着："I'm crazy！I'm crazy！……"心存怀疑的人慢慢忘了成见，随他呐喊。这就是热情的力量，成功的领导者或者富有感染力的演讲家都会合理地运用这种力量，调动千万人的激情。

  情感的传递通常都是由表情丰富的一方传递给较不丰富的一方，所以热情的人总是可以带动其他人。以热情对他人，再坚硬的心也会柔和几分，所谓"伸手不打笑脸人"就是这个道理。试着给同事一个明朗的笑容，给朋友一个亲密的拥抱，给家人一句真诚的赞美，用你的热情，让周围人感受到光，你的世界也会被照亮。

179. 吝啬赞美是最大的吝啬

  有人说，全世界有 40 亿人都渴望在每天入睡前，能够得到一句赞美和肯定的话。但这个小小的心愿，又有多少人实现了呢？因此，有一些人只好带着淡淡的遗憾入睡。如果你爱惜钱财，不愿意布施给可怜的乞丐，也不舍得给自己购置昂贵的用品，你的确是吝啬的。但最大的吝啬却不是吝啬钱财，而是吝啬赞美。因为一句简单的赞美可以带给别人快乐，这是件很简单的事，你却不愿意给予别人这种快乐。

  有一位心理学家曾说过："赞扬别人就像阳光一样，没有它，我们就无法成长开花。"人们对赞美总是喜闻乐见的，往往一句不经意间的赞美，就能够让对方心生喜悦。而赞美的作用又不限于此，它总是能有效地起到激励和调节情绪的作用。当别人失败时，可以赞美他以前的成功使他重拾信心；当别人自卑时，选择赞美他的优点能够使他走出阴影；甚至当别人失魂落魄时，适当的赞美也会让他减少伤心之意……如果你很期望得到别人的赞美，却吝啬于把赞美的温暖给予别人，就是有些自私了。

能够坦然地赞美别人，你的自信和真诚会让你在众人中脱颖而出。有些人认为赞美别人是助长他人的气势，担心给了别人亮，就挡住了自己的光。其实大可不必如此，要坚信自己是太阳，不要吝啬用自己的光照亮他人。英国石油公司的总裁布朗勋爵曾在很多场合感谢前任总裁选拔了自己，于是就有人问前任总裁，他是如何在众人里看准了布朗。他说："布朗总能吸引很多出色的人到他身边，他从来不怕扎在聪明人堆里。显然，他总有信心有能力成为其中最出色的，而且，他更知道如何利用自己的赞美来网罗优秀的人才。"经常赞美别人的人，会创造出一个充满鼓励的环境，其中的人会身心愉悦，自己也会愈加自信。

赞美一个人，就相当于认可了他，这在交往中是很重要的，是打开影响力通道的第一步。而赞美绝不是单方面的给予和付出，是学习别人优点和长处的过程，是与人和谐交流的过程，更是培养自己宽广心胸的过程。学会主动地真诚赞美他人，能够大大地改善人际关系。不要再吝啬下去了，赞美他人，相当于赠人玫瑰，他人欢喜，自己手留余香，还会收到回馈，何乐而不为呢？

180. 记住他人的名字，并随时喊出来

名字，即个人称号。人们很在意自己的名字，"名满天下""扬名立万""大名鼎鼎"等词语都表达出个人希望自己的名字广为人知的意思。记住他人的名字，并能随时喊出来，会让对方感到被尊重，会使对方感到你在意他，很容易获得对方的好感。

如果在一个公司，如果你能记得住所有员工的名字，并能够当面叫出他们的名字，他就会感受到你对他的尊重。唐骏曾经是微软中国的总裁，在他刚开始掌管微软中国的时候，曾花大量时间去背诵员工的中英文名字。一天晚上，唐骏在公司电梯里遇见了一位带着女朋友参观公司的工程师。唐骏主动和对方打招呼："David，最近你们的项目做得如何？"第二天一早，这位名叫 David 的工程师便给唐骏发来了邮件。邮件中写道，总裁让他在女朋友面前很有面子，女朋友觉得自己的男朋友在公司里很重要，总裁居然关心其负责的项目。邮件的最后，David 发自肺腑地表示，今后他一定会更加努力工作，不辜负总裁的期望。记住员工的名字，是唐骏一个非常好的习惯，也是他在职场独特的生存之道。

无独有偶，很多成功学家都强调过"记住别人名字"的巨大威力，比如成功学大师卡耐基。卡耐基在自己的著作里讲到，一次，卡耐基去拜访吉姆·法莱，问他有什么成功的秘诀。对方说："努力工作。"卡耐基说："您别和我开玩笑了。"于是他问卡耐基："你认为我成功的因素是什么？"卡耐基回答道："我知道你可以叫出一万人的名字。""不，不，你错了。"他说道，"我能叫出五万人的名字。"可千万不要小看这一点，正是拥有这种能力，才使得吉姆·法莱帮助富兰克林·罗斯福进入了白宫，当上了美国总统。吉姆·法莱早年就发现，普通人最感兴趣的东西是自己的姓名，如果你能记住一个人的姓名，并且随口就叫得出来，那么对这个人来说就是一种巧妙而有效的恭维。反之，假如你忘了或叫错了某个人的名字，就是一件对你很不利的事。

有一条规则是："一个人的名字，对他来说，是任何语言中最甜蜜、最重要的声音。"每个人的名字都使他与别的人区分开来，显得独立，因此人们很看重自己的名字。要知道，记住、喊出别人的名字，是一个最直接、最明显、最重要的得到他人好感的办法。

181. 人际交往中不做无谓的表演

一些公司在招聘销售人员的时候，会问应聘者："你为什么要做销售人员？"这个问题看似十分简单，很多应聘者会很快做出回答，说出类似于"我喜欢这个有挑战性的工作""为了实现自己的梦想"等话语。但给出这种答案的人很少被录取。如果应聘者的回答是"为了赚钱"，胜算反而更多一些。相比较而言，直接说"为了赚钱"好像有点低俗，但正是在这个回答里，招聘者看到了应聘者所拥有的一颗真诚的心，而想赚大钱的销售人员，就有成为一个顶尖销售人员的可能。在社交中也是这样，真诚的人会让别人被他的真心实意而打动，那些做虚假表演的人只会让人觉得反感，甚至是厌恶。

以诚相待是与人交往的法则之一，因为真诚的人比较值得信赖。而那些做无谓表演的人，演的了一时，演不了一世，一旦真实面目展露出来，便会让人反感，不想与之来往。无论在何时何地，"伪君子"都不会受到人们的喜爱。而且，表演的不到位、不连贯的话，迟早会露出马脚；表演的太精彩的话，自己也还是惴惴不安，唯恐被人识破。与其整日做着高难度的表演，不如做好真我，轻松生活。

有的人是对真实的自己没信心，认为真实的自己不讨人喜爱，需要做一些表演，把自己伪装成别的模样，以使自己能被人接受。比如说，热情开朗的人比较吃得开，性格文静内向的人可能就会刻意学习怎样是热情的表现，然后在人际交往中照葫芦画瓢地表演出来。这种人就是心态出了问题，本来，不管是哪一种性格，都会有人接受、喜欢、包容，没必要模仿别人。而且，如果别人喜欢上了他表演出来的那个人，在严格意义上来说，还不能算是他本身被别人接纳。

2000多年前的希腊大哲学家苏格拉底曾有这样一句名言，"做真实的自己"，在人际交往中，我们要牢记这句话。真诚有无限魅力，友谊是否能长长久久，与双方能否一直保持真诚有很大关系。去掉那些无谓的表演吧，再迟钝的人也会在时间的流逝里看清别人的面目，虚情假意、巧言令色的人，只会让别人想要快快地离开。

182. 不要沦为"礼尚往来"的奴隶

礼尚往来是中华民族的传统美德之一，原指在礼节上注重有来有往，后来借指用对方对待自己的态度和方式去对待对方。在人际交往中，也讲究礼尚往来，与别人进行良好的沟通和交流，可加深双方的感情。但值得注意的是，不能固执、死板地遵循"礼尚往来"的教条，失去自我的判断和主见。

人有选择交友对象的权利，要坚持自己的择友标准，相信自己内心对人的直觉，不违心地迎合他人，被"礼尚往来"的观念所影响，贸然接受别人热情的交友请求，勉强自己付出同等的热情，交不想交的朋友。如果看到一个人举止粗鲁、言语低俗、不修边幅，正常人内心多多少少都会有反感之情，甚至有道德洁癖的人估计看都不愿意多看一眼。但若是他走上前来，热情地自我介绍，表示想要交个朋友，并提出一起吃饭的邀请，该如何处理呢？是遵从内心的感受，严肃地拒绝，还是按照礼尚往来的观念，勉强答应他？选择后者的人在之后一定会后悔。

另外，朋友之间，也不要刻意追求礼尚往来，要在自己力所能及的范围内，与朋友进行交往。在物质上，可能有的人比较富裕，有的人经济条件一般，那么，当有钱的朋友请大家吃名贵的美食后，其他人就一定要回请回来吗？真正的朋友，是不会在乎这些虚礼的，更看重的是朋友间精神的沟通。还有，一个人工作比较空闲的话，经常给朋友送去问候、关怀，那么他的朋友比较忙，就可能做不到同等的程度。

朋友也有亲疏之分，可能一个人的知心朋友就那么几个。此时，若有别的人抛出了友谊的橄榄枝，殷勤地想要接近，若是接受他的示好后，要礼尚往来的对他也很好，那么之前的朋友就会受到一些冷落。那些沦为"礼尚往来"的奴隶的人，都是内心不坚定、易受他人影响的人，到最后会失去自己的社交原则，磨灭了真实的自我。不能被礼尚往来的观念深深地影响，要懂得合理地安排自己的时间和精力，与真正的朋友长久地走下去。

183. 了解对方性情，然后灵活应对

每个人的生活条件和成长环境都有所不同，所形成的性格自然也就有不少差别。在交际中，如果能做到对对方的性情、脾气、观点有所了解，然后顺着对方的脾气和他交往，对方会有很舒服的感觉，会和你成为朋友。相反的是，如果在不了解对方性情的前提下，不小心触碰到了对方的"雷区"，就会给人留下很差的印象，不利于双方良好关系的建立。

要想了解对方性情，需要事先做好功课，提前收集资料，以便于对将要接触的人有所了解，见面时便不会发生无话可说或者说错话的尴尬情况。如果对方是在某个社交场合邂逅的，无法做到提前了解，那就要察言观色，观察对方的言行，分辨对方性情如何。要是对方表情没什么大的变化，可以与他从普通话题聊起，耐心倾听，从他的话中了解对方。

养过宠物猫或宠物狗的人都知道，宠物喜欢主人顺着它的毛抚摸它，甚至还会在这种抚摸中慵懒躺下，显出一副享受的样子。但要是逆着毛摸宠物，宠物就会挣脱跑开。在人际交往中可以借鉴这些经验，摸清对方的脾气，然后顺着对方的脾气做事，这就要求我们在应对他人时有灵活性。

比如说，一个人若是冲动易怒、性情如火，在相处时就应该尽力保持冷静，不要与他发生争执；一个人性格内向、不善言辞，就要避免喋喋不休地问他问题，和他说话要温柔有耐心；一个人心高气傲，有自负心态，就要多夸赞他，不要总说他这里不对哪里不对等等。这些只是初级阶段的灵活应对法，适宜与关系不深的人相处时使用。

与人的关系到达一定深度后，对他的性情也有了比较深刻、完整的了解，这样就算发生了突发事件，也可以游刃有余地灵活面对，以此方法去说话办事，别人就会在不知不觉之中受到你的影响，甚至接受你的意见，并和你成为朋友。

184. 懂得换位思考，做到想人所想

想要理解一个人，就必须要学会换位思考，把自己放到他的位置上去，这样才能真正地理解对方。换位思考，是人与人相处的一个重要技巧，要求我们将自己的内心感受，如情感体验、思维方式等与对方联系起来，站在对方的立场上体验和思考问题，从而与对方沟通情感。

懂得换位思考，可以增进理解，架起一座沟通的桥梁。有一句话说："人的一生中，遇到爱，遇到性，都不稀罕，稀罕的是遇到理解。"由此可见，人们是多么地渴望被别人理解。会换位思考的人，会设身处地地感知别人的一切，从对方的角度剖析对方，很容易做到理解对方。而当你理解一个人的时候，你懂得他的一言一行有什么含义，沟通起来自然也就事半功倍。

多为对方考虑，分析对方的处境，站在对方的位置进行思考，就能做到想人所想，还会有意想不到的收获。

有位老人年老体弱，又没有儿女照顾他，便决定卖掉自己华美的住宅，在养老院养老。消息放出后，购买者蜂拥而至，底价为8万英镑的住宅价格很快升到了10万英镑，老人脸上却没有笑容。他看着这所充满回忆的住宅，满目忧郁，十分不舍。一个衣着朴素的青年来到他面前，弯下腰低声说："先生，我特别想买这栋住宅，可是我只有1万英镑。""年轻人，它的底价就有8万英镑，"老人看着青年淡淡地说："而且现在价格已经升到了10万英镑，它还有可能会更高。"青年没有沮丧，他看着老人诚恳地说："如果您把住宅卖给我，我保证会让您可以依旧生活在这里，和我一起喝茶、读报、散步。相信我，我会用整颗心来照顾您！"老人听到这里，心里感动极了，站起来宣布小伙子成为了住宅的新主人。因为青年人猜到了老人的想法，并能满足他，从而获得了不可思议的胜利。

在人际交往中，需要懂得换位思考，做到想人所想，这样就会成为一个善解人意的人，会获得更多的尊重和感激，社会也会多一份宽容与和谐。

185. 不拘泥于经验，减少被误导的可能性

与人交往的机会无处不在，可谁也不能做到把握住所有机会，或许在不经意间，就错失了一个很有价值的朋友。我们不能总把自己禁锢在狭窄的框架中，被传统的思维局限和条条框框的规则所束缚。当我们不再一步步地机械行事时，很多交友的机遇就会降临。不拘泥于经验，能够有效地减少被误导的可能性，从而收到良好的社交效果。

爱丽丝在某公司找到了一份新工作，她的主管是一位对下属严厉要求的女士。爱丽丝初到公司时，就有同事跟她讲，除了工作上的事，不要和主管讨论其他，因为她是个工作狂人，希望下属把心思更多地放在工作上。同事还举了例子，说自己有一次和她抱怨公司食堂的饭难吃，她就严厉地批评了自己。爱丽丝听后，向同事表示了谢意，表示自己会注意。但爱丽丝又有些怀疑：主管在工作上十分理智，不可能在交际方面有这么大的缺点吧？

有一次，爱丽丝和主管一起加班，主管询问她意见后，叫了两杯原味咖啡上来。两人喝咖啡时，她禁不住搭起话来："您也喜欢原味咖啡吗？""是的，我喜欢原汁原味的东西，有一种纯粹的美。"就这样，两人关于个人喜好交流了几分钟。后来，进一步了解主管后，她认为主管不过是把工作和生活分的比较开罢了，并不是不能和她说私事。而那个同事之所以受到批评，则是因为那天工作很繁忙，主管心烦意乱，听到下属不是迅速去解决工作，而是在抱怨琐事，就忍不住发了火。爱丽丝庆幸自己没有按同事的经验做，消除了对主管的误会，工作起来也更有干劲了。

不拘泥于经验，才能有新意。听从过多经验的话，人们往往会形成一种思维定式。如果想要有所创新与突破，就不能拘泥于经验。艺术大师毕加索曾说过："创造之前必须先破坏。"小说家、戏剧家契诃夫也曾说："人们厌烦了寂静，就希望来一场暴风雨；厌烦了规规矩矩气度庄严地坐着，就希望闹出点乱子来。"创新作为一种最灵动的精神活动，最忌讳的就是教条。任何他人的经验之谈，都会束缚其手脚。只有敢于打破常规标新立异的人，才能真正有所作为，才能敞开胸怀接纳友谊。

不拘泥于经验，虽然会有一定风险，但也会减少被误导的可能性。多几分发展的激情与冲动，打破常规、不按常理出牌，有时会有意想不到的惊喜降临。

186. 亲疏有别，别和所有人都过分亲密

有些人在人际交往中不是过于热情就是过于冷淡。其实两种方式并不是最好的交往方式，这是人际交往的两个极端，不利于生活工作中的人际交往活动，甚至还会给双方带来伤害。中国人常说："君子之交淡如水，小人之交甘如醴。"并不是说亲密的朋友就不能够常在一起分享生活中的点点滴滴，而是强调保持"君子之交"的关键就在与亲疏有别，保持距离。在心理学中就有这么一个"自我边界"观念，表现在交往中尊重双方的意愿和选择，保持私人距离。这才是正常交往。

在现实生活中，生活每天都在告诉我们一些生活哲理。就像我们常常说到的：距离产生美。在人际交往中学会亲疏有别是我们每个人的必修课。美国人类学家爱德华·霍尔博士研究发现，若你想从非亲密朋友那里获得某种信息，有效空间距离为 2.1 米至 3.6 米，小于这一空间距离，他人就会认为你们俩在密谋不可告人的事；大于这一空间距离你们又会觉得话不投机。因此，我们在人际交往中应该保持距离，这样的人际关系才能够更加长久。

在人际交往中，亲疏有别，历史向我们证明了它的真实性。提起中国历史上有名的忍辱负重的故事，大多数人想起的也许就是卧薪尝胆，而在越王功成名就之后，范蠡辞退官职退隐江湖，因为范蠡看出来越王是一个可共患难而不可共享受的始乱终弃的人，也正是他十分明智地和越王保持距离，在功成名就之后就退隐，改名换姓做起了生意人，才成就了后来名满天下的"陶朱公"。很多人可能都认为亲密的朋友是不应该有秘密的，但是在窥探这些秘密的同时，你就进犯了他人的私人空间，对他人的生活造成了困扰，所以说保持一定的距离其实也是一种明智。

人际交往是一种深奥的学问，要想真正处理好人际关系，就需要把握好人际交往的度。于丹教授在中央电视台的《百家讲坛》讲述《论语心得》的时候，其中在讲到《处事之道》中便论证与人交往保持距离的重要性的时候，引用子由的话"事君数，斯辱矣；朋友数，斯疏矣"。她在讲坛中解释说："他说你跟你的领导关系要是过于密集，离你招致羞辱就不远了，你与你的朋友过于亲密的话，离你们疏远也就不远了。"

NO.9 婚恋靠情商：不要跟着感觉走

187. 事业与感情要兼修

对任何一个人来说，事业和感情，都是人生中的两个重要方面。事业让一个人的自我价值得到体现，人们在事业中得到满足感和生活必需的金钱，使自己在物质方面不再拮据。情感让人与其他人进行心灵上的沟通，喜怒哀乐都有人一起感受，更多的是一种精神上的享受。因为人的时间、精力都是有限的，人们往往容易侧重于事业和感情中的某一方。事实上，事业和感情是需要兼修的，这样人生才容易得到圆满。

拥有一份成功的事业，是一个人通过努力工作实现自我价值的体现，也是一个人在社会中安身立命的前提。父母将子女养大成人，让子女在多年内不断学习，主要目的就是使子女能有技能傍身，可以找到一份工作，进而开拓事业。从社会角度来看，人人各司其职，施展所长，每个人在为社会贡献自己力量的时候，同时享受他人的劳动成果，社会也得以发展。事业为人们带来经济收入，更使人们有了挥洒激情的地方。事业的成功可以使人心花怒放，有些人为此成为了工作狂，但人不可能不与他人进行情感交流，完全被事业充斥，事业再成功也会有空虚感。

感情是人们津津乐道的一个话题，"情"之一字，引人好奇、痴迷、困惑、探索，可以说人一生都在感情的修行之路上。人们和不同的人之间会产生不同的感情，比如说和父母间的感情是亲情，和朋友之间是友情。人有七情六欲，如果不能处理好各种感情，或者是不付出真心实意对待感情，人与他人之间的感情就会淡薄、消失，甚至有可能感情生活变得一团糟。感情的奇妙之处在于将人与人联结起来，在人生之路上不再是一人享受阳光，或一人抵御风雪，有他人陪伴前行。

事业与感情，二者之间有密不可分的联系。事业是感情的基础，而感情又激励着事业的成功。事业给人以前途和光明，感情给人以动力和享受。如果把生活比作一场在海面上的航行，那么事业就是只船，感情则是船上的帆，二者合力把人推向人生胜利的彼岸。没有事业做基石的感情犹如空中楼阁，没有感情做动力的事业则会黯淡无光。兼修事业和感情的人，会两者双丰收，物质丰足，内心充盈，不给人生留遗憾。

188. 情感独立，别太留恋父母的温暖怀抱

每个人从呱呱落地时起，便享受着父母无微不至的关怀：婴孩时期，父母总是时时刻刻关注孩子的生长情况，从不敢远离；幼年时期，耐心地教孩子说话吃饭，使孩子掌握生存技能；童年时期，尽量提供给孩子好的条件，盼望他们安然长大；少年时期，送孩子入学，让他们学习知识；青年时，孩子长大成人，父母仍担心他们照顾不好自己……家永远是温馨的港湾，父母的怀抱永远是那么的温暖，但孩子在长大成人后，要渐渐做到情感独立，不过分留恋父母的温暖怀抱。唯有如此，才能培养自己的独立能力，健全自己的人格，让自己日益成熟。

一味地在心理上依赖父母，会使人渐渐失去进取之心，缺少独自解决问题的勇气，错过提升自身能力的良机，在性格方面形成短板。人是高等智慧型生物，可贵之处正是在于我们有自己的思想。在面临各种问题时，可以咨询父母的意见，结合自己的想法，自己决定如何解决问题，在此过程中，会慢慢积累为人处世的经验，并培养出属于自己的处事能力。但对那些太过依赖父母的人来说，他们习惯将问题抛给父母，或者直接按照父母的意见行事，甚至是事无巨细，都交给父母解决，渐渐地就丧失了独立思考、解决问题的能力，也不懂得如何进行正常的人际交往，总需要别人迁就他们。

情感依赖是一种心理障碍，不能做到情感独立，就无法形成独立人格，这样的人很难吸引他人。父母能够为孩子做很多事，但他们不能代替孩子去交友、择偶等。人长大后，要开始建立自己的社交圈，与各种各样的人打交道，如果开口闭口就还是"我妈说……我爸说……""这个事我得问问我妈"，这样的人在别人看来就是没有自己的主见，什么事都拿不了主意，没有什么魅力可言。极度依赖母亲的男人被称为"妈宝男"，女性都不乐意找这种人做伴侣，因为他们在心理上就还是个孩子，不会包容别人。

父母的怀抱很温暖，但父母会老去，需要子女去照顾他们。身为子女，若是不能独立、成熟，在父母思维跟不上时代潮流时，在父母的人生经验不足以解决新的问题时，在父母不能提供答案时，自己又该如何？所以年轻人要早日做到情感独立，自己掌握生活技能，会调节自己的情绪，成为一个真正成熟的人。

189. 寻情路上，给自己不断"充电"

"没那么简单，就能找到聊的来的伴""相爱没有那么容易，每个人有他的脾气"，黄小琥的《没那么简单》唱出了很多一直在寻找爱人的人的心声。的确，现实生活中，很少有电视剧里那种一见倾心的戏码，也很少有一次寻觅就遇到对的人的桥段。更多的是，很大一部分人不断接触、尝试不同的人，希望能早日确定生命中的另一半。寻情之路走的久了，难免会累、会疲倦，不复一开始的精力满满，这时候就需要不断地给自己"充充电"，让自己保持良好的状态。

人的情绪会起伏不定，整体状态也有好坏之分，这主要取决于人的心态和情商。心态好了，就算一时遇不到合适的人，也能信心满满地告诉自己：我这么优秀，这个人肯定不久之后就会出现。心态不好的人，可能就会往不好的方面想，认为自己太差劲了，才会无人问津，然后不再像之前那样努力地找寻。如果不能自己调整好心态，现在有很多情商训练课，也有一些优秀的励志书，可以通过很多途径给自己的心态"充电"，以淡定地走在寻情路上。

心态好了，个人能力方面也不能落下，如果一个人刚开始被你的外在状态吸引，那么实实在在的能力则是保障两个人长久在一起的内在基础。个人能力指很多方面，工作能力、交际能力、生活能力等等。有人说"认真做事的男人最有魅力"，这句话其实男女都适用，一个人认真而专注的做事，自己学到了新的知识，别人也会被这个人的认真而感染。个人内在的能力和魅力才是两性长久交往最坚实的基础。

寻情路漫漫，不断地给自己充电，不仅可以有效地把握时间提升自己，不虚度光阴，也可以给自己加油打气，让自己怀着热情向前走，还可以在未来轻轻地对另一半说："嗨，我一边充电一边找你，不怕自己因为没电而停止，终于找到了你。"

190. 理性思考，择偶条件别设得太高

也许每个人在青春期都会幻想自己未来的伴侣是什么样子，男性可能想要一个温柔似水、气质高雅或者是活泼开朗、心态乐观的妻子，女性可能想要一个高大帅气、细心体贴或者是活力四射、善于交际的丈夫……可以说，每个人都会在心里大致描绘出爱人的轮廓，是高还是矮，是阳光还是内敛，都有个大致的影子。

成年之后，快要到适婚年龄时，亲人、朋友也会给出自己的经验和想法：什么样的另一半比较可靠，什么样的人不能要等等。这样下来，每个人就有了成形的择偶标准，想要找到符合这些条件的另一半。但有的人定标准时没有理智，择偶条件设得太高，因此导致情路坎坷。

现代社会，人们挑选另一半的范围变得很宽广，不再是古代的"父母之命，媒妁之言"，有很多途径，可以在自己的人际圈里寻找自己的另一半，可以在很多相亲网站上发布资料，也可以参加各类相亲节目等等。但有些人不考虑自身条件，直接去向条件最好的美女或型男发出交往请求，自然就被无情地拒绝了，自己还在感叹情路坎坷。

古代讲究门户观念，现在社会开放度提高了很多，但也不是想和谁在一起就能心想事成。首先，要经过理性思考，真实客观地列出自己的各项条件，身高、收入、专长等等，对自己有一个清晰而又客观的认识后，再结合自己的优缺点，设下稍微高一些的择偶条件就好。找对象，不需要对方有多优秀，关键的是要适合自己。如果设下了太高的标准，可能适合自己的人来了，还没有怎么接触，就直接被自己的高标准给淘汰了。而且，对方条件太优秀的话，二人之间差距太大，一时热情之后，就会暴露出问题来，还不如找一个合适的人，两个人互相爱护、包容，充分享受家的美好。

张爱玲曾说过："我要你知道，在这个世界上总有一个人是等着你的，不管在什么时候，不管在什么地方，反正你知道，总有这么一个人。"是的，绝大多数人都会找到另一半，但如果一开始的挑选条件太苛刻，寻找的路就会增长很多，珍贵的青春时光也悄悄溜走了，又何尝不是一种遗憾。有的时候，遇到的人没有自己想象中那么好，如果相处下来，说不定就感觉很舒服。因此，要理智对待择偶这件事，别让标准耽搁了自己的终身大事。

191. 发觉内心投射，做最真实的自己

心理学家弗洛伊德在 1894 年提出"投射"的概念：个体依据其需要、情绪的主观指向，将自己的特征转移到自身以外的现象。比如性格开朗的人会认为别人都很开朗，喜欢读书的人会觉得别人也喜欢读书。尽管这些"投射效应"实际上是一种严重的认知心理偏差，会使我们对别人的喜好、性格，乃至外部环境等造成错误的判断，但换个角度看，我们可以通过内心的投射，了解自己究竟是什么样的人。

具体来说，投射就是指人把自己心里的感受，放到了客观世界里。投射原理和投影仪是一样的，赋予事物人心里的内容。比如说，一个人心里充满了愉快和幸福，他就会把这些幸福投射到外界，认为世界都是无限美好的。这样的认知，会让人在做任何事时都轻松无比，毫无心机。反过来，如果一个人心里满是恐惧，他就会觉得生活里危机四伏，人人都想要迫害自己，就会活的小心翼翼，如履薄冰。

通过内心投射，我们可以准确获知自己心里的内容和感受。面对半杯牛奶，有人说："真糟糕，我只有半杯牛奶了。"有人则说："太好了，我还有半杯牛奶！"那么这两个人通过自己说的话，就可以知道自己是悲观主义者还是乐观主义者。又或者是，在看到某种颜色时，心里产生"这种颜色真丑或真美"的感觉，也可以反映出自己的性格是活泼还是内敛。

在与人交际时，人们也往往会将自己的情感、冲动、愿望投射在另外一个人身上，从而扭曲自己对这个人的看法，但其实那就是你对自己的真实认知。关于投射，有一个著名案例，说的是开夏利的老王被一辆奔驰超车，奔驰司机朝他喊："兄弟，开过大奔吗？"老王觉得对方在炫耀，一踩油门超过了奔驰，这样的情形重复几次后，奔驰撞在了路边，老王幸灾乐祸地去看司机，狼狈的司机说："兄弟，开过大奔吗？我就想问一下，刹车怎么踩？"老王愕然。开夏利的老王曾被开豪车的人羞辱过，所以他听对方第一句话时，就下意识地认为对方在嘲讽他，将一个嘲讽者的角色投射给了奔驰司机，酿成了交通事故。

在生活里，我们也会把自己潜意识中产生的认识或者情感，当作是来自别人的或是来自外界的。比如说自卑的人在心里看不起自己，但他就会转换为是别人看不起他，以此来安慰自己。认识到这一点后，我们要及时调整自己的观念，通过投射，正确认识到自己对自己的看法，以便于全面地了解自己。只有知道真正的自己是什么模样，才能做真实的自我。

192. 恋爱中，摆好感性与理性的天平

爱情是一个甜蜜的话题，与生活息息相关，所以爱情既有感性的一面，也有理性的一面。有些恋人意识不到这点，要么在恋爱里表现的太过感性，让对方觉得他不适合过日子；要么就是一味地坚持理性，对方很难感觉到爱情的浪漫和甜蜜。上述两种情况的恋爱方式都是不正确的，很可能导致恋情黯然收场。摆好感性与理性的天平，恋爱才能既可脚踏实地，实实在在地规划未来，又可仰望星空，

体会到精神上的快乐。

人可以分为三种：感性的人，爱好浪漫，细心敏感，有股痴性；理性的人，行为理智，思维严谨，自我意识强；中性的人，性格里同时带有感性和理性，只不过都表现的不明显。

感性的人以女人居多，她们善于体贴人，会制造浪漫的细节，全心全意地爱对方；不足之处是过于敏感，情到深处就会忽视现实，常常凭感觉做事，让恋人觉得她们是在无理取闹，不懂得顾全大局。理性的人以男人居多，他们就事论事，会客观看待问题，冷静又自持，逻辑感强；突出的缺点是不会关心体贴人，没有情调，自我意识强，会让恋人觉得和他们一起生活有些枯燥，呆的像木头疙瘩。这样对比下来，在爱情里，过于感性或者理性都不适合，需要把握好两者的分寸，使情感天平保持平衡。

感性是爱情的基础，理性是爱情的深度。"发乎情而至于礼"这句话，就完美描绘出了二者之间的平衡状态。对于感性的人来说，要明白爱情并不是生活的全部，太多的关注或者联络会影响到对方的正常生活，给人以压力，使人疲倦；要懂得给对方空间，自己也多思考一下如何理性处事，跟上恋人的频率。对于理性的人来说，要体谅对方的敏感，每天就算再忙，也要发发短信、打打电话，让对方安心；自己也要接触一下对方的兴趣爱好，两人之间才有更多的共同语言。如此一来，只要双方都调整得平衡了，理性与感性就不会发生冲突，而是让爱情变得更美好。

193. 当爱已成往事，和旧爱潇洒说再见

在流行歌曲里，描述失恋的伤感歌曲有很多。"我们能不能不分手，亲爱的别走"是哀求对方别走，"分手，从你口中说出，十分冷漠"是为对方离开而难过，"有多少爱可以重来，有多少人值得等待"是隐隐盼望与对方重来……当爱已成往事，很痛苦很难过，走不出伤心，这些都可以理解，因为失恋比较难熬。但其实，最好的选择，是整理好行囊，疏导好情绪，和旧爱潇洒说再见。

无论是分手还是离婚，都叫作失恋。失恋之后，如果难过就先大哭一场，稍微冷静一点了，马上思索失恋的原因是什么。如果只是因为双方间的小矛盾而分开了，对彼此都还有爱，就开诚布公地谈一谈，也许只是伤了面子，给对方一个台阶，使恋情继续。如果是两个人之间的苦大于乐，再也体会不到当初对方对自己的

爱意，所有的美好都成了不可追寻的往事，请收回对对方的期盼，别再殷切地想要和好，因为自己希望落空后会更加心凉，对方也会因此而备受煎熬。

如果不潇洒说再见，当初的美好也会慢慢消失殆尽。两个陌生人在一起需要很大的缘分，因爱走到一起，彻底分开是因为不爱了。纠缠一个不爱自己的人，对方一开始还只是无奈，后来会逐渐厌烦、嫌弃，自己的尊严和骨气也被丢到了一边，还会影响双方的正常生活，损害多多。也有的人安静地等待，但又该如何接受一个曾经背离自己的人，就算可以接受，对方最后回来了，也让人怀疑真心到底有几分。有过"裂谷"的爱情，带有猜疑与不安，终究比不上一份踏踏实实的爱情。潇洒说再见，为自己保留体面，给对方一份成全，让两人都有重新幸福的机会。

爱情并不是生活的全部，离开的人也不是幸福的全部，对方离去，自己要吸取教训，有错就改，逐渐变得优秀或者更优秀。你若盛开，清风自来。说了再见，重新有条不紊地迈入生活的正轨，对爱情仍要有信心，人的一生，总会有爱相伴。别了旧爱，不放弃对爱情新的追求，真正要找的人或许早已默默在身边，又或许在不远处等待。

194. 好好爱自己，远离情感自虐

一个人必须自爱，才会活得有底气。因为如果一个人自己都不爱惜自己，又怎能指望别人来爱他。自爱的内容不仅仅是爱护自己的身体、名誉等表面事物，更要呵护自己的内心，让心灵之田一直安宁，弥漫着感恩、知足和幸福。想要做到这点，就必须经常清理情绪垃圾，多感受生活的美好，从而远离情感自虐。

远离情感自虐的首要条件是让自己的心态积极起来。多愁善感的人往往比较悲观，经常因一些琐事而伤感起来，容易陷入惆怅、郁闷等不良情绪之中。这种人和娇滴滴的林妹妹有点类似，见落花就叹息，看到什么都能联想到自身的不幸，别人随意一句话就听到心里去了。林妹妹因思虑过重，过于伤神，久病缠身，最终导致了悲剧的发生，属于典型的情感自虐者。我们要怀着积极的心态，看待所遇到的事物，好事会让我们喜上眉梢，坏事也不能让我们闷闷不乐，毕竟问题总能解决的。

接着，要提高自身的情绪自察力，做到能及时察觉和调控自己的不良情绪，让负面情绪无法"虐待"我们。要知道，不良情绪对身体的危害性极大，比如愤

怒会导致失眠、高血压、胃溃疡等病症，情绪低落的人，容易患上神经衰弱和癌症。情绪自控力比较高的人，能在自己情绪失常的瞬间意识到情绪的波动，而后及时将不良情绪压制、转化。而情绪自控能力低下的人，任由自己的情绪像脱缰野马一样奔驰，这等于在虐待自己。这种人不妨看一些有关情绪调控的书，让自己的情绪野马早日被驯服。

要做到好好爱自己，还要善于给自己放松，多接触美好的事物，多和正能量的人相处，让内心被美和爱填满，这样就会有一份知足的心境，不再对烦人的事斤斤计较，也不会患得患失，唯恐不被别人喜欢和接纳。

一个自爱的人，是不会庸人自扰的，更不会因为别人的错误惩罚自己。自爱的人，明白自己才是世界上最有价值的珍宝，绝不会任由不良情绪在自己心里肆意来去。这样的人，无论什么状态下，都能让自己保持幸福的状态。

195. 情深不寿，自信比依赖更有魅力

金庸先生的《书剑恩仇录》有这样一句话：情深不寿，强极则辱；谦谦君子，温润如玉。这是人生中一种比较高的境界。而"情深不寿"的意思是说，两个人相爱，如果其中的一个人用情太深，那么这份感情就不会长久。用情太深必然导致对另一半太过依赖，做事没有了自己的主见，失去了往日的自信，魅力渐渐削弱，感情就会结束。以此来看，在爱情和婚姻里，自信比依赖更有魅力。

两个人在一起后，可以互相分担对方的伤心和痛苦，在情感上可以很亲密，但不能产生过度的依赖。有些女性本来是很自信的人，在婚后太看重丈夫的意见，在情感上开始很依恋丈夫，渐渐发展到生活的方方面面都要过问丈夫的意见，最终形成对丈夫的依赖心理，凡事以丈夫为重。刚开始，这种依赖心理或许能让丈夫的大男人心态得到充分的满足，但时间长了，这些人会逐渐丧失个人魅力，对丈夫失去吸引力，很容易导致痛苦的结局。

丢掉自信就像是自我毁灭，一味依赖相当于作茧自缚。一个不再自信的人，会经常多愁善感、胡思乱想，有了软弱之心。有一对夫妇，因为妻子的办事能力很强，有很强的包容心，丈夫就开始渐渐依赖妻子。结果他发现，他越来越不能肯定自己，越来越没有安全感，而且妻子好像也有些不堪重压的样子。他觉得要进行改变，在回想自己过往的成功后，他用积极的心态解决问题，渐渐恢复了自信，妻子对他的改变赞不绝口，夫妻感情更深了。

在感情里不能太过依赖，自信永远是保持自己魅力的法宝。太过用力的感情，

就像太过刚硬的刀子,轻轻一折就会断。太多的依赖,会让对方在重压之下愈来愈感到窒息,下意识地想要挣脱与逃避,感情问题就出现了。而一个自信的人,做事有自己的主张,乐观面对生活,可以在伴侣疲惫时提供鼓励和安慰,所以自信比依赖更有魅力。

196. 倾听有时比甜言蜜语更有用

在爱情和婚姻生活里,人们经常用各种各样的甜言蜜语来表达爱意,增进两人的感情。但"胶多不黏,话多不甜",情话说多了效果反而不太好。而且,在某些情况下,用心倾听对方的诉说,比说甜言蜜语更有用。

有一句话这么说,真正的倾听,是你对关心的人所付出的最大的荣宠。的确如此,两个人初期建立恋爱关系时,可能会说很多甜言蜜语,彼此也都喜欢听这些话,对方的情话可以让人瞬间开心起来。等到恋爱时间久了,进入稳定期,或者是已经迈入婚姻殿堂的时候,两人开始更注重实际生活,甜言蜜语的威力可能就没有之前那么大了。而用耳朵认真听伴侣的任何话语,做彼此的知心朋友,感情才能更加稳固。

一位心理学家曾说过,"一个妻子所能做的一件最重要的事情,就是让她的先生把他在外面无法发泄的苦恼都说给她听。"的确,男性会把自己不方便对别人说的话,说给妻子听。

罗伯特下班后情绪很差,自己想了很久的工作方案被上司批评的一无是处,他甚至怀疑起了自己的工作能力。回到家后,妻子看他闷闷不乐,就坐在他身边,温柔而疑惑地看着他,他便一五一十地开始了诉说,妻子也很用心地听着。他突然意识到妻子是多么体贴自己,自己也该努力工作,好好养家。想到了这些,他夸赞妻子:"亲爱的,你真是我的加油站。"

当然,不仅仅是做妻子的需要倾听丈夫讲话。女人比较感性,往往心事也多,更需要做丈夫的多加体谅,耐心倾听。以机智而闻名的杜狄·摩尼,把一个懂礼貌的男人描述成"当他自己最清楚了解的事情被一个完全不懂的门外汉说得天花乱坠时,他仍旧很有兴趣地听着"。而善于倾听的男人,就算说不出好听的甜言蜜语,也能够给自己的伴侣带去最大的安慰和宽心。

一个人要成为伴侣生活中的靠山,那就把耳朵利用起来吧,你的耳朵就像对方生命的加油站,输送给伴侣源源不断的生命能量,这股能量甚至要超过甜言蜜语的力量。

197. 最初的30秒，把握直觉的力量

爱情是世间最美妙的东西，在遭遇爱情时，很难用理性去看待爱情。所以，在爱情来临时，适当地相信自己的直觉，相信一眼看中的那个人，很可能就此会成就一段美满的因缘。

英国一项针对3000名成年女性的调查显示：只需要30秒，女人就可以根据对面男人的外貌体态、口音口才、衣着品位等方面来判定出此人是不是自己中意的类型。而后，女人会根据自我直觉，进一步判断此人的处事原则、事业进取心以及人品个性等深层方面。而且，一旦这30秒内，女性做出了基本判断，那接下来，不论外力的影响如何，女人通常不会改变内心的想法。

在爱情里，男性呈现更多的是依据理性，而女性更多的是依靠直觉。但是，有的女性依靠直觉找到了她的"真命天子"，有的却在爱情路上遇人不淑，一再摔倒，最后不由怨气冲天：为什么我找不到自己真正的另一半？那么，在最初相遇的30秒内，应该抓住哪些关键点呢？

一，与年龄相符，和大家相似。不同年龄的人，有着不同的心理特征。青年时期是人生中精力最充沛、思维最敏捷、情感最活跃的时期。因此，青年人应该朝气蓬勃、活跃好动、感情丰富、勇于进取。一个青年人身上应该具备或基本上具备这些特征。

二，善于与他人相处。具体表现在，能够了解别人，别人也能了解自己；在集体中是受欢迎的，至少不能被大家看成是"多余"或"有害"的；在集体中有自己的伙伴和朋友，不是一个孤独者。

三，善于适应环境。任何人的一生都不会一帆风顺，环境也不会一成不变。心理健康的青年应该善于适应变化中的环境（包括失恋），不断调整自己对现实的"态度与期待"，不能适应环境就不能顺利地生存下去。

四，乐于进取。这要求不仅在顺境时对生活充满热情，而且在逆境中对人生也不绝望，始终乐观向上。虽然可以表现出暂时的失望或动摇，但很快会被理智所战胜。

五，适度的反应。心理健康的青年，对各种刺激的反应是适度的。处事对人，应该恰如其分。其实，这也是一种"从众"。

198. 自我调节，为你的爱情减减负

爱情是一件很美好的事，两个人互相陪伴，靠在一起取暖，让生命有了新的变化。爱情让人感觉到幸福喜悦，想与对方长相厮守。但如果有一方不断地往爱情里倾泻压力，全指望对方承担，爱情就会显示出它脆弱的一面，很难承受太多的压力，而慢慢破碎。因此，为爱情减减负是十分有必要的，这就要从自我调节做起。

懂得自我调节的人，会让自己活得十分精彩，使爱情随之轻松起来。恋爱中的人总是希望对方能多陪陪自己，两人一起制造很多浪漫回忆；希望对方对自己体贴关怀，关注自己的心情；希望对方变得很优秀，有更多能力来照顾自己……适当的依赖是可以的，能让两人感情升温，一旦过了应有的界限，就变成了对方的负担。真正的爱情应该是有独立性的，在恋人忙碌的时候，何不自己去看看喜欢的电影，去外出旅游、去和朋友聚会？生活中有很多美好的风景，一个人欣赏也能开心万分。自己活得精彩，就留给了恋人一部分空间，两个人都能享受到快乐，爱情也就使人感觉轻松了。

学会自我调节，别把坏情绪发泄给对方，自己努力就能做好的事，就要自己承担。对恋人期待过高、要求过多，会让对方感受到很大的压力，轻松愉悦的心态慢慢消失。当爱情变成了沉重的负担，对方就只能无奈地防守，去追求自己想要的自由与快乐。调节好自己的心态，将嫉妒、怀疑、愤怒、恐惧等消极心态转化为积极的心态，恋人便不会被坏情绪感染；调节好自己的生活，按时完成工作，合理安排时间，在事业与情感中找到平衡点，恋人面对的就是一个积极生活的人。这样的爱情，不会有沉重的压力存在。

善于自我调节的人，会不断激励自己使用积极的思维，始终保持轻松、愉悦的心情和健康，开放的心态，爱情里的负担就会被慢慢减少，恋人对自己的爱意也会渐渐增多。

199. 未到热恋期，示爱要含蓄

当今时代，很多年轻人对待爱情，也讲究快速高效。总是在刚刚对一方有好感时，便直截了当地向喜欢的人表达爱意，但这并不能飞速促进两人感情，如果说直接示爱的那一方是一杯滚烫的开水的话，那另一方就是一杯正在加热的温水，

这中间需要时间才能沸腾，而直接示爱，就相当于把开水加进温水里，会让"温水"觉得"开水"温度灼人，尽管也有感动，但还是会有少许的尴尬，所以此时的直接示爱法并不能收到良好的效果。未到热恋期时，含蓄地示爱，更容易被对方完全接受。

对于刚确定恋爱关系的人来说，两人之间并不是太了解，最好是低调示爱，用一点一滴的温馨慢慢打动对方，促进两人感情升温。

乔和约翰是在一天前在一起的，这天晚上，两人来到公园散步，这里还有很多对情侣在享受夜色。当他们经过一个路灯时，借着路灯的光，他们看到有一对情侣在一棵树后面接吻。约翰立马心动了，心想："乔比较内向，肯定不会吻我，现在又是这么好的机会，我应该吻她，让她知道我有多么爱她。"于是，当两人走到小路上时，约翰突然说："乔，我爱你。"而后就双手搭在乔的肩膀上，低头准备吻她。乔大吃一惊，连忙躲开了，而后以身体不舒服为由，匆匆离去。而约翰还没有意识到自己的行为是不对的，他忽略了他和乔连手都没牵过、感情还不是很热烈的事实。后来，在朋友的点醒下，约翰得知了问题所在，急忙和乔道歉，再三解释后，乔才又出来和他见面。

事实上，和约翰犯同样错误的人并不少，这类人都忽略了爱情也是需要过程的，需要随着时间推移而逐渐加深，过早地直接示爱行为，不但不能让对方深深感动，弄不好还会适得其反。

未到热恋期时，可以采取委婉的示爱方法，让对方在此中领悟你的用心良苦，越来越喜欢你，这样的感情才会越来越稳定。

有个男孩很喜欢一个女孩，便借机接近她，一段时间过后，他提出了交往要求，女孩犹豫之后同意了，他便明白女孩还没有完全喜欢上自己，下决心要用时间和真心打动她。于是，他会给女孩发"山有木兮木有枝"的短信，爱好文学的女孩就会在心里默对："心悦君兮君不知"；女孩不喜欢带零钱，一起出去时，他的身上总是有双份坐公交的零钱；女孩胃不好，他点饭时总会加上一句"别放辣"……一段时间后，女孩总是笑意盈盈地看着他，毫无疑问，他成功了。

马克思说："在我看来，真正的爱情是表现在恋人对他的偶像采取含蓄、谦恭甚至羞涩的态度。"只要我们在恋爱过程中，善于运用含蓄的方式，表示出自己的爱意，并付诸于真诚的行动。那么爱情的甜蜜和幸福也就在前方不远处了。

200. 巧用暗示艺术，心有灵犀一点通

在婚恋中，男女双方进行情感沟通时，不可能总是直来直去、毫无遮拦的。比如说，要多一点矜持，含蓄示爱；用一点心思，委婉地表达不满和意见。暗示的艺术在婚恋中是一种比较有效的相处技巧。我们要学会巧妙地运用暗示艺术，这可以使爱人之间的关系更加和谐、甜蜜，使双方间的问题得到圆满的处理。而所谓的"心有灵犀一点通"，这种默契更能让双方享受爱情里那份含蓄的美感。

在爱情里，我们可以把握时机，适时运用暗示艺术来表达爱意，别出心裁的话语会让对方迷惑、进而恍然大悟，在心里想："你这个人真是又有趣又奇怪，不过你这样我好开心啊。"

有一个男孩喜欢上了一个女孩，但这个女孩十分优秀，追求她的人有很多。原本条件很不错的男孩就苦恼了，不知道该怎样含蓄而别致地表达自己的爱意。后来，他在照镜子的时候突发奇想，并有了一个绝妙的主意。

他在与女孩独处时，说自己爱上了一个很漂亮的女孩。女孩很好奇，嚷着要看照片。男孩回答："那就给你看看吧，说不定你认识她。"说着，他从袋子里拿出了一个漂亮的盒子，女孩急忙接过，打开后发现里面只有一面小镜子。看着镜子里自己的脸，女孩瞬间明白了他的心意，羞涩地看着男孩，说："照片上的女孩我还真的认识啊。"男孩趁胜追击，终于追到了女孩。

男孩和女孩都是聪明之人，一个用行为暗示追求，一个用话语暗示同意，巧用暗示艺术，为他们的爱情带去了一个美好的开端。

两个人在一起时，有时会发现对方有一些"过分"的行为，这时决不能大吵大闹，使对方脸面无存。而要借助暗示的力量，幽默的表达自己的不满，让对方在理解意思的同时，庆幸自己有一位好伴侣。有一对夫妻一起去吃饭，妻子发现丈夫总不停地拿眼睛瞟邻桌的一位美丽的女郎，于是妻子坐到他的身边，贴着他的耳朵说道："亲爱的，你去跟她打个招呼吧！"丈夫不解地问："为什么？""你一直看着她，我以为你认识她呢！"聪明的妻子巧用暗示的语言对丈夫的行为进行了谴责，幽默而又含蓄。在批评丈夫的同时，保全了双方的面子。情侣也好，夫妻也罢，懂得在婚恋中巧妙地运用暗示的艺术，就可以增加生活的乐趣，加深双方间的感情；让两人心有灵犀，一点就通，绝对是一种明智之举。

201. 完美婚姻有秘诀，积极情商要优先

作家柏杨说过："为了爱情的继续，婚姻的美满，妻子固要取悦丈夫，丈夫也要取悦妻子，至于如何取悦，乃是一种高级的艺术。"

婚姻是恋爱的继续，彼此为了爱而在一起，然而婚姻与恋爱不同，恋爱只需要彼此依赖就好，婚姻则是柴米油盐里的酸甜苦辣，两个人不免会有些磕磕绊绊，生活里的小事一不小心就有可能造成感情的分歧，也很容易扩大化，成为分开的导火线。完美的婚姻是需要双方精心经营的，不只要有爱情，还需要有情商，积极解决生活中的小矛盾才能让彼此幸福的携手余生。婚姻中的积极情商不仅需要甜言蜜语的温润，更要有实际行动的感动。这要求妻子要懂得宽容，丈夫要懂得礼让。彼此都要温柔，不能只盯着对方的缺点，更多的是要注意彼此的优点，这样生活中处处是欢愉。蠢女人在生气时只知道吵闹，而聪明女人在生气时，可以不说话，不给他洗衣服，但绝不会吵架，因为怒火只会让双方失去理智，说出完全意想不到的话，完成不可挽回的后果。聪明的男人不会在女人"敏感"不悦时置之不理，他懂得适时"屈尊"照顾她的情绪，给她安全感。聪明的妻子懂得在丈夫遇到低谷，家庭陷入困境时，伸出手给他一个拥抱，而不是去抱怨，告诉他："没关系，我们会很好。"聪明的男人不会任妻子一个人忙完工作又忙家务，他会替她分担，并告诉她："亲爱的，辛苦了。"幸福的家庭，夫妻双方一定会把对方的父母当成自己的父母一样孝敬，幸福的家庭夫妻一定都是乐观的，幸福的婚姻是彼此在生活中越来越懂对方，幸福的婚姻在磕磕碰碰中也会有甜蜜。完美的婚姻靠的不是金钱，是爱情；完美的婚姻需要的不是容忍，是宽容；完美的婚姻是情商的相互磨合，是理解，是陪伴。有人说："婚姻是一座城堡，城外的人想进去，城里的人想出来。"可是所有的爱情如果不是为了相伴还有什么意义，完美的婚姻不是顺其自然就有的结果，爱情靠缘分，婚姻靠经营，积极去面对才是所有问题的关键，在一起后彼此需要学习的不只是智商，更应该是情商。

202. 幸福婚姻，选互补还是相似

有一些女性朋友喜欢问，如果同时喜欢上了两个人，一个和我性情相似，一个和我性情互补，那我该选哪一个作为自己的终身伴侣呢？也有这样一句话："相似的人适合一起欢闹，互补的人适合一起变老。"相似和互补的人都是你生命中的有缘人，但缘分的结果会有所不同。

相似的人容易一见如故。如果遇到一个和自己很很相似的人，你们有共同的爱好，有共同的人生观价值观，每次相处都会感觉话题多的聊不完，经常的共鸣会让彼此欢喜，这种喜欢会让你感到很舒服、很开心，可是或许这种喜欢只是知己之间的惺惺相惜，像伯牙子期间的珍惜。相似的人彼此有着太多的相同之处，双方会有着共同的缺点和优点，长期的生活中双方很容易相斥产生矛盾，这样如果双方坚持自己，那么一旦发生冲突，便很难和好。而且相似的优缺点会让彼此很难在对方身上发现优点，他有的你也有，这样长期的在生活琐碎中摩擦出的就很可能是矛盾的火花。婚姻不仅要有彼此的珍惜和喜欢，还要求彼此能够合适能够相互陪伴一生。所以相似的人更适合一起玩耍，一起讨论和憧憬人生。

互补的人容易一见钟情。互补的人见面很容易在对方身上看到自己身上没有的闪光点，并由此产生出好感，甚至是崇拜，无论是男生还是女生都会喜欢被别人欣赏的感觉，因为这种感觉能让你感觉到满足、自信或是自豪感。若说和相似的人之间是一种自然而温柔的快乐，那么遇到互补的人时便是澎湃的，激动的快乐，刚开始和他在一起聊天你会有心跳加速的感觉，但很快这种紧张会变的舒适，然后你会有莫名的安全感，因为你所缺少的他都有。这就是为什么忧郁的女孩总会喜欢上阳光的男孩。而阳光的男孩会注意忧郁的女孩是因为恰恰他看到了她的弱势都是他的强项，这便激起了他的保护欲和征服欲。这就是互补的完美。纵使在相处中会有偶尔的磕磕碰碰，但互补的性格也能让他们彼此磨合，如一个温柔，一个倔强，在一路磕磕碰碰中前者会适时低头，后者也会发现前者的可爱，这么一路的磨合反而会让彼此关系更好。幸福的婚姻就像荡在水中的沙子，会有偶尔的摩擦，但这种摩擦终会让彼此更圆润，温柔如水。所以互补的人才适合在一起经营生活，细水长流。

203. 掌控情绪，婚姻的幸福之源

奥斯汀说："幸福的婚姻不仅需要有思想交流，也要有感情交流，把感情关在自己的心里，也就把妻子推到自己生活之外了。"在婚姻中只有爱是远远不够的，一场婚姻寻求的不仅是合适，还要适合。合适只能让彼此走到一起，适合才能让彼此相伴一生。所以彼此相爱的伴侣幸福完满地度过一生是需要技巧的，所以在这里需要情商发挥到极致。

现在越来越高的离婚率让很多人越来越恐惧婚姻？大多数人的离婚源于恋爱时彼此爱得用尽力气，但真正结婚后却发现彼此并不适合生活在一起。但是就其本质来说并不是不能生活在一起，只是彼此固执于自己已有的脾气秉性不肯改变，就这样慢慢地消磨了彼此的忍耐力和爱的热情。

做聪明的爱人不仅需要理解与尊重对方，更需要以包容的心态去控制自己的情绪。感情中最不能接受的不是争吵或者沉默，而是对方的暴怒以你想不到的结果来伤害你。爱，总是和自尊捆绑在一起的，我们在相爱之前都过惯了我行我素的生活，都曾任性，都曾被人宠爱过，所以你的坏脾气换来的不仅是对方的生气还有失望。

常有女生说我要找一个大度体贴的男生做我的爱人，也常有男生说我需要一个知书达理的女生做我的妻子。何为大度体贴？何为知书达理？没有多少男人能够做到真正的无私大度，也没有多少女人能够真正的泼辣蛮横，因为爱情里每个人都是自私的，"小气"是因为爱而想保护，"任性"是因为爱而害怕失去，但是爱情需要技巧，随性而为不仅维护不了爱情甚至会因此失去爱情。所以我们需要改变原来的处理方式了，改变我们的"任性"，学会控制自己的情绪。要知道所有的大度体贴、知书达理都是恰当的情绪控制下的结果，只要学会控制自己的情绪我们每个人都可以成为别人口中的好丈夫、好妻子。好脾气是情商高的体现，聪明的爱人是靠情商经营自己的爱情的，所有的不适合都是不懂得控制情绪的结果。

有多少婚姻是被情绪摧毁，有多少人明明还爱着却因为不适合而远离，爱情的悲剧不是不能相爱，而是明明相爱却转身发现不适合，这样在流泪中分手的婚姻太多太多。学会掌控情绪远离这些悲剧吧！相信不是幸福离你太远，而是你不懂得抓住幸福，学会自控，每一次冲动之前都给情绪一点"犹豫"的机会，或许所有的错都可以避免。

204. 经济独立，获得平等家庭地位的前提

在婚姻生活里，经济独立了，才能保证自己的尊严和独立的人格。在过去的封建社会，绝大多数职位都由男性担任，女性很少有什么经济收入，在家庭里一直处于从属地位，兢兢业业地相夫教子，生怕一不小心被丈夫休了。如今，女性在职场上也能撑起半边天，经济收入的提高，带来的是经济独立，可以承担自己的消费，不必买什么都依靠丈夫。有一句很霸气的话，"我既能貌美如花，也能赚钱养家"，新时代的女性，活得如此恣意，这样平等的姿态，会让丈夫给与妻子更多的尊重和重视。

其实，无论男女，都应该做到经济独立，两个家庭地位平等的人，才能在婚姻之路上走的又稳又远，家庭地位若有了高低之分，婚姻的天平就开始倾斜了。俗话说："嫁汉嫁汉，穿衣吃饭"，一个没有经济能力的男人，女人是不会动心的，因为一个连自己都无法养活的人，又怎能带给对方安全感。同时，如果妻子觉得丈夫经济收入高，自己便可不再工作，丈夫一开始可能是支持的，但当妻子一次次伸手要钱时，家庭的这种平衡关系开始逐渐倾斜，妻子对于丈夫的吸引力便会慢慢消散，从而引发家庭矛盾。一个人自己经济不独立，就无法给自己安全感，从而更加依赖另一半，另一半会在重压之下，慢慢觉得窒息。

经济基础决定上层建筑，经济独立使家庭地位平等。当然这不是说双方的钱就要各花各的，在涉及双方共同责任的地方，两个人可以建立共同基金，视收入高低出钱，剩余的可以个人自由支配。夫妻双方谁也没有赡养谁的义务，二者是平等的，所要承担的责任和家务也可以平等分配，可有效避免家庭矛盾的出现。

205. 聪明女人懂得包容丈夫的自尊

婚姻是一个互相了解沟通，互相施展魅力的私人空间。妻子是家庭关系中最重要的部分。在婚姻背后充满柴米油盐的琐碎中，一个聪明的妻子是理性和感性恰到好处的结合。

大多数男人都很爱面子，就像女人都爱美一样，他们认为那是尊严的堡垒，是不容践踏的禁区。所以要想做一个聪明的妻子就千万不要把男人的丑事放到场面上说，要把所有让男人觉得尴尬的话题巧妙地回避。有一个女生跟朋友

哭道："爸妈要离婚了，或许以后我就再没有一个完整的家了。"她跟朋友讲述了所有他父母的故事，最后得出结论就是父亲老实忠厚但就是爱面子，但母亲性格火爆，做事常常不计后果，常常当着父亲同事的面羞辱父亲让他下不了台，又经常因为一点小事就跑到外面对着邻居骂骂咧咧。因此父亲常受到邻居和同事的耻笑。这些无理取闹的行为让父亲再也忍受不了，最终提出离婚，为此母亲还大打出手，彻底伤了最后的感情，两个人最终离婚，一家人就这样散了。

面子对于男人来说是什么？从某种意义上来说面子就像男人身上的盔甲，它坚硬宝贵，闪烁着光芒，有了它才会有安全感，才有立足社会的勇气，这是男人必不可少的生存装备。有句话说的很贴切："男人，成也一张脸，败也一张脸。"女人靠名声，男人靠面子。宁愿付出千万倍的努力，也不愿承认自己弱小，为了面子也可以宁死不屈。所以对于一个聪明的妻子来说留住了男人的面子就是留住了男人的心，顾全了男人的面子就是顾全了所有。聪明的妻子知道这不是男人的虚荣，这是一种自尊。聪明的妻子懂得要想有一个美满的家必须先懂得理解男人。

聪明女人最知，红颜会老，乌发终白，有一天你的青春一无所有时，恰到好处的宽容与理解才是你值得男人守护一生的理由。

206. 发挥情商优势，好老公是夸出来的

几对夫妻在聚会时，女人们的谈话主题谈着谈着就说到自家老公身上了。几个女人打开话匣子，"我家这位做饭手艺可差了，做的菜不是太咸就是没味道""我家的也是，而且还懒，自己的衣服每次都等着我来洗""我老公爱抽烟，手指都被熏黄了""我老公以前也有坏毛病，正在慢慢改，对我很体贴，人挺好的"……听了这几段对话，一旁的男人们表情不一，被批评了的尴尬地低着头喝茶，被夸赞的那位面带微笑，心想以后要对老婆更好。并不是每一个男人天生都懂得如何做优秀的丈夫，作为妻子，要善于发挥女人的情商优势，慢慢地夸出来一个好老公。

首先，每个男人都需要夸赞，内心深处也十分渴望妻子的认同和赞美，这会让他们获得信心和勇气。身为女人，无论是穿了一件漂亮的衣服，还是涂了艳丽的口红，都会获得他人的称赞，被称赞者当然是心情愉悦。相对于女人来说，男人获得称赞的机会就比较少，但男人也有虚荣心，也需要被夸赞。而来自陌生人的赞扬，肯定不如自己妻子的赞扬更让他开心。与其朝暮相处的妻子，若是能把握这点，不吝啬对丈夫的夸赞，夫妻之间会越来越亲密，对彼此更加依赖。

其次，妻子的赞美能刺激丈夫，让他感到力量无穷和形象挺拔。一个心情大好并且充满力量的男人，乐于听妻子的话，日积月累，男人在不知不觉中就会变成了妻子想要的理想丈夫。有人说女人似水，的确，女人天性温柔、具有包容性，那么夸赞丈夫的过程，就如同春雨，带着善意与温柔，润物细无声。妻子的夸赞会使男人感动，心甘情愿做出改变。

最后，丈夫得到妻子的喜欢与夸赞后，妻子也会得到丈夫的关心和体贴，这样双方的爱情需求就得到了满足，两人的感情也会稳定和甜蜜。妻子要用自己的感性和耐心，发现并真心夸赞丈夫的优点，让丈夫时刻感觉自己的价值所在，那么他会努力做得更好，为妻子带来更大的回报，以示对她的感激和爱意。高情商的女人，明白抱怨和争吵会让丈夫情绪更加低落、心烦意乱，她们往往会用充满爱意的夸赞，为丈夫加油打气，慢慢地雕琢出好丈夫。

207. 信任让家庭更加牢固

"信任是心灵相通的桥梁，是家庭稳定的纽带，是化恶为善的基石。"一位女作家如是说。而这句话也说出了信任的神奇功效。在人心不古的今天，每个人都有自我保护的意识，与人交友时也会先观察对方的品行，但人们内心深处对信任有着深深地渴望，尤其渴望自己的另一半能够信任自己。夫妻之间需要信任，这可以减少很多不必要的麻烦，让两人有精力把家变得更美好。

信任是婚姻的基石，不要轻易猜疑，让基石动摇，造成不良后果。茫茫人海里，两个人能相遇、相识、相知、相爱、相伴，需要很大的缘分。无论是因为什么而相爱，夫妻感情有多深，对方有多包容你，都不能毫不顾忌地怀疑和猜忌。

有这样一个故事，妻子的初恋情人来出差，发消息说想要见她一面，妻子收到消息后显得很高兴，询问丈夫自己能不能见下初恋情人。丈夫看着妻子雀跃的脸，便同意了，还主动提出送她到约定地点。见面后，初恋表示自己对她一直念念不忘，说她丈夫如果对她不好，自己愿意和她重新开始。她坚决地拒绝了，心里想的都是丈夫对自己的爱和信任，自己应该更加珍惜丈夫。就这样，那位丈夫用信任成全了妻子的怀旧心理，更加深了夫妻间的感情。

夫妻相处一旦猜忌之心出现，便会日夜不安，会去证实自己的猜忌，不证实自己又不甘心。所以夫妻之间需要信任，让自己和对方都能轻松生活。一位妻子在大扫除中发现丈夫有一个带锁的小箱子，就拿了出来，准备问丈夫放哪里。而丈夫看到箱子时显得很紧张，她有些疑惑，本来想质问丈夫，但一想到如果问了丈夫说不定就会难堪，而他有自己的小秘密也很正常，还是不戳破他好了。她开口："亲爱的，你的东西要自己找个地方放好。"丈夫明显地松了口气。她生日那天，丈夫亲自在她面前打开箱子，里面是一个木制房子，她想起自己曾说过想要这样的礼物，心里充满了感动。丈夫也很开心得意，说幸好那天你没问我，不然就不是惊喜了。妻子想，自己信任他真是太正确了。

两个人走到一起，同心合力地建立温馨家庭，中间会经历很多困难。千万不能在共难之后，在本该更幸福的日子里，因为不信任对方而引发情感危机。无论是哪一方，都应该给对方足够的信任，对方是能感受到信任背后的种种爱意的，家庭也会因此而更加稳固。

208. 爱屋及乌，使婚姻更美满

爱屋及乌的原意是说，喜爱一栋房子，就会连房子上的乌鸦都一起喜欢，后来渐渐意味着爱一个人，就会接纳、包容他的缺点和与他有关的一切。爱屋及乌是婚姻幸福的关键性因素之一，当你包容对方时，也会收获更多的爱和更加美满的婚姻。

结婚之前，双方可能会尽力掩饰自己的缺点，等婚后生活在一个屋檐下了，缺点就慢慢显露出来。爱屋及乌，宽容地接纳对方的缺点，爱对方的全部，对方感受到诚意后，也会更加在乎你的感受，越来越恋家。

琳达在婚后发现丈夫有不少毛病和缺点：他喜欢玩游戏、没有什么上进心、总逃避做家务。她开始指责丈夫，丈夫的态度很不耐烦，两人间的交流越来越少。琳达思考了很多，觉得撇开缺点不谈，丈夫是有很多优点的，对自己也挺不错，既然自己爱他，就应该爱最真实的他，而不仅仅是只喜爱他的优点。她决定诚心接受他的缺点，为此付出了很大的勇气和耐性，丈夫察觉到后，也慢慢改正自己的缺点。琳达庆幸自己做对了。

要做到爱屋及乌，还要敞开心扉，接纳对方的家人和朋友，与这些人建立起良好的关系，会赢得对方更多的尊重和爱。对于伴侣的家人，要将心比心，伴侣的家人和自己有共同点，你们都一样深爱着你的伴侣，在此基础上，双方可以进行良好的交流。对于伴侣的朋友，要感谢他们陪你爱的人度过了很多美好时光，使伴侣的生活更加丰富多彩。如果对伴侣的某个朋友有深深的不满，也不能感情用事，而是要理性地说出原因，你的伴侣也会理解你。在与伴侣周边的人打好关系后，伴侣会觉得自己被你深度认同了，并会赞叹你在交际方面的魅力。

曾任美国国务卿的鲍威尔有一句名言："忍无可忍也得忍"，这句话表达出他对妻子的深爱。他曾想竞选美国总统，后因妻子反对就放弃了，只当了国务卿。这说明他深谙婚姻之道，能够包容妻子。后来，他与妻子相伴一生，婚姻生活一直安宁幸福。

退一步风平浪静，不要斤斤计较伴侣的缺点，会给双方都带来烦恼。要爱屋及乌，显示出对伴侣的真诚、信任和关爱，夫妻间的感情会愈加醇厚、香浓，婚姻生活会更加美满。

209. 给另一半留点私人空间

詹姆士曾说："与人交往时最要紧的事，就是千万不要干涉人们原有的那些特殊寻求快乐的方法，如果那些方法并未触犯我们的话。"婚姻和爱情是与人交往中最不易得到的神圣感情，这份感情更需要这样美好的承诺与行动来珍爱彼此。所以最可贵的爱情是彼此给对方一点属于自己的私人空间。

幸福美满的爱情不只是要找一个适合自己的人，更重要的是你与这个人能够在以后的生活中彼此心心相印，彼此尊重理解。在爱情与婚姻的烟火中，最可怕的就是想要把对方完全占为己有，在你眼里仿佛陷入了爱情的漩涡后对方就要完全属于你的管制，甚至连时间、自由都不放过。相爱不是相互奴役，相爱是放下自私，放下高冷，放下自己，让彼此了解，让彼此心甘情愿。就像手握一把沙，握的越紧，沙漏的就越快。爱情的花儿再美，没有了新鲜的空气也会很快凋零。所以经营好一份爱情的关键不是给另一半多少财富、多少荣耀或者温柔，给另一半留点私人空间或许才是最好的礼物。

有这样一个故事或许很多人都听过，法国有一位皇帝拿破仑三世在年轻的时候爱上了当时最美丽的姑娘郁金妮·德伯，当时大臣们议论纷纷，并不看好这对新人。可是拿破仑三世正沉沦在爱情的美好中，他固执地认为这将是他一生唯一会爱上的女子，他爱她的优雅美丽、青春有活力，她的美让他无法自拔。不久他们喜结连理，他们拥有几乎是人都羡慕的幸福条件：权利、金钱、美貌、声望。可是没过多久一切幸福的爱情烟火都化为了灰烬，拿破仑三世可以给郁金妮小姐一切，让她成为皇后、给她全部的爱甚至权利。可是他无法忍受郁金妮的嫉妒、猜疑，她不允许他有任何的秘密，甚至一点点的私人空间，哪怕公事，这使身为法国皇帝的拿破仑三世拥有整个法国却不能拥有一间安静独处的屋子。最后他终于无法忍受，常常半夜偷溜出去幽会，只为能够呼吸一口轻松而新鲜的空气或享受悠闲而安静的散步。对于郁金妮来说一切都是咎由自取，最终她只有后悔地哭诉："我最害怕的事还是降临到我身上了。"她拥有倾国倾城的美丽却唯独不懂得理解和尊重，不给爱人留点属于自己的私人空间，最终这段本该浪漫美丽的爱情故事只能成为了悲剧。

　　有时候爱情不需要深究，温柔以待便好，可是有时候爱情是需要技巧和原则的，彼此多些关心，彼此尊重、理解才好，不要给另一半带来束缚和不安，不要让自己成为连自己都讨厌的人。

NO.10 逆境靠情商：为生存插上翅膀

210. 毅力，逆商的具体表现

逆商的全称是逆境商数，它是指人们面对逆境时的反应方式，即面对挫折、摆脱困境和超越困难的能力。面对逆境，漫长的征途会让很多人选择中途放弃，不再坚持走下去，只有那些有毅力的人，就算看不到成功的希望，也会咬着牙忍受困难，坚持向前方走去，最终战胜逆境。所以说，一个人逆商的具体体现，就是他是否有坚忍不拔、可成大事的毅力。

有毅力的人，心理忍耐力都比较强，还拥有完成学习、工作、事业所需的持久力。当一个人有了毅力，又能把它与自身的期望、目标联结在一起时，将会产生不可估量的强大力量。毅力往往在逆境中得到充分的体现，逆境因人有毅力而被征服。要想征服人生中的逆境，就必须增强自己的毅力。缺乏毅力，是所有逆境中失败者们的共性，而对成功者来说，拥有毅力是他们共同的优点。

享誉世界的物理学家居里夫人，出身于波兰的一个贫困家庭，因为家境贫穷，她养成了不怕困苦、努力拼搏的好习惯，年纪小小就面对困难毫不退缩，做起事来坚持到底不动摇。她在巴黎求学时，只租了一间小阁楼，房间里无电无水无煤，冬天让人冷得瑟瑟发抖。在这样的环境里，居里夫人坚持学习，在四年后拿到了物理学和数学硕士学位。婚后，夫妻俩的生活依旧困苦，实验室是一个借来的旧木棚，用几件简陋的设备提炼沥青，实验的每一个步骤都是亲力而为，比如说把矿渣倒进大锅里烧，用一根一人高的木棍不停地搅拌，搬运很重的容器等等。实验失败了无数次，但她依旧坚持做下去。夫妻俩终于发现了放射性元素镭，获得了诺贝尔奖。但逆境又降临了，丈夫去世，居里夫人悲痛万分，却没有停止奋斗，又发现了钋，再次拿到诺贝尔奖。

居里夫人的一生中，有大部分时间都处于逆境之中，但她从来都没有想过退缩和放弃，以顽强的毅力，一次次战胜逆境，展示了她惊人的逆商，获得了世人由衷的敬佩。

英国首相丘吉尔曾在演讲中说："我成功的秘诀有三个：第一是，决不放弃；第二是，决不、决不放弃；第三是，决不、决不、决不能放弃！"而一个人要想做到不放弃，就必须有顽强的毅力作为支撑。是否有毅力能够决定人们在面对逆境时的态度，没有毅力的人很快就倒了下去，坚毅者则屹立不动。而逆商高的人，必定是有大毅力者。

211. 跨越障碍，在逆境中重生

法国著名作家巴尔扎克说："逆境，是天才的进身之阶；是信徒的洗礼之水；是能人的无价之宝；是弱者的无底之渊。"可见，逆境对不同的人来说，有着不同的作用，利用得好，对个人会有提升和促进作用；无法征服，就只能任由逆境把自己打败，输到一败涂地。逆境之中，总少不了障碍的阻拦，我们要尽力跨越障碍，在逆境中重生。

面对障碍，人们会产生焦虑、紧张以及担心、慌乱等负面情绪，而这些情绪毫无益处，只会让人畏缩不前、胆小怕事，停留在障碍前不敢前进。这时候，改变心态很重要，障碍究竟是前进路上的"拦路虎"，还是锻炼能力的"磨刀石"，完全取决于人们对它的态度。

1985年，美国女孩辛蒂到山上散步时，身上爬了一些蚜虫。回宿舍后，她用杀虫剂灭蚜虫，却感到肢体一阵痉挛。原来杀虫剂内含的化学物质，严重破坏了她的免疫系统，她得了名为"多重化学物质过敏症"的慢性病，无药可医，而且任何含有化学成分的物品，都会让她病情加重，她感受到了常人难以想象的痛苦。

1989年，辛蒂的丈夫用钢与玻璃为她盖了一个无毒空间，在里面可以逃避所有威胁。但她也就失去了很多自由，所有吃喝都经过慎重挑选，见不到阳光，听不到鸟鸣，连哭都不能哭，因为她的眼泪里也含有毒物质。

上帝为辛蒂设置了这么多障碍，坚强的她没有在障碍面前低头。她创立了"环境接触研究网"和"化学伤害资讯网"，致力于为所有化学污染物的牺牲者争取权益。她的行为得到了美国、欧盟及联合国的支持，她跨越了障碍，让自己从一个受害者重生为一个心怀他人的领头者。

逆商低的人遭遇障碍和逆境时，会不知所措，一蹶不振。而那些勇敢的人，会跨越障碍，重新找到人生的价值和意义，在逆境里获得重生。

212. 要相信，逆境无处不在

有些人认为，只有突如其来的、大的灾难才能算作逆境，而人生中的逆境并不是很多。但其实生活中遇到的倒霉事、不良状况，都可算作逆境，只是这些逆境的强度比较弱，规模比较小，让人比较容易度过罢了。让人无法回避的事实是，在人们的生活中，大大小小的逆境会不时地出现，甚至可以说，逆境是无处不在的。

在早上看新闻时，能看到哪里出现了天灾人祸、什么企业面临困境；上班路上，频发的堵车情况和不尽如人意的道路设计会让人心烦；到公司后，看着要完成的繁重任务，立刻就能感受到压力；下班看到孩子只玩不学习，又会让人担忧他的未来；临睡前，伴侣唠唠叨叨的话，对神经真是一种压迫……一天之内，让人顾虑的事就有很多，这都是逆境，我们要谨防自己被埋没在逆境里。

英国劳埃德保险公司曾在荷兰的拍卖市场上，买下一艘老船。因为它有着不可思议的经历：自1894年下水后，在大西洋上曾138次遭遇冰山，13次起火，116次触礁，207次被风暴折断桅杆。但是，这么多的磨难它都挺住了。这艘具有传奇经历的船后来被捐给了国家，安置在国家船舶博物馆里，前来参观的人看着它累累伤痕，纷纷从中参悟：大海上的航行不可能是风平浪静的，每艘船都会受伤，但有的船能坚持不沉没。如同人生一样，不可能一马平川，每个人都会遭遇逆境，但要尽力让自己不被逆境打败。

对于经历过人生风雨的人来说，他们早已明白：逆境无处不在，是无法回避的。尽管逆境无处不在，却不能因此对生活感到失望，意志消沉。要相信自己的能力，要努力战胜逆境。只有抱着这样积极的心态，敢拼敢闯，才能安然度过人生中的逆境，获取一次次的成功。

213. 在逆境中发掘潜能

"我们需要避免梦想的匮乏，人们总是希望开好车，穿好衣服，住好房子，却不愿为之付出艰辛。每个人都应该尽量发掘自身的潜力。"这句话出自美国前任总统奥巴马之口，提倡人们发掘自身潜能。但在顺境中的时候，人们已有的能力可以处理生活中的大小事务。换而言之，隐藏在人身体内的潜能，只有在逆境中才更容易被发掘出来。

一位教授在沙滩上散步时，发现了一个意图自杀的女孩，连忙过去制止了她，并询问缘由。女孩告诉他，她本来认为自己非常有才能，但自从毕业之后，自己迟迟找不到理想的工作，她有一种怀才不遇的心酸感觉，对生活不再抱有希望，就打算放弃生命。这位教授打算帮助这个女孩，就给她上了一课：他自己弯下身抓起一把沙子，撒了出去，然后让她去把这些沙子捡起来。这个女孩吃惊地说："这是不可能的事。"教授随后从口袋里拿出一颗珍珠，扔在了沙滩上，然后问她："这个可以捡起来吗？"女孩说当然可以。

教授告诉她，你现在只是一把沙子，有成为珍珠的潜力，但别人只会看到珍珠的宝贵，不会想到沙子的价值，自然也就不会重视你。你现在身处逆境之中，需要做的是挖掘你的能力，努力成为一颗珍珠。当我们遭遇逆境时，也该仔细想想教授的话，发掘潜能可以帮助我们走出逆境。

人在危急之时，会爆发出自己都想不到的能量。有一个4岁的小男孩不小心从8楼掉了下来。男孩的妈妈这时正在楼下20米外的地方晒衣服，可是，在孩子的掉落过程中，这位身高还不足1.6米，而且很瘦小的一个母亲，她竟然以是每秒9.65米的速度冲了过去，接到了孩子，这个速度甚至超越了所有的田径运动员。正是这位母亲在逆境中发掘出来的潜能，救了自己孩子的性命。

落后使人奋进，逆境中的艰难坎坷，促使人不断地挖掘自己的潜能，人是潜力无限的生物，只要勇于发掘，就一定会有所收获。

214. 坏到极致，又是新的起点

当事情的形势坏到极致的时候，也就说明形势已经不可能再糟了，如果能够保持良好的心态，可以以此为新的起点，重新做出一番成就来。

只要善于辨识形势，将糟糕的情况作为新起点，就可以将劣势转化为优势。一个10岁的男孩，在一次车祸中失去了左手，他觉得没有左手的生活真是糟透了，做什么都不方便。后来，他拜一位日本柔道大师为师，学习柔道。师傅在三个月里，只教给了他一招。男孩说，"我是不是还应该学学其他的招数？"师傅答道，"不错，你是只会这一招，但你只需要这一招就够了！"又三个月过去了，师傅带他去参加一个比赛，只会一招的男孩居然获得了冠军！回来的路上，男孩鼓足勇气，请教师傅道："师傅，我怎么单凭一招就赢得了冠军？""有两个原因，第一，你几乎完全掌握了柔道中最难的一招；第二，据我所知，对付这一招最好的办法就是对手抓住你的左手。"

生活是多么的矛盾，多么的不可思议？！男孩失去左手，本来是一种糟糕的情况，然而，这却成了他练习柔道、获取成功的新起点。

有一位农夫，在美国佛罗里达州买下了一片农场，可是他买的那块地很糟糕，既不能种水果，也不能做牧场，能生长的只有白杨树和响尾蛇。他曾觉得非常颓丧，但是他并没有放弃，以此为新起点，把他所拥有的那一切都变成了财富。他把那些响尾蛇做成了蛇肉罐头，还从全国各地引来了各种白杨树种，然后吸引大批游客来参观他的响尾蛇农场和白杨林。他的生意越做越大，最后竟然以他的农场为中心形成了一个小小的开发区。为了纪念他的睿智，这个村子现在已改名为佛州响尾蛇村。

"落红不是无情物，化作春泥更护花"，如同花朵凋零后可化为泥土，滋养新的生命一样，所有的"极致的坏"，也可以成为新事业的起点。

215. 敞开心扉，接纳不幸

生活无法十全十美，无法让人完全满意。有这样一首诗写道："你知道，你爱惜，花儿努力地开；你不知，你厌恶，花儿也努力地开。"面对一样的生活，一样的快乐或者不幸，有的人会欣喜度过，有的人却痛苦挨过，怎么去过这一生，全凭自己的一念之间，这一念是自己的逆商决定的，能敞开心扉，接纳不幸的人，往往不论悲喜，都能心满意足地过一天。

"假如生活欺骗了你，不要忧郁，也不要愤慨！不顺心的时候暂且容忍：相信吧，快乐的日子就会到来。"成功者的背后往往满是伤痕，因为他们总以最为宽广的胸怀接纳着不幸。可以说马云就是这样的勇士，阿里巴巴创立最初的四年之间几乎没赚到一分钱，每年还面临着亏损，处境相当困难，十几个人挤在一间屋子里，可是最不幸的还不是这些，2006年阿里巴巴并购雅虎之后迎来了超出意料的困难，这次远远超出了马云的设想："就像医生给病人开刀检查，结果发现癌细胞扩散了，大部分器官都已经病变。"这样的结论可能对于别人来说只剩下了绝望，可是这个在经历了那么多磨难的马云看来，一旦心敞开了，就没有什么不能接受的。这些问题并没有吓倒这个饱经沧桑却依旧顽强的人，他的逆商高得无法想象，他的心灵有着无比强大的自我治愈能力。这种情况下，他硬着头皮接受着这个"烂摊子"，带领雅虎在中国活了下来。他说："每一次打击，只要你扛过来了，就会变得更加坚强。"敞开心扉，勇敢地接纳不幸，只要敢面对就没什么是过不来的。

一生一死只在一念之间，不论生活给你什么，必定有它的道理，能够都坦然接受的人运气都不会太差，你可以接受，就一定有勇气去挑战，有勇气挑战就有成功的希望，只要心中有光，前途就会光明。接纳不幸就是在绝望中去接受这个世界充满希望的一面！

216. 正视生命中的挑战

　　生命之舟一旦驶入人生的大海，便会与波涛汹涌为伴，谁也不可能永远风平浪静，永远一帆风顺。因此，生命中的挑战来临时，你必须正视它、接受它，才能战胜它。我们要有接受问题和困难的心理准备，认识到逆境不是不可逾越的障碍，每一个困难都是一次挑战，每次挑战都是一次机遇，战胜困难就等于抓住了机遇。

　　学会了面对与承受挑战，生命将有了独立的支撑。日本的柔道大师教学生常用的一句话是："要像杨柳一样柔顺，不要像橡树一样挺拔。"人需要在不可避免的暴风雨中弯下身子，不然就会因抗拒而被摧折。学会承受，你就能以一种宛如行云流水般淡泊的胸怀来尽享己有，你会觉得生活得真实并富有质感；学会承受，你会发现，一年365天，每天的太阳都是新的。面对失败与不幸，不妨记住奥斯特洛夫斯基的这句话吧："人的生命似洪水奔流，不遇到岛屿和暗礁，难以激起美丽的浪花。"既然人人都企盼一生能得到美丽的浪花，就要去坦然承受。

　　莎拉·班哈特是法国人最喜爱的一位女演员，她是四大州剧院里独一无二的"皇后"。一次，莎拉在横渡大西洋的时候碰到暴风雨，摔倒在甲板上，她的左腿受了重伤，而且染上了静脉炎、腿痉挛，经过长时间的治疗，病情不但始终未见好转，而且愈来愈重，医生建议她把左腿锯掉。莎拉沉默了许久，然后平静地说："如果非这样不可的话，那就锯掉吧，我只有接受命运的安排。"手术后的莎拉恢复很快，尽管她失去了一条腿，但她依然活跃在舞台上，并得到了观众的认可。

　　承受是一种勇气，是一种坦然的接纳和始终不渝的生命理念，每一次承受，都会使生命变得深刻、隽永和深邃！人生就是如此，当你正视问题或艰难时，当你下决心去承受它时，你将惊讶地发现，那些问题正不断地缩小，渐渐地已不能对你造成任何伤害。你越勇敢，越是对问题不再畏惧，问题就越小，两者的关系就是如此地微妙。

217. 磨砺强大心灵，接受缺陷之美

任何时候，都要有一个强大的心灵，因为只有有了强大的内心，才能安然面对生命中的不幸与磨难，生命才会呈现出活力。有的人天生就有缺陷，有的人是后天的不幸造成了缺陷，这些人可能会感觉上天不公，整日生活在失望与无助中。但如果渐渐磨砺出一个强大的心灵，就会重新燃起希望的火苗，带着足够的勇气与信念活下去，并且会坦诚地接受缺陷之美，成就人生的辉煌。

萝丝是一位漂亮姑娘，但她小时候曾摔倒过，被一片玻璃划伤了，右脸上留下了两公分长的伤痕。她认为自己很丑陋，从此不再热衷于打扮自己，她把精力都放在学习上，成绩十分优秀。中学毕业时，老师指定她在毕业典礼上发言，她以自己有缺陷为由进行推脱。老师耐心地开导她，"想听听我的看法吗？我看到的是一个外貌漂亮、品学兼优的姑娘。虽然有道小疤，但却很完美。你知道劳伦·赫顿和伊利莎白·泰勒吗？劳伦·赫顿的门牙之间有一个很大的缝隙，而伊利莎白·泰勒的额头上也有一块伤疤。我认为，一个人就算有缺陷也没有什么妨碍，缺陷反而让一个人的美变得不同寻常，因为它是独有的。"老师的话使萝丝恍然大悟，她变得自信起来，当她在数百人面前发表毕业演讲时，她看到了别人对她赞赏的眼神。

其实，无论是弱点也好，缺陷也好，都不是成功的障碍，只是自信缺乏者的借口而已。如果对缺陷善加利用的话，甚至还能成为成功的助力。

有一个孩子，因为疾病导致左脸局部麻痹、嘴角畸形、一只耳朵失聪，看起来有些丑陋。但孩子是个生活的强者，总是默默忍受着别的孩子的嘲笑和讥讽，他是自卑的，但立志要奋发图强。他一直在努力，像一只破茧而出的蝴蝶，渐渐拥有了优异成绩和好人缘，周围人都很喜欢他。1993年10月，博学多才、颇有建树的他参加总理竞选，他的对手攻击他的长相，但选民并没有讨厌他，反而是他的成长经历为他赢得了极大的同情和尊敬，他干脆提出了"我要带领国家和人民成为一只美丽的蝴蝶"的竞选口号，最终高票当选为总理，并成功在下一次竞选中连任总理，人们亲切地称他为"蝴蝶总理"，他就是加拿大第一位连任两届、跨世纪的总理让·克雷蒂安。

让·克雷蒂安是值得所有人学习的榜样。人倘若能在不幸中保持乐观，不自怨自艾，磨练出强大的心灵，接受缺陷带来的美，那么他离成功就不远了。

218. 逆境求生，有欲望才能有希望

《圣经》上说："想要，你才会得到。"这句话含义颇丰，如果你什么都不想要，那么你就什么也得不到。在逆境中也是这样，有想要得到什么欲望，人才会坚持努力，创造走出逆境的希望。

人是有欲望的，人类最可贵的本能就是对未来充满幻想，对明天充满激情。幻想和激情将激励你勇往直前，奋斗到底。大部分人之所以不能得到自己想要的东西，是因为他们觉得自己不可能得到这些东西，没有了得到的欲望。著名的心理学家威廉·詹姆斯指出：所谓能力，从某种意义上讲，不过是一种心理状态。一个人能做多少，在于他想做多少。因此，如果一个人有想要怎样的欲望时，他就会做出许多努力。

在战场上，一个士兵如果有成为将军的欲望，他就会努力杀敌，博取军功，军功累积的多了，才可能被一步步提拔，有成为将军的希望。而在地震中存活下来的人，表示正是想要见到家人的欲望，支撑他们在废墟下苦苦坚持，最终获救。而众多成功者的经验告诉我们，要获得成功，首先要有成功的欲望，在欲望的指引下，努力奋斗，才有希望成功。

作家巴尔扎克从小的梦想就是当文学家，但他的父亲希望他学会经商，继承家业，他却坚持从事文学创作，结果遭到家庭的反对，闹到决裂、脱离家庭关系的地步。巴尔扎克怀着内心的欲望，在贫穷、饥饿、疾病的折磨下，他没有屈服，没有走回头路，渐渐发表了不少作品，最终取得了成功。

当你内心有了强烈的欲望时，就会爆发出一种强大的力量，支撑你在逆境中跋涉。哪怕一路泥泞，也会风雨兼程，直到看到胜利的曙光，看到成功的希望。

在逆境中，重要的是要树立明确的目标。目标通常和欲望在一起，指引你不断前行，决定着你的人生高度。目标高远的人，会时刻想着提高和进步，有更大的目标，人的欲望就会高涨，在平时的行动中，就会表现出积极进取的姿态。

219. 心动了，就马上行动

梦想是成功的起跑线，决心则是起跑时的枪声，行动犹如奔跑着全力冲刺，只有坚持到最后，才能获得成功。心动了，就要马上行动，把行动放在第一位，坚持到底，才能走出逆境，摘下胜利的桂冠。

如果一个人对某件事心动了，却迟迟不行动，很可能他永远都完成不了这件事，再心动也是白费力气。有一个艺术家，他早就对朋友们说，准备画一幅圣女玛丽亚的像，但一直没有动手去画。他不停地构思画的布局、配色，又反复推翻之前的打算，结果直到临终之时，这幅画也没画出来。心动之后，就不要迟疑，因为迟疑会让人越来越怀疑自己能否成功，行动的激情也就慢慢被冷却了。

亨利·福特说过："不管你的目标是大还是小，只要认定了马上去做准没错。"这是高逆商者的成功指南，也只有行动的力量，才可以把梦想化为现实。

一位在大学读书的年轻人，曾向校长提出若干改进大学教育制度弊端的建议。他的意见没被接受，于是他决定自己办一所大学，自己当校长来消除这些弊端。但办学校至少需要100万美元，若是等毕业后去挣的话，那就太遥远了。有一天，他想到了一个办法，他马上打电话到各个报社说，他准备第二天举行一个演讲会，题目叫作《如果我有100万美元》。第二天，他的演讲吸引了许多商界人士，面对台下诸多成功人士，他在台上全心全意、发自内心地宣扬着自己的构想。演讲完毕后，一个叫菲利普·亚默的商人站了起来，说："小伙子，你讲得非常好，我决定投资100万美元，就照你说的办。"

就这样，年轻人用这笔钱创办了亚默理工学院，也就是现在著名的伊利诺伊理工学院的前身，而这位年轻人就是后来备受人们尊敬的哲学家、教育学家——冈索勒斯。冈索勒斯成功的原因在于他迅速的行动力，他想改革弊端就要去建学校，想筹钱就去用心演讲，他的敢想敢做，让他充分发挥了主观能动性，让梦想变成了现实。

风靡全球的畅销书《世界上最伟大的推销员》中有这样两句话："我的幻想毫无价值，我的计划渺如尘埃，我的目标不可能达到。一切的一切毫无意义——除非我们付出肯定的行动。"是的，成功路上，只对某些事心动的话，并没有直接的意义，只有立刻行动，抓住现在，才能有辉煌的将来。

220. 逆境中，唤醒心中的潜能

有份报告指出，一个人如果开发了50%的潜能，他就能做很多事情。他大概能背400本的《百科全书》，堆起来能有好几层房子那么高；大约可以念完十几所大学，还可以念十七八种不同国家的语言，这是多么惊人的事情啊！由此可见，一个人的潜能是何等神奇与强大，特别是在一个人身处危机与逆境时，潜能的迸发足以改变一切。因此身处逆境时，不妨尝试唤醒心中的潜能，来解决困难。

据调查，具有坚强信念的高逆商者，其潜能的发挥将明显高于裹足不前或退缩的低逆商者。可见，内心的信念对潜能的发挥具有决定性的影响。

珠穆朗玛峰高耸入云，是世界第一高峰，吸引了世界各地无数的登山爱好者。但在接近顶峰的地方，气候恶劣至极，寒风刺骨，能见度为零，随时都能把登山者埋葬。1996年5月10日，31位登山者登上了顶峰。从天而降的暴风雪将他们包围了，有两位登山者永远地沉睡在了珠峰。

在两个不幸者遇难的同时，还有一位同伴尼克也昏倒在雪中。就在当夜，急救队找到了他，但认为不可能救活他，就放弃了救治。尼克被留在了冰天雪地里。然而，就在几个小时后，尼克内心深处突然爆发出一种巨大的求生力量，将他从冰冷的坟墓中拯救出来。冰凉，孤单，身体越来越虚弱，但这些并没有阻止尼克艰难地移动，他在狂风和暴雪中，向营地进发。黎明时，他到达了队友的帐篷，幸运地从死神手中抢回了生命。

他后来说："当我神智快要崩溃时，我就强迫自己'看见'妻子和我那可爱的孩子们。我想我还能活三个小时，四个小时，我就又开始走了起来。"这种力量激励他缓慢却不停地移动着脚步。也就是说，尼克在极端恶劣的条件下，发挥了潜能的力量，才存活了下来。和尼克一样，每个人在内心深处都有一种能在逆境中拯救自己的潜能。但能不能唤醒这种潜能，逆商的高低起着决定性的作用。平时对自己的逆商要多加训练，到关键时刻才能唤醒潜能。

221. 改变逆境，从改变自己开始

一头老驴不小心掉进了一口废弃的枯井，它的主人束手无策，放弃了搭救。老驴起初束手无策，后来开始把井底的废弃物都扒拉到一起，垫到脚底，离井口就近了一些。它的自我搭救法使主人又震撼又受启发，便也往井里扔了很多土，老驴站在泥土上，最终一跃而出。这个故事告诉我们：改变逆境，从改变自己开始，自己有所行动，逆境才会有转顺的趋势。

在逆境里，首先要善于调节自己的情绪，保持积极的心态。心态好了，才能激发一个人内心的动力、冲劲和无限潜能，才能有改变逆境的可能。积极的人可以改变世界，自然也可以冲破逆境。

身处逆境，还要勇于自省。自省的人会清楚了解到自身的优缺点，然后结合具体环境，发挥自己的长处，作为突破口；或者尽力弥补自己的缺点，进行自我提升，从而改变逆境。自省是自我解剖、自我改造的过程，积极自省的人，将会在很大程度上改变自己的前途和命运。

推销大师原一平曾是个推销能力很差的人，当他在寺庙向和尚推销保险时，老和尚劝告他："小伙子，你若要成功，先努力改造自己吧……"他听从了老和尚的教诲，决意改造自己。

接下来，他组织了专门针对自己的"批评会"，每月举行一次，每次请五个同事或客户吃饭。为此，他甚至不惜把衣物送去典当，目的只为让他们指出自己的缺点。于是，大家纷纷指出他的缺点，他将这些记下来，不断改正。慢慢地，他的推销业绩直线上升，最终成了著名的推销大师。而他能走出困境的关键，就在于他通过不断地自省，改变了自己。

"我们这一代最伟大的发现是，人类可以经由改变自己而改变生命。"原一平用自己的行动印证了这句话，那就是：有些时候，在逆境中应该改变的，或许不是环境，而是我们自己。

实际上，如果对自身的不足视而不见，而只是一味地埋怨环境的不利，从而把改变境遇的希望寄托在改变环境上面，这实在是徒劳无益的。人生如逆旅，我们要先改变自己，才能克服更多的困难，战胜更多的挫折。

222. 换一种思维，成功就在眼前

在古代，帝王将相和达官贵人千方百计地把墓穴建造得更坚固、牢靠。可是，许多墓穴仍然被盗了。而河南上蔡有座古墓，被挖了大大小小 17 个洞，这说明盗墓者曾光顾过多次，但他们却都没有得手，因为其他墓穴建完后都是用土回填，这座墓穴是用沙子回填。细沙的流动性很强，当盗墓者挖洞时，旁边的细沙会向洞里流动，掩埋掉刚挖好的洞，甚至直接将洞里的人埋葬，更可怕的是，细沙里的石头会随着垮塌的沙子坠落，成为打击盗墓者的"秘密武器"。就这样，这座换了一种思维造出来的古墓，成功地令众多盗墓者无功而返。

我们的思维也是一样，有时候需要像石头一样坚硬，有时候需要像流沙一样松软。经常变换一下思路，就能在局面僵持的情况下找到解决问题的方法。一个善于思考的人，才是一个力量无边的人，也更容易获取成功。

逆境就好比是一个杯子，有时候换一个想法，换一个视角，同样的际遇，对人的影响却发生了巨大的变化。

1924 年，美国家具商尼科尔斯的家突然起火，大火将他准备出售的家具烧个精光，只留下一些残存的焦松木。尼科尔斯伤心不已，但那些烧焦松木独特的形状和漂亮的纹理把他的目光吸引住了。他用碎玻璃片削去焦松木上的尘灰，用砂纸打磨光滑，然后涂上一层清漆，居然产生了一种温馨的光泽和红松非常清晰的纹理。尼科尔斯惊喜地狂叫起来，不久便制作出了仿木纹家具，被人们争相购买。

在逆境中，倘若用惯性思维思考的话，恐怕尼科尔斯只能无奈地接受倾家荡产的结局。一场大火，给他带来灾难，但由于他思维的转换，同时也带来了创造与财富。

换一种思维往往能点石成金，化腐朽为神奇。人生不如意事十之八九，一帆风顺的路途只不过是跋涉者心中的"童话"罢了。生活或多或少都要遇到伤痛的砥砺。逆境在所难免，往往在此时，弱者为之生畏，望而却步；而强者则会迎难而上，用智慧的心灵感悟逆境，换一种思维看待问题，化破痕为花朵，从而获取成功。

223. 逆境的背面正是机遇

两只青蛙掉入了一桶黄油中，为了求生，它们不停地游，可还是出不了桶。青蛙A就放弃了，沉到了桶底。而青蛙B则不停地游，被搅拌的黄油渐渐在它脚下形成了一个黄油球，不久后黄油球变硬了，它就以这个球为支点，纵身一跳，出了桶。可见，逆境的背面正是转机，就看我们是否能捕捉到机遇，化险为夷。

每个人都不希望遇到逆境，但逆境中有时会暗藏着意想不到的转机。如果能够对逆境做到细心地分析，多长个心眼，就能从中发现和捕捉到有利于成功的机遇。

1910年，整个亚拉巴马州的棉花田遭受了一场特大的象鼻虫灾害，棉花都被虫子毁了。这个地区是产棉区，地里一直都只种棉花。但自此之后，人们意识到不能只在地里种棉花，以免再颗粒无收。因此，人们开始将棉花田和玉米、大豆、烟叶等作物一起种植。令人意外的是，棉花和其他农作物都长势喜人，种多种农作物混种的经济效益比单纯种棉花还高四倍。人们的收入随之见长，日子也越来越好。亚拉巴马州人认为经济的繁荣应该归功于那场象鼻虫灾害，是象鼻虫使他们把握到了赚钱的机遇。

逆境降临之际，有人会躺倒叹息；有人会拼命与逆境搏斗；有的人则会冷静地思考对策，从逆境中寻觅创造财富、获取成功的机遇。

唐朝时，有一年，长安城最繁华的街市突然失火，火势迅猛蔓延，数以万计的房屋商铺都处于汪洋火海之中，全变成了废墟。一位名叫郑元的富商也因此遭殃，他苦心经营了大半生的几间当铺和珠宝店，都烧了起来，但他并没有让奴仆去抢救珠宝财物，而是指挥他们迅速撤离，任由大半家产被烧光。然后，他倾尽家产，暗中派人从长江沿岸平价购回大量木材、毛竹、砖瓦、石灰等建筑用材。

大火烧了数十日才被扑灭，曾经繁华的长安，大半城区墙倒房塌，一片狼籍。几日后，朝廷颁旨：重建长安城，凡经营销售建筑用材者一律免税。于是长安城内一时大兴土木，建筑用材供不应求，价格陡涨。郑元趁机抛售建材，大发其财，所获利益远大于被火灾焚毁的财产。

事实上，逆境的背面就是机遇，只要抓住了机遇，身处逆境中的人就像"枯木逢春"了一样，找到成功的契机。

224. 在逆境中要有放弃的勇气

俗话说："失之东隅，收之桑榆""舍得舍得，有舍才有得"，可见放弃也是一种智慧。但是，人在顺境中能够充分了解眼前局势，理智地分析得失，果断地放弃应该放弃的东西，以换取更好的。那么，在逆境中又如何？身处逆境，看不清前路，算不到得失，是否还有放弃的勇气？电影《卧虎藏龙》里有这样一句话："当你紧握双手，里面什么也没有；当你打开双手，世界就在你手中。"那么，就算是在逆境里，仍要有放弃"双手里抓的东西"的勇气，才能走出逆境。

在逆境里，鼓起勇气，放弃固执、偏执的想法，放弃引以为傲的资本，才能有所创新，由逆境到顺境。20世纪60年代，由于钟表王国瑞典制造的机械表质量太好，日本钟表企业精工舍制造的机械表销量很小，日本企业虽一直致力于质量的进步，仍是无济于事。在此困境之下，总经理服部正次决定放弃传统的机械表制造，转而生产石英电子表。刚开始，企业员工对研发新产品并不看好，但事实证明，石英电子表走时准确，误差极小，一经投放便引起了轰动。70年代后期时，精工舍手表销量跃居世界第一。若不是服部次郎勇于在逆境中放弃，精工舍或许已然倒闭了。

身处逆境，要有放弃的勇气，才会有卓越的成就。蔡元培是近代著名的教育家，他早年曾中进士，做翰林，生活安逸。但当时我国已受外敌侵略，清政府一片腐朽，国家处于逆境之中。蔡元培感受到了逆境的黑暗，毅然决定放弃官职，去做点别的。1898年，他挂冠出都，去南方兴办教育，后来又去欧洲考察学习，于1916年回国，担任北京大学校长，做得很出色。之后，他一直活跃在文化运动里，对近代史进程造成了影响，被人尊称教育家蔡先生。蔡元培勇于放弃，为改变逆境贡献了自己的力量，他昔日的同僚们，那些不敢放弃、不敢反抗逆境的人，仍是籍籍无名的小官，在腐败与战火中不幸死去或是苟且偷安，了此一生。

真正懂得放弃的人有沉静的心态，斗士的力量，能承受生活的发难，能反抗逆境的压力。他们在放弃时行动迅捷干练，能适时抓住机会反抗逆境。这种人在沉默中积蓄力量，能在逆境中迅速放弃拖累，再凭借自己的力量，扶摇直上，冲出逆境。

225. 决定成败的正是面对逆境的心态

人的一生充满着逆境。英国哲学家培根说过："超越自然的奇迹多是在对逆境的征服中出现的。"关键的问题是应该如何面对逆境。当逆境降临到你的生活，以怎样的心态对待它，便成了决定成败的关键因素。

一个女儿常常对父亲抱怨她的生活，抱怨命运的不公平，抱怨生活的不如意。她不知该如何应付目前的一切状况，想要自暴自弃了。她厌倦了对命运的抗争和奋斗，在她的生活里，好像一个问题刚解决，另一个新的问题就又出现了。

父亲是一位睿智的过来人，他很担心女儿的心理状态，就想到了一个好办法去打动女儿。某天，父亲带着女儿一起去厨房，他往三只锅里倒入一些水，而后加热，水烧开后，他往三只锅里分别放了胡萝卜、鸡蛋和碾成粉末状的咖啡豆。父亲一直沉默着，女儿则不耐烦地看着。大约20分钟后，父亲把火闭了，把胡萝卜、鸡蛋捞出来分别放入两个碗内，然后又把咖啡舀到杯子里。做完这些后，父亲问女儿："亲爱的，你看见什么了？""胡萝卜、鸡蛋、咖啡。"女儿回答道。

父亲示意女儿去触摸胡萝卜，她发现胡萝卜软了不少；而打破鸡蛋后，发现鸡蛋变熟了；最后女儿品尝咖啡，尝到了香醇的味道。女儿疑惑地看着父亲，问这些有什么含义。父亲指出，这三样物品面临的都是开水，但被加热后的形态却很不一样：胡萝卜由硬变软，就像是被逆境打败的人；易碎的鸡蛋变硬了，这是在逆境中得到了锻炼的人；而咖啡豆最神奇，反而改变了开水，使之变成了咖啡，这象征着那些跨越逆境、征服逆境的人。末了，父亲反问女儿："你现在遇到了逆境，那么你愿意当什么？胡萝卜，是鸡蛋，还是咖啡豆？"女儿陷入沉思。

在厨房里用开水煮食物是如此，人生的状况也是如此。同样面临逆境，有的人跨了过去，功成名就；有的人、乃至有些高智商人才，却陷了进去，被淘汰出局。究其原因，就在于他们是否拥有应对逆境的积极心态。

身处逆境之中，只要我们坚信"天生我材必有用"，勇敢地去面对逆境，积极地克服困难，我们就一定可以到达胜利的彼岸。

226. 依靠坚毅在困境中走出一条路来

所谓坚毅，就是坚持做事，以顽强的毅力面对困境。坚毅是一种宝贵的精神，也是一种优良的品质。在面临困境时，就需要这种精神，在困境中走出一条路来。

一只苍蝇撞上了一张蜘蛛网，它立即猛烈地挣扎，可是坚韧的丝网紧紧地粘住了它，它只好慢慢地停止了挣扎。这时，蜘蛛慢慢地向它靠近，它为了求生，再次奋力地扭动着自己的身体，蜘蛛网战栗起来，蜘蛛只好停止靠近。随着时间慢慢地流逝，苍蝇的挣扎渐渐地缓慢下来，但它仍鼓动着双翼，以拖延时间，希望奇迹能够出现。就在这时，突然刮起了一阵风，借助风力，它成功脱险了。

小小的苍蝇尚能如此坚毅，决不放弃对命运的抗争。我们在面临困境时，也该保持一种坚忍不拔、百折不挠的精神，保持足够的耐心和毅力，走出自己的一条路来。

英国最伟大的首相之一本杰明·迪斯雷利，凭着坚毅的力量，在政治生涯中取得了很多成就。1837年，他在肯特郡的梅德斯通当选为议员，但在议会的第一场演说并不成功，他把这次打击当成对自己挑战而坚持努力。凭借这种精神，他又分别当选为下议院的主席和高等法院的首席法官。1868年，他实现了既定的目标，成为英国的首相，后来因遇到可怕的阻力而辞职，但是他一点也不认为暂时的打击就是失败，之后他东山再起，再度当选为首相，对英国的影响非常深远。

迪斯雷利曾在多次困境中，发挥坚定的意志力，度过暂时的危机，从而获得最后的胜利。在一场简短的演说中，对于他的成就，他一言以蔽之："成功的秘诀在于坚持目标。"

坚毅磨炼意志，凝聚力量，孕育成功，人生贵在坚毅。坚毅是一种难得的品质，培养和拥有这种品质，你的人生将进入一个更高的层次和更新的境界。

227. 身在逆境，永不妥协

海伦·凯勒曾经说过："无论处于什么环境，都要不断努力。"就是说，一个人无论在什么样的环境下，都不可以妥协，不能够放弃自己的每一个希望。不妥协，事情迟早会出现转机，坚持的力量会让人走出逆境。

在一场拍卖会上，一个小男孩准备买下一辆脚踏车，脚踏车对于他来说非常有吸引力，他一直专注地看着。但是，来到拍卖会上的人都比他有钱，这批脚踏车又很好，所以人们都出了很高的价钱。这个小男孩每一次都叫价5美元，其他人马上就喊出更高的价钱。那些车被人买走了很多，他却没有办法阻止。终于，拍卖暂停了，拍卖员走了过来问他，为什么每次都只出5美元，而不出高价来竞争一下呢。小男孩也很诚实地说自己只有5美元。依照惯例，小男孩是不可能买到一辆脚踏车的，但他没有妥协，当拍卖会又开始以后，他依然每次都第一个叫价，然后听着别人把他的价钱盖过。会场里的人纷纷都注意到了他。当拍卖最后一辆车时了，因为这辆车是这次拍卖的压轴，大家都很关注。拍卖师问大家："谁先出价？"小男孩几乎没有信心了，但他仍要尝试，他喊道："5美元。"此时，大家都不再和他竞争，拍卖师唱价三次后，大声说："成交！"

这个男孩在逆境之中坚持不妥协，尽显顽强的意志力，周围人都被他打动了，他才如愿以偿地买到了脚踏车。

身处逆境，最大的感受也许就是濒临绝望，而能够改变这种情况的就是坚持下去，决不妥协。

在经济危机时期，所有的店家生意都不是很好，大家都愁眉苦脸的，却又无计可施。有一位水果店老板想了很多办法，都收效甚微，但他依旧坚持寻找解决方法。后来，他发现如果在一个苹果没有成熟的时候，在上面贴上东西，让它继续成长，它成熟后，表面就会留下一个所贴东西的图案。他灵机一动，马上买了一批苹果树，在所结的苹果上面贴上一个小纸片。等到这些苹果成熟后，表面就有了一个空白的地方，他就在这里写上每个进货商的名字，再发出去。每个进货商看到这批苹果后，都觉得老板很细心，纷纷在他家订货，他的生意就红火多了。

这个老板之所以获取成功，固然与他的观察力、创造力有关，但根源还在于他的不妥协，不放弃。当逆境中的情况都不利于自己的时候，如果轻易妥协了，就摆脱不了逆境。而只要永不妥协，就有攻克逆境的可能。

228. 信念之光，在挫折中熠熠生辉

信念是什么？很多时候，信念就是支撑我们生命的力量，带来无限的希望。在人的一生中，挫折和不幸总是会存在，如果面临挫折时，仍能保持对未来的希望，坚强乐观地面对困境，保持奋进的信念，那就意味着你的人生还有希望。相反，如果你给自己放长假，生活则会让你知道什么叫碌碌无为，甚至使你失去生命。

雷·克洛似乎是一个生不逢时的美国人，他从出生到工作总是遭受到上天的

作弄。雷·克洛出生的那年，恰逢西部淘金热结束，一个本来可以发大财的时代与他擦肩而过。按理说，他读完中学就该上大学，可是1931年的美国经济大萧条使他家囊中羞涩而和大学无缘。后来，他想在房地产上有所作为，好不容易才打开局面，不料第二次世界大战烽烟四起，房价急转直下，结果"竹篮打水一场空"。为了谋生，他到处求职，曾做过急救车司机、钢琴演奏员和搅拌器推销员。就这样，几十年来低谷、逆境和不幸一直伴随着雷·克洛。

这一系列的挫折和失败并没有将雷·克洛击倒，相反，他越挫越勇，热情不减，执著追求，挫折越多，信念越坚定。1955年，在外面闯荡了半辈子的他回到老家，卖掉家里少得可怜的一份产业准备做生意。这时，雷·克洛发现迪克·麦当劳和迈克·麦当劳开办的汽车餐厅生意十分红火。经过一段时间的观察，他确认这种行业很有发展前途。当时雷·克洛已经52岁了，对于多数人来说这正是准备退休的年龄，可这位门外汉却决心从头做起，到这家餐厅打工，学做汉堡包。麦氏兄弟的餐厅要转让时，他毫不犹豫地借债270万美元将其买下。经过几十年的苦心经营，麦当劳现在已经成为全球最大的以汉堡包为主食的速食公司，在全球拥有3万多家连锁分店。据统计，全世界每天光顾麦当劳的人至少有1800万，年收入高达4.3亿美元。因此，雷·克洛被誉为"汉堡包王"。

人生在世，谁都会遇到挫折。挫折是人生的催熟剂，经历挫折、忍受挫折是人生修养的一门必修课程。一个人经历了挫折，方能锻炼出顽强的信念，培养在逆境中经受挫折失败后再接再厉的精神，让信念之光，在挫折中熠熠生辉。

229. 凭冷静成为最后的赢家

佛说：人生，因静而从容，因从容而优雅。人活一辈子，心态比什么都重要。俗话说：冲动是魔鬼。冷静，不是冷漠，不是默然，冷静是一种修养，是一种智慧。

冷静，你就赢了。面对别人的指责，面对生活中那些常常说三道四、颠倒黑白的人，我们要学会的是冷静，把自己该做的做好，走自己的路就好。台湾作家李敖曾说："无论在生活中遇到任何事情，我都不生气，我跟你逗着玩，我赢你，活过你。现在我成功了，我赢了！"还有一句话：成长是把哭声调成静音的过程。我们来到世上那一刻是你最冲动的时刻，你无所畏惧，一声哭喊在光明中横冲直撞，而成长一遍遍打磨我们的棱角，直到圆润到能适应这世界。一个人的张扬并不代表他的成熟，真正成熟的人是冷静的，是宠辱不惊的。他们的心就像那淡雅的水墨画，简单又完美。

小时候在《西游记》里很多人或许更多的人喜欢孙悟空的潇洒自在，忽视任劳任怨、冷静稳重的沙和尚。可是随着年龄的成长，我们可能会慢慢喜欢上那个老实可爱的形象，因为他是最稳重、最冷静的一个人，但他的冷静从不优柔寡断，他的冷静也不缺洒脱，他的冷静是魅力的自然散放。所以他在剧中是最少冲动坏事的人，他虽没有孙悟空法力高强，在师徒四人中却发挥了最重要的作用，他是纽带、是和事佬、又是最后的帮手。面对事情时他不冲动，在消极时他最平静，冷静让他仿佛找不到缺点，在师徒四人中，这样的他就是赢家。

"冷静的心在任何时候都能建立起更深邃的世界。"冷静的人无论放在什么地方都是一颗等待发光的金子，冷静的心无论身处何境都不会让自己走投无路。智商拼的是渊博的知识，情商拼的是一颗波澜不惊的心。冷静的人总能把事情安排得有条不紊，冷静的人总能给人一种安全感，冷静的人往往是别人心中最伟大的依靠。冷静的人会是职场的强者、商场的领军者、学术界的思想家，冷静能征服苦难的生活，能直面沧桑变化世事。冷静，是造就一个人最基础的开端。学会冷静吧，冷静会让你成为最后的赢家！

230. 在压力之下保持坚韧

"钻石恒久远，一颗永流传。"这句广告词大家都很熟悉，钻石的价格也很昂贵。钻石被称为"石中之王"，是因为它硬度大，具有极高的抗磨能力和化学稳定性，不易磨损。与其他矿物相比，钻石的密度比较大，因为它在形成过程中所受的挤压力很强，最终造就了它的坚韧。人，也要在压力之下保持坚韧，做有硬度的钻石，而不是一砸就碎的普通石头。

对一个人来说，能够在巨大压力下，不崩溃、不气馁、不怨天尤人，就是坚韧。

在《老人与海》里，主人公老桑提亚哥在返回渔港的时候，因为其猎获的超级马林鱼招来了鲨鱼，如果他要保全自己，就该把马林鱼丢给鲨鱼，但他在鲨鱼的威胁下也不屈服，经过殊死搏斗，最终回到了渔港。尽管他的马林鱼只剩下了一副骨架，但他在压力之下那坚韧而优雅的形象，却深深地留在了读者心里。

骨骼是鱼整个肉体的支撑，坚韧是老桑提亚哥的精神支柱，那光秃秃的骨架，正说明了他生命的硬度。他面对困境时说了一句："我会战斗到底，直到老去，直到死去。"这句话充分显示了他张扬的英雄主义和坚韧的心智，无数人以他为榜样，渴望自己也成为一个坚韧的人。

具备坚韧性人格的人能在压力和生活变化中挺过来，获得不凡的成就。

布鲁克林大桥横跨曼哈顿和布鲁克林河之间，它的设计和建造被人赞叹是工程奇迹。1883 年，工程师约翰·罗布林雄和他的儿子华盛顿·罗布林一起构思建桥方案，并说服银行家投资，组织工程队，开始建造他们梦想的大桥。

但开工几个月后，施工现场发生了事故，约翰·罗布林在事故中不幸身亡，华盛顿·罗布林的大脑严重受伤，无法讲话也不能走路了，大家都以为这项工程会因此而泡汤了。

然而，尽管华盛顿·罗布林丧失了活动和说话的能力，但他的思维还同以往一样敏锐。他想出一种能和别人进行交流的密码。他唯一能动的就是一根手指，于是他就用那根手指敲击他妻子的手臂，通过这种密码方式由妻子把他的设计理念和意图转达给仍在建桥的工程师们。

整整 13 年，华盛顿·罗布林就这样用一根手指发号施令，直到雄伟的布鲁克林大桥最终落成！父亲的去世、自己的不幸、外人的怀疑都没有压倒他，他的生命饱满而坚韧。

"大雪压青松，青松挺且直。"性情坚韧的人能够在挑战、困难和逆境中成长，他们不把压力的降临当作是一种灾难，而是当成是一种成长的机遇。这样的强者，压力是无法摧毁他们的。

231. 情商是先决条件，在变化中求生

生活永远都在变化，从来没有人能够完全预料到接下来将会发生什么，也从来没有人能够完全按照自己预设的轨迹走完自己的一生。变化是永恒的，正如哲学中讲的一样，运动是绝对的，静止才是相对的，生活如此，世间万物亦是如此。要想应对好生活，就要充分发挥情商的力量，在变化中求生。

《塔木德》上的一句著名的格言是：开锁不能总用钥匙；解决问题不能总靠常规的方法。这句话源自一个故事。故事发生在一个犹太人家庭里，身为富翁的父亲老了，决意从两个儿子中选出一个继承人。他锁上宅门，把两个儿子带到一百里外，交给他们一人一串钥匙、一匹快马，看他们谁能先回去把宅门打开，就让谁继承财产。马跑得飞快，兄弟两个同时到家。但是面对紧锁的大门，两个人都犯愁了。哥哥左试右试，苦于无法从那一大串钥匙中找到最合适的那把；弟弟呢，则因为在路上丢了钥匙，急得满头大汗。突然，弟弟想出了办法，他找来一块石头，几下子就把锁砸开了，顺利打开了宅门。自然，继承权落在了弟弟手里。

犹太人自古就懂得，人生的大门往往是没有钥匙的，在命运的关键时刻，人

最需要的可能是一块砸碎障碍的石头！而哥哥总想着用钥匙开门，殊不知这里发生了变化——在关键时刻需要用智慧开门。

高情商可以使人从整体上把握周围环境，适时做出调整，用变化博得成功。为了开发南美的市场，柯迪士集团决定与水果商合作，以求在水果上贴上科迪士的广告。但水果商拒绝合作，说把广告贴水果上太不雅观，还影响直接食用，会不利于水果销量。公司老板汤姆发愁了，他下班回家后，看到妻子磕开鸡蛋做菜，这给了他灵感：几乎每家每户都会经常吃鸡蛋，鸡蛋壳也都会被丢弃，为何不与鸡蛋商合作呢？后来，柯迪士公司在1500万枚鸡蛋都贴了广告，成功"砸"开了南美市场。

情商可以帮助我们正确地理解挫折，并从挫折中及时地找到战胜困难的勇气和力量，以应对生活中的变化，到达成功彼岸。

232. 羞辱正是强者最好的试金石

生活在世俗中的我们，羞辱与荣耀一样常伴我们左右，无法逃避。羞辱是小人手中伤人的利器。俗话说：怒从心中起，恶从胆边生。心理承受能力弱的人在遭到羞辱后必然会愤然反击，霸陵尉的断头就是前车之鉴，李广强烈的自尊心让他无法忍受屈辱，结果是霸陵尉的悲剧。但也有一类人能笑对羞辱，这就是另一重心灵境界了。这种人不是懦懦的弱者，相反，他们才是真正的强者。

生活中能够淡然面对羞辱的人，才是真正宠辱不惊的强者。有句话说，越没本事的人自尊心越强，越受不了羞辱。羞辱你的人为的就是让你难堪，你越是受不了这种羞辱，他们反而越觉得得意。所以羞辱正是对强者最好的试金石，强者走自己的路，做自己的事，自信于自己，懂得什么该听什么不该听，懂得什么该在乎什么不值得在乎，弱者的敏感和脆弱恰恰是自己给自己的尖刀，所以伤自己的一开始就不只是别人，还有你自己。一个人越是百无一用，越执着于那些无足轻重的底线。强者则会在羞辱中正确地认识自己。曾经有一段马云的视频在网上疯传。1996年，一个又瘦又矮的年轻人蹬着自行车，在挨家挨户推销自己的黄页，有的人连门都不开，更有甚者开门便骂，镜头下记录了那时他的窘迫、无奈和屈辱，同时也记录了他的誓言：再过几年，你们不会这么对我，再过几年你们都会知道我是干什么的。二十年后他做到了。这才是一个强者面对羞辱的态度——自信而不是愤怒。

曾经著名的相声艺术家郭德纲放生却遭网友骂街，本来是"但行好事，莫问前程"，可获得的却是意想不到的羞辱。可他并没有愤怒，他只是用相声艺术家自带的幽默回复道："我放我的生，你骂你的街，三十三层天，一层一境界，不在其位，焉知其乐。"这样绝妙的回答真让人羡慕嫉妒恨，让网友大呼高妙。这样的淡定是因为他是强者，他知道"谁也改变不了谁，闲言浪语焉有尊伯之蛋用乎？"

强者需要的不仅是能力和智慧，更需要有什么时候都不会放弃的自信和淡定，羞辱正是对强者最完美的考验。

233. 抗压力，逆境重生的不二法则

压力是弹簧，你弱它就强，你强它就弱。抗压力在现代高压生活节奏和职业生涯中已成为了比智商和学历更重要的生存能力，同时它也是困境中得以重现"柳暗花明"的不二法则。

那么，抗压力具体包括什么呢？

第一，抗压力是一种在困境中不服输坚持不懈的勇气和精神。有的人面对困难时往往胆小怯懦，一开始就认为自己会不堪重负，忧虑自己会失败，这就是抗压力弱的人，这样的人还没行动就早早败给了自己。真正的生活勇士敢于直面现实的困境，敢于超越现在的自己，他们绝不会屈服于暂时的困难，这是抗压力的强者。他们有激情、有动力、有奋勇向前拼一把的勇气，不低头、不屈服。这样的人才是真正的赢家。如若现实中你是领导，面对一个职场新人，如果第一次新人因害怕困难而推诿一个任务，你还会一而再再而三地给他机会吗？大概不会吧，那倘若他接受困难并努力挑战，哪怕最终并不完美，你也会在心里赞他一番吧。现实就是这样，机会总是留给有准备的人的。接受压力不服输才有机会奔向成功。

第二，抗压力是一种身处逆境，临危而不乱的好心态。当我们身处逆境，难免要承受来自各个方面的压力，这个时候良好的心态才是必不可少的。心稳了，思维才不会乱。有时候成功最大的杀手不是你能力不够而是心理素质不强，一颗积极面对困难，宠辱不惊，少有波澜的心往往是成败至关重要的条件。经历过高考的人应该都曾遇到过不可思议的逆袭者"黑马"，这些"黑马"或许在考试前夕并没有那些优秀学生努力，可他们总能在关键时刻给人以出人意料的结果，令那些"好学生"叹服。经调查，众多逆袭者大都有一个共同特征，那就是拥有良好的心态，在高压力下他们能摆脱紧张情绪，能以平常心应对。这启示我们：不怕失败或许才更容易接近成功，压力下保有一颗平常心非常重要。

要想在荆棘中开出绚丽的花朵，就要忍受别人不能忍受的痛，人要想在高压

社会中有所成就，就要修炼一身盔甲足以抵抗压力。超强的抗压力，才能让你在"山重水复疑无路"时不会慌忙，不会失去方向，获得重生！

234. 逆境中，培养"我能行"

　　逆境，常常把我们带进情绪的低谷。身处困境中的我们，心灵往往是最脆弱的，这个时期的我们很容易怀疑自己，怀疑人生，继而对自己失去信心，然后把自己一步步带入失败堕落的深渊。所以在面对逆境时我们更需要强大的心灵盾牌，以支撑起前进的信念。逆境中，请昂首挺胸告诉自己"我能行"！

　　面对生活和工作中不断遭遇的失望与失落，我们最初的信念已在潜意识中慢慢变化。我们变得越来越不自信，越来越怕尝试超越。事实上，生活中每一次乘风破浪都有沉沦的危险，每一次力攀高峰都有受伤的危险，每一次尽心尽力都有失败的风险。可是知道了满路荆棘容易受伤，就要停止不前吗？虽然不是每一次努力都有收获，但每次收获都必须努力。有一种比失败更彻底的沉沦就是在困境面前还没努力就认为自己不行了。

　　高尔基说："只有满怀自信的人，才能在任何地方都怀有自信沉浸在生活中，并实现自己的意志。""我能行"就是一种勇气，一种冲动，可以给你一种要再来一次"年少轻狂"的欲望，给你一种让沧桑的心灵再一次满血复活的自信。这种自我肯定和鼓励有利于我们在逆境中及时地调整心态，勇敢的直面现实，积极地翻过那堵荆棘的墙。

　　记得小时候看过一副漫画，画中有一对父子。一天，孩子放学后问父亲："爸爸，你说我长大后会有出息吗？""为什么这么问呢？"父亲不解。男孩说："今天课堂上的题只有我不会，小朋友们都说我很笨，我在想是不是真的很笨？""孩子，千万不能遇到点难事就怀疑自己，无论怎么样都要相信自己'我能行'这不是逞强，这是自信！不能自己就把自己打败了。"其实无论是成长途中，还是成功路上，自信都是一种无可代替的力量，哪怕无路可走，它也会给你"船到桥头自然直"的坦然。

　　"有志者，事竟成，破釜沉舟，百二秦关终属楚。苦心人，天不负，卧薪尝胆，三千越甲可吞吴。"如此雄壮豪迈的语言，说白了也是古人在述说：生活再难也要相信"我能行"。可见古人和今人在面对困境是有着一致的情商认同。

235. 在痛苦之源中汲取智慧

可以说世界上没有一件工作是不辛苦的，人的一生似乎都要感受挫折与痛苦。所不同的是有的人在痛苦中"逆水行舟"，有的人却在痛苦中越走越快。我们要学会在痛苦中汲取智慧，"痛苦对于人们来说是一种精神财富，一帆风顺的人常常是浅薄的，而痛苦却可以令人深思，从而领悟人生的真谛"，即使在最幽暗的黑暗中，你也终将闪耀。

人往往是怕什么来什么，然而生活不是用来妥协的，退缩得越多让你喘息的空间就会越少。当你看淡痛苦、成败之时，反倒能静下心来从痛苦中寻找失去的理智与失败的教训。马云大家都耳熟能详了，他的故事也有很多人烂记于心了。马云曾经的几次失误差点毁了人生，可是每一次看似要致命的失误最后都能转危为安，马云说人生两大悲剧：一是万念俱灰，一是踌躇满志。所以在痛苦中要鼓起生活的勇气，淡定地思考失误的关键点，从中得到最有价值的教训和经验。这样一来痛苦才是有价值的。人生最大的恐惧是不懂得反省，一错再错，一痛再痛。痛苦是生活的怪石嶙峋，智慧是那翡翠宝石，学会寻找智慧就是强大的宝石GPS定位。吃一堑，要学会长一智。

人生中的痛苦也是珍贵的。经历痛苦的人才能驾驭智慧。有一位商人有着一流的做生意的本事，商界人士都称他为"商王"。几十年的商场经验他积累了一肚子的生意经。这位商人有一位儿子，也是他唯一的继承人。商人对儿子有着很高的期望，把自己的毕生积累都教给了儿子，儿子很聪明，学得也很认真。当他满意地认为儿子已经和他有着同样的经商本领后，他便把产业教给了儿子管理。可是儿子接手还不到半年产业就亏损了一半。眼看自己打拼一辈子的家业要完，他很无奈，儿子也很奇怪，他明明像父亲的说教一样地经营，怎么会连连失败。无奈之下父亲向朋友抱怨此事，一朋友笑了说："这过错在你呀，你从小就宝贝似地护着儿子了，从不放手让他自己做一件事。尽管你把你的全部积累都给了他，可是也只能是纸上谈兵，你以前不给他经历痛苦的机会，不给他磨炼，他从来没有机会自己去总结错误，所以他在初试失败后只会一错再错。没有教训怎能成大器，让他学会从痛苦中自己汲取智慧就是了。"痛苦和智慧都是要靠自己亲身经历和汲取的，有属于自己的痛才有属于自己的智慧。

生活中或许成长就是一种痛，但别让那成为一道伤，成功蜕变才是我们追求的智慧。我们不需要有柯南、福尔摩斯的慧眼，只需一颗能在痛苦中"定位"智慧的心就足够了。有一天我们会感谢一路荆棘，感谢旅程风雨，感谢岁月孤独洗尽铅华，让我们在痛苦之源中寻找智慧，走向成熟，走向成功！

NO.11 情商需开拓：思维可以塑造，情商也可以改变

236. 认清自己，清楚自己的优势与劣势

心理学家认为，正确地认识自我，清楚自己的优势与劣势是提高情商的前提，是成功的开始。苏格拉底说："发现你自己。"一个不断认识自己、批判自己从而改造自己的人，智能才有可能真正发挥。认清自己，首先要清楚自己的优势。郭沫若先生在学生时代，只有数学成绩名列前茅，但如果他从此毕生追寻数学而背离自身内心，放弃文学潜力，很难想象他还会成为名家，幸亏郭沫若先生看到自己真正的优势，投身写作，成为中国文坛一颗闪亮的明星。

当我们认清自己，依照自己的优势确立目标，我们便能轻装上阵，沿潜能之路前进，向顶峰攀索。当然，通向山顶的路不可能笔直，前进的路上无疑会遇到艰难险阻。但如果我们能认清自我，明辨内心，就总能找到适合自己的路和方向，总会在风雨之后看到彩虹。红军当年被围，面临九死一生的局面，如果不是先辈烈士们在心中有着明确的信念，看清前路，又怎能完成"三军过后尽开颜"的壮举。

成功之后，若是不能以澄明的心守住自我，看清前路，还是会有滑落的危险。如果能认清这时的自我，如果依旧清醒，牛顿晚年也就不会有放弃自然科学的惋惜。

认清自己，时刻保持理性，才能知道自己该做什么，自己做什么是不对的。西方有一个企业家在一天的工作结束后，会带领员工做一个十分钟的"晚祷"，他们一起朗诵以下这几句："今天我是否做过有损别人的事？今天我是否说过不当的话？今天我工作是否尚有缺陷？今天我对工作是否全力而为？今天我是否在工作中偷懒？"然后大家开始一小段时间的自我反省。

通过这样的方式，老板带领员工一起检讨自身的不足，以达到提升自我、健全自我和改善自我的目的。

反省是一面心镜，通过它，你可以发现自身的不足，正视自己的缺点。成功学专家罗宾说："我们不妨在每天结束时问自己这样几个问题：今天我学到了什

么？我有什么样的进步？我是否对所做的一切感到满意？"真诚地面对自己的内心，通过反省突破自我的局限，开创成功的人生。

认识自己的方法有很多种，可以每天坚持写日记，可以选择一段安静的时间坐下来冥想，在脑海里把过去的事情拿出来检视一遍，只要你愿意改变，接受真正的自己，成功就会与你不期而遇。

237. 种好35%的快乐自留地

如果说工作是我们人生中的"责任田"，那兴趣和爱好就是我们"快乐的自留地"。在一个人一生中，我们注定要做很多的事情，有些我们不喜欢但是必须要做，有些我们喜欢却没时间做，如何平衡两者的关系，是每个人都需要面对的问题。

生命的"责任田"指的是我们的工作，以及生活中的柴米油盐酱醋茶。而"自留地"是我们的爱好，一些自娱自乐的活动，这些活动一般不会带给我们什么物质上的收获，却能满足我们心灵上的需求。"责任田"是我们生存的保证，"自留地"是我们生命的乐园。一个只知耕种"责任田"的人，在他的生命中缺少灵魂的快乐；一个只知耕种"自留地"的人，在他的生命中缺少对社会责任的担当，会有一种社会价值缺失的遗憾。

假如你有一份不错的工作，这表明你已经在这个社会中分到了一块非常肥沃的"责任田"。你的劳动会获得丰厚的回报。然而，也可能因为生活上优裕和自得，使一些人忽略了对自己"自留地"的耕种。直到退休的一天，看到别人"自留地"丰收的景象，而自己"自留地"却一片荒芜，才知道这块"自留地"的重要性。

一个人在年轻时，应该把眼光放长远一些，把自己的人生放在整个生命长河中去看，这样我们才会清楚的看到"自留地"的重要性。当我们步入老年时，"自留地"会让你的生命有所依托、时间有所托付、价值感有所体现，会把无限的寂寞和无聊美好地化解。

所以，在我们还年轻的时候，不要等，拿出我们35%的精力去耕种自己的"自留地"。去学习一些让自己感到快乐的技能，可以是画画、读书、瑜伽、书法，让我们的生活更加丰富多彩，充满阳光朝气。

238. 幽默感，开启情商之门的钥匙

　　幽默是生活的调味品，是人际关系的润滑剂和一个人成熟的表现。幽默的人能带来欢乐，消减矛盾和冲突，缩短人与人之间的距离。幽默能帮助一个人摆脱人际关系的困境，有利于一个人的身心健康，有利于社会的轻松和谐，它是一种高雅的生活情操。善用幽默的人不仅受人喜爱，能获得别人更多的支持和帮助。也是一个人精神饱满、神气洋溢时的自然流露。大家都喜欢有幽默感的人，不管是在愁苦时、尴尬时、害羞时，还是紧张时，身边有一个具有幽默感的人，就能化解掉尴尬的气氛，使整个世界充满欢乐。想要拥有幽默感，首先要有宽广的心胸和快乐的心境，当然，幽默感也可以通过训练得到，以下就是一些方法。

　　第一，试着和幽默的异性交往。通常，男性比女性更懂得如何使用幽默，而且一个沉默的女子往往更能激发幽默男人的幽默灵感；而如果男性朋友天性内敛沉静，如果找一个幽默阳光的女子，更能调节气氛，开阔心胸。因此选一个幽默感十足的异性做老师，比选同性的老师更容易。

　　第二，饭局往往是民间幽默的"集散地"。如果自命清高，瞧不起鱼龙混杂的小饭馆，看不上临时拼凑的饭局，那么，你就很可能错失与民间幽默高手打交道学习的机会。这些幽默高手往往能够在任何场合，面对形形色色的不甚熟悉甚至陌生的人时，展现自己的幽默感。

　　第三，"拿来主义"让你更容易入门。幽默感是一个人综合能力的展现，入门或速成的最好办法是"拿来主义"。借助书籍或是向幽默的人偷师学艺，记住他们的经典话语，当遇到合适的语境时，就直接抛出来。当然，还要与时俱进，不断充实自己的"幽默库房"，让自己成为"幽默潮人"。

　　第四，如果没时间看书，网络也是一个不错的选择。在候机候车时，上下班途中，工作时间感到无聊时，与同事话不投机时，你与其发呆浪费时间，不如多看看那些有趣的东西，这些幽默的东西积累多了，幽默感也就会随之而来。

　　第五，在没把握的情况下，先拿家人做陪练。当你刻意培养自己的幽默细胞，却又拿不准效果与分寸，不妨拿家人练手，看你精心设计的妙语是否会引起对方会心一笑。

　　第六，其实每一个富有幽默感的人都不是懒人，他们勤于思考，像战士准备迎战一样随时准备调动自己的幽默细胞。因此，想要成为一个幽默的人，首先要懂观察、爱思考、善总结，对生活充满热爱的人，才会是一个幽默的人。

239. 自省，认识自我的一面镜子

翻阅历史，不难发现我国先贤们都十分注重自省。孔子说："见贤思齐焉，见不贤而内自省也。"他的学生曾子经常会检查自己"为人谋而不忠乎？与朋友交而不信乎？传不习乎？"，以此来"日三省吾身"。战国时代的荀子说："君子博学而日参省乎己，则知明而行无过矣。"他直接将自省和学习联系起来，认为这样便不会犯错；理学家朱熹说："日省其身，有则改之，无则加勉。"他则是通过不断地自省来完善己身。由此可见，一个人要想全面地认识自我，就必须学会自省，而自省是一个人修炼人格、完善自我的必由之路。

自省不仅仅是自我反省那么简单，它还包括自我评价、自我反省、自我调控和自我教育四大方面。即一个人通过自我意识来省察自己的言行，先对自己的言行做一个评价，自己这样是对还是错；接着反省自己具体哪里做得不对；而后有针对性地改正自己的不足之处；最终在自我教育中提高自己的修养。自省使人充分发挥了意识能动性，对自身的德行修养大有裨益。

自省能使人改正缺点，也能让人增强自信。有人觉得自己很平庸，简直就是身无长处，这种观念太负面了。每个人都有自己的闪光点，但自卑往往会不敢尝试挑战，白白埋没自己的才华，这时候就需要深刻地自省来挖掘出优点，将优点彰显出来，自信随之大为提升。

一个人的成功往往是从认识自我，静心自省开始的，如果不能够准确地认识自我，想要取得成就是很难的。日本"保险大王"原一平的成功就验证了这一点。

日本"保险大王"原一平身高只有1.45米，貌不惊人。但他通过对自己准确的定位，认真的反思，最终获得成功，成为日本保险界一位响当当的人物。

原一平从小性格叛逆，甚至用小刀割伤过老师。在他27岁时，因为贫穷，只能露宿公园，所有人都认为他是没用的"废人"。

有一天，他向一位老和尚推销保险，老和尚说："听完你的介绍后，我没有任何投保的意愿。"看着一脸疑惑的原一平，老和尚接着说："人与人之间，像这样对视而坐，一定要具备一种强烈吸引对方的魅力，如果你做不到这一点，将来不会有什么前途可言。"

原一平看看自己，哑口无言。老和尚又说："年轻人，快去改造自己吧！要改造自己首先要认清自己，你知道自己是一个什么样的人吗？反省自己，然后才能成就自己！"

听完老和尚的话之后，原一平认真地对自己进行了反省。他发现自己整天都在抱怨生活，抱怨自己的身高、家庭，这样的状态当然不会有人愿意买他的保险。他也发现了自己的一些优点，自己虽然个子小，但是容易和陌生人熟络，说话也幽默风趣，这些不都是卖保险所需要的特质吗？通过不断地自我反省，原一平逐渐走上了成功之路。

反省的内容就是时时检讨自己的言行，每天进行"心灵盘点"，及时掌握自己近期的得与失，及时制定改进方案，让自己的心灵逐渐趋于完善。

240. 创造力，提升情商的引子

一个拥有很高的创造力的人，对于客观事物中存在的矛盾和不平衡现象会有强烈的兴趣，对事物的感受性特别强，能抓住易为常人所漠视的问题，推敲入微。在性格上，他们往往比较自信，自我意识强烈，能认识和评价自己与别人的行为和特点。

高创造力者具有如下一些人格特征：兴趣广泛，语言流畅，具有幽默感，反应敏捷，思辨严密，善于记忆，工作效率高，从众行为少，好独立行事，自信心强，喜欢研究抽象的问题等。并且培养创造力利于克服自卑心理，增强自信心。因此，培养一个人的创造力，往往能有效的提高他的情商，帮助他获得成功。

想要提升自己的创造力，就应该从平时做起，以下是几个提升创造力的小技巧。

第一，多问"为什么"。对于生活中遇到的新问题、新事物，一定要多加了解，例如，问题产生的原因，事物出现的缘由，这有助于我们接触到新的思想、事物，得知当下的情况，从而丰富自己的阅历，拓宽自己的思维。

第二，尽情地想象。儿童的想象力总是惊人的，总是在异想天开，但成人却越来越中规中矩，不再想象未知的世界。但丰富的想象力是创造的前提，只有想得出，才能做得出。所以尽情地想象，能够锻炼自己的创造性思维。

第三，用新眼光看待事物。苹果里有什么？通常人们会回答说："有苹果核呗。"但只要横着切开苹果，就会发现果核的切面酷似星星，所以也可以说苹果里面有星星。固化思维是创新的天敌，要远远甩在身后。遇到问题时，多变换角度、多调动创新意识，用新眼光看待事物，才能看得更加全面。

第四，敢于质疑。很多问题都是没有定论的，有定论的也不一定正确，当我们对事物有所怀疑时，要探寻下去，不断发出疑问：这个答案正确吗？问的越多，创造的可能性越大。

第五，逆向思维建奇效。大家都已经习惯了正向思考问题，这时若是反其道而行之，可以收到出奇制胜的效果。比如说，那些限量供应的餐厅大都生意火爆，供不应求，就是经营者逆向思考，抓住了顾客的好奇心理。生活里有太多的条条框框，运用逆向思维反而可以出其不意地打破这些束缚，展现出新的可能性。

固化思维会让人失去活力，只有拥有创造力的人，头脑才会灵活。容易变通的人，才能全面看问题，找到解决问题的办法。而这对于情商的提升无疑是大有裨益的。

241. 积极心理暗示，你比想象中更优秀

一个拥有积极心态的人，做事会比其他人更为热情，即使在艰难的情况下，也能用一种朝气蓬勃的心态去面对现实，迎接挑战。一个时常给自己积极心理暗示的人，容易树立起坚强的自信心，找到属于自己的位置，实现自己的目标和梦想。可见拥有积极的心态是多么重要。

心理学家马尔兹说："我们的神经系统是很'蠢'的，你用肉眼看到一件喜悦的事，它会做出喜悦的反应；看到忧愁的事，它会做出忧愁的反应。"当你习惯性地想象快乐的事情时，你就会处在一个快乐的状态；但如果你想到消极的事情，消极的心态也就随之而来。正如一位哲学家所说的："你看到的是什么，它就是什么。"

因此，我们要从事物好的、充满希望的一方面看待事物。养成从有把握和确定性的一面看待事物的习惯，相信事情会朝着最好的方向发展；相信正义将最终取胜，真理将最终战胜谬误。做一个积极的乐观主义者，用这种积极开放的态度改变自己，成就自己。

在进行积极自我暗示时，既不能心态浮躁，也不能急功近利，妄想进行几次暗示后就达到预期目标。积极暗示的效果是潜移默化、循序渐进的，不可能一蹴而就。但只要长期坚持下去，就能使自己成为一个积极向上、充满正能量的人。

值得注意的是，在对自己进行积极的鼓励时，不能进入一味鼓吹的误区，对自己的错误轻轻略过，要遵守实事求是的原则。当我们运用积极的自我心理暗示时，应该遵循以下几点：

第一，活在当下，肯定眼前自己的生活状态。未来总是遥远的，说"以后的生活会很美好"，话语里的期望有点渺茫，不如说"我现在的生活很美好"，可以直接调剂自己当下的心情。

第二，肯定优点，不强调缺点。比如说，总是赖床的人不能说"今天我又起

来晚了，下次不能这样"，而应该说"今天起来得比昨天早一些，以后还会越来越早"。把注意力放在缺点上会打击我们的积极性，因此要强调优点。

第三，多说简短的肯定词。肯定词越简短越容易记，效果越好。如果说一堆激励话语，就比较啰嗦，不能清晰传达情感。所以要多说令人印象深刻的、简短的肯定词。

积极有效的自我暗示会让人变得自信起来，而心态积极了，生活态度也会奋发向上，这一切都会促使自己成为更好的人。

242. 保持独立思考，不做情绪的奴隶

情绪是一个人心理活动的核心，是对客观事物的态度体验。当我们获得成功或遭遇失败，遇见顺心或不顺心的事情后，必然会产生愉快或是不愉快的情绪反应。但是一件坏事对我们的影响要远远大于一件好事对我们的影响，有这样一句话：别人对我们有十句赞扬，才会抵消一句批评。当我们在面对犹如万花筒般的大千世界时，应当保持独立思考，尽力争取良好的情绪状态，不要做情绪的奴隶，任由不良情绪吞噬健康、阻碍我们的成功。

情绪对人的健康有很大影响，但很多人却对此认识不足。他们把情绪简化为一种因为外部环境变化所引起的偶然的情感变化，并认为它是无关紧要的、暂时性的精神状态，很少有人把它真正地放在心上，进行有意识地控制和调节。结果，积极的、健康的情绪得不到很好的保护；消极的、不良的情绪得不到及时的排解，从而使个人常常受到不良情绪的压抑和破坏。而情绪对人的影响是非常大的，我们成功或失败，有很大一部分原因就在于我们能不能很好地控制我们的情绪。

汤姆是美国一所高中二年级的优秀学生，但在一次测验中，老师只给了他80分。汤姆无法接受这个现实，甚至认为这可能会断送自己的前程。于是，他拿着一把菜刀去了学校。在实验室里，汤姆与老师发生了激烈的冲突，并将老师刺伤，随后汤姆被制伏。

在由四名心理学家和神经学家组成的专家组鉴定之后，法官裁定汤姆当时处于暂时性精神错乱状态，不负刑事责任。后来，经过治疗康复的汤姆考取了一所非常优秀的学校。不仅仅是汤姆，现实生活中也有很多人被情绪所控制，犯下错误，但他们更多地是从此一蹶不振，很难有机会翻身。

可以说，不学会做情绪的主人，很容易在前进的道路上迷失方向，犯下一些错误，从而与成功失之交臂。有一些掌控情绪的小窍门能够帮助我们在情绪失控

的时候保持独立思考。

行动转移法。如果想要克服某些长期的不良情绪，我们可以试着用新工作、新行为去转移不良情绪的干扰。贝多芬曾经以从军来转移失恋的痛苦，摆脱不良情绪的控制。

注意力转移法。把注意力从消极的事情上转移到积极的、有意义的事情上。如果你正处在痛苦和烦恼中，不妨将注意力转移到自己喜爱的音乐或者是读书等上面，这会让你好受些。

语言调节法。语言是情绪体验的表现工具，也是情绪反应的控制器，如果你处在愤怒中，不妨用"制怒""谦让""忍耐"等词汇来缓解自己的情绪，暗示自己能够静下心来，冷静、理性的处理所面临的困难。

243. 自知之明，情商的加油站

常言道："人贵有自知之明"，一个人对自己的能力判断过高，或是轻易低估自己的能力，都会阻碍一个人的发展。心理学上将这种有自知之明的能力称为"自觉"，一般包括能察觉自己的情绪对言行的影响，了解并准确评估自己的资质、能力和局限，相信自己的价值和能力等。

希腊帕尔纳索斯神庙的石碑上刻着一句著名的箴言："认识你自己。"可见，正确的认识自己不是一件容易的事情。

有这样一则故事。一天，一只秃鹰飞过王宫的上空，看见一只黄莺颇受国王的宠爱，每天不仅吃得好、喝得好，而且地位尊贵，于是秃鹰就问黄莺："为什么国王对你如此宠爱呢？"

黄莺回答道："因为我自幼就有一副好嗓子，唱歌非常好听，国王很喜欢，也因此常常拿珠宝来装饰我。"

秃鹰心里非常嫉妒，心想："我的资质并不比黄莺差，不妨学学它，说不定也会受到国王的喜爱。"于是它便跑到国王睡觉的地方开始唱歌，正在酣睡的国王听到秃鹰的"歌声"，非常愤怒，下令将秃鹰抓回来，并拔光它的羽毛。伤痕累累的秃鹰回到鸟群当中，再也不敢进入王宫。

这个故事告诉我们，每个人都有自己的才能，有自己的特点，如果一味地模仿别人，结果只会一事无成，甚至是伤害到自己。很多人都为自己的梦想所努力过，但只有很少的一部分人成功了，原因就在于他们能够正确认识自己，有自知之明。没有自知之明的人，很难发挥自己的最大能动性，无法扬长避短，很难有效的成长、学习、工作和生活。

在学习生活中，有自知之明的人既不会自视过高，也不会过于低估自己的能力。自视过高的人往往容易冒进和浮躁，不善于与别人合作，在事业遭受挫折的时候心理落差比较大，难以坦诚面对客观现实。而那些低估自己能力的人，则会在工作中表现的畏首畏尾、踟蹰不前，缺乏承担责任和肩负重担的勇气，也缺乏主动请缨的积极性。这两种情况都极大地阻碍了一个人的发展，让他们在事业上难以取得重大的成就，挖掘出自己的潜能。

有自知之明的人既可以在他人面前展示自己的长处，也不会刻意掩饰自己的缺点，坦诚地向别人请教，这样做非但不会降低自己的身份，反倒能表现出自己的虚心和自信，从而赢得他人的青睐。

244. 跳出自我的小宇宙

一个人很难真正地、清醒地认识自己。不识庐山真面目，只缘身在此山中。局限在自我的眼光里，必然会带有种种主观的色彩，而无法客观地反映出自己的真实面貌。为了全面客观地了解自己，我们就很有必要跳出自我的小宇宙，站在局外看自己。

其实，意识到自我认识的局限性并不难，难就难在如何真的跳出自我，来实事求是地评价自我。我们很容易看到别人身上的"刺"，却看不到自己身上的"梁木"。一个人要认识自我，就必须与自我保持一段距离，再反过来观察和分析自己，就好像医生看待病人一样。要想做到这一点，最好的办法有以下四种：

第一，以他人为借鉴。"以人为鉴，可明得失。"一般而言，我们常常能够客观公正地评价他人，却常常夸大自己的优点，忽视自己的缺点。因此，我们就可以通过他人的描述或是通过自己与他人的对比来反思自己的种种问题。"三人行，必有我师焉。择其善者而从之，其不善者而改之。"通过他人的好的与不好的方面，来反观自身，不断认识自己，提高自己的素养。

第二，善于接受他人的批评。富兰克林·罗斯福说："请根据我的敌人的评论来评价我。"我们更喜欢接受那些赞美我们的语言，却自动忽略那些批评我们的话。事实上，这些批评当中有很多就是我们存在的缺点或问题。奥斯托洛夫斯基说过："批评不能使我灰心，相反它将告诉我，我是处在朋友中间，朋友们能帮助我。"当然，有些批评意见是出于不良的动机，当然不必太过在意。一个不善于正确对待批评的人，很难正确地认识自己，从而也就失去了客观认识自己的一个途径。

第三，从书本上来观察自己。每本好书都是一个优秀的老师和朋友，从这里我们可以得到很多的教诲和忠告，从他人的经历中发现自己这样那样的问题和不足。

第四，不断地反思自己。在一天结束之后，我们要面对自己的内心，扪心自问，反省一天的行为，也能够帮助我们跳出自己的小宇宙来看自己。

从自我的意识中跳出来看自己，以乐观、豁达、体谅的心态去看待事情的发展，从而认识自我，不苛求自己，再加以超越自我，突破自己，生活才有希望。

245. 走出孤立，在人群中开拓情商

有一些人在生活中有这样的问题，他们容易孤立自己，除了至亲之外，几乎没有好朋友或知心人。在人际交往中，除非确信自己受欢迎，否则不会卷入他人的事务中。他们对需要人际交往的社会活动或工作总是尽量逃避。即便在社交场合也总是沉默不语，怕惹人笑话，怕回答不出问题，害怕在别人面前露出窘态。这样的人总是夸大一件事潜在的困难或危险。这样的情况让他们的生活一团糟。

这种孤立自己的现象，其实也是一种社交障碍。如果你有这样的情况，不妨试试下面的建议，会让你逐渐走出自闭，在人群中开拓自己的情商。

逆向思维法。孤立的人对外在环境不会主动深入，甚至会排斥，很容易走进思维怪圈，自己画地成牢，走不出自己的思维模式。可能他们也想过要改变现状，但一直用僵化的、不正确的思维模式，只能在死胡同里越陷越深。此时，若是尝试反其道而行，事情往往会出现转机。这要求尝试着与自己原有的固定观念唱反调，若是原来总是骄傲自大，现在就要多看看别人的优点长处和成就，认识到自己的不足，慢慢变得谦虚；若是原来不喜欢交际，现在就要学习一些社交技巧，尝试多与人交往；原来喜欢按固定规则做事，现在就应颠覆一下规则，试试用全新的办法去行事。

循序渐进，给自己布置梯级任务。人是群体性生物，没有人喜欢孤独，没人喜欢被孤立，各种各样的因素使一个正常人慢慢变得孤立，那么走出孤立也不是短时间就能做到的，也要求我们循序渐进，一步步前进。此时，采用梯级任务作业就很符合现实需要，将大目标分割成一个个小目标，分为许多层次，再逐步去完成，随着时间的推移，就能慢慢矫正过来。

孤立的人不愿意与人打交道，也不敢交朋友，因此可以指定一个按照梯级任务作业的交朋友计划，这个计划最好是划分时间段的，容易按时间执行。刚开始

的任务一定要简单易行，难度指数比较低，然后再慢慢加大难度。比如说，将计划分为六星期，每个星期都有不同层次的任务。第一星期要求自己每天和周围人聊天五分钟；第二星期，将聊天时长增加到十五分钟，并交到一位朋友；第三星期，交五位朋友，并可以与他们不限时长的随意聊天；第四星期，再交五位朋友，并与朋友们一起聚会，尽量适应人群；第五星期，在交友、聚会的基础上，鼓励自己去参加陌生人举办的活动；第六星期，做到在各样活动中可以随意与人攀谈，并找到感兴趣的朋友。

这样的梯级任务每一步看起来似乎都不难，但认真完成后，孤立者会发现自己突破了自我限制，完成了一个壮举。如果担心自己不能按计划做下去，可以找一个信任的人来监督自己，让他来督促你坚持下去。

在执行梯级任务法时，或多或少都会遇到一些困难，但千万不能半途而废，只有坚持到底，才能彻底摆脱孤立。遇到自己无法翻越的障碍时，可以向他人求助，学习前人的经验，用成功的例子来激励自己，也可以尽情畅想走出孤立的生活有多美好，这些都能提供前进的动力。

246. 善待自己，自我尊重

一个人如果连自己都不爱，那怎么能要求别人来爱你？自己要永远把自己当成无价之宝，爱自己，尊重自己。在生活中一切都"如鱼饮水，冷暖自知"，所有的喜怒哀乐、酸甜苦辣只有自己知道，不要活在别人的世界里，也不要无原则地生活而委屈了自己，任何人都要善待自己。

一个孤儿院的小男孩从小就生活在一个孤独封闭的自我世界里，他每天不洗漱，抗拒以正常方式吃饭。他不知道自己为什么这样做，也不懂自己的价值在哪里，更无法去爱上自己。他自卑、固执，甚至没有底线，一切规矩对他而言都形同虚设，其他孩子的一句话就可以让他愤怒，或者做出出格的事来。一天院长交给这个孩子一块石头说："你明天拿着它到市场上去卖，但不是真卖，记住无论别人给多少钱都不要卖。"第二天男孩去了，蹲在市场的墙角，刚开始无人问津，后来有人来问价，但男孩记住了院长的话，多少钱都不卖。后来围观的人越来越多，价钱也越抬越高。回到孤儿院后男孩十分开心向院长讲述一天的情形。院长没说什么，只是告诉他："你明天把它拿到玉器古玩市场去卖，但你依旧不要真卖。"男孩第二天就拿着这块石头去了玉器古玩市场，令男孩惊奇的是竟有人出价比昨天高出十倍，但由于男孩还是不卖，以至于这块普通的石头被传说为无价的稀世珍宝。男孩很不解地问院长:"这明明就是块普通的石头罢了,为什么它能那么快升值呢?"院长笑笑说:"事实上每个人都像这块石头一样,刚开始我们都是一样的普通,变化就在于你怎样对待自己,把自己放在哪里,如果自己都嫌弃自己、不尊重自己,那么就不会有人爱你了。因为在别人眼中的你,最初看到的是你自己眼中自己的样子,你不爱自己,不尊重自己,甚至自暴自弃,那么就会有更多的人一样地放弃你,直到最后你会被整个世界所放弃。"男孩儿似懂非懂地点点头。从此他开始从每天定时洗漱开始,学会爱上自己,珍惜自己,慢慢男孩儿意外地发现周围的小伙伴们越来越多,他也越来越快乐。

没有谁天生就是弃儿,我们要学会用情商和这个世界去交流。一个人要懂得自己爱自己、尊重自己,要知道别人眼中的你就是你眼中的自己,想要改变别人必须要从改变自己开始。做一个聪明的人,从懂得自我认识开始,从自尊自爱开始。

247. 欣赏自我,与自己和解

我们常常把赞许的目光投给了别人,却极少把掌声留给自己。其实,如果我们能够对自己少一点苛责,多一点掌声,欣赏自己,我们便能够把事情做得更好。一个人的才华得到他人的认可、赞扬与鼓励之后,就会发挥出更大才能的欲望与力量,这也是我们都希望得到别人认可和鼓励的原因。

但是在生活中,我们常常得不到来自别人足够的认可和鼓励,甚至遭遇的是责难、讽刺和讥笑。这时,就需要我们学会自我欣赏,为自己鼓掌。

心理学家认为:"一个人如果不学会欣赏自我,那么他就很难激起积极进取的愿望。"一句小小的自我赞美,通常能够带给你意想不到的欢乐和自信。信心增强了,做事情就会充满激情和动力,这将会激励你取得更大的成功。

生活中有很多人缺乏自信,总是期望能得到他人的掌声,希望能得到别人的认可和赞扬,否则就会陷入自怨自艾当中无法自拔,这严重阻碍了一个人的成长。一位事业有成的企业家说:"不要在意别人对你的评价,不然,反而会成为你的包袱,我从来不害怕自己得不到别人的喝彩,因为我随时记得给自己掌声。"有很多人都过分看中别人对自己的评价,给自己的心理造成很大的负担,这样负重前行,必然走不快、走不远。

每个人的生活中都难免会遇到艰难险阻、挫折磨难,甚至失败,其实这些并不可怕,可怕的是我们自己否定自己,自己打败自己。人生要实实在在地掌握在自己手里，要想把握好人生，走向成功，除了执着于追求之外，还要能够原谅自己的过错，与自己和解。

坚信自己的人生价值，学会为自己鼓掌，我们的人生才会更加精彩。我们每个人都希望自己能够取得辉煌的成就，但并非每个人都能神采奕奕地站在镁光灯下接受他人的掌声。作为一个平凡的人，我们只要认真、努力地工作，从工作中实现自我的价值。即使所有人都把目光投向别处，你还拥有最后一名观众，那就是你自己。为自己鼓掌，为自己小小的成就欣喜，为自己的未来祝福。

248. 自我实现，充分利用时间

"时间观念的改变，会让一个人生活得更加充实，在管理时间、利用时间的过程中，做事效率必定会有一个很大的提高。"对于每一个人来说，时间都一去不复返，无法挽回，一个人想要实现自我、有所作为，就必须要学会有效地安排时间、利用时间，更重要的是强化自己的时间观念，提高自己的办事效率。

要想提高办事效率，最重要的是提高执行能力。英国著名历史学家斯科特·帕金森在分析为何"大型组织大而无当，毫无生气"的原因后指出："事情增加，是为了填满完成工作所剩余的多余时间。"这个研究结果告诉我们，工作效率低，很多时候是因为我们为了填补工作所过剩的时间，很多简单的事情花掉了我们过多的时间。

有这样一个生动的案例。一名学生平时成绩一直不好，家长无奈之下只好让他少修几门功课。但在心理学家建议下，这名学生多修了一些功课。结果大大出乎人们的意料，这名学生修的功课虽然多了，他的成绩非但没有下降，反而有所提高。原来这名学生学习效率低，所以成绩不好。选的课多了，反而让他打起精神来了，成绩也就自然提上去了。

观念决定思路，思路决定出路。做一份工作所需要的资源，与工作本身没有太大的关系，但一件事情膨胀出来的重要性与复杂性，与完成这件事所花的时间成正比。换句话说，给自己太多的时间完成一件事，不一定能提高工作效率，时间多反而容易让人变得懒散。

除此之外，一个人的业余时间也是很长的，相当于其生命的三分之一。一个人若能有效地利用这些业余时间，这也是一笔非常宝贵的财富。

如何珍惜业余时间？许多成功者的经验表明，关键是把它用到"正事"上，积少成多，聚沙成塔。鲁迅先生的零碎时间是在"随便翻翻""消闲的读书"中度过的。他的许多重要文章就是在"随便翻翻"中萌发出来的。著名数学家苏步青把点滴时间称为"零头布",他就是利用两年多的"零头布"写出了16万字的专著《仿射微分几何》。

国画大师齐白石原本是一位木匠,因为喜欢画画,便利用业余时间刻苦钻研绘画艺术,技艺日渐精湛,后来成为享誉海内外的画坛巨匠。可见,"运用之妙,存乎一心"。只要有心,就不难找到利用业余时间的方法。

实现自我,就要充分地利用好自己的时间,在更短的时间内做出更多的事情。在很多时候,我们比我们想象中的更加优秀,更能很好地利用时间。我们需要做的是逼自己一把,或许会有意想不到的收获。

249. 别因自卑而低估了自己的价值

很多人之所以一生无所作为,不敢按照自己的意愿去做,很多时候是因为自己的自卑而低估了自己的能力。英国著名评论家海斯利特曾说:"低估自己者,必为人所低估。"一个人不敢表现出自己的能力,不敢表达出自己的意见,在自卑中畏手畏脚,实在是愚蠢至极的行为。

自卑会让你低估自己的能力,觉得自己各方面不如人,同时还伴有一些特殊的情绪体现,诸如害羞、不安、内疚、忧郁、失望等,这些消极的情绪会蚕食你的健康和自信心。所以,克服自卑对一个人的健康成长是很重要的。

我们自卑很多是过于看重别人的评价。其实,你只要正确全面地认识自己,理性客观地看待别人对你的评价,就能摆脱别人对你消极的暗示。事实上,他人的看法或想法往往存在片面性,你因之而起的自卑感完全是不必要的。

很多失败的事情也会带给我们挫折感,有很多事情在我们努力之后仍然会失败,这是很正常的。只要你将做不好的事,反复多做几次,慢慢熟悉,事情就能完成得很好。人的一生中会遇到许多困难,必须想尽办法去克服,才能获得胜利。多给自己一些鼓励,让大家一起为你鼓劲,振作精神,好好奋斗。在克服自卑的过程中,应该掌握这几个小技巧:

第一,正确认识自己。人与人性格差异很大,充分了解自己性格的优势与不足,学会扬长避短,这有助于增加你的自信心,对自己充满信任。

第二,人是不断变化发展的,我们需要不断更新、完善对自己的认识,才能使自己变得更美好。

第三,建立可实现的目标。每个人都需要完成目标之后带来的满足感。因此,制定一个合适自己的,能够达到的目标就显得非常重要,当按时完成任务时,不要忘记犒劳自己一下。当然，你要有自信心，认识到通过自己的努力，一定能达到目标。

第四，从心灵上确认自己能行，自己给自己鼓劲，你就不会为一点困难而退缩。永远不要低估自己，相信自己是最棒的，相信自己也会成为出色的人才。

250. 调动热情，可能创造奇迹

很多人最初都有远大的目标、有自己的梦想，为什么到最后仍然一事无成？很大程度是因为他们在奋斗的过程中，随着时间的推移，最初的那种热情逐渐消退。当一个人缺乏热情，甚至是对待事情冷淡时，就很难在所做的事情上尽全力，结果自然也就不言而喻了。

在麦当劳的发展历史上有这样一位 CEO，他出生在澳大利亚，年少时家境贫寒，最初来到麦当劳打工时的薪水只有 1 美元，他叫查理·贝尔。15 岁时，他在悉尼的麦当劳餐厅开始了他人生中的第一份工作——打扫厕所。这是一个又脏又累的活，而且每小时的薪水只有区区 1 美元。

年轻的查理·贝尔并没有因此抱怨，他从不在工作上草草了事。他完全将这份工作当作自己走向成功的起点，做起事来勤勤恳恳、踏踏实实。当时的查理·贝尔坚守着这样一句人生箴言："生命无法重来。"在这样一个信念的支撑下，他不但认真完成自己分内的工作，还帮忙擦地板，翻烘烤中的汉堡。

查理·贝尔的这些举动被细心的老板彼得·里奇看在眼里，喜在心上。没多久，查理·贝尔就成了麦当劳一名正式员工。

之后，勤劳热情的查理·贝尔轮流在各个岗位上锻炼。认真负责和积极肯干的态度，使得查理·贝尔在短短的几年里就掌握了麦当劳餐厅生产、服务以及管理等一系列工作流程。其中的每一项工作他都做得很好，这些经历也让他受益匪浅。

功夫不负有心人，19 岁的查理·贝尔就被提拔为麦当劳的店面经理。27 岁时，查理·贝尔成为麦当劳澳大利亚公司的副总裁。仅仅两年后，他又被提升为麦当劳澳大利亚公司董事会成员。

2004 年，查理·贝尔凭借着自身实力与个人威望，成为麦当劳公司全球 CEO。这时的查理·贝尔只有 43 岁，成为了麦当劳历史上最年轻的 CEO。在上任时，查理·贝尔无不骄傲的说："麦当劳的每个职位我都做过了，就差这个职位了。要是能在这个职位上发挥自己的才能，我将会非常高兴。"查理·贝尔能够成功，和他对待每一份工作都充满热情是分不开的。

查理·贝尔从一个打杂的临时工成为全球最大餐饮集团的 CEO，这离不开他做事的原则，那就是对所有的工作都充满热情。

251. 重塑自我，撕掉旧标签

人们常识"人心难测"，说的就是每个人都有复杂性，很难用一个或是几个特定的标签就能描述。每一个人也都是在不断成长和发展的，没有谁是一成不变的。但我们常常喜欢为自己的生活设定限制和关卡，而不愿意有所突破和改变。我们给自己贴上了满身的标签，让自己和周围的人认定那就是自己，于是自己也就真的成了那个样子，很难再有所改变和突破。想要改变自己的人生，就要从撕掉这些旧标签开始。

安妮从小体质虚弱，身边的家人朋友又常常告诫她不要玩那些危险的游戏。因为害怕自己会受伤，她从不敢做任何运动。渐渐地，她在心底给自己贴了一个标签就是"胆小鬼"，这让她做什么事情都畏手畏脚，给她带来很多苦恼。

然而，安妮知道自己必须得改变，否则她的生活就会被毁掉。于是，安妮向心理医生求助。在医生的帮助下，她开始做一些新的尝试，潜水、赤足过火和高空跳伞，这些事情让她知道自己实际上是可以做到一些看似很危险的事。

即使如此，也很难改变她先前的自我认定，没有办法摆脱"标签"对她的束缚。但在这时，她的很多朋友都表示很羡慕她的表现，并告诉她："我真希望也能有你那样的胆量，敢尝试这么多的冒险活动。"一开始，她对大家夸奖的话的确很高兴，听多了之后她便开始怀疑以前是不是低估自己了。

安妮开始把自己的痛苦跟自己"胆小鬼"的标签连在一块儿。后来，在又一次的高空跳伞训练中，她决定让自己从"我可能"变成"我能够"，让"我冒险"扩大为"敢于冒险"的信念。当飞机攀升到一万多米的高空时，和她一起来的新手队友都非常紧张，在他们的眼神里，安妮看到了以前的自己。她第一个跳出飞机，下降时，她一路兴奋地高声狂呼，似乎这辈子从来没有今天这样的活力和兴奋。在队友羡慕的眼神和赞许声中，她突破了自我，不再是以前那个胆小鬼，而成为了一个敢冒险、有能力、正要去享受人生的人。

安妮的转变很完全，新的体验让她一步步地淡化了旧的自我认定，勇敢地尝试帮助她撕掉了"胆小鬼"的旧标签，真正成为一位敢于冒险的人。

如果，你还把自己封闭在旧标签之下，说着"我不行""我办不到""我害怕""我放弃"。那么你就真的需要提起勇气做一次全新的改变了，或许你会发现，撕掉旧标签很可能是你人生当中最有趣、最神奇和最自在的经验，当你换了一种自我认定，撕掉贴在身上的旧标签，换上一个新标签时，你很可能就此超越过去，重塑新的自我。

252. 多去尝试，才知道有无可能

潜能激励大师安东尼·罗宾说："人生伟业的建立，不在于知，而在于行，行动才是扭转人生最有力的武器。"付出的行动不同，产生的结果也就不同，产生的结果又把我们带往特定的方向，最终决定我们拥有怎样的人生。影响人生重要的因素，就是你的各种决定，在困境面前，是退缩还是尝试，是逃避还是面对，影响了我们的人生。

鲁迅先生曾经说过："其实地上本没有路，走的人多了，也便成了路。"所以，他十分赞赏"第一个吃螃蟹的人"和那些在人类前进道路上披荆斩棘的人。纵观古今，凡有成就者，哪个不是在多次尝试、多次失败后才取得成功的。爱迪生为了找到一种合适的材料做灯丝，竟进行了近8000多次尝试，最终获得了巨大的成功，给人类带来了"光明"。这"光明"与其说是电之光，还不如说是勇于尝试的精神之光。爱迪生说："一次尝试，就有一次收获"，没有那么多次的尝试，也就不会有今天的成功。

有这样一个小故事，干旱来袭，一群鳄鱼被困在一个小池塘中。面对这样的情况，只有一只小鳄鱼转身离开了池塘，尝试着去寻找新的水源，池塘中其他鳄鱼却无动于衷，有些强壮的鳄鱼开始不断地吞噬身边的同类。

随着池塘不断干涸，最后一只鳄鱼也死去了。然而那只小鳄鱼却找到了一处茂密的绿洲，在其中的湖中活了下来。可以试想，如果小鳄鱼不敢尝试去寻求另一条生路，那它也难逃丧生池塘的厄运。而其他的鳄鱼，如果不是安于现状，那么它们又怎会落得互相残杀的可悲结局呢！由此可见，勇于尝试，才有改变的可能。我们应该怎样做呢？其实方法很简单，那就是从现在开始下决心，规划一下自己的未来五年，甚至是更长时间，我们究竟要成为怎样一个人，达成怎样一个目标。改变，就可以从现在开始。

当你一旦做出某种决定后，就要竭尽自己的所能去实现目标。但很多人总是给自己找各种各样的借口，不是抱怨家境不好，就是抱怨自己没有背景；不是抱怨自己学历不高，就是抱怨自己没有遇到机会等等。其实这些借口都不是理由，它只会毁掉你的能力，甚至毁掉你的人生。

抱怨不如改变。果断地做出决定，先制定一个小的目标，在短时间里让自己发生改变，然后再一步步实现大的目标。如果你这么做了，你会发现自己不论是

在家庭、事业、心态、健康上，还是在个人收入甚至是人际关系上，都会有一个全新的改变。

253. 用自己的优势来经营生活

　　成功心理学创始人之一、盖洛普咨询有限公司名誉董事长唐纳德·克利夫顿说："在成功心理学看来，判断一个人是不是成功，最主要的是看他是否最大限度地发挥了自己的优势。"一个会用自身优势来经营生活的人，他的生活肯定会更加顺风顺水，更加精彩。

　　在生活中，成功者往往不是能力最强的人，而是那些能够找到自己优势，并充分发挥自己优势的人。著名喜剧表演艺术家赵本山的成功之路，就是一个最好的例证。赵本山还是一个农民的时候，有人说"他重活干不成，轻活不愿干，光会耍嘴皮子"。然而，赵本山正是利用了自己"嘴皮子"好的优势，经过不断努力，使"东北二人转"这一古老的东北民间表演形式走出东北，享誉全国。他的成功之路告诉我们，只有善于发现自己的优势，培养自己的优势，强化自己的优势，发挥自己的优势，才能更容易到达成功的彼岸。

　　还有一个很经典的故事。小兔子被送进了动物学校，它最喜欢跑步课，并且总是得第一。但它最不喜欢游泳课，一上游泳课它就非常痛苦。但是兔爸爸和兔妈妈要求小兔子什么都学，不允许它有所放弃。小兔子只好每天垂头丧气地到学校上学，老师问它是不是在为游泳太差而烦恼，小兔子点点头，盼望得到老师的帮助。老师说，"其实这个问题很好解决，你的跑步是强项但是游泳是弱项，这样好了，你以后不用上跑步课了，可以专心练习游泳。"不停练习游泳的小兔子能够成功吗？答案是显而易见的。

　　中国有句古话：只要功夫深，铁棒磨成针。讲的是只要坚持不懈，就一定能成功，但前提条件是在自己擅长的领域努力。事实上，当人们把过多的精力和时间用于弥补缺点时，就很难顾及增强和发挥优势了；更何况任何人的欠缺都比才干多得多，而且大部分的欠缺是很难弥补的。故事中的小兔子根本不是学游泳的料，即使再刻苦，它也难以成为游泳能手；相反，如果训练得法，它也许会成为跑步冠军。

　　当你发现自己在做许多事情时，需要学习，需要不断地去修正和演练。而在做另外一些事情时，却几乎是自发的，不用想就本能地去完成，这就是你的优势。

　　在我们的生命中，他人会给予我们很多意见与评价，这不一定完全正确，你是你自己人生的主角，不必过于在意别人对你的看法。人活着并不是因为千篇一律的工作才有价值，恰恰相反，那些成就大事的人都是拥有自己独特想法，并且坚持走自己路，才创造出让世人惊叹的奇迹。

254. 发挥主观能动性，把不利因素转嫁出去

上天不会把所有的有利条件都给人们准备好，生活中总有这样那样的困难，在遇到阻挠我们取得成功的不利因素时，不能一味地耗在上面，被它们困住。最好的办法是调动我们的聪明才智，发挥主观能动性，寻找合适的转嫁物，把不利因素转嫁出去，使自己继续轻松地向前走。

小孩子开始蹒跚学步时，很容易重心不稳，摔倒在地，而后哇哇大哭。家长的安慰也无法让孩子停止哭泣。这时，家长往往会为孩子的摔倒找借口，而不会认真地告诉孩子，是你自己没有走好摔倒了，怪你自己，因为这样孩子反而会哭得更伤心。家长一般都会说，哎呀，都是这块地不好，这么不平，把宝贝绊倒了，随后再踩地两脚，以示为孩子出气了。孩子的沮丧情绪就会随之消散，继续满怀信心地学走路去了。在小孩学走路这件事上，家长把不利因素转嫁到了地上，从而让孩子有信心接着走路。我们在生活中，不可能再让别人来帮我们这样做，要充分地发挥主观能动性，自己从失败中走出来。

发挥主观能动性，用自己的情商控制情绪，让心态积极起来，不利因素就转嫁到了别处。

一个人站在船尾，手扶栏杆，闭着眼睛，神态越来越轻松。等他睁开眼睛时，他身边的人好奇地问："你在做什么？"他高兴地回答："我闭眼想象着我的烦恼事都被扔进海里了，生活中的不利因素也被白浪滔滔的海淹没了，我觉得浑身轻松。"的确，想要成为一个快乐的人，就是要积极面对生活，学会将不利因素转嫁出去，振作精神，不让任何困难成为自己前进的包袱。

春秋战国时期，秦国因有尚武风气，人民勇猛好斗，国力日益强盛，对邻国造成了很大的威胁。韩国作为秦国的邻国之一，十分害怕被秦国吞没。为了使秦国没有侵韩的实力，韩国派一个叫郑国的水利师去秦国提出修水利的建议，因为修水利的确可以让秦国所在关中平原成为富庶之地，但因为秦国忙于修水利工程，暂时就会无法攻打他国，韩国得以又多存活了几年。

一辆负重太多的车无法走快，一个把太多不利因素归结在自己身上的人无法奔跑起来。调整自己的心态吧，发挥主观能动性，把不利因素转嫁出去，就可以为心灵减压，在成功之路上走得更快。

255. 选择新视角，打开新视野

在前进的路上，遇到困难是常有的事。这时，就需要我们用灵活的头脑转换视角，突破问题的瓶颈，获得成功。视角决定视野，视野决定方向，方向决定成败。因此，面对困境，选择新视角，打开新视野就显得尤为可贵。

当年，面对试验田中首季杂交稻人们傻眼了，"稻谷减产了15%，稻草反而增长了70%"。有人嘲讽说："可惜啊，人不吃草，不然杂交稻就大有前途。"袁隆平却说："试验已证明水稻杂种有优势，只是这种优势现在表现于稻草而不是稻谷上，是配种不当。改变配种，优势就能发挥在稻谷上。"第二年，杂交稻果然比常规水稻增产30%，杂交稻种植大门从此打开。如果当年袁隆平也钻牛角尖，局限于眼前的思维，而轻易放弃的话，就不会有今天的成就。

诺贝尔奖得主屠呦呦回想提取青蒿素过程时说，课题组筛选了四万多种抗疟疾化合物和中草药，历经190多次失败。为搞清哪个环节出了问题，屠呦呦转换思维，重新阅读经典医籍《肘后备急方》。其中，"青蒿一握，以水二升渍，绞取汁，尽服之"，让她意识到问题可能出在常用水煎法因高温破坏了青蒿中有效成分，于是他们用沸点只有35摄氏度的乙醚代替水或酒精来提取青蒿素，终于开启成功之门。我们也会经常遇到"此路不通"的困境。当此之际，不妨转换视角，另觅新途，往往能够看到"柳暗花明又一村"的景象。

失败并不可怕，可怕的是无法把失败当成转换视角的契机而就此打住。在一定程度上，失败能够逼迫人转换视角，从而使久而未决的事情得到解决。

256. 弱者更要懂得保护自己

对于社会上的弱者来说，弱者是相对于强者而言的群体，在这个鱼龙混杂的社会中，弱者处于生物链的底端，免不了被摆弄的命运，所以弱者更需要保护自己。对于弱者来说，面对危险或者辱骂的时候，依旧要冷静面对。但是弱者又该如何保护自己呢？

当你无法改变别人的时候，你可以改变自己的思维方式，这又何尝不是一种自我保护呢？

有这样的一个小故事，故事发生在一个富足的国家里，有一天国王要去一个较远的地方视察工作,但是由于这是国王第一次长途跋涉地步行出远门,并且道路崎岖不平,国王在视察完毕、返回宫殿之后,脚痛万分,于是国王就下令要将全国道路上铺满牛皮,但这需要成千上万的牛皮和大量的资金。这时候一位农民的人就向国王献言:"英明无比的国王陛下,您没有必要花那么多的冤枉钱,您只需要一小片牛皮,包着您尊贵的龙足,就可以得到同样的效果。"国王非常满意地接受了农民的意见,为自己制作了一双"牛皮鞋"。这位农民不仅仅成功地解决了国王脚痛的问题,还保住了农民家中的生活来源——牲畜。

  这个故事向我们证实了弱者同样可以通过自己的情商保护自己。与强者相比,弱者可能少了很多优势,比如说男人女人体力上的差异,穷人富人金钱上的鸿沟……但情商高低并不被这些差异所影响,只要积极发挥情商的作用,就能有效避免自己受到伤害。比如说,在遇到劫匪时,安全与金钱相比,肯定要把安全放在首位,情商高的人会主动交出财物确保安全,偷偷记下劫匪的样貌特征,报警后为警察提供线索;而情商低的人分不清轻重缓急,在自己处于弱势的情况下,还做无谓的反抗,很容易破财又受伤。

  如果清楚地知道自己处于弱势地位,就要有所防范、有所准备。要有一个强大的心理去面对生活中的挑战,同时也要有睿智的头脑去灵活应对突发情况,尽力把自身损伤降到最小,或者尽力保护自己不受伤害。

257. 学会对他人感兴趣

  对别人真心诚意,是最有效地结交朋友的窍门之一。如果你能真心地对别人感兴趣,很快你就能结交到很多的朋友。但有很多人希望自己能时时引起别人的兴趣,而很少对别人有兴趣,这样的人的人缘大都不算太好。学会对他人感兴趣,这是成为社交高手的必备条件。

  人们对于自己的名字都十分重视,很多成功的企业家都花尽力气使自己的名字能够名垂青史。因此,一个表达对别人尊重和感兴趣的方法就是记住人家的名字,而且很轻易地叫出来,这等于给别人一个巧妙而有效的赞美。

  "钢铁大王"安祖·卡耐基自小就知道名字对人的重要性。他在幼时曾抓到过一窝小兔子,却没有食物喂养,于是他对伙伴们提出建议,谁喂哪只兔子,就以那个人的名字给那只小兔子命名。大家纷纷表示赞同,卡耐基也就发现了名字的魔力。当他做生意时,曾与普尔门的公司争夺联合太平洋铁路公司的卧车生意,竞争十分激烈,双方都把价格压得很低,眼看就要到了毫无利润可言的残酷局面。

卡耐基灵机一动，安排了一次和对手普尔门的"偶遇"。他诚恳地提出合作要求，建议将两家公司合并起来，并罗列出种种与他合作的好处，但普尔门还是心存犹豫。最后普尔门问："这个新公司叫什么呢？"卡耐基立刻回答："当然叫普尔门皇宫卧车公司。"普尔门大为振奋，立即决定要和卡耐基合作。就这样，卡耐基利用人往往会重视自己名字的特点，打了漂亮的一仗。

学会对他人感兴趣，在牢记别人的名字后，还要多关注别人的兴趣爱好。一般来说，在交谈中，如果说的话题都是对方不感兴趣的，那么社交效果就会大打折扣。这就要求我们事先做好功课，提前了解对方的兴趣爱好，如果没有时间准备，也可以在交谈中试探对方的喜好，然后以此展开话题，双方就会有很多共同语言，对方也能感知到你的尊敬之意。

在交际中，切忌以自己为中心，交际是一个互动的过程，只有你学会对他人感兴趣，才能调动起别人的热情，进而进行良好的互动。

258. 弱化自我，把注意力放在他人身上

很多人都喜欢以自我为中心，他们把绝大多数的注意力放在了自己身上，生活在自己的世界里，却很少为别人考虑，这让他们很难交到朋友，很难融入到朋友圈中。理解他人之所以不容易，是因为每个人总是放不下自己，适当地把注意力放在别人身上，站在他人的立场上考虑，就能够理解体会别人的想法和思维。

痛苦皆由"我"而引起，如果将注意力适当地转移到别人身上，痛苦也就会减少很多。交际的朋友多了，生活面就此打开，人也会变得积极快乐起来。

成功学大师卡耐基曾经说过："假如有什么成功秘诀的话，就是设身处地地站在对方的立场上，替对方想想，了解他人的态度和观点。己所不欲，勿施于人，如果一味地为自己的观点和主张辩解，往往只会陷入顶牛抬杠的境地，于人于己均无利益可言。"

以自己为中心的人大多很自卑，由于自卑，他们在交往时总是担心自己不受欢迎，总是过分关注自己在他人眼中的形象。因此，他们不会对别人产生真正的兴趣，所以也很难交到朋友。

自信的人才能尽情的体会交往的乐趣，他们精明干练，善解人意，他们熟悉各种人的心理，喜欢合作，甚至喜欢与人竞争。

其实把注意力放在别人身上很简单，以下是一些小窍门或许能够帮助你弱化自己，建立自信：

第一，如果你有孩子，那么请把关爱放在你孩子身上。很多性格孤僻的人结婚后，由于把注意力分给了家人，变得善于交际，更加自信。

第二，如果你没有结婚，那么你可以选择谈一场真正的恋爱，当你陷入爱河的时候，就能强烈地感受到关照别人的感觉，从而弱化自我。

第三，如果你有父母，那么你就去打工、赚钱，去买礼物送给父母，去为父母做饭洗衣，仔细体会父母的想法，并多想想如何让他们幸福。

第四，最重要的还是要练习共情能力，就是能够体会他人想法，能站在别人的立场考虑问题，能够知道对方的性格，培养自己察言观色的能力，这对你的人际交往或是将来的工作都会有很大的帮助。

下篇
别让坏脾气害了你

NO.12 情绪的健康地图：75%的疾病竟是"情绪病"

259. 负面情绪，伤身又伤心

当在生活里遇到不顺心的事时，人们的心情很容易变坏，产生各种各样的负面情绪。工作上出现难题时，生活不顺利时，家庭不和睦时，人际关系紧张时……外界环境不利于自己，自身条件又不过硬，很少有人能够保持乐观积极的心态，很难始终保持对自己有信心、对未来充满希望，然后各种负面情绪就出现了：苦闷寂寞、悲伤难过、愤怒嫉妒、烦躁不安……这些情绪会危害我们的身心健康。

一方面，中医讲究"怒伤肝、忧伤肺、思伤脾、恐伤肾"，可见负面情绪对人体的危害极大。举例来说，焦虑会让人失眠，悲伤会让人食欲不振，惊恐会让人无法集中注意力等等，一旦负面情绪扰乱了我们的正常生活规律，健康就会出现问题。另一方面，当我们的心里充斥着负面情绪，就无法用正常的眼光看待世界，心里会逐渐变得消极、阴暗，如果一直沉浸在负面情绪中无法自拔的话，会患上抑郁症等精神疾病，甚至选择自杀。毫无疑问，负面情绪的确伤身又伤心，我们要尽力避免自己陷进"负面情绪"的泥潭。

生活随时都可能显示出狰狞的那一面，打得我们措手不及，产生负面情绪，这时就要靠我们自己的努力，控制自己的情绪不进一步恶化，调整到正常状态。可以试试以下几点：

其一，心理暗示法。可以喊出来响亮的话语，比如"我很快乐"，也可以在心里默念，暗示自己"我很棒，我一定会解决问题"，这些可以在一定程度上使心态变得积极。

其二，转移注意力。当一个问题让你焦虑、担忧时，越烦躁越找不出解决方案，这时候可以去做感兴趣的事，或者去看看笑话、相声，让自己的大脑换个思路，从而达到放松效果。另外，也可以去换个新发型，调整服饰、形象等等，将自己的注意力放到别处去。

其三，选择宣泄。心情不愉快时，一直憋着很伤身体，必须找到某些途径发泄郁闷之气。途径有很多：将烦心事倾诉给朋友；大哭一场，将毒素排出；高声放歌，用音乐治愈自己；写心情随笔，把心里话都记录下来等等。

其四，按规律生活。人体有自己的生物钟，按时做事，身体就会正常运转，不要因负面情绪而改变作息，打破平衡。如果觉得心力交瘁，就去跑步运动，将身体的精力消耗掉，这样就很容易入睡。

产生负面情绪并不可怕，可怕的是受到它的消极影响，让自己的身心遭到伤害。因此，我们必须掌握一些调控负面情绪的方法，及时地让自己脱离负面情绪的魔爪。心态消极时，人们做事的效率就会大大降低，甚至逃避应该承担的责任，这是对自己不负责的行为；只有保持积极的心态，让自己的情绪正面化，才能使身心朝着积极的方向发展。

260. 肩膀，扛起太多负面情绪

肩膀出现僵硬或酸痛的情况，可能是每一个上班族或劳动工作者都曾出现的情况，很多人都以为这是因为太过劳累造成的，但劳累是一方面因素，肩膀出现问题，很大一个原因是因为它扛起了太多负面情绪。

一般来说，由于体力工作引起的肩部酸痛，贴一些药剂贴布、换一个舒适的枕头、泡泡热水澡、按摩一段时间，就会好转很多，让肩部轻松起来。但是，当这些疗法不起作用时，肩部依旧沉重，我们就该反思一下，最近自己的情绪是不是有些负面了。情绪的变化，能够直接导致身体器官出现变化，肩部就是一个例子。

当一个人心态积极时，他的肩膀会很挺拔，仿佛在时刻准备着迎接生活的挑战，显示出无所畏惧的气势。当他的情绪变得消极时，肩部就会不自觉地塌陷下去，就像是有无形的压力压在他的肩膀上，长此以往，肩部自然不会挺拔如初，形状也会变得有些畸形，还可能会出现一系列肩部疾病问题。

举例来说，一个人心生恐惧时，肩部会瑟瑟发抖；一个人觉得受到了威胁时，肩部会绷紧，呈现出保护自我、蓄势待发的样子；一个人时不时地耸肩，意思是"不知如何是好""不赞同"或是"不想涉入"，他的心情就是抗拒外界，有些不耐烦。这些都只是轻微的负面情绪，肩部也不会太难受，还有更严重的情况。当一个人在压抑自我、面临巨大压力时，他的肩膀是紧绷、僵硬的；当一个人因压力过大而放弃抗争时，他的心情是消极的，放纵自我，肩部在下塌、耷拉着。与此相反，一个人肩膀不自觉耸起，说明他处于巨大的恐惧和焦虑中，才会陷入这种自我防备的状态。一个人强作镇定、虚张声势时，内心处于不安状态，心理比较脆弱，肩膀就会后推，造成不自然的挺胸。

值得注意的是，如果负面情绪得不到有效调控，肩膀就会处于上述那些不自然的状态，这势必会影响肩部骨骼的正常生长，肩部肌肉也会处于疲劳状态，很容易诱发肩部疾病。

综上所述，在大多数人眼中，只是由于太操劳或睡不好而造成的肩膀疾病问题，其实是因为肩部扛起了太多负面情绪。下次你的肩膀再有疼痛感时，一定不能忽略，应该注意到这其实是肩部在提醒你，要立刻解决那些没有得到重视、没有及时调控的负面情绪。

261. 情绪来袭，"首"当其冲

据调查显示，头痛是最常见的疾病之一，在因头痛而去就诊的人群里，有高达五分之四的患者，认为情绪和头痛有很大的关联。这些患者根据自己的亲身体会，说每当疲惫、紧张、迟迟入睡时，就会出现头痛症状，而当自己情绪发生较大波动，出现负面情绪时，焦虑、悲伤、愤怒、恐惧等情绪会导致身体不适，而头部最为敏感，最先表现出不适状况，比如头昏脑涨、头痛欲裂等。可以说，人脑是负面情绪最直接的受害者，情绪来袭，往往"首"当其冲。

大量的医学研究表明，情绪不佳会导致脑部疼痛。脑部神经密密麻麻，有诸多功能，其中有一部分就是主管情绪活动的高级中枢，被称为边缘系统。当人体产生负面情绪时，就会刺激到边缘系统。然后，边缘系统会向高级神经中枢传递致痛信号，人体就会分泌出有致痛作用的化学物质，增高血液中的致痛物质的浓度，使血压升高，血液流通速度加快，部分脑血管就会扩张，人体就会出现头痛症状。

有一份有关头痛的流行病学调查，也同样可以证实头痛的发生与患者的情绪有关，那些情绪不稳定的人，比常人更容易出现头痛症状；而在偏头痛患者中，焦虑、悲伤、消极低沉等不良情绪占有很大一部分比例。由此得出，为了做到有效预防头痛，关键就是培养乐观豁达的性格，让自己保持良好的心态。

首先，要生活的有规律，保证充足的睡眠时间。当人清醒时，大脑一直在运转，脑细胞处于高度活跃状态，只有在人入睡时，大脑才能放松下来，进行自我修复。所以，不要打乱自己的生活作息，按照生物钟准时睡觉、起床，才能有充足的睡眠，让大脑在这段时间好好休息、放松。一旦睡眠不足，脑细胞活力不足，神经紧绷太久，很容易引起头痛。

其次，用脑时要有张有弛，不要强迫自己长期处于兴奋状态。不管工作任务有多繁忙，当大脑有些疲倦、工作效率降低时，都要抽出几分钟，放空大脑，可以什么也不想，闭上眼睛，自己按摩眼部、头部；也可以离开座位，活动活动，转转脖子伸伸腿；还可以站在窗边，看看外面的绿色，净化眼睛，舒缓大脑。在放松之后，脑部就又充满活力了。此外，不要通过喝浓咖啡、听摇滚音乐等方式来刺激大脑，否则大脑兴奋的时间过长，透支了活力后，人就会觉得头痛欲裂。

最后，要给自己积极的心理暗示，及时化解压力。人的心态不同，想法不同，心情就不同，身体反应也不同。比如说，同样是加班，有人心态消极，想着我真命苦、工作什么时候才能做完，然后唉声叹气，心不甘情不愿地加班，头部就会发出疲惫信号；有人心态积极，暗示自己：太好了，加班的话就有加班费，一会儿做完了就可以回家吃饭啦。如此自然是干劲十足，心情愉悦。

另外，可以抽出时间多做运动，比如爬山、散步、慢跑等。通过适当的运动，大脑的工作状态会由兴奋慢慢转化为休息；还可以加速全身的血液循环，为大脑提供更多氧气，促进大脑代谢的速度，保持头部的健康。

262. 颈部，传递情绪的密码

头颈部的症状，如疼痛、僵硬、乏力、酸胀不适等这些症状是颈椎病的常见症状，因此，很多人在遇到类似的症状之后，就按照颈椎病的治疗方式治疗，但却久治不愈。当向这类患者给予抗焦虑药物治疗后，症状常常很快好转，或明显减轻，这说明颈椎疼痛的症状有一部分是由焦虑引起的。

为什么焦虑症或焦虑情绪会引起类似颈椎病的症状呢？主因就是焦虑症患者太过压抑自我，无法利用倾诉等方法将自己的负面情绪发泄出来。对正常人来说，负面情绪是可以传达到大脑皮层，并通过语言符号表达出来的；焦虑症患者无法进行这样的发泄过程，自律神经系统就会将负面情绪转换为身体症状释放出来，颈部疼痛就是由此引起的。

值得注意的是，焦虑症患者虽然会出现一些颈椎病的症状，但当焦虑情绪转化为颈椎病的症状时，由于这些症状过于明显，人们在医治时往往将医治重点放在颈椎病的治疗上，反而忽略了影响更为深层的焦虑情绪。因此，当出现颈椎病时，为了判断自己是否患有焦虑症，最好进行一些有关焦虑症的心理测试。如果确认自己的颈椎病是因焦虑引起的，就要把治疗重点放在心理治疗上，可以向专门的心理医生求助，在专业的指导下，从行为认知、人际关系、精神归属等方面进行分析、治疗。

除了专业的精神调节之外，被颈部疾病困扰的患者在生活中要注意对颈部的保护与调节，以下是一些小技巧：

第一，选择合适的枕头。枕头是人睡觉时的必用之物，若是长期使用不适合自己的枕头，会导致颈椎不适，对原有的颈椎病更是雪上加霜。在选择枕头时，最好选择高度比本人拳头高六七厘米的枕头。在材质上，忌讳使用过硬的枕头，要选择有一些弹性或可塑性的，比如说内芯为木棉或谷物皮壳的枕头，这类枕头在人使用时可以形成马鞍形，能够舒缓颈部。

第二，要注意颈部的保暖。有些人讨厌颈部被束缚的感觉，即使在冬天也会露出脖子，但颈部受寒后，肌肉和血管很容易痉挛，使颈部板滞疼痛的程度加重。所以，当温度较低时，最好围条围巾或者穿高领衣服；春秋季节，在睡觉时，不要将颈肩部全露在被子外面，以防受凉。

第三，注意站姿和坐姿。不管是站着还是坐着，把头勾的太低都会引起颈部疲劳，最佳的姿势是保持颈部的正直，微微前倾，不要歪着头、低着头。另外，不要在坐车时睡觉，也不要歪在沙发上看书、看电视，很容易使颈部酸痛，平时也不要快速的扭头、回头。

第四，经常活动颈椎。长时间保持一个姿势，颈部会有些僵硬，当工作一段时间后，最好每隔半小时就活动活动颈椎，做些颈部运动，或者自己按摩颈部。

263. 内脏，敏感情绪的"告密者"

日常生活中，人们可能会有这样的体验：当人的情绪紧张、郁闷、悲观时，就会茶不思、饭不想，常常说成没有胃口；即便是吃了饭，也会感到胃部不适、堵得慌。有时还隐隐作痛，有的人还有头晕失眠等症状。这表明，情绪的变化将直接影响人体各器官功能的变化，而表现最为敏感的就是胃肠。

不良情绪可以通过大脑皮层导致下丘脑功能紊乱。下丘脑是一个与情绪有关的皮层下中枢，可以通过自主神经系统影响胃肠道功能。例如骤然的恐惧、紧张等情绪变化，使交感神经发放的冲动增加，胃幽门括约肌收缩，胃内容物不能排出，刺激消化道反射性地痉挛，再加上内脏血管收缩、供血不足，即可导致腹部胀痛、刺痛、绞痛等。长时间的焦虑紧张可提高副交感神经的兴奋，引起胃肠道蠕动加快、胃液分泌增加，引起肠鸣、腹痛等。

食物在胃内经过机械性和化学性消化，部分蛋白质被分解，大部分食物被调和成食糜，逐次、小量地被通过幽门向十二指肠推进。胃的这一生理功能是通过皮层下中枢和神经体液的调节来完成的。正常情况下，胃能顺利完成上述生理过程。然而，当人长期情绪紧张时，通过皮层下中枢和神经体液调节机制使胃酸分泌增多，胃蛋白酶原水平增高，导致胃的功能紊乱。当人的情绪忧郁时，胃粘膜苍白，分泌减少，胃的蠕动减弱，同样会导致胃的功能紊乱。

短期的不良情绪对人体的损害比较小，但若是长期地陷在负面情绪中，内脏器官的自我修复能力会越来越弱，时间一久，会造成内脏系统的紊乱，甚至是内脏器官发生病变，人的精气神就会大大损耗，呈现出憔悴状态。当内脏无法正常发挥作用时，人的身体素质会被消弱很多，随之而来的就是某些心理障碍的出现，比如焦虑症、抑郁症等心理上的疾病。所以，虽然说不良情绪只是常见的、负面的情绪波动，但这种情绪若是持续得太久，人难免会身心受损、伤及根本。

当身体出现不适、内脏发出抗议时，其实是在发出信号，提醒我们要及时调控自己的情绪。其实，所有的不良情绪都是因心理因素引起的，心胸开阔、心平气和的人就很少有不良情绪。若是自己没有足够的能力去调控情绪，可以通过心理治疗让自己从不良情绪里杀出重围。

在快节奏的现代生活，各样的压力让人无所适从，情绪也很难保持稳定，但学会调控情绪是一本万利的事情，可以让我们拥有健康的身心。因此，我们要认识到调控情绪的重要性，通过各种途径去掌握调控的方法，让自己的内脏不再"告密"。

264. 重压之下，腰椎不堪重负

有专家提出，在现代社会，患有腰椎疾病的人大大增加，其中很多是写字楼里的上班族。按理说，他们的工作并不需要耗费很多体力，比起体力劳动者来说，甚至是比较轻松的，那么到底是什么导致了上班族腰椎病的出现。答案是心理上的重重压力。辩证来说，就是腰椎疾病的出现的，有的是因为生理问题，有的是因为心理问题，或者两者相结合；而在心理压力过大的情况下，就算生理上没有进行负重劳动，人也会直接出现腰椎疾病的症状。这可以被形容为重压之下，人的腰椎不堪重负。

上班族在工作时，一般都是伏案工作，腰椎要么一直在挺直着，要么一直在弯曲着，等工作告一段落时，上班族才会调整自己的姿势，这样难免会造成腰椎的损耗。更有甚者，工作较为繁忙时，人的大脑高速运转，顾不上调整身体姿势，等好不容易忙完了，想要伸个懒腰，却发现腰椎僵硬的不行，酸痛难忍。这些就是因姿势不对而引起的腰椎问题，只要多加注意，在工作时多活动腰椎，就可以有效避免腰椎问题的出现。

在更多情况下，腰椎问题的出现，是因为心理压力过重。当有一大堆工作要完成时，人们焦头烂额、烦躁不安，往往选择长期伏案工作甚至是挑灯夜战，心中的焦躁通过神经中枢传达给身体，肌肉也会进入紧张状态，长期工作又会损耗腰椎，就会出现腰椎肌肉发酸、骨头僵硬的问题。除此之外，其他的负面情绪也会对腰椎进行压迫，比如说一个人恐惧、害怕时，就会佝偻着腰，使腰椎弯曲；一个人虚张声势、强作镇定时，会把腰板挺得格外的直，腰椎就处于紧张状态，等等。而在心理学的表述上，腰椎问题的出现，就是在声明人的心理压力过大，腰椎承受不了。

面对腰椎"不堪重负"的问题，有两个较好的解决方法：一是使自己的心理变强大，增加自己的负重能力；二是发泄出心里的压力，减轻自己的负担。前者有些困难，需要人进行不断地学习，开阔自己的心胸，加大心理抗压能力，负面情绪就不会影响到腰椎。后者比较容易实施，一旦察觉自己压力过大，就去做一些减压的事情，比如说唱歌、散步等等，做自己喜欢的事，给心情放个假，心里轻松了，腰椎也就不会再被压力压迫。

生活里的压力不可避免，工作的艰辛、交际的困难……这需要我们锻炼出强大的内心，掌握有效的减压方法。只有调节好自己的心态，用积极向上的心态对面对各种各样的压力，腰椎才不会不堪重负，生活才能平稳前进。

265. 皮肤是人体的情绪地图

我们可能都会有这样的感受，在心情抑郁的时候，你的皮肤好像也暗淡了许多；当繁重的工作袭来时，口腔里可能会出现很多水泡；紧急情况来临时，甚至会突然发作荨麻疹。皮肤绝不是你肌肉骨骼的"简单包装"，而是身体、心理的"显示器"。

若是一个人脸色蜡黄，黑白眼球的界限不清晰，唇色也比较深，此人给人的第一印象就是看起来无精打采，缺乏生机和活力，没有精气神。那么，就算他脸上没有什么别的问题，比如说没有痘痘、没有细纹，也可以判定他的身体出了问题，正处于亚健康状态。导致肤色蜡黄的原因较为复杂，这类人可能经历过一系列负面事件，低沉、抑郁、恐慌等消极情绪在他们心里发酵，使他们在一段时间内处于郁郁寡欢、心事重重的状态。心理缺乏活力，人就会不想运动、食欲降低、睡眠质量变差，身体新陈代谢的速度就会变慢，肌肤就无法及时补充养分、排出毒素，脸色慢慢就变黄了。

如今，很多人都关注护肤问题，大都希望自己拥有白皙的肤色，脸色蜡黄的问题自然是他们的"头号公敌"，有些人求助于各种护肤品、化妆品，然而，当心理出现问题时，外力对此无能为力。只有保持积极心态，拥有乐观情绪，心结消失了，情绪好转了，肌肤才会生机勃发。

俗语说："一白遮百丑"，但这并不意味着肤色越白越好。比如说，有些女孩子为了瘦身，只进食很少的食物，坚持几天脸色就变得惨白，唇色也黯淡下去，这种白就是病态了。有种描述是"某某吓得脸都白了"，这就是因有恐惧情绪导致的脸颊失去血色，从而变白。另外，用心太过、过度操劳的人，脸色是没有光彩的白色，表明透支了精力。健康的白的肤色，应该是肌肤呈现出白里透红的样子，看着就鲜亮动人，精力充沛。

有时候，人们明明没有进食较辣的食物，脸上、后背上却长出了痘痘，这表明情绪"上火"了。当人处于焦虑状态，心烦意乱，被一堆问题搞得焦头烂额，脾气就会变得火爆，无名之火一烧三丈高，内分泌就会悄悄发生变化，体内毒素变多，皮肤就长出痘痘来排毒了。

尽管国宝大熊猫很可爱，人们却对"熊猫眼"避之不及，因为黑眼圈会让人的外貌大打折扣。但怕什么就来什么，有些人说我没有熬夜为什么有黑眼圈，那很可能是你的情绪在作怪。当人处于消极情绪之中，睡眠质量会直线下降，眼周肌肤得不到充足的休息，色素在此沉积，就形成了黑眼圈。另外，雀斑和黑眼圈总是一起出现的。

神经性皮炎最令人烦恼，这也与人的情绪问题有着莫大关联。有时候，人面临较大的心理问题，情绪波动比较大，就会出现头皮瘙痒、洗头后还是痒的状况，或者是皮肤长出一片呈三角形或多角形的平顶丘疹。这是因为人的精神压力较大时，分泌的汗液会增多，皮屑也会脱落，让人感觉瘙痒难耐。这时候，应该及时为自己减压，要有规律地生活，平复自己的情绪，神经性皮炎就会慢慢好转。

皮肤是人体的情绪地图，当皮肤状态不好时，不妨反思下自己的情绪波动，慢慢调整过来，皮肤问题就会得到改善。

266. 肝脏疾病，也是情绪惹的祸

随着生活压力的增大，肝脏疾病也成了危害人类健康的一大杀手，让人不容忽视。常见的肝脏疾病的种类就有很多，比如因饮酒过度而引发的酒精肝、摄入太多脂肪导致的脂肪肝、肝炎、、肝硬化等。肝脏疾病的出现，固然与人的不良生活习惯有关，却也和人的情绪有着密切关联。

据《黄帝内经》记载："怒伤肝、喜伤心、忧伤肺、思伤脾、恐伤肾"，这也就是所谓的"内伤七情"。七情包括喜、怒、忧、思、悲、恐、惊七种情绪，当人的情绪稳定时，肝脏就会正常工作；当人偶尔发生波动不大的情绪变化时，也不会对身体造成不良影响；但当人突然受到刺激、情绪猛烈变化时、或者长期处于负面情绪的影响中时，强烈的持久的情志刺激，大大超出了人体本身的正常生理活动范围，身体无法进行自我调节与修复，就会使人体生理机制失衡、内分泌紊乱、脏腑阴阳气血失调，从而直接导致肝脏疾病的发生。

通常情况下，现代人精神压力大，工作繁重，如果不能有效地进行自我调节，就很容易被烦躁、悲观、抑郁和愤怒等不良情绪困扰，使人心生无名之火，或者处于悲观状态中，这会伤害肝脏，导致肝功能紊乱。医学研究发现，情绪对肝脏的影响是极大的，想要保持肝脏健康，我们一定要保持平和、稳定的情绪。

类似于烦躁易怒、心怀愤怒的情绪变化，是最伤肝脏的不良行为。人在发火时，仿佛就是情绪猛然爆发，抑制不住自己的火气，不管是大声吼叫，还是乱扔东西，甚至于动手打人，都会刺激机体发生应激反应，改变人体内分泌系统的正常分泌。当人发怒时，往往呼吸急促、心跳加快，血液循环加速，血压就会飙升，头脑也会发胀，此时人体内的去甲肾上腺素的分泌量加大，血清素与它的比例就失去了平衡，严重危害肝脏。高血压患者最忌动怒，也是出于稳定血压、保护肝脏的意思。

类似于忧郁、思虑、悲伤等负面情绪是危害肝脏的第二个因素，这些不良情绪不会猛然改变内分泌，却是在长期过程中，逐渐弱化肝脏功能，导致肝气郁结。而肝气郁结后，肝脏疾病就会大大加重，导致一系列严重的后果。早知道，气滞则血瘀，生出肿块；气滞则肠道不利，津液不布，使小腹胀胀，这些都会削弱人体的生机。另一方面，忧思过度的人容易失眠，而夜晚是肝脏排毒的最佳时期，长期失眠则会令肝脏功能紊乱。爱护肝脏，就应该尽力做到按时休息，保证充分的睡眠，让肝脏细胞在睡眠期间进行自我修复，同时使肝脏得到更多的血液、氧

气及营养的供给，从而逐步恢复肝脏的机能。

对于患有肝脏疾病的人来说，不仅要采用药物治疗，更重要的是要保持良好的情绪，情绪平和则肝气顺畅，有利于肝脏逐步恢复健康。

267. 情绪波动引发衰老

古语有云："忧则伤身，乐则长寿"，人的精神状态如何，对人体健康和衰老速度有着很大的影响。举例来说，明星们很注意养生保养，在护肤、塑身方面投入了很多精力，就是为了维持自己的容颜和身材不老，但并不是所有明星都如愿以偿了：有的人成功了，四十多岁仍有少女容颜，脸上皮肤紧致无比，连最容易出现的颈纹都没有，身材更是保持得很好；而有的人就失败了，婚姻生活不顺利，事业上又不顺心，自然是心力交瘁，情绪欠佳，呈现出衰老状态。使用众多手段养生的明星，一旦长期处于负面情绪中，尚且难保容颜不老，普通人更应该以此为鉴，谨防情绪波动使我们衰老。

经常微笑的人，会有很高的亲和力，看着也显年轻；而总是愁眉苦脸的人，脸部的肌肉走向都是向下的，额头容易长出皱纹，看起来生生老了好几岁。这就是心态对人的气质的影响。当心态不能保持平衡时，情绪容易发生大的波动，脸部是情绪的显示器，任何情绪变化都会引发脸部肌肉有所动作，脸部运动的次数多了，皮肤就会渐渐松弛，肌肉下垂，呈现衰老状态。

情绪波动还可使人身体内部发生诸多变化：过度悲伤的人食欲下降，胃部受到损害；勃然大怒的人血压升高，危害肝脏……情绪的波动总是牵一发而动全身，由心理问题引发生理问题，使人免疫功能下降，内分泌失调，内脏机能被削弱；血液循环速度也会发生变化，身体毒素无法排出，累积在人体内部，慢慢诱发疾病的产生。

每个成年人体内大约有六十兆个细胞，其中每天有二十多个细胞发生突变，为重大疾病的产生埋下祸根。身体免疫力强的人，能够通过自我调节，让良性细胞吞噬掉异常分裂的细胞，保持人体健康。但当人情绪波动剧烈时，身体产生的毒素会壮大病变细胞的实力，削弱人体免疫力，突变的细胞就有可能生存下来，久而久之，类似于肿瘤的疾病就产生了，让某一肝脏彻底病变，无法发挥作用，人的五脏六腑功能不健全，衰老的速度自然就变快了。

心理健康的重要标志就是情绪稳定，情绪稳定的人更容易经受住岁月的考验，用自信、乐观的心态打败时间。情绪波动，这项在早前容易被忽略的人类衰老的重要指标，如今正受到越来越多的人的关注。多花一点时间在调节心情上，远比用各种化妆品来保养肌肤来的靠谱，心情美丽，肌肤自然润泽，身体也会生机勃勃。

268. 春天里，如何预防"情绪上火"

春季是万物复苏的季节，猛然的环境变化和逐渐变长的白日，让人不太适应，而春季气温回升，渐渐燥热起来，人的情绪问题也就出现了。据调查显示，每年的3月至5月是心理疾病的高发季节，患病人数约占全年的一半，这也就是所谓的"黄花黄，人发狂"。具体来说，春天气压较低，空气干燥，人体内部内分泌失调，各项激素的分泌状况发生紊乱，这都是多种重型精神病的诱因；而在某些地区，春雨绵绵，淅淅沥沥，或者是春花绽放又凋零，这些残花冷雨，也使某些感性的人开始悲春伤秋，若是再因此联想到自己的困苦状况或悲惨经历，就很容易出现抑郁症；春天的气候也总是多变，想要放风筝却下雨了，穿着薄衣服却遭遇倒春寒了，类似于这样的气候原因，也会让人心生埋怨，引发人的情绪波动，心理疾病的发病率也就加大了。

春季还是各类传染性病毒的复苏季节，稍不注意，就会被传染；或者是昼夜温差大，天气冷暖不定，人没有及时增减衣服，也会得上换季流行性感冒，身体不舒服，让情绪变得更加糟糕。

春季心理疾病发作的前兆有很多，比如出现睡眠障碍，总是犯春困、晚上失眠，或者出现情绪障碍，情绪稳定不下来，容易疲劳、情绪暴躁等。前兆的症状比较不明显，很多人就不会加以注意，任其发展，最终导致慢性疲劳综合症、抑郁症、精神分裂症和焦虑症等"心病"的出现。这时，人们会觉得自己总是白天困乏、夜晚失眠多梦，食欲也会下降，感觉生活乏味，总是情绪低落、烦躁不安，这都会严重影响到人们的正常生活。

在春季，预防"情绪上火"很重要，可以将诸多心理疾病扼杀在萌芽状态，下面是一些参考意见。

首先，在春季尤其要注意日常保健，避免生病。如果所在城市经常春雨绵绵，出门不妨带上雨伞。每天晚上看看天气预报，根据温度变化，及时增添衣服，使身体觉得舒适轻松，心理也就畅快许多。

其次，要有规律的生活，避免熬夜，充分休息。当人睡眠不够或是睡眠质量不好时，就会造成肝火上升，加重身体的负担。所以，人们应注意劳逸结合，尽量不要熬夜，保证充足的睡眠。

最后，要适量运动，恢复身体生机。在出太阳的春天，可以脱下外套，运动一番，发泄身体的精力，排出体内的寒气，使人能更好地适应身体的变化。但运动之后，还要注意不要着凉。

269. 高温烈日，提防"情绪中暑"

夏季总是持续高温，室内凉爽舒适，室外热气逼人，空调吹多了又会头昏脑涨。在这严酷的环境条件下，人稍微运动就会出一身汗，情绪也极其容易变得烦躁。有研究证明，人的情绪与外界环境有着密切的联系，当外界温度较高时，整个大环境不利于人类活动，人体内部环境就会受到影响，从而发生情绪波动。夏季的高温，一方面给人带来身体上的不适应，另一方面还会对人的心理和情绪产生负面影响，以致出现情绪烦躁、爱发脾气、忍耐力下降等不良状况。

我国很多地区夏季的温度多在35摄氏度以上，人的情绪最易失控。所以需要人及时进行调整，学会给情绪"降降火"，提防夏季"情绪病"。要注意自我调节，比如调整起居时间，及时补充水分和维生素，多吃开胃食品，避免吃过凉的食物等等。另外，在心理调护方面，也要注意下面几点：

第一，保持内心的宁静。俗话说："心静自然凉"，当一个人整天叫着"我好热、我好热"时，哪怕气温不高，身体也会觉得很热。当我们觉得闷热时，可以想象大雪纷飞的冬季，白雪皑皑的冰原，心里的温度降下来了，热浪也就失去了威力；也可以听听舒缓的轻音乐，或是静心打坐，进入放空状态，让内心宁静下来。

第二，对人、对事多一些耐心。夏季的酷暑让每个人都苦不堪言，别人难免会有情绪不佳的时候，当我们和别人接触时，要多一些耐心，心平气和地交流。当处理一些麻烦事时，也不要因高温变得烦躁，耐心处理，事情总会解决的。

第三，调节生活节奏。夏季昼长夜短，中午最热，晚上比较凉爽。我们可以在中午的时候进行休息，避开高温；将较为重要的事放到晚上处理，但也不要太晚，要保证充足的睡眠。

第四，饮食要清淡，多食用去火食物。夏季气候炎热，人的消化功能也会减弱，此时进食大鱼大肉、鲜辣食物，很容易上火，可以多吃果蔬、稀饭，合理安排膳食，绿豆汤和苦瓜都是解暑"圣品"。

第五，肯定夏天的优点。在夏天，女性可以穿美丽的裙子，男性也穿着较少，很是便利。在酷暑去游泳，更是不可多得的清凉体验。夏日水果较多，还可以吃各种冰淇淋、凉菜。高温很烦人，但夏天的优点也有很多，用其优点来劝慰自己，人的情绪也可得到调整，缓解气候给人带来的不适，安全度过酷暑盛夏。

270. 强迫症，自我搏斗的怪圈

心理分析大师弗洛伊德曾说过说，强迫症的本质就是"一个人自相搏斗"。简单来说，强迫症患者的一切不快乐，都是自己内心心理失衡造成的，他自己不断和自己搏斗。如果不对强迫症进行调整，就会陷入自我搏斗的恶性循环中，从而让病人在痛苦的深渊中无法自拔。

心理学家指出，强迫症多是由严重的恐惧情绪和难以自控的焦虑情绪引起的，比如说有洁癖的强迫症患者，总是担心自己的生活环境有细菌，只要别人碰过自己的东西，仿佛就是弄脏了东西，不把东西清洗几遍就心里难受。像这种以强迫观念和强迫动作为基础特征的神经强迫症性障碍，很容易形成严重的强迫症。某些强迫症患者也说过，自己明明知道坚持要做的某些事没有多大意义，没有必要去做，可就是忍不住要强迫自己去做，做了才会舒服，才会安心。病情不算太严重的强迫症患者大都想要摆脱强迫症，却又束手无策，因为和自己搏击的就是自己，他们常因此而苦恼。让人哭笑不得的是，强迫症患者所恐惧的事物，大都是想象出来的，而不是他们自己曾经受过的恐怖的事。

另一部分强迫症患者也让人无奈，可能是生活压力太大了，他们会陷入焦虑之中，甚至会想象事情更糟了可如何是好，然后利用某些思维去对这些焦虑想法进行中和，这就导致了焦虑性的强迫思维的出现。而后，这些人为了减少焦虑情绪，就会衍生出一些强迫行为，比如说，为了保证自己的手上没有细菌，而去反复洗手，手一脏就让他们觉得十分焦虑。

如果有强迫症的倾向，不妨根据自己的情况试试以下两种自我心理疗法：

一，直面恐惧法。让强迫症患者接触到最害怕的东西后，他们反而不那么害怕了。在相对舒适安全的环境中，让他接触其最不能忍受的东西，给予其最直接的冲击。但此法只适合下决心治疗强迫症的心理承受能力强的人。

二，系统脱敏法。比如，对有洁癖的强迫症患者，可以让他逐步接触这些他不能忍受的东西，循序渐进。当他发现手脏了，一定会很不舒服，不要让他洗，慢慢锻炼他的忍受能力，多练习几次，恐惧和焦虑就会消失。

271. 别让抑郁缠上你

生活中总是有着各种各样的烦恼，有时是工作不顺，有时是得了重病，有时是感情亮了红灯……当这些问题出现时，人们会悲伤、难过，这些都可以理解。只是有的人的伤口会随着时间的流逝，慢慢愈合；有的人能迅速从打击中走出，重整旗鼓，再次前进；而有的人却一蹶不振，郁郁寡欢，陷入重度悲痛中。最后一种情况很危险，当人的心情一直处于低落状态，慢慢地就会对生活感到失望，从而严重影响了正常的学习、工作和生活，此时抑郁症就出现了。

在抑郁症患者眼里，世界是没有色彩的，美丽的景色、动听的声音、可口的食物，都无法点燃他们对生活的激情；在他们心里，自己是孤独无助的，没有人懂自己的内心情绪，别人关怀的话语也是隔靴搔痒、无济于事。他们既无助又无望，觉得活着没有意义，生病的自己是他人的负担，自责、绝望的心理甚至会使他们尝试自杀，想要放弃生命。除非是遇到优秀的心理医生，或者是自己努力抵抗抑郁，否则，抑郁就会缠着他们，将他们的世界变得黑暗。

在日常生活里，要想抵抗抑郁，就要多关注自己的情绪变化，当自己在负面情绪中挣扎时，要迅速采取行动，将自己从坏情绪的泥潭里拔出来。人们在察觉自己有抑郁倾向时，羞怯心理让他们难以向家人朋友开口求助，也有人说过抑郁症患者只能自救。因此，可以采取下列方法，改善自己的心情：

一，写日记，记录自己的心情和生活。感同身受是一件很难做到的事，当自己因难受向他人求助时，别人听个大致情况，说一些安慰的话，自己还是感觉不被理解，从而更加觉得无助。不如向日记倾诉，写日记可以让人静下心来，打发时间，还可以边写边反思：自己今天有了什么进步？为什么还是不开心？怎么做可以改善问题？与自己对话，才能自救。

二，采取正规治疗。当病情稍微严重时，很少想和他人交流，但千万不能放弃自己，心理医生有着丰富的治疗经验，应该向他们求助。当医生要求服用药物时，不要抵抗，遵医嘱吃药有利于身体；还要多和医生交流，听听医生的专业建议，相信医生是理解自己、想要帮助自己的。

三，换个环境，放慢生活节奏。抑郁都是有原因的，与自己生活的环境有着很大的关系，一直处在致病环境里，病情只会越来越重。不妨出去旅游散心，在陌生的环境里开始新的生活。不去想烦心事，不被焦虑所迫，慢悠悠地生活，逐渐拾起对生活的希望。

四，发挥特长，找到人生目标。有目标才会去奋斗，制订一个十分想要达到的目标，为此而努力，就能避免放弃生命的想法。此外，发挥自己的能力，就会得到社会的肯定，能够使人找回自我价值。

272. 不良情绪容易诱发哮喘

你可能有过这样的体验：因为受委屈而心酸不已，悲伤地开始哭，偏偏还不想放声大哭，于是就压抑着自己小声抽泣，抽泣的时间长了，就觉得嗓子堵的难受，鼻子也酸了，呼吸开始不顺畅，出现恶心的感觉。因情绪不佳而哭泣，进而引发哮喘的例子已屡屡出现，经现代医学研究证明，不良情绪可诱发或加重哮喘，哮喘患者在焦虑、困扰或愤怒时，病情会反复发作，带来生命危险。

包括焦虑、抑郁和愤怒在内的不良情绪出现时，人体会释放组织胺及其他慢性过敏性反应物质，使迷走神经兴奋度大大提高，交感神经的反应性大幅度降低，而这些会直接导致支气管哮喘的发作。接下来，支气管哮喘的发作会让人感觉难受、呼吸困难，使人无法正常工作和生活；生活的不便利，又会造成紧张、抑郁、悲观、沮丧等不良情绪；这些不良情绪，反过来又会刺激、加剧哮喘发作。如果一直恶性循环着，哮喘经久不愈，人的情绪也一直低落，身心健康就受会到严重威胁。

为了避免出现哮喘的状况，我们尤其对哮喘患者要多注意自己的心理调节，避免产生焦虑、郁闷的情绪，保持内心的宁静，遇事不慌不乱，保持镇定。一直保持良好的情绪状态，哮喘的复发和恶化都是可以防止的。下列方法可以改善自己的不良情绪。

一，给自己积极的心理暗示。心态的力量是无穷的，心态积极，就会有正面行为；心态消极，做起事来也是无精打采。遇到问题时，不要抱怨，告诉自己："这个很好解决，你一定能做好！"心里不高兴时，暗示自己："微笑的人最有魅力，笑一笑，心情好"……积极的心理暗示可以调整自己的心境和情绪。

二，多做自己喜欢的事。情绪濒临爆发边缘时，深呼吸几次，把心理温度降下来，而后迅速转移注意力，去做自己喜欢的事，很容易开心起来。在彻底冷静后，再回头思考自己生气的原因，处理未解决的问题，往往能够顺利解决。

三，改变生活环境。不管身在何处，房子是不是自己的，生活总是自己的。在同样的环境生活太久，会出现审美疲劳，可以多改造、装饰一下，用明亮的光线、柔和的色彩将屋子装扮漂亮，人的心情会舒畅很多。

四，采用合理途径将情绪宣泄出来。不管是运动，还是旅游，都是调整机体平衡的方法之一。哮喘病患者不宜多哭，就要用其他方法发泄情绪。只有把情绪释放出来，才能得到心理上的平衡。

273. 溃疡患者的潜在"溃疡易感情绪"

溃疡的种类有很多，胃溃疡、十二指肠溃疡、小腿慢性溃疡等常都属于合并慢性感染，痊愈的速度也就比较慢。其中，胃溃疡是比较多发的溃疡病症之一，患胃溃疡的人会觉得胃内有一种灼痛感，让人难受无比。在中医理论上，这其实是热灼胃阴的表现。具体来说，就是一个人的胃内有火，粘液"烧伤"胃黏膜，导致了胃溃疡的出现。

饮食不当、进食太多刺激性食物，会诱发消化性胃溃疡，此外，还有一个重要因素可以诱发胃溃疡，那就是不良情绪也会让人与溃疡"结缘"。所以说，消化性溃疡是典型的身心性疾病。

一位胃溃疡患者曾讲述过自己的患病过程：结束一天的工作后，他与妻子准备开始吃饭，就在这时，乡下的老父亲打来电话，说他的母亲突然病重。听到这一消息后，他食欲全无，妻子劝他吃两口再走，他也拒绝了。但当他匆忙坐车到老家时，不堪病痛折磨的母亲已经去世了，这让他万分悲痛。此后，在很长一段时间里，内心的悲伤，工作的压力，都让他郁郁寡欢，再也没有以前的好胃口了，慢慢地人也变得憔悴了。最初他只是食量减小，后来一吃鱼肉就胃不舒服，有时吃完后还呕吐，常伴有胃酸、腹胀，感觉没有力气、人也不精神了，紧接着上腹部开始疼痛，到医院确诊后，发现自己患了胃溃疡。

由此可以看出，情绪因素在溃疡病的发生中起着非常重要的作用。其实，古代医者就曾认识到情绪与胃溃疡的关系，比如，明代虞抟就曾在其编著的《医学正传》中指出："胃脘当心而痛，痰涎食积郁于中，七情九气触于内之所致。"说的就是人在生气、愤怒、痛苦的情绪状态下，会分泌大量胃液，粘液中的胃酸过多，胃蠕动也随之增强，胃酸就会腐蚀胃粘膜，引起胃黏膜及十二指肠糜烂，导致胃溃疡的出现。

一旦患上了消化性溃疡，我们除了及时就医、正常使用药物的外，还要及时调整自己的心理状态，保持情绪稳定，疾病会更快痊愈。

274. 原发性高血压，应激事件背后的恶魔

患有高血压的人日渐增多，全世界有七分之一的人都饱受高血压的困扰，很多国家都开始关注高血压的预防与治疗，发现包括社会冲突、工作问题等在内的应激事件，都是使人类患上高血压的重要诱因。

应激指的是，在重大压力下，人的精神处于高度紧张状态。据报道，有75%的高血压患者发病的原因都与应激事件有关。愤怒、敌意、抑郁、焦虑等都属于负面情绪，而负面情绪正是一个很大的心理应激源。也就是说，当我们遇到应激事件后，所产生的负面情绪，会引发原发性高血压。

在高血压的发生、发展中，应激主要通过神经——内分泌系统起作用。心理应激会使大脑皮层下的神经系统功能紊乱，还会加强交感神经的兴奋性，并且打破交感神经和副交感神经之间的平衡，而交感神经的活动越剧烈，就越容易引发原发性高血压。

高血压患者所体验到的心理应激状况，以及他们产生的心理应激反应，不只是受应激刺激的性质和强度的影响，还更多地受他们对所受刺激的认知评价和应对方式的影响。这也进一步说明，人的情绪与高血压密切相关。比如说，面对失恋这样的应激源，有人会认为"我真是太糟糕了！没有人会真正爱上我"，他的应激反应就会很强烈，情绪忧郁，行为退缩，还可能伴随免疫功能减退等生理反应；而如果另一个人认为"不是我不够好，而是我们不合适"，他的应激反应就会比较小，情绪波动不大，也就避免了高血压的出现。

研究表明，在面对像失恋这样表面看来消极、被动的应激源时，个体如果能采用积极的认知评价，就可调控自己的情绪，就能降低心血管系统的反应水平，减弱应激反应。

此外，在人们面对令人痛苦的应激刺激时，采用分散注意的策略，也有助于减轻应激反应。那么，当我们在面对高温、噪音、寒冷、疼痛等应激刺激时，如果能主动运用分散注意的策略，将有助于我们尽量减少这些消极刺激造成的应激反应，从而减少这些消极刺激对身体的危害，有效预防高血压。同时，当心脑病人面对骨髓穿刺、冠状动脉造影等各种痛苦的医疗程序以及各种疼痛时，医生、护士或家属如果能指导病人采用分散注意的策略，那么就能有助于病人减轻痛苦，减少消极情绪，有利于病人的治疗和康复。

275. "敌视情绪"给心脏带来重荷

美国科学家曾设计了一个测量表来评估人的敌意等级，测量表里包括"人们是否常常让你失望？""你是否觉得不相信任何人才会更有安全感？"等问题，实验者回答的"是"越多，证明这个人对外界的敌意越大。而后，研究者对怀有敌视情绪的人进行各项生理测量，发现他们中的相当一部分人患有冠心病，或有患冠心病的倾向。由此得出结论，敌视情绪会导致冠心病的发病。不难看出，与情绪平和的人相比，"敌视情绪"会给心脏带来重荷。

高敌意的人有很高的交感神经—肾上腺髓质轴和下丘脑—垂体—肾上腺皮质轴的反应性，而且反应持续时间较久，恢复期较长。已有的研究表明，心血管系统的高反应性和弱恢复性，与冠心病等心血管系统疾病的发生有非常密切的关系。因为应激导致外周血管收缩，心率加快，更多的血液涌向收缩的血管，这一过程会使冠状动脉发生劳损和硬化，同时应激导致的血压波动会对冠状动脉内皮组织产生不利影响，导致硬化斑块的形成，而心血管系统的高反应性则加剧了这种损害。此外，交感神经的激活导致脂肪分解，血脂升高，也是引起动脉硬化的一个重要原因。因此，对于高敌意的人来说，也许就是因为其心血管和神经内分泌的高反应性和弱恢复性，从而大大增加了患冠心病等心血管系统疾病的易感性。

充满敌意的人遇事容易发怒。有实验证实，高敌意的人在遇到应激事件时确实有更强烈的消极情绪反应。但是他们越愤怒，他们心血管系统的反应性就越大，心血管系统和神经内分泌的活动恢复就越慢。这一切无疑都加重了心脏的负荷。

因为敌意会损害健康，所以心理学家不断尝试通过心理行为的方法对敌意进行干预。例如，请有敌意的人进行放松训练，矫正有敌意的人语速快、说话声音响等习惯，使其通过应激接种训练学会控制愤怒。

心理学家提出，有敌意的人进行愤怒控制可以尝试以下办法：第一步，为不被激怒做好准备。你可以想："这可能是艰难的处境，但是我知道如何处理，我可以制订一个计划控制它，这样做很容易。我要记住，不要被这些问题触怒，没有争论的必要，我知道怎样做才是最好的。"第二步，与发怒对抗。你可以这样告诉自己："只要我保持冷静，我就能控制这一处境。我不需要证明我自己，发怒并没有用，想一想我必须做什么。我应该去寻找积极的一面，不要急于得出结论。"第三步，放松下来。放松，使自己平静下来，做一次深呼吸。你告诉自己："问题的解决需要时间，我不需要生气，我应该建设性地处理问题。"

既然敌视情绪有害健康，那么为了减轻心脏的负荷，保持我们的健康，就让我们尽量对人少一分猜疑、多一分信任，少一分怨恨、多一分宽容，少一分憎恶、多一分友爱吧！

276. 焦虑情绪让你一夜白头

历史记载上有很多"一夜白头"的例子，比如说伍子胥为了想办法过昭关，一夜就急白了头发。这种事例在现代也屡有发生，国内一位因贪污而被查办的高官，因从高高在上的官员沦为手带镣铐的囚犯，巨大的心理压力使他在短时间内变的头发全白了。更让人惊讶的是，儿童在遭受打击时，也会一夜白发：长春一名十三岁的男孩，因其母亲突然去世，一夜之间愁白了头发。有研究指出，"一夜白头"属于精神紧张性的白发病。也就是说，由于极度焦虑、发愁、担忧等负面情绪的存在，身体会出现一系列急剧变化，使内分泌系统紊乱，身体新陈代谢的速度失衡，最终在短则一夜长则几周的时间里，人的头发色素全部脱失，就成了满头白发。

据研究证明，导致"一夜白头"最重要的原因，就是人长期处于强烈的焦虑情绪状态中。英国著名政治家卢伯克曾说过："我们常常听人说，人们因工作过度而垮下来，但是实际上十有八九是因为饱受担忧或焦虑的折磨。"的确，如果不能控制自己的焦虑情绪，我们的生活就会增添很多痛苦。

当我们处于焦虑中的时候，我们很少能够静下心来做事情，工作效率大大降低，繁忙的工作又使我们更加焦虑。焦虑情绪得不到缓解和放松，使我们担忧自己的未来，便耗尽全力去弥补工作，这些因素都会导致脑部供血不足，供应毛发营养的血管就会挛缩，因为内分泌失调，头发根部的毛乳头细胞也不能正常制造黑色素，我们的头发就因此而变白了。

要想远离焦虑情绪，避免"一夜白头"的情况，可以从以下几点做起：

一，及时完成工作，不拖延任务。当大量工作积累在一起时，人都会产生焦虑感，害怕因完成不了任务而受罚。所以，不要拖延，当天的工作尽量当天完成，生活上的事情也是这样，一天的事情都做完了，睡觉时就格外有成就感，可以安心的睡个好觉。

二，制定生活目标，多做计划。当人有前进的目标时，工作就格外投入，而不是陷入不必要的焦虑中。可以指定日计划、周计划、月计划，按计划做事，不会有慌乱感。

三，保持平常心，净化心灵。当人心中杂念太多，处心积虑地想要得到什么，内心会躁动不已，变得焦虑。不如保持平常心，从容面对生活，看淡得失成败，净化心中的毒草，用平常心打败焦虑。

277. 放松心情，劳逸结合预防脑血管疾病

英国政治家西德尼曾说过："当你没时间休息时，就是你该休息的时候了。"这句话揭示了生活要劳逸结合，一味地劳累，身体会出问题。因过度劳累而引发的疾病有很多，脑血管疾病就是其中一种。尤其是当一个人心情紧张、工作繁忙的时候，整个人压力剧增，患脑血管疾病的概率就会大大增加。

每一年，全世界就有1500万人死于脑血管疾病，大大超出其他疾病的死亡率。众所周知，当人心情过度紧张或太过疲惫的时候，就会有眩晕的感觉，这就是脑部供血不足的体现。而脑部供血不足，血液循环不通畅，就会引起各种脑血管疾病的发作，比如说短暂性缺血性发作、脑血栓形成、脑栓塞等等。

要想有效预防脑血管疾病，一方面要放松心情，另一方面要注意劳逸结合。可以尝试以下技巧。

一，控制情绪，从内部调节自己的状态。哲学家梭罗说："健康需要松弛和休息。"当我们太在意某件事情，就等于交出了情绪的主控权，任由自己跟着事情变化而患得患失，处于被动地位。要抱着一颗平常心，用豁达的态度面对生活，牢牢地将情绪的控制权把握在自己手里。

二，定期运动，用运动放松心情。有些人化解不良情绪的秘诀就是，遇到不开心的事，就去跑步，跑得气喘吁吁时，就只会想着休息，不愉快已经跟着汗水排出体外了。各种各样的压力使我们精神紧张，运动是释放压力、放松神经最有效的方式，还可以增强我们的体质，提高身体免疫力。所以不管有多忙，也要养成定期运动的好习惯。

三，经常按摩头皮，促进血液循环。人的头顶有很多穴位，头皮层较薄，其下有着丰富的毛细血管和表层神经。按摩头皮使头部的经穴受到刺激，使经络畅达；加快血液流通，放松神经。

四，多听舒缓的音乐，安抚神经。经研究发现，听舒缓的轻音乐能够降低胆固醇水平，稳定人的情绪。每天听半个小时音乐，就能使自己精神放松，血管得到扩张和清理，有益身心健康。

五，遇事心平气和。脑血管疾病患者往往脾气急躁，故易生气和得罪别人。

必须经常提醒，增加耐性。要宽以待人。宽恕别人不仅能给自己带来平静和安宁，而且能赢得友谊，保持人际间的融洽。

六，宽容待人，遇事要想得开。有一部分脑血管患者，就是在与人争吵的时候，受到强烈刺激，情绪波动较大，才发病的。所以，不要轻易动怒。在日常生活中，对他人不妨宽容一些，就算要指责别人的错误，也可以和声细语地说，不要妄动肝火。遇事看得开，就能做到心平气和，情绪就不会失衡了。

278. 有些糖尿病是被"气"出来的

近些年来，患糖尿病的人的数量逐渐增多，而患上糖尿病后就会让人有诸多顾忌，很多事物都不能吃，有些运动也要远离，让人很是烦恼。所以，如何预防糖尿病这个问题，受到了越来越多的关注。研究者在此过程中，有了一个有趣的发现：有些糖尿病是被"气"出来的，表明不良情绪和心理因素是糖尿病的致病原因之一。

通常情况下，体内胰岛素的分泌量不足，是糖尿病的发病原理。而影响胰岛素分泌的因素，除了有关激素的分泌状况和血糖的高低，就是植物神经的功能了。情绪有所波动，比如说人受到惊吓时、突然难过时，植物神经的功能就会受到影响，一方面会使交感神经兴奋起来，另一方面会增加肾上腺素的分泌量，两者都会抑制胰岛素的正常分泌，导致糖尿病的产生。

此外，如果人在一段较长的时间内，一直受到负面情绪的不良影响，胰岛 β 细胞就会出现功能障碍的情况，从而进一步抑制胰岛素的分泌，最终形成糖尿病。

值得注意的是，不良情绪对任何人都会有负面影响，但因不良情绪引发的胰岛素分泌较少，主要作用于中老年人，该年龄段的人内分泌功能本来就在减退，胰岛 β 细胞数量逐渐减少，功能下降，身体防御、调节能力都比较差。不过，中老年人不必因此过度恐慌，因为不是偶尔一次的不良情绪就会导致糖尿病，只要不是经常生气、难过、愤怒，长期处于不良情绪中，诱发糖尿病的可能性就很小。

不良情绪对健康有巨大危害，要想远离糖尿病，就要从控制不良情绪开始，改善自己的心态。下面是一些值得借鉴的意见。

第一，保持乐观的心态，可以预防糖尿病。如果我们本身不产生不良情绪，就等于从源头掐断了糖尿病的形成与生长。西方有句谚语："同是一件事，想开了就是天堂，想不开就是地狱。"豁达地面对一切，用乐观的态度看待问题，就不会有太多烦恼和不满，情绪便不会肆意泛滥，也就不会产生不良情绪。

第二，情绪积极起来，就能控制血糖。对于糖尿病患者来说，最烦恼的莫过于控制血糖，情绪波动幅度大一些，膳食稍微不合理，血糖就蹭蹭地往上升。处理糖尿病的有效方法就是承认它的存在，敢于正面面对。在此基础上，才能使自己的情绪变得积极，心态平和下来后，就能够积极地调整自己的生活方式和心理状态。

第三，保证充足的睡眠，但切忌贪睡。长时间睡眠不足，会使人体新陈代谢速度变慢，内分泌紊乱，使患上糖尿病的概率升高。而在熬夜之后睡一个上午也是不可取的，这会引起血糖波动，引发血糖紊乱。最好是保持规律的作息，早睡早起。

279. 月经期间别让怒气来添乱

月经是正常的生理现象，表明女性身体健康，但有很多女性都对月经有不同程度的讨厌，因为来月经时自己的情绪就会变得敏感，出现腰酸、小腹痛、易疲倦等现象，身体不舒服，再受到外界一些刺激，瞬间就会燃起怒火，不发不快。对此，女性应全面认识月经的背后含义，这是身体的一个排毒过程，也代表自己体内激素分泌正常，拥有孕育能力。尤其要注意的是，在经期生气有诸多危害，最好控制住自己的怒火别让怒气来添乱。

女性在经期发怒，对自己的身体危害多多。

一，伤脑。女人在气愤的时候，就像没有了理智一样，此时大脑思维会跳脱，不再进行常规活动，女人一气之下，很容易做出鲁莽的行为，事件的反常性又会刺激大脑中枢，造成恶劣影响，导致气血翻涌，甚至有可能诱发脑溢血。

二，伤皮肤。月经期间的皮肤比较敏感，此时经常生气的话，会出现黑眼圈，眼皮也会肿起来，脸上皱纹也会增多，脸色会变得憔悴，还可能长出色斑。

三，伤乳房。饱满的乳房是女性的特征之一，它的存在让女性的曲线美更加突出，但中医有种理论："乳癖，多因情志内伤，肝郁痰凝，痰瘀互结乳房所致。"用现代医学解释，就是不能动不动就生气，尤其是经期生气更容易使有毒物质在胸部积累，有可能引发各种乳房疾病。

四，伤内脏。人生气时，容易食欲降低，不思茶饭，会伤胃，使肠胃消化功能紊乱；容易呼吸不畅，或呼吸急促，会伤肺，造成气喘咳嗽等病症；容易肝火上升，会伤肝，使肝部疼痛；容易肾气失调，会伤肾，导致闭尿、尿失禁。

五，伤子宫。在盛怒之下，会出现闭经、月经不调的情况，子宫脱落的内膜就无法排出。

经期女性更容易生气，这是由身体激素的分泌导致的，自己无法控制。但经期发怒，有百害而无一利，应尽力避免。对于女性而言，经期要多注意保养，以免让坏情绪进一步恶化，以下是一些建议：

保持乐观的心态。经期女性的情绪较为敏感，很容易心酸落泪，但这是不理智的，正因为经期的负面情绪会被放大数倍，这个时候，要努力保持乐观心态，尽量克制自己，不要动怒。

保证充足的睡眠。睡眠可以使肝得到滋养，而女性向来都是"以血为本，以肝为先天"。睡眠不足，很容易使皮肤变得粗糙、长痘、长斑，这就是广大女性所不愿看到的了。

多吃含铁的食物。因为经血中含有大量铁元素，经期女性的身体就会缺铁。可以多吃猪肝、乌骨鸡等含铁量高、又滋补的食物，不宜吃生冷、酸辣等刺激性食物。

避免运动，不要太劳累。经期运动量大的话，会直接导致小腹疼痛、盆骨酸疼，还会影响身体新陈代谢的速度。

280. 神经性皮炎，情绪波动的风向标

神经性皮炎是常见的一种皮肤病，症状比较明显，患者会觉得皮肤瘙痒，长出扁平丘疹状的小疙瘩，如果禁不住痒去抓挠了，就会有苔藓形状的皮屑出现。导致神经性皮炎出现的原因，一方面是外因，沾染上某些化学物质、被昆虫叮咬、被阳光照射等，就会刺激皮肤，生出疙瘩；另一方面是内因，就是说个人的神经精神因素会诱发神经性皮炎。因此，神经性皮炎，可以被当作情绪波动的风向标。

神经性皮炎与个人情绪有关。当人陷入焦虑状态、难过、思虑过多时，就很容易引发皮炎。当人因为烦躁而失眠、因劳累而疲倦时，也会长出小疙瘩。总之，人的大幅度的情绪波动，都可能引起内分泌失调，使中枢神经系统功能紊乱，导致自主神经功能障碍，从而引发神经性皮炎。

下面一些小方法可轻松缓解神经性皮炎：

第一，避开刺激性食物，饮食要清淡。像海鲜这类寒性食物和羊肉这类容易使人上火的食物，神经性皮炎患者最好不要吃。浓茶、咖啡、酒类等刺激性饮料，也要避开。可以多吃蔬菜和水果，但要避开容易让人过敏的水果。

第二，养成有规律的生活习惯。神经性皮炎患者的内分泌大都不正常，培养

良好的生活规律，能够有效改善睡眠不足、便秘、消化不良等问题。

第三，穿棉质内衣，不使用护肤品、化妆品。皮炎患者皮肤比较敏感，注意不宜穿不透气的衣裤，最好棉质内衣裤。温度高的时候，尽量避免外出，以免汗液污染皮肤。在有皮炎的肌肤上，禁止使用添加了各种化学物质的护肤品、化妆品，以免二次伤害，遵医嘱使用医生开的药物即可。

第四，保持良好的卫生习惯。有的时候，皮炎快好了，但因为患者不太注意卫生，就会再次被感染，使病情雪上加霜。所以，注意要搞好个人卫生，断绝皮肤再次被感染的可能性。

第五，避免抓挠，不刺激皮肤。人的指甲里藏有大量细菌，在瘙痒时进行抓挠，细菌会进入伤口。同时，皮炎痊愈得比较缓慢，一抓，伤口愈合的速度就更慢了。如果实在忍受不了瘙痒感，可以冲冷水浴，或者用干净的毛巾吸满冷水放在瘙痒处。

281. 神经衰弱，现代白领的常见病

在这个快节奏的社会，科技的发展迅速向前，各类变化层出不穷，体力劳动者的价值逐渐变小，脑力劳动者逐渐成为主流，一个人脑袋里的智慧，才是招聘者所看重的要素。通常情况下，白领们从事的都是脑力工作，不必消耗太多体力，工作也没那么劳累，患上疾病的情况就比较少。但近些年来，神经衰弱成了白领们的常见病，由此引发的一系列状况，大大降低了他们的工作效率，甚至无法正常工作。因此，对于白领来说，神经衰弱是个亟待解决的问题。

不同于体力劳动者一成不变的工作方式和状态，剧烈的竞争、频繁的变化、繁琐的要求等，对白领们来说都是一项项挑战。白领不知道自己修改了多次的设计方案，是否会通过审核；不知道客户会不会心血来潮，再次提出新的服务要求；不知道谈了很久的合作，最后会不会成功……任务一出现，就要快点完成，问题一出现，就要马上修改，在这种高强度的脑力劳动下，白领们上班时精神状态紧张、脑子高速运转，下班时也无法好好放松，心里还提着一根弦，日久天长，就会造成神经衰弱。神经衰弱之后，患者会经常觉得精力不足、萎靡不振，注意力也无法集中，记忆力还会减退，工作起来也很是迟钝。更糟糕的是，神经衰弱还会对患者的身心造成负面影响，使他们冲动易怒、烦躁不安，经常头昏脑涨、失眠多梦。

为了让自己的生活步入正轨，让自己恢复以往的健康，患有神经衰弱的的白

领们除了及时就医外，在日常生活中也要注意保养自己，下面是一些小窍门。

一，注意锻炼，适量运动。运动有助于缓解神经衰弱。不管是散步、慢跑，还是打太极拳、打乒乓球，或者是其他运动方式，都可以增加人的活力，调整大脑皮层的兴奋和抑制过程，让血液循环规律起来。但要避免激烈运动，以防血压升高，或心生浮躁。

二，换换环境，放慢节奏。神经衰弱者很难应对紧张而繁重的工作，坚持在原有职位上工作只会加重病情，可以换换工作环境，找一项比较清闲的工作，生活节奏就会变缓，有利于恢复健康。

三，热水泡脚，自我按摩。有些神经衰弱患者会出现失眠症状，可以多用热水泡泡脚，促进血液循环，之后要按摩脚底各大穴位。如果有头痛、头晕状况，可以多按摩太阳、风池等穴位，也可以按摩头皮和颈部。

四，保持乐观向上的心态，积极配合治疗。神经衰弱会使人耐性变差，容易悲观消极，只是一定要牢记，只要积极向上，配合医生的治疗，就能重新做回活力无限、聪明健康的自己。绝对不能对自己失去信心，消极治疗。

NO.13 情绪感染力：情绪也有"蝴蝶效应"

282. 情绪感染的模仿—回馈机制

只要在生活中仔细观察，就不难发现，人们经常会去模仿周围人的语言表达和面部表情，以及动作和行为。心理学家们由此推出，人类具有模仿心理。实际上，这些模仿行为不仅仅是简单的模仿，因为人们在模仿他人的时候，会捕捉、体验他人的情感变化，从而被他人情绪所感染。从表面看来，情绪感染能够让人感受到他人的情绪；从深层次来说，建立人类互动的基础就是情绪感染，广阔的社会交际圈就是因此而建立的。一直以来，关于情绪感染的机制理论层出不穷，其中最有影响力、说服力的叫作模仿—回馈机制理论。

人的天性之一就是模仿，可以通过模仿学到很多经验。在情绪表达方面，人们也倾向于模仿他人。曾有一个实验，研究者分发给瑞士大学生一些图片，不同的图片上包含着不同的表情：愉快、悲伤、狂喜、愤怒、伤心、悲痛……在大学生们观看图片时，研究者对大学生们的面部表情活动做了分析，发现图片上包含的情绪不同，肌电图记录也就不同。比如说，在看到包含愉快表情的图片时，他们的面部肌肉群活动剧烈；而在观看含有愤怒表情的图片时，他们的眉头肌肉群展现出丰富的肌肉活动。有证据显示，人的一生，都一直在模仿他人的面部表情，以及其中含有的各种情绪。另外，人们也会在语言方面模仿他人的语速、语气，在行为方面模仿他人的姿势、动作。

情绪感染的第一步是模仿，回馈则是情绪感染的第二个步骤。在回馈过程中，主体的情绪总会被来自面部表情、声音、姿势和动作的模仿所带来的反馈而刺激。简单地说，就是某种情绪外在流露得越厉害，这种情绪就越会被进一步的强化，反过来说，越是控制情绪的外在流露，越能削弱这种情绪。比如，在不开心的时候去看悲伤的电影，心里会愈加难过；在想要流泪的时候，对着镜子做出微笑的表情，不良情绪会得到一定的控制。

总体来说，大脑神经中枢发出模仿指令后，我们会在模仿表情、声音、动作中体验到他人情绪，而我们自身以及他人的表情、声音、动作会有一定的回馈效果，对自身情绪造成影响。有人说夫妻二人在一起生活久了，面部表情、行为习惯等都会慢慢趋向于一致，其实这也正是情绪感染的模仿—回馈机制的体现。

283. 情绪失控，生命不可承受之重

　　人是感性和理性的结合体，但终归是偏感性的动物。情绪是人感性下的产物，人之常情的喜怒哀乐，爱恨情仇都属于情绪之列，情绪是由人的内心冲动而发出的，正常情况下的适度的情绪发泄会给生活增添更多的乐趣，如果情绪一旦失控那便是生命不可承受之重。

　　当你过度焦虑、忧郁、恐惧之时，情绪便不仅仅只是影响到你一时的行为活动了，这时会影响到精神健康和身体健康状况，轻者会造成心理障碍、意识不清；重者则会积郁成疾危机生命。当过度愤怒生气之时，后果就更严重了。俗话说"气大伤身"，不仅有可能伤了自己，而且有可能牵怒于别人，给别人造成不必要的伤害。事实上，每一种情绪的失控而导致的过度释放对己对人都存在着一定的危险度。释迦摩尼说："恨不消恨，端赖爱止。"意思是说：消灭恨的，不是用更大的恨意，而是爱。同样消除自己的心情问题，也不是用过度的情绪发泄，而是要用理智和平静。

　　当你身处一个令人烦躁不安的环境中时不停地抱怨解决不了任何问题，当然适当地发泄自己的不满是可以的，可是如果因为不满而无休止的发泄，那么换来的不仅不是一个更好的环境，而是更糟的结果。你过度的发泄情绪只会引起身边人的难以容忍，甚至厌恶，情绪是会传染的，当大家都和你一样时，得到的只会是更多的抱怨，这个你厌恶的环境就会在最后"变本加厉"更让人厌恶。

　　有句话这么说，控制住了情绪，你就控制了世界。那么相反的情绪失控，也会让人失去所有。有一个脾气暴躁的女孩，总是快人快语，说话做事从不给别人留一点情面，因此常常会因为一点小事和别人闹得不可开交，只要自己吃了一点点的亏或者受了一点委屈就会缠住别人不放，甚至不顾及场合就拉住别人大骂。因此身边大多数人都"怕"她，不愿意接近她，她人际关系也变得越来越紧张。只要她在的地方气氛一定是尴尬的。最后孤独的她几近崩溃，不得不去看心理医生。医生告诉她："你先回去平静一下心情，尽量使自己每天都有一段时间保持安静。然后准备两个装有半瓶清水的玻璃瓶，当你每次遇到事情时，如果你是理性而平静地处理事情，你就在其中一个玻璃瓶中倒入一小杯清水，如果你面对事情时依旧如以前一样暴躁就向另一个玻璃瓶里倒入一小杯墨水，一个月后你再来找我。"女孩很困惑可还是做了，一个月后她拿着两个玻璃瓶找到医生，医生让她看着两个玻璃瓶的变化说："事实上，我们每个人的生活刚开始时就像这两个玻璃

瓶的开始，都是清澈的，如果你耐下心来安静地去经营它，它也会依旧清澈美好，可是如果你暴躁冲动结果就会像另一个玻璃瓶里的水一样变得一团糟。所以说有时候你的苦闷不是别人给你的，而是自己不能控制自己的情绪造成的。"女孩恍然大悟。

女孩从此开始了慢慢地改变，变得温柔，变得安静，变得理智。她像换了一个人一样，同样也换掉了以前糟糕的生活状态，开始有了更多的朋友，有了不一样的人生。这就是情绪的自控与失控带来的差距，不一样的情绪给你不一样的人生。

情绪，可以自控的话就是生活的"调味剂"，可是如果不能自控的话就有可能成为生活的"垃圾"。情绪失控就是对生活的失控。所以，面对不良情绪我们一定要学会自我控制，千万不可让它毁坏我们的生活。

284. 情绪链，一个人的坏心情影响几个人的好心情

"大鱼吃小鱼，小鱼吃虾米，虾米吃浮游生物，浮游生物吃海藻"，这是生态链的体现。与此类比，仔细寻找，不难发现生活中有"情绪链"的存在，比如上司心情不好时，莫名其妙地对下属们发火，导致下属们也没有好心情，或者家长在外面不顺，回家后训斥孩子们，让原本玩得很开心的孩子们吓得不敢乱动，这样的例子太多了。一个人的不满情绪和糟糕的心情，会顺着情绪链传递，从而影响几个人的好心情。

情绪链是一环扣一环的。一位老爷爷在外面下象棋，输了一下午，生气地回到家里，吃饭时没有胃口，就埋怨老伴做的饭难吃。辛苦了一晚上的老奶奶又把怒火转移到儿媳身上，说儿媳下班后没来帮忙，儿媳就怪丈夫换了衣服让她洗，害她没能帮助婆婆做饭，丈夫不甘示弱，表示自己没错，自己在辅导女儿功课。小孙女郁闷又无辜地说："我就是不会做那些题，别的小朋友不也有家长帮忙吗？"大家都不做声了，迅速地吃完了饭，沉默地各忙各的去了。老爷爷想起往常这个时候，一家人都在一起看电视、聊天，其乐融融，再对比今天的难堪局面，很后悔自己向老伴发火，否则也就不会牵扯到一家人了。这个例子向我们展示了情绪链的存在，以及坏心情的传染力度。

当一个人居于情绪链的高端时，如果他肆意发泄自己的怒气，坏心情就会沿着情绪链依次传递，一直扩散到最末端。这时，居于高端的的人是元凶，链条中间的人既是受害者又是帮凶，末端的人是无辜受害者，但整个情绪链上的人的心

情都是糟糕的，这无疑是一件百害而无一利的事。

一个人的坏心情影响了几个人的好心情，是一种"情绪污染"现象。这种现象无论发生在何处，都会对情绪链上的人造成生理上和精神上的危害。一个人的坏心情会改变这个人所处的环境氛围。而据研究证明，压抑、沉闷的环境氛围会造成人的神经系统紊乱，免疫力下降，大大增高患病几率。

医学专家曾经发出"生气等于自杀"的警告，因为情绪失调的人的发病风险是正常人的两倍。如今看来，容易生气的人不仅损害了自己的身体，还危害了别人的健康。因此，要找到合理途径发泄自己的愤怒、恼火等负面情绪，不要轻易向别人传播自己的坏心情，避免情绪链发挥不良作用，影响周围人的好心情。

285. 情绪的链环效应多半由自己造成

情绪链环环相扣，也就造成了情绪的链环效应，具体表现为，互相关联的人合在一起就像一个链环，他们会在情绪上互相影响，让整个链环都呈现出一种情绪倾向。身处链环之中的每个人，都是一个环，既承接上一个环，又连接下一个环，可以说每个环的重要度和功能都是一样的。既然如此，将自己视为一个环，就会发现情绪的链环效应多半都是由自己造成的。因为在充分地发挥主观能动性的前提下，完全可以以一环之力引发或阻止情绪的链环效应的发生。

身为链环中的一环，一方面，自己的心态是否积极向上，会影响别人的心情；另一方面，自己如何处理别人传递过来的情绪，也会对整个链环造成影响。这就要求我们壮大己身，提升能力，尽力引导良性的链环效应出现，避开不良的链环效应。

第一，要加强品格和心情修养。建立良好的品格，做好自己份内的事，使自己心情愉悦，愉悦的状态下能分泌出更多的内啡肽，保持身体健康。一身正气，一脸笑容，身边的人自然就能感觉到你所带来的正能量。

第二，要善于克制和忍让，做到有效沟通。有一句名言是"骤然临之而不惊，无故加之而不怒"，性格急躁的人绝不可能做到。它教育我们，在遇到突发状况时，不要自乱阵脚，不要惊慌失措，要保持镇定，有话好好说，才能分析、解决问题。比如说，有人突然向你发火，你若是急着骂回去，两人只会争吵不休，应该冷静地找原因，和对方好好沟通，如果是自己做错了，对方也不好意思接着骂，如果是对方错了，对方自会向你道歉。

第三，要有宽容之心，多点幽默之情。人无完人，谁身上都会有一些缺点，不能锱铢必较，吹毛求疵。做人也不能一味古板，不懂一点幽默，因为幽默正是人与人交往中的"润滑剂"。拿出宽容的态度来，说一些富有趣味的话语，能使周围的人感觉到善意，营造良好的氛围。

自己是一个环，就要散发积极之意，传递正面情绪，阻挡并纠正负面情绪，充分而正确发挥自己的功能。自己既然可以造成情绪的链环效应，自然要避免整个链环充斥着不良情绪，大力引导整个链环走向和谐之路，让链环里的人都生机勃勃、干劲十足。

286. 负面情绪比正面情绪更易传染

毋庸置疑，情绪具有感染性，人的情绪会受到周围人的影响。而人们渐渐发现，不同情绪对人的感染力度是不同的：即将结婚的人，眼角眉梢都是幸福，身边的人也为他们高兴；而周围有人在大吵大闹时，自己也感觉心烦气躁，只想让他快点停下来……可见，情绪是可以互相传染的，然而，负面情绪比正面情绪更易感染。

被感染了正面情绪自然是好事，可使人心情愉悦，充满干劲地生活。但一旦被传染了负面情绪，原本的好心情大打折扣不说，做事的效率也会大大降低，颇有点"城门失火殃及池鱼"的意味，因此人人都不希望被传染负面情绪。然而一个无法忽略的事实是，负面情绪具有很强的传染性，就好比是一种"精神传染病"。细究下来，导致负面情绪比正面情绪更易传染的主要原因有以下三个：

第一个原因是生理原因。大量的镜像神经元存在于我们的神经系统中，当周围人流露出生气、愤怒、恐惧等消极情绪时，我们的镜像神经元会被这些负面情绪以极快的速度激活，从而使得我们产生类似的情绪。每个人的身体都有自我保护机制，负面情绪更容易唤醒我们的警觉，所以负面情绪更易传播。

第二个原因是情感原因。我们身处错综复杂的交际网中，需要跟周围的人进行情感交流，以稳定人际关系。所以，当周围人高兴时，我们只需要祝贺、附和就可以，而当亲人、朋友、同事等人的情绪比较消极时，我们会下意识地调整自己的情绪，使自己和对方处在同一个频道，以便开导他们，这个时候情绪更容易受到传染。

第三个原因是自我原因。无论是我们接触的文化还是教育，灌输的都是正能量，整个社会环境有一定的压抑负面情绪的倾向。但是我们的心中都会有一些负面情绪。所以，周围环境中存在的负面情绪，很容易唤起我们类似的情绪，我们也就很容易被传染了。

当自身产生负面情绪时，我们要控制自己的情感流露，可以跟朋友倾诉烦恼，但绝不能喋喋不休，成为负面情绪污染源。当周围人情绪不对时，我们要有技巧地倾听，在自己和他之间挖条护城河，在保护自己的前提下帮助别人。在平时生活中，也要注意多积累正面情绪，适当隔离负面情绪。

287. 为何负罪感久久不能消散

当人做下违反自己良知的事情时，心里会产生负罪感，这个人会在事后回忆、反省自己的行为，对自己进行谴责，同时心里的负罪感愈加浓重，这种负罪感很难随着时间的推移而消散，而是会持续很长一段时间，直到当事人认为自己已经"赎罪"完了，内心才会安宁。具体来说，负罪感是一种混合了负面情绪和错误认识的痛苦感觉。有时候，我们感觉到自己的某种行为是错误的，这已经让我们产生自责的情绪了，再加上我们不能正确地认知自己的错误，过分夸大了错误的力度，负罪感便久久不能消散。

一般来说，产生负罪感的情况有两种：第一种情况是，人已形成固定的是非观，对事物有了一定的判断力。那么，只要在他的认知里，某件事是错误的，而他因为种种原因去做了这件事，他潜意识里就会认为自己背叛了自己。这种情况是对自己的负罪感。第二种情况是由第一种延展而来的，比如有一些事，是你不想做的，然后你让别人做了，或者是不希望别人加之于你身上的，而你却对别人做这些事了，成了"己所不欲，却施于人"，这时你就会对别人有负罪感。

这两种情况有共同之处，都是违背了自己的是非观念和行为准则，失去了对自己行为的约束，背叛了自己脑海里固有的理念。但谁会喜欢背叛者呢？人人都无法忍受背叛者，还会在心里产生谴责背叛者的行为，而令人讨厌的背叛者如果就是自己的话，人的心里就会一直怀有负罪感。

并且，由于缺乏丰富的阅历和处世经验，或是负罪者一开始就把别人的错误归为自己的责任，或是羞于向别人倾诉自己的心理问题，种种原因使得负罪者根本无法正确认知自己的负罪感从何而来、是否自己真的有罪等一系列问题。负罪者直接让自己走进了自责、愧疚的死胡同，怀着负罪感日复一日地生活着。

精神分析师贝蒂·索萨尔认为："不管因为什么产生的负罪感，隐藏在背后的，都是本人不知道也无法承担的一种欲望。负罪感可以保护当事者，不用冒险实现自己的愿望。而精神分析的主要目的，就是让当事人看清并承担自己的愿望，最终从负罪感中解脱，对自己真正负起责任。"如此看来，除非哪一天负罪者自己突然想开，或者是被心理医生、周围的人打开心结，否则负罪感便会久久不能消散。

288. 不好的记忆是可以被捏造的

有些人认为，记忆像是一个储存在人脑里的电影库，大脑会准确且完整地记录下发生过的事，形成影像贮存在脑子里。因此，人们都十分信任自己的记忆，认为那些记忆就是自己经历过的事。但记忆真的不会欺骗我们吗？错，记忆是可以被捏造的。

美国著名理论物理学家列纳德·蒙洛迪诺曾著有《潜意识：控制你行为的秘密》。这本书里有很多趣味十足的心理实验，这些实验向我们证明：有时候，我们深信不疑的记忆并不一定是事实。我们经常把人脑比作电脑，但电脑里的图像、视频等都是固定不变的，永远不会扭曲，而我们的记忆里包含有太多感知类的元素，使得已有的记忆褪色，同时多出一些凭空捏造的记忆。在这些虚假的记忆里，又数不好的记忆占的比例最大。

首先，没人愿意经常回想不好的记忆，这部分记忆也就慢慢模糊了，而我们隐隐约约记得那些不好的往事，当被某些因素触动时，我们就会拼凑出一份完整的记忆，这样这份记忆里就会带有捏造的成分了。为什么不捏造好的记忆呢？因为人有趋利避害的本能，会经常回想那些令人开心的、给人鼓励的往事，这部分记忆就不容易被篡改、捏造。

其次，记忆是带有主观意识色彩的，当有人告诉我们"你经历过什么"时，因为我们不太确定这些不好的事情是否发生，仔细一想又好像确有其事，记忆就会根据主观意识的理解，自动补全细节，给我们一份生动明确的不好的记忆。但这份记忆可能是大脑虚构出来的。

最后，人们最容易在自怨自艾时回想那些不好的事情，这时候就会为了证明自己生活的凄苦而捏造出不好的记忆。比如，明明家里人对他还可以，他却会在潜意识里告诉自己："家里人一点都不关心我，让我自生自灭，活得这么辛苦。"类似于这样的情况，就属于人在捏造记忆来安慰、欺骗自己。

记忆是在脑海里积累和保存个体经验的心理过程，也是人脑对外界输入的信息进行编码、存储和提取的过程。人并不是准确无误的机器，受主观色彩影响较大，也就会捏造出不好的记忆，来满足自己心理上的需求。

289. 生气是因为心的"旧伤"开始疼

生气是一种负面情绪，当某种现象或事物违背了某个人的内心的准则或信念时，这个人就会产生生气这种负面情绪。生活中，人们生气的场景随处可见：老板因员工工作上的错误而生气，员工被老板指责的一肚子气；夫妻双方因吵架拌嘴生气；父母因孩子的吵闹而情绪爆发；道路拥堵，车子无法行驶也让人破口大骂；朋友间的不理解使人翻脸……而这一切的背后，都是因为心的"旧伤"开始疼，使人情绪迅速达到临界点，爆发开来。

生气，是大多数人最难以处理的一种情绪。生气时，人若是想起了以前的不如意、委屈与痛苦，会喉头堵塞，胸闷气短；若是被勾起了关于以前别人对自己如何不好的记忆，就会歇斯底里地大吵大闹，做出砸东西等具有破坏性的行为；更有人被人戳中了痛处，肾上腺素瞬间上升，直接动手打人，或是血压升高，出现脑溢血等突发性疾病。

有一个典型的"旧伤"发作的例子。德维恩在十二年前背部受伤，失去了工作，便天天埋怨上帝不公。从那以后，他就开始封闭自己，拒绝回忆以前的生活，如果有人问他："以前的同事来看望过你吗？"他会气得脸都扭曲了，甚至涌出眼泪来，尖叫道："我再也不想看见他们！"由此可见，失去工作这件事成了他心里的一大道伤疤，与此有关的一切都让他感到痛苦。

然而他并没有避免触及这道伤疤，碰到前同事都会让他疼起来。三十六岁时，他第一次心脏病发作，只因为他在街上看到了一个前同事，他就双手抓挠着胸口摔倒在地，被医生救醒后，他说自己看见前同事就抑制不住地生气，接着胸口就有剧烈地疼痛传来。他的家人劝他不要再为以前的事生气，他的心脏已经不起刺激，他固执地拒绝了。结果，五年后他因为心脏病突发去世了。可以说，他缺乏对情绪的掌控力，一次又一次地生气，心的"旧伤"也疼了一次又一次，当心脏承受不了这种痛苦时，他的生命也就走到了尽头。

事实表明，人会把自己成长过程中受到的伤害都记在心里，时间久了也不会遗忘。当某人或某事触动了这些不好的记忆，心跳会加快，心脏收缩力随之增强，大量血液冲向面部和大脑，使供应心脏的血液减少，造成心肌缺氧，心脏为了供应足够的氧气，不得不加倍工作，引起心律不齐。所以，有人说，我生气的时候气得心疼。

290. 别让往事触动你的敏感神经

生活有苦有乐，已发生的事就像饮品，既有香甜的甘露，也有苦涩的烈酒。那些美好的往事，自然可以回想，能够使人心情愉悦；但那些痛苦的回忆，就让它们封存在脑海里，不要再经常提起。可惜，偏偏就有一些人，始终在为过往而活，把所有的苦咸回忆都深深地烙印在心里，并且反复咀嚼，折磨自己，也辜负了年华。要知道，往事往往能够触动人的敏感神经，让人的心瞬间跌入过去的漩涡中，令人痛苦。

时常在当下回忆过去的人，若是现在过得比以前好，便会絮絮叨叨地向别人讲述自己以前有多苦，如何经过奋斗有了今天的成就，别人听得多了，觉得厌烦。比如说，老人们在年轻人挑剔食物时，会不断地说20世纪60年代他们的生活有多苦，每天要做多少活，还吃不上饭，连吃野菜都觉得香，诸如此类等等。毫无疑问，他们被往事触动了神经，便搬来教育后辈，可后辈人听前几次时，还能耐心地听着，反思一下自己的行为，听的遍数多了，而且翻来覆去都是那一套陈词，难免觉得厌烦。然而不耐烦一旦写在脸上，或是对老人出言不逊，双方之间就会产生矛盾。类似于这种情况的回忆往事，都可以算作自找麻烦。

还有一种情况，是人现在过得不好，便拿出过去的美好回忆做对比，一比就比出了心理落差，心里不舒服，自己闷闷不乐，还会使周围的人受到牵连。一个女孩子和前任分手后，遇到了一个老实的男孩子，两人在一起了。但因为男孩性格憨厚，不懂得浪漫，不会说什么甜言蜜语，女孩便常常想起幽默风趣、浪漫十足的前任，选择性地遗忘前任对自己的伤害。有一天，女孩终于爆发了，向男孩抱怨道："你为什么这么笨，从来没送过我鲜花，也没说过什么好听的话，跟我前任相比，你简直就是一根木头！"男孩听了后，心里很受伤，直接说："他那么好，你去找他吧，我们结束了。"一段感情就这样夭折了，如果女孩能不拿过去说事，慢慢教会男孩浪漫，珍惜眼前人，那肯定是不一样的结局。

记忆就好比是一本独特的书，越翻越多，内容会越来越清晰，让人越读越沉迷。如果一味沉浸在往事中，只会让你狼狈不堪，品尝苦涩的味道。而那些内心强大的人，他们的神经也不会敏感，不会为往事多生事端，不会回头去缅怀悲伤，他们将往事当过眼云烟，认真地经营现在和未来。

291. 喜欢"碎碎念"的人是坏情绪的"扩音器"

有些女人特别喜欢"碎碎念",如果对某件事不满,可以从早到晚不停地唠叨。可是男人听多了,像是在听紧箍咒。对于这种"碎碎念"下的精神攻击,男人唯一的反应就是想逃。在生活中,不论男女,只要一个人喜欢"碎碎念"个不停,别人都会下意识地远离这个人。

"碎碎念"是表达内心不满的一种方式,所以不要把它演变成指责或试图改变什么。这不是老师在教育学生,必需要求对方做出满意的回应和改正,更不能使用有讽刺性的语气和词汇。

人们一定要记住自己"碎碎念"的目的,是要让别人知道你内心不愉快的感受,而不是在听你的教导和谩骂,否则很容易让他人产生破罐破摔的感觉,听与不听都无所谓了。毕竟谁也不是谁的情绪垃圾筒。

在"碎碎念"时,自己的不良情绪很容易随着无休止的言语传递出去,影响到别人的情绪,轻则让别人的好心情荡然无存,重则使别人心里沉寂的"情绪火山"爆发,造成不良后果。所以,当有话要倾诉时,一旦发现对方情绪状态不佳,就要强迫自己停下来,给双方调整的时间。不要等到别人压抑的情绪爆发后,才注意到自己的错误。

"碎碎念"也要有私密性。要注意,一定不要让"碎碎念"向"传八卦"靠拢,否则很容易惹祸上身。那样的"碎碎念"已经不是表达内心的情绪,而成了传小话的工具。这会让你的爱人和朋友,渐渐远离你。

其实,生活中的琐事,工作上的压力,总是避免不了在我们心中留下不佳的情绪,谁都会有"碎碎念"的需要。所以只要我们把"碎碎念"用得的当,就会让自己和他人变得轻松。但稍有差池,"碎碎念"就会变成坏情绪的扩音器。

292. 情绪化是幸福的连环杀手

当一个人的情绪状态因某些因素而发生大的波动,不定时地转换着喜怒哀乐等情绪,一会儿笑逐颜开,一会儿悲从中来,一会儿喜上眉梢,一会儿怒发冲冠,那这个人就是典型的情绪化患者。这类人一般都不够理智,才会喜怒无常,轻易地表达出强烈的感情色彩,让身边的人吃不消,自己的幸福也就被情绪化所谋杀了。

越能控制自己情绪的人，越能使自己活得快乐。有人心如磐石，泰山崩于眼前而面不改色，在遭遇重大变故时，能理性地解决问题；有人定力一般，在小困难面前不害怕，遇到大事才会不知所措，也不会有太多烦恼；只有那些容易情绪化的人，稍微一件小事，就能让他们烦躁不安，他们总是觉得生活一点也不称心如意，还谈何幸福。

情绪会影响人生活的方方面面，与人们的事业、婚姻和健康等都有着密不可分的关系。身体是革命的本钱，而突然的、不正常的情绪变化可能引起多种疾病，比如说心脏病、高血压等。在人际交往时，也没人会喜欢和喜怒无常、说翻脸就翻脸的人打交道。所以，一定要注意控制好自己的情绪，克服情绪化的冲动。

293. 宽容一样可以传递

哲学家康德曾说："生气，是拿别人的错误惩罚自己。"人的情绪中有两大魔鬼——愤怒与仇恨，几乎所有的不快乐都是由于它们造成。同时我们也会经常会为此做出极端的事。同样人的情绪中也有个天使——宽容。一切的快乐都以它为依附。

宽容的人可以让身边人的愤怒都变作温柔。曾经听说过这样一个故事：一对母女来到上海一家餐厅吃饭，负责为她们上菜的服务员在上一道菜时不小心把菜汤洒在了母亲的皮包和椅子上，母亲本能地跳了起来，十分愤怒，可是还没来得及发作，女儿便快步走到服务员旁边，极为温柔的微笑着拍了拍她的肩膀说："不碍事的，没关系。"服务员受惊地看了看女士，怯懦地说："我去拿布来。"女儿说："没事，没关系的，我们回去洗一下就好了，你去做事吧，真的没关系，你不用放在心上。"看到女儿如此温柔，母亲瞪了女儿一眼却又不好再发脾气就此作罢。

当天回到家里，母女谈话时母亲才得知缘由。两年前女儿在伦敦上学，为了锻炼女儿，大学暑假期间不让她回家，让她自己策划旅行或试试兼职。这期间在家从来都是娇生惯养的女儿选择了去一家酒店当服务员体验生活。她被分配到后厨清洗酒杯，可是第一天上班她就闯祸了。好不容易把所有的杯子都洗完，转身时一不小心碰倒了一只杯子，随后所有的杯子都碎在了地上。女儿说："妈妈，当时我真的怕极了。可是您知道领班的什么反应吗，她不慌不忙地走过来，搂住了我，问我有没有受伤，随后让其他员工把一地的玻璃收拾了，自始至终她连半句责怪的话都没有，我感动极了。"还有一次女儿帮客人倒酒时，不小心把酒洒在了女客人的白色衣裙上，女儿说："我当时也像今天那位服务员一样慌张得不知所措,可是客人并没有责怪我,反倒来安慰我说没事,酒渍并不难洗,妈妈是他们教会了我宽容的珍贵,我一辈子都不会忘记。"

事实上这样的故事并不少见,宽容的人一直在用他们的行动传递着宽容。人与人之间都有一扇交流的门,当你敞开心扉接纳一切时,你会发现一切都是可以接纳的,所有的烦恼、悲伤、愤怒都可以在宽容中化为乌有。被人宽容的那一刻你会感觉整个世界都温柔了,给人宽容的那一刻,你会发现原来宽容比愤怒更容易换来快乐。

294. 电影配乐中也有"情绪流感"

我们在观看电影时,常常会受到剧中人物的感染,将个人情绪代入进去,体会主角们的喜怒哀乐,这是一件正常的事。但有时候我们也会疑惑:我并不是个爱哭的人啊,主角的命运也没有很悲惨,我怎么就哭得稀里哗啦的?这就要归功于电影中的配乐了,要知道,电影配乐中有"情绪流感",能充分地起到传播情绪、营造氛围的功效。

音乐这门艺术比较抽象化,就算你能听出音乐的节奏、旋律、音色,你也无法得到具体的信息内容。然而,音乐却能够在很大程度上影响人们的情绪与情感,在表达情绪方面,就算是语言也不如音乐表达的细腻、准确。这也就解释了我们看电影时,觉得演员念得台词生硬,却轻易被配乐打动的原因。

关于音乐在影响人情绪方面的独特功效,著名指挥家小泽征尔曾有过准确的表述,他说:"音乐包含快乐、诙谐、忧伤、孤独等情绪,这如果用语言来表达是很简单的。但音乐中的情绪不需要用文字来解释,它能直接进入人们的心灵中去。"而早在1995年,在一次调查研究中,就有七成美国年轻人表示他们喜爱音乐的原因是"音乐能引发情绪与情感"。电影导演们正是认识到了音乐的独特功效,才会在电影中插入配乐,二者珠联璧合,相得益彰,倾倒了无数观众。

纵观各大著名影片,都有精彩的配乐。导演们把握着电影情节的节奏,在情节需要时配上合适的音乐,既能渲染背景气氛,又能抒发人物内心的情感,还能深化情绪与主题,调动起观众们的情绪。举例来说,在徐克导演的电影《青蛇》里面,张曼玉和王祖贤两位大美人出演白蛇和青蛇,两个蛇妖风情万种地出场不久后,白蛇看到了许仙,此时的配乐正好是《人生如此》:"人生如此,浮生如斯,缘起缘灭,谁知谁知。"象征着白蛇与许仙结缘。而后随着电影剧情的起伏,音乐也从简约到华丽,又从悲情到绝望。这部电影里的美人固然出色,但更出彩的就是黄霑制作的一系列原声配乐了，令人一想到这部电影，就想起那一句句富有哲理的"人生如此，浮生如斯……"

知道电影配乐中有"情绪流感"后，再去看电影时，不妨试着留意一下配乐。能用配乐加强影片的感情色彩，使整部影片与观众情感达到契合的导演，一定在配乐方面用心了。

295. 信息焦虑，比信息传播得更快的是焦虑

我们已进入信息时代很久了，在这信息大爆炸的年代，信息传播的速度非常快。一发生什么比较轰动的事，网上立刻就会出现相应的新闻，各种真真假假的信息满天飞。信息的传播速度过快，固然有利于人民的生活，让人能迅速了解最新发生的事情，但信息过多过快，就引发了一个显著的弊端——信息焦虑。

信息焦虑又称"知识焦虑综合症"，病源就是过多的信息引发了焦虑。由于大脑长期大量接受、处理信息，造成大脑皮层活动抑制。一些长时间看电视或上网的人因此会被引发一系列疾病，容易出现突发性的恶心、呕吐、焦躁、神经衰弱、精神疲惫等症状。之所以会出现这些不良情况，都是因为过多又繁杂的信息让人太过焦虑了。

比信息传播更快的是焦虑。大量信息在短时间内涌入大脑时，大脑来不及消化这么多信息，就会产生焦虑感。另外，大脑中可能同时贮存大量同类型信息，因为接触太多了，而人们不善于分析和处理，思绪就会混乱，让人觉得焦虑。再者，现在的知识更新换代太快了，人们不得不拼命学习新的知识，以跟上时代的步伐。因为负担太重，或者害怕落伍，就又逐渐有了焦虑之感。

想要摆脱焦虑，不可能一挥而就，需要慢慢进行。这又分为以下两个方面：

一方面，要认识到"信息焦虑综合征"并不可怕，我们要找到它的起因，在生活中多加注意，尽力调整自己的生活方式，如每天只浏览两种媒体网站，保证足够的睡眠，吃健康的食物，有规律地生活等都可以有效缓解焦虑症状。另一方面，不要担心太多，尽力放下自己的心理包袱，如此才能心情舒畅。有时候你越是焦虑，越是不安，在工作方面受到的不良影响就越大。与其在心烦意乱中浪费时间，不如静下心来，做好自己份内的事，事情的结果也会比你担心的好得多。你要记住，心烦意乱不能帮人解决任何问题，唯有保持内心的宁静，远离焦虑情绪的不良干扰，才能专一地朝着目标前进。

296. "情绪感染"在家庭中容易升级

在人际关系互动中，人们都在不断地传递着各种情感信息，这种情感信息会让自己的情绪波动很大，由此可见，情绪是有感染力的，这种感染力在家庭中尤为显著。留心观察、对比，不难发现，"情绪感染"在家庭中更容易升级。

小学生亨利因为上课走神被老师痛骂了一顿，心情十分低落。当他回到家中时，家里的狗像往常一样来迎接他，往他腿上蹭，烦躁的他无心与狗狗玩耍，上去就是一脚，踢开了狗。受到惊吓的小狗落荒而逃，向门外跑去，一不小心撞到了站在门口的男主人，男主人心疼自己昂贵的裤子被弄脏了，心里又是惋惜又是生气，追着狗打。正巧女主人下班回来看见了，喜欢小狗的她火冒三丈，开始训斥丈夫，双方吵得不可开交，翻出了很多不开心的旧事，连晚饭都不做了。饥饿的亨利偏偏要火上浇油，跑过来指责父母不做饭，父母便把矛头指向了他，批评他好吃懒做、不认真学习、总给大人添麻烦等。亨利又委屈又气愤，大声跟父母吼叫……家里乱成了一锅粥，每个人都不欢而眠。

家有家风，每个家都有其独特的氛围。本来家应该是温馨的，但家庭成员们生活在一个屋檐下，平日里少不了磕磕碰碰，也容易滋生各种矛盾。那么，当争执发生时，每个人都会站在比较亲近的人这一边，参与争执，所以，家里一旦有了争吵声，每个成员都别想置身事外。家庭的复杂性和独特性决定了成员之间不可分割来看，一个人情绪暴躁，其他人也会纷纷被感染。

经研究发现，情绪就像病毒一样，能快速地从这个人身上传播到另外一个人或好几个人身上，被感染者有时会一触即发，有时情绪会被暂时压制在身体里潜伏下来，在恰当的时机爆发出来。所以，情绪是互相传染的。而在其他地方时，我们面对的都是不太熟悉的人，就算有情绪了，也能克制一下自己，维持表面上的风度与礼貌。当回到家里，这个熟悉的环境，面对熟悉的亲人，仿佛知道吵起来了也不会有什么太坏的结果，很容易就肆无忌惮地发泄自己的情绪。

要想避免家庭内部的"情绪感染"，每个人都要为此付出努力，一方面，在进家门之前，要把所有负面情绪都留在门外；另一方面，要对家人多一些宽容和谅解。当家庭成员间有问题要解决时，最好是双方平心静气地探讨解决方案，不要牵扯上其他成员。当讨论家庭大事时，要就事论事，解决好主要矛盾后，再把次要矛盾逐个击破，家里就不至于乱成一锅粥了。

297. 乐观情绪也有"蝴蝶效应"

哲学中的世界是一个整体，一点点的不同就会引起所有的改变。但是你知道在情绪的选择中也是一样的吗？不同的态度也会引起一系列不同的显现，所以乐观情绪也会带来"蝴蝶效应"，具体表现有下面几点。

第一，乐观的人身边从不缺少朋友，而且在生活中你会发现在乐观者身边有更多乐观的人。这是因为，他们总是处于轻松、自信的心境下，对外界也没有过多的要求，所以他们属于极易相处的人群。他们总会变成所处环境中的"拯救者"，因为他们是最不易失去奋斗方向的人，在困难和挫折来临之时，他们也是最能平静接受并有勇气带领大家勇往直前的人，所以他们在团体中总会在不经意间唤醒很多处于悲观状态的人，乐观的人带给身边人的总是积极快乐的正能量，身边的人自然会在乐观情绪的影响下变得开朗，因此乐观的人总是受人欢迎的。

第二，在生活中你会发现乐观的人更容易成功，从乐观中获得更多快乐。这是因为，在生活中乐观者面对一切烦恼都会有信心说："一切都会过去的，这是黎明前的黑暗。"而悲观者则会抱怨："烦恼怕是过不去了，我的一生都好像是苦海。"所以乐观者的全世界都是美好的，悲观者他的全世界都是灰暗而哀伤的。乐观者看到的是希望，悲观者看到的却是深渊，所以乐观者总是快乐的面对这世界，这个世界也同样给予他信心。乐观的人总有着积极振奋的力量，由此做什么事都会感到力量倍增，即使在艰难的条件下也可以创造奇迹。

曾经听说过这样的一个故事，曾经有一位将军带兵打仗，他天生乐观。信心十足的他看着一群悲观的士兵，很是担心。于是他走到一座庙前，给士兵们说："我手里有一枚铜钱，现在请神明告诉我们这次战斗会赢还是会输，如果铜钱落下正面朝上就代表会赢；反之，就代表会输。"士兵们纷纷跪下祈求。铜钱落下，果然正面朝上，随后在战场上士兵们士气高昂，奋勇作战，一扫开始的悲观不安。最后，这场战役胜利了，有士兵提出要再去感谢神明，这时将军拿出铜钱说："不用了，应该感谢的不是神明，而是自己。"将士们一看这枚铜钱原来两面都是正面。士兵们明白了，原来不是神明相助，而是乐观自信的情绪给予的力量。这个故事告诉我们乐观就是那个可以拯救自己的"神明"，因为乐观会给你意想不到的"蝴蝶效应"。

乐观情绪不仅是生活上的"魅力导师"同样也是事业上的"成功导师"。乐观会给你的人生带来不一样的精彩。

298. 别受他人情绪感染，十种行为会偷走你的快乐

我们的所作所为会决定我们的人生高度，而我们的情绪状态会影响自己的行为。如果情绪完全是由自己掌控的话，人们都希望自己永远拥有好心情，但由于情绪感染的存在，人的情绪状态就会受到别人的影响。那些负面情绪会带来负面作用。人生在世，本就是一个不断追逐快乐的过程，而以下十种行为要坚决杜绝，因为它们会偷走你的快乐。

与他人攀比。攀比之心要不得，与人攀比，赢了的人洋洋得意，很容易飘飘然，之后会担心别人超越自己，这快乐也就不那么纯粹了；输了的人更是心里难受，容易产生自卑、消沉等不良情绪，对自己有害无利。

沉迷科技。沉迷于科技，会让我们脱离现实生活。比如说，玩电脑、玩手机固然是不错的娱乐活动，但人是要跟实际生活接轨的，不如多花时间在如何提升自身素质上。

易受他人情绪感染。要在自己和别人之间挖条"护城河"，防止别人传播坏情绪过来。比如，有人向你诉说不幸时，你可以倾听和安慰，但不要让自己陷入那种负面情绪里，而后要正常继续自己的生活。

为他人而活。不要太在意别人的眼光与看法，人是为自己而活的。越在意别人，越会受到条条框框的限制，不能随心的生活。多听听自己内心的声音，做真实的自己。

追求完美。金无足赤，人无完人，人身上多多少少都会有一些缺点。我们要不断地让自己变得更好，但完美几乎不可能实现，过于追求完美，会丢掉自己的个性，让生活变得单调，不完美也是一种完美。

将梦想握得太紧。有梦想固然是好事，可以让人坚持前行，但把梦想握得太紧，会在无形中给给自己增加很多压力，也会因为一心只想快点走而忽略掉沿途的美好。更重要的是，握得太紧的梦想比较脆弱。

追忆过去。也许你的过去真的十分美好，才会让你总是追忆，但追忆过去的时候，当下的时光就不知不觉地溜掉了。而把握当下的人，会尽力让自己生命的每一刻都过得有价值。

担忧未来。未来的迷人之处，正在于它的不可知性，才会让人憧憬自己的未来有多美好。而担忧未来的人，完全是在杞人忧天，自找麻烦。如果真的不对未来抱有乐观设想的话，不如直接去努力工作，多积累资本。

忽视自己。有时候，我们会将别人放在第一位，太过关心别人的喜怒哀乐，从而忽略了自己的需求，让自己增添了很多压力。其实最应该关心的人是自己，一个充满活力、心情愉快的人，自然会让身边人觉得轻松。

活得太认真。有句哲语叫"难得糊涂"，的确，生活中的很多事都需要我们认真对待。但有些时候不能太较真，给自己稍微放松一下，就会免去很多烦恼。归根结底，我们要享受生活，而不是被生活的条框所限制。

299. 易被他人情绪感染，提高情绪"免疫力"

情绪是可以传染的，不管是积极还是消极的情绪都具有传染性。如果是好的情绪自然好，但我们能受好情绪的感染，同时也会受到别人坏情绪的影响。一项调查显示，在职场上升迁，或是工作较有成就的人，绝大部分是在情绪上具有稳定性格的人，而并非完全是那些才华横溢或智商较高的人。这种稳定性格不仅包括能很好地控制自己的不良情绪，还包括对别人负面情绪的"免疫能力"。

无论是在工作中，还是生活中，我们的心情总是容易被别人的情绪所感染。那么，如何提高自己对别人坏情绪的"免疫力"呢？

首先，如果可以，请尽量远离消极的人。如果一个人见了你，不是抱怨老板刻薄，就是埋怨天气不好，或者哀叹自己最近的运气多么差。请你尽量远离这样的朋友，就算你对坏情绪的"免疫力"再强，也不能保证长期与其在一起不受一点影响。

其次，凡事要有主见，专注于自己的心情。没有主见的人，最容易受别人情绪的感染，当与你在一起的人比较消极的时候，你可以安慰他，尽量向他传递你的正面情绪，而不是被他拉入消极的漩涡。必要的时候，比如他是那种谁见了都想躲着的人，那么你就把他当作"病人"，不理他就是了。

第三，寻找传递给你消极情绪的人的优点。当你不得不与一个消极的人在一起时，比如他是和你一个办公室工作的同事，每天至少有八个小时在一起，逃避不是办法。若是任由自己厌恶的情绪蔓延，则会加重你的坏心情。不如换个角度去看问题，看看他身上的优点，想他除了爱发牢骚外，其实也有可爱的地方，如此转移注意力，然后你就会发现自己的心情也会变得好一点。

要学会控制自己的心情，而不是让别人决定你的心情，加强自己对别人坏情绪的"免疫力"，只有这样才能每天拥有好心情。

NO.14 洞察他人情绪：情绪是隐藏的"告密者"

300. 高情商的人才能管理他人情绪

许多证据显示，擅长处理情绪的人，在人生的任何领域都具有优势，不管是在爱情婚姻和亲密关系中，还是在办公室里，都能取得更有力的位置。高情商的人也更适合做管理者，能够更好地处理人际关系。

哈佛大学心理学博士丹尼尔·戈尔曼曾做过一系列研究，发现一条显著规律，高智商的人和高情商的人在为人处世上的表现是不一样的。高智商的人理性，性格内向，做事沉稳，比较擅长"做事"。高情商的人感性，性格外向，讲究生活情趣，"做人"很出彩。

丹尼尔·戈尔曼曾说过，高情商的人比较有担当，有着强烈的责任感，很能照顾他人感受，乐于帮助别人。这使得高情商的人在人际交往中如鱼得水，因为在与人打交道时，识别不了他人的情绪、理解不了他人感受的人，无异于拥有一项严重的缺陷。

职场犹如战场，对人的能力和情商都有着严格的要求。情商理论被有志于职场奋斗的人士视为宝典，因为其中囊括了众多管理学和领导学等方面的知识，能够为人提供了切实可用的奋斗方法，大大提升学习者的领导力。不管在何领域，那些在职场大有作为的人、处于领导阶层的人，一般都拥有很高的情商。

丹尼尔·戈尔曼曾以百余家大型的跨国公司为研究对象，持续跟踪研究了几年时间，得出结论：要想成为领导人，高情商是必备条件。一方面，影响员工绩效的主要元素有技术能力、智商和情商。经过对比，情商在总绩效中所占的百分比最高，情商越高越容易做出成绩。另一方面，管理层需要和众多员工接触，从底层主管到高层董事，他们的情商与职位高低成正比，在公司的职位越高，情商发挥的作用就越重要。对于领导者来说，高情商使他们能够轻而易举地带动整体员工的工作节奏，点燃大家的工作热情，营造出良好的工作氛围。

高情商的人拥有良好的自控力、观察力和影响力。首先，与人相处时，他们能控制自己的情绪，使自我不失控；其次，他们能够读懂别人面部表情、肢体语言以及言外之意，洞察他人情绪波动；最后，他们能够以自我行动影响别人心情，做到管理他人情绪。这类人去从事管理工作时，往往能收到事半功倍的效果，实际上，他们中的大多数的确也担任了公司的各级领导职位。

具体来说，高情商者对别人能做到关怀备至，他们的体贴会打动人心，显得富有人情味。遭遇困难时，他们不会流露出沮丧、消沉等负面情绪，而是表现出斗志百倍、昂扬向上的样子，能够极大地给他人安慰和鼓励，而后担起带领别人渡过难关的重任。这样的人，大家会自然而然地信任、追随他们。

301. 移情，了解他人情绪的第一步

在与人交往时，及时了解他人情绪，能够使双方交流少走弯路，还可针对他人真实感受，对症下药地选择适合的交际方法，是社交的一大利器。要想了解他人情绪，首先就要做到移情，设身处地地站在他人的角度，充分感知、理解他人的感情。移情能力良好的人，往往行事恰当妥帖，能够很好地照顾他人感受，因而建立起良好的人际关系，同时提高了自身的道德修养，加强自身的心理素质，这些都有利于人获取成功。

目中无人者看起来难以接近，骄傲自大者没有亲和力，固步自封者走进不了他人的世界，这些都是交际场上的大忌。而移情能力的提高和使用，能够让人跨越自我的情感界限，去尝试理解他人的感受，移情这一举动表现出来的就是友善和体贴，善于运用移情能力的人很容易受到大家的欢迎。

移情是一种传达友善的交际手段，也是尊重体贴别人的体现。有人说现代社会"行事冷漠，人情淡薄"，一大原因就是很多人在交际时没采取恰当的方法，给不了别人温暖、体贴的感觉。而移情能够有效避免淡漠和误解，达到交流双方思想、情感上的沟通和理解，让人际交往进入和谐状态。

在与人合作时，移情还是双方交流感情、产生共鸣的基础，促进合作成功。情商高的人，总能够运用移情能力，在情感上给予别人帮助，站在别人的立场上看问题，明白别人的情绪波动，然后为对方着想，维护别人的利益，促进双方的友好交流。一个将移情发挥作用的人，会鼓励别人和自己和谐相处，使双方更加坦率真诚、更加推心置腹，避免一些不必要的冲突和误解。

适当地运用移情这种情感共鸣的交际方法，不管是在平常生活里，还是在职场上，都能够及时、清晰地了解他人的情绪，而后增进与他人的感情，换来他人的真心对待。

302. 相信别人，如同相信自己

"人若无信，不知其可也"，千百年来，诚信一直是道德标准之一，也是无数人安身立命的前提条件之一。一个讲诚信的人，别人才乐于和你打交道，和你合作。但很奇怪的是，很多人都是很相信自己，对别人的诚信度持有怀疑心理。其实，不妨推己及人，当我们为自己贴上"诚信"标签时，肯定是希望别人信任我们，但我们不相信别人时，别人会相信我们吗？所以，要想建成诚信关系，每个人都要尝试着去相信别人，如同相信自己那样。

给别人多一些信任，少一些怀疑，生活的烦恼就会少很多。同学获得好成绩了，同事的职位晋升了，竞争对手做事成功了……这种时候，有些人会怀疑别人是不是用了什么不光彩的手段，自己那么努力却失败了，而不肯相信别人的成绩。类似的情况在生活中比比皆是，但这些怀疑越多，自己活得越累，若是肯相信别人，就不会有这些烦恼了，生活会轻松很多。

相信别人，接受别人的善意和示好，别想得太复杂，就会交到真心朋友。很难相信别人的人，当别人伸出友谊之手，他只会感到疑惑和惊慌；在别人的善意帮助面前，他还会想别人是否有什么不好的目的，不敢接受甚至拒绝。对于这些不能相信别人的人，生活、交际于他们而言都是很有压力的事情，他们给自己下了禁锢，就不可能活得精彩。

信任是进行人际交往的基石，信任别人，是对别人的尊重，还能展示出你的开阔胸襟。交朋友向来都是"投之以桃，报之以李"，你真心相信别人，别人被你的诚意打动后，自然不会辜负你的美意，也会信任你。

在遇到问题时，也可以试着去相信别人，人各有所长，别人的意见说不定比自己的更好。人生在世，一个人不可能做到面面俱到。总会有一些自己不擅长、不知道如何解决的问题，这时就应去向他人求助。然后，不要总是质疑别人的方法和建议，这会挫伤别人的积极性，甚至使别人不想再帮你。相信别人的意见和方法是正确的，问题就变得简单，怀疑和误解也就不可能不断累积，双方感情就不会出现裂痕了。

相信别人是善意的、真心对自己好的，用积极正面的眼光去看待与自己相关的人和事，这有利于培养出开阔的胸襟和开放的心态。当然，人都有戒备心态，"相信别人"不是立刻就能做到的，我们可以让自己慢慢转变，先从小事开始相信别人。给自己时间，给别人机会，当你可以像相信自己那样去相信别人时，便可感受到轻松的心态，享受美好生活。

303. 有效沟通，真正"知彼"的前提

俗话说："知己知彼，百战不殆"，不论是在商业合作中，还是在人际交往上，"知彼"都会使事情得到圆满解决，收到良好的效果。而要想做到"知彼"，有效的沟通是必不可少的。有句名言就是"沟通的再多也不多"，但有时因为时间限制或者别的原因，我们没有太多机会去不断沟通、摸清对方心理，所以，做到有效沟通很重要，这可以使沟通富有效率性，快速达成沟通目的。

沟通时的忌讳之一是只顾着自己喋喋不休，却没有认真聆听。掌握不了聆听的技巧，往往会做无用功，事情也得不到进展。在交流时，你要说清楚自己的意图，但了解别人的想法也很重要，一味地追求对整个对谈场面的控制，会无形中让对方受到忽略，失去了交流的欲望。不妨先说出自己的意见，然后仔细聆听别人对你意见的回馈或反应，这样一方面可以得知对方是否了解你的意图，另一方面你也能从中看出对方所关心、愿意讨论的重点是什么。

将沟通看成竞赛非要分出高下，也是不明智的做法。和别人交流时，双方产生分歧、出现矛盾很正常，这些都可以解决，但有的人却拿鸡毛当令箭，一定要证明自己有多正确，从而大力寻找别人话里的漏洞，为某些无关紧要的细节争得面红耳赤，这种竞赛式的谈话方式会让对方感到压迫性和侵略性，双方的交谈也就到此为止了。所以，沟通时不要咄咄逼人，用平和的话语表明自己的意思就足够了，随性的谈话方式容易被人接受。

要想进行有效沟通，不妨从以下四点做起：

第一，牢记沟通的目的，所说的话语围绕目的展开就好。开门见山的说话方式可以节约很多沟通的时间；慢慢引出话题、表明目的容易被人接受，不管采取什么方法，都不能脱离中心，必须知道自己应该说什么，别人才能明白你的目的。在对方试图绕过话题时，要提高警惕，再将话题引回来。

第二，选择合适的沟通时机，时间选得好，沟通就方便多了。比如说，有报告显示，员工最好在周五向老板提出加薪、升职的要求，因为此时老板大都做好了周末的放松规划，心情比较好，也乐意给辛勤工作了一周的员工发放福利。反过来，在朋友忙成一团时，你跟他说我们去哪里游玩，朋友肯定没有心情回复。

第三，找到正确的沟通对象，事情才能得到解决。有些事只有找到了特定的人才能解决，那就没必要去跟别人白费口舌。否则，你说得再好，在错误的沟通对象面前，也达不到沟通的目的。

第四，掌握沟通技巧，根据沟通对象的特点，灵活运用沟通的方法。在沟通时，可以多观察对方的面部表情、说话方式和肢体语言，从中发现对方的性格特点，而后采取恰当的沟通方法，提高沟通效率。

304.学会倾听，做心灵的守护者

倾听是比说话更重要的一种社交能力，懂得倾听对别人来说不仅是一种尊重更是一种无声的安慰和守护。事实上，生活中并不缺少能说会道之人，缺少的是懂得倾听的人。

通常，当我们遇到一个只会自顾自高谈阔论的人时，我们更多的是感觉是不屑与远离，但是当我们遇到一个懂得倾听的人时，我们经常会发自内心的对这个倾听者产生莫名的亲切感。所以在大多数人眼中懂得倾听者都是温柔的，他们一定有一颗善良可敬的心；相反，大多数人会反感高谈阔论者的卖弄和自认清高。那么，倾听者的魅力到底是什么呢？

倾听者的魅力在于懂得适时沉默，用心倾听。生活中开心精彩的事很多，伤心难过的事也不少，很多人都希望这么丰富的故事能够有人分享，或许并不是为了求得评论和赞同，只是为了单纯的分享就足以慰藉心灵。懂得倾听的人不会敷衍诉说者更不会去打扰沉浸在述说中的他们，倾听者懂得这个时候只需要安静地倾听便是，因为他们或许并不需要长篇大论的教化和说道，大道理大家都懂，他们此时急需的只是要把内心的快乐和不快乐尽情发泄掉而已。所以学会做一个有魅力的人就要学会倾听，学会倾听首先要学会适时沉默。

很多时候，人会把情绪用语言的方式去发泄，并希望有人能倾听他们的故事或苦恼，这些分享一部分源于本能，一部分源于信任，他相信你会倾听并会理解。所以最好的守护是"此时无声胜有声"，用心倾听。

倾听者的魅力是懂得换位思考，用心感受。我们不仅要做忠实的聆听者，更要做最好的心灵守护者。想象一下如果自己是坐在对面的倾诉者，你肯定不仅希望倾听者能够认真倾听你的诉说，更希望他们能够感同身受吧，这样他们才会能更加理解你此刻的心情。所以说细心的倾听者懂得换位思考，懂得站在诉说者的角度给出一个令他满意的答案。有时候诉说者就是为了寻求一个和他一致的答案而来的，这是在给心灵寻找一种安慰。学会倾听也就是要学会给身边的烦恼者一个可以解脱的答案。

这个世界上并不缺少真正的演说者，缺少的是用心灵去感受另一颗心灵的倾听者。著名记者马尔逊曾经说："很多人不能给人留下好印象的原因，是由于他们不愿意用心倾听别人谈话。这些人在乎和关心的仅仅是自己下面要说什么，而不是把自己的耳朵打开。"马尔逊还说："若干名人曾这样跟我说，他们所喜欢的的并不是滔滔不绝的人，而是那些善于静静聆听的人。遗憾的是，拥有这种好习惯的人，似乎比拥有任何其他的好品质的人更少见。"善于倾听者才是最无私者，然而这种无私却很少有人能做到。其实有时候有些人并不真正需要心理医生，他们只是想找个能用心听他们讲话的人罢了。

情绪要靠情商来排解，倾听别人的故事就是在给别人解放心灵的烦恼，倾听就是一种情商，学会倾听学不仅是一种社交能力，更是一种守护自己和别人心灵的一种能力。

305. 把不同的声音都听进心里去

人的一生很难一帆风顺的，总免不了遇上一些问题，在一些关键时刻，要善于听进去别人的意见，容纳各种不同的声音，学会从别人身上获得经验，才能获得成长。

富兰克林年轻的时候很自负，当别人与他的意见不同时，他总是表现出一副强硬且自以为是的样子。别人的意见他从来都不会听到心里去，更别说按照别人的意见去改正了。所以他早年的人际关系不是很好，也常常因此而得罪了不少人。

直到一个他少有的知心好友对他真诚相劝时，他才幡然悔悟，改变了自己以往不听取别人意见的做法。"富兰克林，像你这样是不行的。"那个朋友这样劝他，"你这种态度会令人觉得很难堪，以致别人懒得再对你提出意见了。"富兰克林听后不置可否，他觉得这无所谓，别人爱怎么说怎么说，他只要按照自己的想法去做就是了。

这位朋友继续指出了这种态度的严重性。他说："你总是一副好像无所不知无所不能的样子，别人就对你无话可讲了。这样下去，人人都懒得和你谈话，因为他们费了许多力气，反而被你弄得不愉快。你以这种态度来和别人交往，不虚心听取别人的见解，这样对你自己根本没有任何好处。也许，你从别人那儿根本学不到一点东西，可是事实上，你现在所知道的却很有限。"

富兰克林听了之后讪讪地站起来，一边拍着身上的灰尘，一边说："我很惭愧。不过，我实在也是很想进步的。""那么，你现在要明白的第一件事就是，你这样听不进去任何意见，是很太蠢的，而且是愚蠢得没有自尊了。"朋友说。

后来，富兰克林又连续受到了打击，不过他站起来的时候，已经下决心要把一切骄傲都踩在地下。他试着去温和地听取别人提出的意见，过后再仔细想想，有些意见还真是对他很有益处，那是些显而易见的小失误，自己没有察觉，而别人发现了，之后告诉了他。渐渐地，他开始善于聆听别人的意见，身边的朋友也多了起来。

每个人都不可避免有犯错误的时候，通常这种情况发生的前提是，自己没有意识到，或者是偏执地以为自己的做法就是正确的。如果有幸能够被身边的人指出来，不要觉得丧失颜面，无论别人是婉转还是直接地表达出来的意见，都要用心去聆听，反思自己是否真的做得不够完美。这样才能获得良好的人际关系，提高自身的处事能力。

306. 任何时候，不要妄下结论

我们在实际的人际交往中会遇到很多的问题，这些问题很大一部分都来自于我们自己的判断和猜测。但事实上，很多时候这些猜测是没有道理的，甚至严重时还会伤及你和朋友之间的关系，所以，在任何时候都不要妄下结论。

有时候我们会有这样的心理，总是认为"自己做不到，所以别人一定也不可能做到"，其实真实的情况是"你做不到的事，不代表别人做不到"。

在很多情况下，别人并没有那么坏，是我们把人家想坏了。所以，在生活中，我们应该学会以平和的心态去对待周围的人和事，在没弄清真相前，千万不要妄下结论。

不论是对人还是对事，很难用非好即坏、行或不行的标准来定义，大多数的人和事都不能一棒子打死。好人也会做错事，坏人也有干好事的时候。如果非用好与坏来评判人，绝大多数人都是在好和坏之间游走，一个动态的走势却用一个时间点的表现来评价，是有失公允的。其实，好和坏、黑和白之间还有个中间状态，决不能非黑即白的下结论。

有时候结论也并不是那么重要，尤其是事情已经结束，重要的是发现过程中存在的问题，并及时改进，而不是借题发挥去攻击他人。要下结论不是不可以，但必须经过充分的调查，没有调查就没有发言权。

在工作和生活中，这种妄下结论的事情一直在上演。例如，孩子一次没考好，家长就会说她是差生，长此以往她可能自己也把自己划为差生，自信心完全崩溃。

为了你自己有一个和谐的人际关系，为了团队有一个健康向上的内部环境，无论你是不是管理者，都请避免妄下结论。

307. 情绪表达时学会角色转换

情绪表达时学会转换角色是一种智慧、一种精神、一种境界。情绪表达时重在沟通，沟通是一种智慧，要做到"己所不欲勿施于人"，用开放包容、理性平和的健康心态去沟通，要设身处地地为他人着想，不侵犯他人的权利，不抱着私欲的目的，一心一意满足对方的愿望。如此看来，学会角色转换无疑是十分重要的，既能收到良好的沟通效果，又能提高自己的交流能力和自身修养。

角色转换有利于更好地理解他人的行为以及思想方式，在我们想要表达情绪时，如果能够停下来，站在对方的立场上想想问题，说出的话就会更加理性，更能够解决问题而不是制造问题。

你曾经有没有深深地误解过自己的家人，有没有把家人的付出当作是天经地义的事？这时，你可以和家人进行"角色互换"。也许只需要不长的时间，就能深切地感受到家人的艰辛与不易，懂得以后该如何去孝敬父亲；而同时，当父母的如果能和孩子进行"角色互换"，也会学习到如何更好地与孩子们相处。这就是角色转换的力量。

角色转换能力，也是婚恋人际交往中的基本功之一。具体要求是能够根据需要及时地在各种角色之间进行转换。

当对方痛苦时，你可以做一名非常专注的倾听者，带给他（她）心灵的抚慰；当对方高兴时，你应该是热情的分享者，让快乐加倍飞扬。只有不断地进行角色转换，爱情才会永远充满魔力，焕发出绚丽的光彩。

要知道，角色转换不是虚伪，不是圆滑，不是做作，而是性格灵活性的体现，是人格成熟的重要标志。提高角色转换能力可以使恋爱更自然更完美，使心智更完善，使爱情更甜蜜！

现实生活中，完全没有角色转换能力的人是极少的。所不同的是，有的人转换能力强一些，有些人则弱一些；有的人转换快一点，有的人则极其缓慢。值得注意的是，角色转换能力太弱或者太慢，对我们的生活都是不利的。

在生活中，提高自身角色转换的能力是十分有必要的。首先，要对自己想要转换的角色进行调查，收集资料，只有充分了解才能有所准备。然后，可以自己私下里进行练习，去扮演一些角色，积累经验。最后，在需要进行角色转换的时候，要迅速反应过来，主动站在别人立场上看问题。只要肯做有心人，就会发现角色转换并不是难事。

308. 情绪心理，男女有别

男女性别不同，在很多方面就有了差异，双方的情绪心理就是不同的。仔细观察当下状况，不难发现，男女生气时的差别就很大，男人大多会用大吼大叫或拍案而起的方式宣泄自己的怒气，；而女人会选择生闷气或者流泪的方式。男女的情绪心理有差别已成为了模式化的认识，自然是有一定道理的。

在大脑里，有一个跨越大脑两侧的杏仁形结构，被称作"杏仁核"，它和人类对恐惧等情绪的处理和记忆有着莫大关联。在以往的研究中，科学家通过让志愿者回忆恐怖电影情节的方法刺激杏仁核，结果发现在男性的大脑中右侧杏仁核变得更加活跃，而在女性大脑中左侧杏仁核更为活跃。

在新的研究中，美国加利福尼亚大学神经生物学家拉里·卡希尔希望研究杏仁核在没有受到刺激的情况下是否仍然保持这种"性别差异"，也就是说，杏仁核的这种差异是不是固有的。卡希尔和他的同事们研究了36名男性和36名女性的脑部扫描记录。

这些志愿者都是"右撇子"，在整个扫描过程中研究人员要求他们闭上眼睛并且放松。研究发现，即使人处于休息状态下，杏仁核的"工作状态"在两性大脑里也有所不同。在女性大脑中，流向左侧杏仁核的血流量与大脑其他部位的血流量涨落同步，右侧杏仁核则没有这种现象。而在男性大脑中，血流量随其他部位一同涨落的是右侧杏仁核。

更有趣的是，研究人员发现在不同性别的人体内，杏仁核会导致完全不同的大脑区域活跃起来。女性大脑中与杏仁核一同活跃的是使人体处理压力反应、影响感情的视丘下部和下皮层，而在男性大脑中与杏仁核一同活跃的是大脑控制行动和视觉的区域。这意味着，男性在处理情绪时可能更容易把它与外部世界联系起来，比如发怒的表现比较外露。

总的来说，男性的情绪化表现更多地体现在社会互动中，如容易激惹，爱出风头，而女性的情绪化表现则更多体现在自身感受的丰富性上。而且，女性在成长过程中更容易体验到负性的情绪，这些负性情绪主要是由性发育、对自我形象的关注、对性别角色的认同等因素引起的。也就是说青春期的女生往往比男生更加关注自身身体的变化以及他人的一些评价和期待。

男女在情绪心理方面有着诸多的不同之处，所以面对同一件事，双方的心理感受是不一样的，双方的同一个举动，所含的意思也不一样，这就要求我们多加观察，用心思考，不要误解了别人的情绪心理。同时，也要多一些包容心理，去容纳双方的不同，为友好共处打下良好基础。

309. 哪些情绪秘密流失在言语交流中

处世老道的人或许说话比较圆滑，但人与人之间沟通交流时，因为是一个互动的过程，即便是想尽力伪装也会有些困难。不管别人说出的话如何好听，只要细心观察，总能发现他们内心的蛛丝马迹，要从言谈话语迅速看透他人，就不能让他人的情绪悄悄流失在言语交流中。

人的声音和说话者当下的情绪息息相关，声音的大小、轻重、清浊、长短不同，也表现出说话者的情绪发音不同。古代郑国政治家郑子产有次听到一位女子在坟前哭亡夫，发现女子声音里只有恐惧，没有悲伤，就下令逮捕了女子。果然，经过审查，女子是和奸夫一起害死了自己的丈夫，可见郑子产闻声辨人的能力很强。

人的声音，总是随着情绪的变化而变化。声音平和，则情绪稳定；声音清亮，则内心畅快；声音有些刺耳，则情绪渐渐活跃；声音深沉迟缓，则处于郁闷之中；声音浑浊沙哑，说明有紧张不安的情绪；说话声音节奏明快，说明内心坦然；声音沉雄厚重，说明很有自信……

有些人说的话滴水不漏，语气却很值得玩味。和声细语的人，如果是女性，一般都比较温柔体贴，是男性的话，说明他比较宽容大度。轻声小气的人，说明他们的态度很谦恭，尊重和自己说话的人。高声大气的人，性格比较直接，有什么说什么，往往是个热心肠。语气凝重深沉的人，做事态度都比较负责，但缺乏活力，不易变通。语气锋锐严厉的人，多是情绪不佳，有未解决的问题。语气刚毅坚强的人，很公平公正，原则性强。

仔细剖析谈话的内容，也可以分析出他人的个性。只谈自己的事的人，说明他有很强烈的自我意识，渴望得到大家的肯定和称赞。说不了几句就开始抱怨的人，说明他有郁闷烦恼的情绪，不懂得宽容别人。经常和人谈论时事的人，对新鲜事物和流行话题比较关心，直觉比较敏锐，有一定的判断能力。老是附和他人观点的人，这种人防卫心强，喜欢明哲保身，作壁上观，不喜欢担责任。讨厌严肃话题的人，说明他不喜欢参加集体活动，一遇到严肃的事就情绪紧张。

除上述内容外，在交流时，对方对你的称呼越亲密，说明他越重视你，心情也比较好。

310. 从无声的肢体语言中读情绪密码

当有患者前去咨询心理问题时,心理医生往往会从患者进门的那一刻开始,就认真观察患者的神情以及动作,因为在某些情况下,人说的话可能是假的,肢体语言却会如实反映出人的情绪、心理状态。心理医生就是在患者的咨询过程中,一直关注他们的肢体语言,以此分析、确认他们的情绪状态,而后采取恰当的治疗方法。当然,读懂肢体语言并不是心理医生的专利,只要对心理学有所研究,学习一些有关肢体语言的知识,再多加练习,我们也可以掌握从无声的肢体语言中读情绪密码的方法。

之所以说肢体语言中含有情绪密码,是因为人的情绪会影响身体,驱使器官用不同的动作表达人内心的真实情绪。除了摇头、跺脚这类含义广为人知的动作外,哪怕是一些不为人注意的很是细微的动作,例如飞速眨眼和轻轻皱眉,也属于肢体语言。在我们自己没有意识到的时候,我们已经以肢体活动表达情绪了,辨识别人的肢体动作也可以知道他们的心境。

当人情绪不安时,会有很丰富的肢体语言,例如,头歪在一边,用手托住头托着脸颊的手,这代表有疑问,因不了解而轻微不安;而双手托腮,抚摸自己的头发,这代表因不安而需要抚慰;当人看到喜欢的人时,会扬起眉毛,嘴唇微启,并且站得挺拔,还会整理着装,以此来吸引对方的注意力。而不同性别也有些不同。对女性来说,看到心仪的对象时,她们会把头发理顺,或者拨向一边,来掩饰自己的欣喜和害羞之情。当男性抚摸自己下巴时,如果是时不时地摸一下,说明他在紧张,如果是受总托着下巴,则表明他在思考问题。

除此之外,人身体的各个部位都会有不同的肢体语言,如果我们在实际的交往过程中能够多多留心对方所表现出来的肢体信息,这会让你更能懂对方的"心",了解对方的需求,让你们的关系更进一步。

311. 胖子和瘦子，体型中的情绪秘密

一个人的胖瘦往往能够反映这个人的情绪与性格上的一些秘密，除了基因、饮食、环境等一些因素外，可以说，情绪对人胖瘦的影响也是很大的。先说胖，大家熟知的一句话是"心宽体胖"，也就是指情绪饱满、乐观、无忧无虑，心里高兴，这些人睡觉实，吃饭香，消化吸收良好，当然会比较容易胖起来。诚然，肥胖是由许多因素相互作用的结果，如遗传因素就比较重要，但是一个人的心理状况和情绪，往往也起到不可低估的作用。

再说瘦，最典型的例子是《红楼梦》中的林黛玉，由于她的身世和爱情风波，以及"风刀霜剑严相逼"的日子，使她的情绪抑郁，心胸狭小，性格孤僻，身体不断消瘦，乃至弱不禁风。

在一份调查中，经常从事精神紧张性工作的人，消瘦者多。如驾驶员、杂技演员、架子工人等，由于精神处于紧张状态而引起消化液分泌减少、食欲不旺盛，热量摄入少，体重也就要减轻。

在一份研究中显示，情绪总处于平和状态的人，是最容易长胖的。据最后的统计数据显示，情绪相对温和的人和情绪容易波动的人比较起来，个体的平均体重超出近十一公斤。另外，狂妄的人容易过分摄取食物，也比较容易增加体重。还有一类，就是面对挑战比较胆怯，精神力量不够强的人，也就是喜欢从食物中获得慰藉的人，也很容易长胖。

总而言之，不论是肥胖者欲减肥，还是消瘦者想增重，都不能片面强调饮食因素。肥胖者单纯节食、消瘦者一味多吃，往往达不到目的，还必须注意到调节自己的心理状态和情绪，这样才能达到理想的减肥和增重目的。

由这个最新研究的结果我们不难看出，如果您曾尝试过很多方法减肥都无效的话，那么就尝试控制一下自己的脾气吧，也许可以收到不错的效果。

312. 真假表情，人是会伪装情绪的

著名作家埃尔伯特·哈伯德曾写过："人的面孔是上帝的杰作，眼睛是灵魂的窗户，鼻子表现出意志……但在这一切之上而又隐藏于这一切之后的，是我们称之为'表情'的某种瞬间。"的确，人的表情含义丰富，在很多情况下都能反映出人的真实心理。比如说，在得知令人惊讶的事时，人会睁大眼睛、张开嘴巴；遇到自以为是的人吹牛皮时，会斜着看他一眼，而后把头偏向另一边，或者是撇嘴一笑；人在生气的时候，必定是面部紧绷、嘴唇紧闭。

一般情况下，神色、表情是人的心灵密码，但在现实生活里，因为社会准则、风俗、礼仪等众多特殊因素的存在，人并不能随时随地展露自己的真实情绪；而有些时候为了展示风度、维护利益，人甚至会做出与真实心理相悖的表情。如此一来，就出现了"面是心非""面和心不合"等伪装情绪的情况。《红楼梦》里的凤姐便是做假表情的高手，被人形容为"明里一盆火，暗里一把刀"。

如果我们被他人的假表情骗了过去，显然对我们是不利的：交际场合，察觉不出朋友隐藏的不悦，继续之前的话题，可能会使朋友心生芥蒂；生意场上，被竞争对手伪装出的胸有成竹骗过，会降低自己的信心……交际的关键之一，就在于看透他人的"社交面具"，获知他人的真实情绪，从而随机应变、调整策略，最后收到良好的交际效果。

如何分辨真假表情？这就要从他人做出表情的时间长短、自然度进行分析。人在做出真实表情时，情绪的波动引发面部肌肉的运动，自然而然就能在瞬间做出微笑等表情；而要伪装情绪的话，一般都是在心里告诉自己应该怎样做，做出表情的时间就比较长，表情也比较僵硬。拿演员来说，我们评论谁演技好，就说明他伪装表情的能力特别好，扮演的表情和真实表情几乎一样。

另外，当人情绪饱满时，随之出现的表情就比较生动、神态变化幅度也比较大。最典型的例子就是，人越高兴，嘴角上扬的弧度越大，甚至会咧开嘴大笑；当人真笑时，会嘴角上扬、眼睛眯起来；假笑时，只有嘴角会僵硬的向上提，眼部肌肉没有收缩，就是所谓的"笑意未达眼底"。

在现代心理学的定义里，表情是是由躯体神经系统支配的骨骼肌运动，是情绪的外部表现。但辨析来说，真假表情都是由神经支配造成的，真表情才是情绪的体现。总之，有情绪就会有表情出现，但出现的表情不一定就代表人的真实情绪。要想准确、快速分辨真假，除了掌握技巧之外，还要多观察、多练习。

313. 语速快与慢，心态各不同

"说话是一门学问，倾听是一门艺术"，人们使用率最高的交流方式就是说话，交流双方的思维想法都包含在了语言中，很容易被人了解，而某些内心秘密、心理感受却隐藏在语速中，若是疏忽大意，便察觉不出。为了更好地了解他人的心理状态，获知他人最真实的想法，我们不妨从他人说话的语速入手，多加留意，仔细剖析，一定会有所发现。

从一个人说话的语速中，就可以大概了解他的性格。说话语速较快、话语接二连三往外蹦的人，他们在交谈时往往急于表达自己的想法，想到了什么就说什么，是直肠子的人，这种直爽的性格会让人感受到他的热情；但有些时候，说话说得太快就会犯错，造成言语上的失误，又或者是在他人想要说话时抢着发表了自己的意见，都会让别人有所不满。

人的性格不同，语速也就不同。有的人天生就是慢性子，做事慢吞吞，说话也是声调缓慢，一句一句慢慢说，句与句中间还会有所停顿。这类人很少在说话上得罪别人，因为说的慢，每句话都是想好了才说的。语速慢也有弊端，有些人会觉得听别人慢慢说话耗费的时间长，交流速度也不在一个频率上；也有人认为语速慢的人缺乏激情，不够酣畅淋漓，只适合做普通朋友。

大部分人的说话语速是正常的，不快不慢，语速属于中速。这类人的性格就和语速一样，既不急着张扬出彩，也不会过于内向木讷，而是在该表现的时候决不错失机会，在应该表态的时候不拖泥带水。但这类人的语速一旦发生变化，就正是观察他们心态的好时机。当他们语速变快时，说明他们有些着急，很关心正在讨论的事情，或者是交流内容引起了他们的共鸣，点燃了他们的激情；当他们语速放慢时，可能是他们正在仔细思考应该给出怎样的答复，此刻他们的心理是犹豫不决、举棋不定的。

当人的语速反常时，他的心理也一定正在经历大的波动。比如说，某人平时说话犹如机关枪，噼里啪啦地说了一大堆，而看到喜欢的人过来了，突然就会语速变慢，吞吞吐吐起来，就算此刻他的神态在强作镇定；他的内心也正处于兴奋之中。

当然，我们也可以从语速快慢中，判断人的心理状态。举例来说，当人被别人用一些不好的话指责时，正常人都会用很快的语速大声反驳，以此抵抗别人的诽谤，这时人的心里一定是十分愤慨的；反之，被别人指责的哑口无言，回话含含糊糊的人，说明他心虚了，底气不足，正在思考如何编造理由反驳。

语言是人类交流思想的工具，当人们在说话时，自己的真实性格、心理、情感和态度都会有所流露，不同情境下的语速也能暴露一个人的心理状态。在生活工作中，掌握由语速观心态的技巧，能够为我们的人际交往带来很大的便利。

314. 站姿最能反映一个人的心情

泱泱中华，礼仪之邦，中国人一直以来都十分重视外在形象。所谓行如风、站如松、坐如钟、卧如弓，这些都是总结性的标准。而在现代的心理学中一个人外在的形象，甚至是一个小小的站姿，就可能透露出一个人此刻的心情。一个人双手叉腰而立，说明他心情不错，对自己很有自信心，这属于开放型动作，表明他对面临的事物早就有了充分的心理准备。一个人双脚分开且比肩宽，看起来整个身体呈膨胀状态，说明他心情紧张，感觉到了威胁，才表达出潜在的进攻性，如果这个人同时还用脚尖拍打地面的动作，则说明他快要忍耐不住了。一个人在站立时，双手叠放在胸前，说明他心情没有放松，自然而然做出拒绝的姿态。这类人难以接近，要想交往，必须付出很大的诚意。有的人站立时，双手插入口袋，这是放松的意思，表明他有闲谈的心情，可以和你多呆一会儿。若一个人站的时候，弯腰弓背，说明他心情低落，很可能经历了不开心的事。站立时双手于背后相握的人，说明他心情平和，态度十分端正、严谨，这类人通常责任感重，比较遵纪守法，尊重权威。一个人倚靠着东西站立，说明他的心情很放松，这时和他交流，很容易被接纳。有的人单腿直立，另一条腿弯曲、交叉，或斜置于一侧，说明他处于戒备状态，有些轻微拒绝的意思。一个人双手并拢，双脚交叉站立。并拢的双脚表示谨小慎微、追求完美，这种人通常是平静而顽强的人，看起来缺乏进取心，实则韧性很强。一个人背手站立，背手暗含"不想把手弄脏，因此要搁置一旁"的意思，这类人多半自信心很强，喜欢把握局势，控制一切，有居高临下的心理。但是，若是一只手从后面抓住另一只手的手臂，则可能是在压抑自己的愤怒或其他负面情绪。而在服务行业中，背手站立，则有"我没有行动，没有威胁性"的意思。站立时背部微驼的人，心情可能有点低落往往缺乏自信，这样的人比较需要加强积极引导。另外，很多青春期女孩子对身体的变化，没有树立积极健康的认识，容易出现这种站姿。

以上这些站姿的分析能帮助你初步的判断一个人，但站姿并不代表这个人的全部，也有可能是一个人在某种状态下的偶然性情况。但有了这些分析，我们就可以在生活中根据别人的站姿来初步的判断一个人，也可以以此来调整自己的站姿。所以说，学习人际交往，哪怕从站姿这样最微小的事情入手，把细节做好了，才会给人一种良好舒适的感觉。

315. 有关"笑"的情绪识别

　　研究证明，自古至今，"笑"都是人类与他人交流的最普遍的方式之一。从"笑"里，我们可以识别出很多情绪。

　　一个人笑得前仰后合，捧着肚子，这是开心的表现。这种人多是心胸开阔的，才能对自己的形象不是很在意。微微露出笑容的人，说明他心情尚可，为表示礼貌，才对旁边的人微笑，这类人心思比较缜密，比较在意自己的形象。一个看起来有些木讷若是笑了，而且笑得一发而不可收拾，或者是放声狂笑，直到连站都站不稳了，说明他被戳中了笑点，心情十分愉悦，好心情会持续很久。这类人比较适合做朋友，或许他们对陌生人会比较冷淡，一旦熟了，就会既热情又亲切，甚至能够为朋友做出牺牲。

　　有时候，一群人围在一起，有的人很快就笑了，而有类人，要等到大家都笑起来了，才会跟着露出笑容，这种笑无疑是比较勉强的，是为了让自己融入周围环境，所以，最好不要在这时硬拉着这类人说话，很容易陷入尴尬的境地。有的人笑的时候，会迅速用双手遮住嘴巴，这种笑是害羞的笑，与这种人交流时，注意不要太奔放，含蓄一些他们才会接受。有的人笑的时候十分夸张，朗声大笑，持续不断，这种笑容里就带了表演成分，跟这类人相处，要多附和他们的意见，满足他们的表演欲。

　　笑起来断断续续，隔一会儿笑几声的人，这类笑可能就带有讽刺、嘲笑的意味，表达出不友好的意思，他们的性格大多比较冷淡。会笑出眼泪的人，这类笑容十足真诚，这类人的感情多是相当丰富的，容易被他人打动，富有同情心。笑声尖锐刺耳的人，带有示威的意思，这类人往往自视甚高。

　　人生来就会笑，很久以来，我们总是喜欢把笑和幽默联系在一起。而事实上，笑和幽默并没有直接的关系。我们会笑，却很少低估它的作用。我们听见过很多笑声，但很少有人能听懂笑声中的信息。从上文我们可以知道，笑里面包含很多情绪，读懂这些情绪，会增强你的生存能力，提高你的社交情商。

NO.15 情绪内在疗法：让爱捣蛋的情绪乖下来

316. 原来情绪也有"晴雨表"

如果你是个喜欢细心观察的人不难发现生活中类似的情况：每隔一段时间自己的心情会毫无缘由地陷入低谷，不愿跟人说话，容易发脾气。过两三天，你的情绪又恢复正常，生活仍旧继续。但是过一段时间，你再次陷入低潮。这种情绪的起伏反反复复，可见情绪也是具有周期性的。

情绪的周期性反映在我们的心态上就如同天气一样，时而阳光普照，时而阴云密布，时而和风细雨，时而狂风暴虐。为了更好地了解和管理自己的情绪，我们可以制作一张像天气预报一样的情绪"晴雨表"。按照日期来记录自己情绪上的起伏变化，达到认识、了解并调节自己情绪的目的。更为重要的是，掌握了情绪的"晴雨表"可以更好地利用情绪，有效地控制负面情绪，在生活和工作、学习中发挥积极作用。当处在情绪高潮期时，就充分利用饱满的情绪和良好的心态，在学习和工作中取得更好的效果；当介于低潮的临界点和处于低潮期时，就要有意识地控制自己的情绪，让这场周期性的"情绪危机"平缓度过。

日常生活中我们也应该掌握一些小窍门，来调节这段情绪周期中的特殊时期，成为自己情绪的主人：

一，正确认识情绪周期性，把这视为一种正常现象。情绪低潮期是心理上的正常反应，并不会对生活、工作或学习造成过多的不良影响，在正确认识的同时也不必过度担心。

二，情绪低潮期来临时，要加强积极的心理暗示，有意识地避开会触碰自己敏感神经的导火索。

三，不要刻意压抑负面情绪，学会宣泄，但要掌握正确得当的方法。大喊、哭泣、倾诉、听歌、唱歌等，都是很好的减压方式。应该从众多的方式中选择最适合自己的，并恰当运用到生活中。

四，发挥主观能动性，从理性角度出发克服不良情绪。不仅要可续理性地认识到情绪的周期性，同时要加强自我调节能力。

五，平时多留意自己情绪的周期性变化，甚至可以专门制作和记录一张专属于自己的情绪"晴雨表"。

317. 自我控制，让情绪为我所用

伟大的英国政治家约翰·米尔顿说："一个人如果能够控制自己的激情、欲望和恐惧，那他就胜过国王。"因此，只有能控制自己情绪的人，才能做到把握自己的将来。

在生活中，我们必需要做到控制自己的情绪，当一个人情绪失控时，容易气急败坏，会口出狂言，会变得粗鄙低下，没有人会乐于和这样的人打交道。而善于掌控情绪的人，无论什么时候都是一副胸有成竹的样子，他的乐观积极会使别人非常看重他，乐于和他交往。

当不好的情绪来临时，要适当转移宣泄。心理学家主张不要过分压抑自己的情绪，所以控制情绪不等同于压抑情绪，而且不良情绪长期郁积在心中的话，会有损人的身体健康。当我们碰到棘手的问题时，必须先冷静下来，切忌冲动行事，也绝对不能因逞一时口舌之快，或显一时之勇，做出让自己追悔莫及的蠢事。

一个聪明人，一定是一个能控制住自己情绪的人，他懂得在适合的情况下，说出合适的俏皮话，也会在某些特殊情况下，及时打住一句想说但又不该说的话。人不可能永远处于好情绪之中，生活为我们设置了挫折和烦恼，就会有消极的情绪产生。一个心理成熟的人，不是没有消极情绪，而是善于调节和控制自己的情绪。

当负面情绪来袭时，我们应该用自己的理性克制情感上的冲动；当在生活中遇到挫折与苦难时，要换个角度思考问题，告诉自己福祸相依的道理。任何社交场合，都要保证情绪的稳定，之后自己在私下里以恰当的方式发泄出自己的不愉快，比如说去运动一番，发泄自己的情绪。

一个人如果没有对情绪的自控能力，不够冷静和理智，他的负面情绪就会如开闸洪水，让自己的生活变得一团糟，或者做下让自己悔恨终身的事情。有一天，一位太太发现自己钱包里少了一百块钱，便质问丈夫是否是他拿了，丈夫辩解了半天也无济于事，两人愤愤地睡觉去了。第二天，保姆告诉主人，她给孩子洗衣服时发现她口袋里有张百元钞票，丈夫怒气冲冲地甩了女儿一巴掌。就是这记带着怒火的巴掌，让女儿的右耳永远地失去了听力。事后，丈夫追悔莫及，可再也无法补救了。

人无法掌控天气，但可以掌控自己的情绪，进而影响别人的情绪，迅速掌握局势，做生活的赢者。

318. 用爱治愈脆弱的自己

人的想法、情绪、感受、行为彼此都是紧密相连的，是一个共同体。因此我们觉得自己脆弱时，有可能就是我们的心灵受到了伤害，或者我们正在经受磨难的行为，这时，就需要用爱来治愈自己。

有个第一次世界大战时期发生在欧洲战场上的故事。当时，德国与法国展开了激烈的交战，双方的伤亡都很惨重。在清点伤亡的士兵时，医护人员人手不够，只能先抢救那些尚有痊愈可能的伤员。医护人员见到那些伤势过重、难有生还可能的士兵，就算心里再不落忍，也不得不放弃。一位伤得很严重的法国士兵，倒在地上不能动弹，不能讲话。医生检查了一下他的伤口，表情凝重，遗憾地摇了摇头说，没有办法了，他伤得太重，可能挨不到明天了。说完，医生转身离开了，去巡视战场上其他的伤员。

尽管那位法国士兵不能动、不能说话，可他仍然还有意识，他的大脑是清醒的。医生的话，他全部听到了。他的内心焦灼不安，无声地呐喊着："我不想死，求求你救我……救我！"可是，没有人听得到他的心声，也没有任何人阻止他们离开的脚步。他躺在地上，充满了绝望。

夜深了，他很冷。他感觉死神正在一步步向自己逼近。他的内心充满了恐惧，更多的是遗憾。他多么想活着啊，多么想念那些他牵挂的人啊——美丽的妻子、初生的孩子，他们都在等他回家。他的眼皮很沉，不停地往下垂，可他同时也知道，如果自己睡去，可能永远都不会再醒来，永远也见不到妻儿了。为了让自己保持清醒，他强忍着疼痛的身躯，回忆着往事：

十七岁时，他遇见了她。在明媚的阳光下，她金黄色的头发闪闪发亮，一双清澈而明亮的大眼睛，闪烁出清纯与友善。他爱上了她。他们第一次约会，第一次拥吻……最终，她接受了他的求婚，他高兴得近乎疯狂，恨不得让全世界都知道自己有多幸福。婚后不久，他们有了一个可爱的孩子。抱着刚出生的娇柔孩子，他激动，又骄傲。他默默地告诉自己，一定要尽最大的努力培养孩子，让他接受最好的教育，快快乐乐地长大……

现在，这一切都还没来得及实现，他却已经躺在战场上，等待着死亡。他的身体不能动弹，可他的心却在狂乱地跳动，有一股力量支撑着他，提醒他：要活着，要活着！不能让亲爱的她年纪轻轻就守寡，不能让孩子还不记得自己的模样，就永远地失去了父亲。

难熬的黑夜渐渐退去，天空露出了鱼白。医护人员再一次巡视战场，发现他一息尚存，惊讶地喊道："天呐，是昨天的那个人……他竟然还活着，简直就是奇迹！"很快，他们把他抬回了后方，经过一番治疗和照料，法国士兵恢复了健康，最终回到了他日夜思念的家乡，回到妻儿的身旁。正是妻子和孩子的爱，让他存活了下来。

爱是一种奥秘无穷的感情，失意的人从中得到鼓励，遇到难关的人从中汲取力量，孤单的人从中感到温暖，脆弱的人因此变得坚强……当我们被别人爱时，我们感受着别人的关怀和呵护；当我们爱别人时，我们情愿为了爱护别人而努力奋斗，让自己变得更有力量和担当。爱是我们心底深埋的那一份牵挂，是我们前进的动力之源，在觉得自己脆弱的时候，不妨多想想那些与爱有关的人和事，以此来治愈自己。

319. 你必须坦然面对你的情绪

诺贝尔文学奖得主赫曼·赫塞曾说："痛苦让你觉得苦恼的，只是因为你惧怕他、责怪他；痛苦会紧追你不舍，是因为你想逃离它。所以，你不可逃避，不可责怪，不可惧怕。你自己知道，在心的深处完全知道——世界上只有一个魔术、一种力量和一个幸福，就叫作爱。因此去爱痛苦吧！不要违逆痛苦，不要逃避痛苦，去品尝痛苦深处的甜美吧。"痛苦也是一种情绪，既然解除痛苦最好的方式是坦然面对，那么面对所有人本能的情绪我们都是没有理由去逃避的，所以生活中对于情绪，坦然面对才是最好的解决方式。

羡慕、嫉妒、愤恨、恼怒、贪婪、开心、恐惧、悲伤、兴奋等等这样的情绪每个人都会有。情绪是人表达对外事物或事情反应的一种本能，情绪本身并没有什么好坏之分，每种情绪在每个人身上都会给每个人的生活增添不同色彩，情绪的适度发挥当然会使生活更加精彩，但如果情绪发挥过度就会造成不可想象的后果，所以面对情绪我们要做的不是想办法消除情绪，而是要坦然面对这些情绪，并正确的认识情绪并给它们定一个适度的空间，让一切情绪都施展有度。

作为一个心理健康的人是不否定自己的情绪存在的，而会尽力正视自己的情绪，并坦然面对自己的情绪。比如：我们不必因为自己害怕某种东西而感到羞耻，我们要敢于正视自己的恐惧，要知道每个人都有害怕的东西，只是不同而已。我们也不必因为内心徒生的一丝嫉妒而不安，每个人都希望自己会比别人更好，在面对一些比你运气好、比你更完美的人时，心生一丝的嫉妒也是正常的，这恰恰说明平时的你是自信的，因为自卑的人面对这些大多只会是无比羡慕而没有勇气嫉妒。同样对触怒你的人生气，因身处异地而思乡难过，这些都是人之常情，不必因为这些而怀疑自己的情绪。

当我们坦然的接受和认识这些情绪时，一切都会大不一样。曾经见过这样一位艺术家，他很出色，可是每次要上台表演时他总是紧张到头痛、出汗。一次，他实在感觉有点严重就去了医院求医生帮忙，医生听了他的叙述说："你这是过度紧张造成的，我这刚好有一种新药，保证注射之后立马起效。"然后医生就给他注射了一小玻璃瓶的液体，并一再向他保证会立刻见效，之后艺术家就开心地去演出了。随后演出非常成功，他便来向医生道谢，医生笑着说："哪有什么特效药，这全靠你自己你罢了，我只是给你注射了一点蒸馏水而已。"艺术家听了不禁哈哈大笑："原来自己曾经那么不了解自己的情绪。"

其实，情绪完全操之自我，坦然面对自己的情绪，它才会在生活中发挥有度。情绪是中性的，也是正常生活中不可缺失的一部分，只有正视它并坦然面对它，才不会使它朝着坏的方向发展。

320. 宽恕治疗，释放伤痛

有一句名言："所有的疾病都是不宽恕的结果。"仔细思考，这句话简直是人生哲理。人之所以会生病，是因为身体健康出了问题，而在心里仇恨别人，做不到宽恕，斤斤计较，耿耿于怀，很容易影响身体，让身体器官慢慢病变。可以说，不宽恕别人是人体健康的杀手之一，癌症、心脏病以及人体的免疫系统弱化这些疾病的背后，某些情况下就是不宽恕在兴风作浪。要想让自己拥有健康的身体和心灵，就要进行宽恕治疗。

宽恕别人的过错，不再责怪他人，释放情绪创伤。

几乎每个人都受到过别人的伤害。幼年时父母长辈的苛刻对待和错误的教育方式、同学朋友的欺骗和漠视、领导的误会及欺压、爱人的不理解和埋怨……被别人伤害的例子太多了，或许你反思过："为什么受伤的总是我？"为自己鸣不平，也会因为别人的伤害而难过不已，除此之外呢，有没有尝试过去宽恕别人？

一位患有慢性心脏病的女士去看心理医生，坦率地讲了自己的不幸，说丈夫的出轨行为让她心如死灰，不再对爱情抱有幻想，尽管两人已经离婚了，自己还总是做噩梦，已经很久没有上班了，时常觉得心口闷痛，自己永远都不想宽恕那个负心男。

心理医生对女士的遭遇表示了同情，而后指出："为了您的身体健康，您必须要做到宽恕。您现在有两个选择，一个是沉浸在过去的伤痛中，等待病情的进一步恶化；另一个是选择宽恕，放下过去，慢慢治疗心理创伤，您的病情也会好转，可以开始新的人生。"女士听从了心理医生的建议，不再怨恨他人，心境好了许多。

宽恕自己的过错，活在当下，进行真正的心灵疗愈。

有些人喜欢责怪自己，把事情的过错都揽到自己身上，面对已发生的坏事，不断地后悔着：如果当初我没有怎样怎样就好了，现在情况这么糟，完全都是我的错……这种心态的负面影响极大，轻者会使人无精打采，茶饭不思，影响肠胃健康，重者会让人不停的自责，郁郁寡欢，产生想要赎罪的念头，做出一些不理智的行为。

或许我们在过去真的做错了一些事，但那并不是什么重的错误，人生本就有无限可能性，我们完全可以从错误中汲取经验教训，为以后的成功打下基础。不要再去责怪自己，宽恕自己，才能把自己从过去中解放出来，不再为过去悲伤，才能把握当下的时光，拥有无痕之心。

321. 情绪调节时多一点仪式感

大多数人调节情绪时，就是在心里跟自己说一会儿话，或者在纸上写下自己应该怎样不应该怎样，或者是对着镜子鼓励自己，摆出自信的样子，再喊几声"加油"等。这些方法都比较随意，简单易行，但收到的效果也差强人意，没有想象中那么好。究其原因，是因为我们在调节情绪时太过缺乏仪式感。

不要小看仪式感的作用，它会让我们变得庄重、认真起来，对某些特殊的时刻印象深刻。就拿婚礼来说，几乎没有一个女人不想要一场隆重的婚礼，每年都有很多新婚夫妇，在宣读婚礼誓词时流下了激动的热泪，不明白的人会嘲笑他们：不就是个仪式吗，走走过场就行了，干嘛那么认真。只有当事人明白，这一场仪式之后，自己将发生多大的改变：从一个恣意妄为的小丫头变成一个人的妻子，或是从一个年少轻狂的小伙子变成一个需要承担责任的丈夫。很多年之后，白发苍苍的老人还会记得那一场隆重的婚礼，这就是仪式感的魅力。

仪式感能让我们简单平凡的生活变得庄重而有意义。大多数人的生活都太过粗糙和鄙陋，常常遗忘生活里有那么多令人惊喜的元素。人们每天都重复着上一天的生活，觉得昨天和今天、今天和明天似乎都差别不大，长久下去，就会丧失对生活的热爱，整个人也变得了无生趣，枯燥无味。

在进行情绪调节时，我们需要制造出一些仪式感。当你心情低落时，就告诉自己，我和自己有个约会，我需要美美地出门。而后，你放下所有的思虑和担忧，洗一个热水澡，画上漂亮的妆，自己去看场电影，或者逛逛街买买东西。和自己约完会后，你的心情就会变好，觉得自己不再被琐事扰乱心绪，这就是仪式感赋予你的东西。

仪式感是一种形式，在调节情绪时，我们尽可以把心中的悲伤、难过等负面情绪都表达出来，扒开覆盖你心灵的沙土，变得敏锐而有激情。制造仪式感的方法有很多，一束漂亮的花，一顿浪漫的烛光晚餐，一首含有深意的曲子等等，都能让自己的心情焕然一新。让仪式感解救你无趣的生活，或繁或简的仪式都会让你觉得人生有了新的开端，调节情绪之后，生活就进入了新的阶段，你的情绪也进入了新的状态。

322. 换位思考，让心灵柳暗花明

当我们钻研的问题遇到瓶颈时，在我们的工作举步维艰时，作为情绪的主人，我们只有换位思考，多花心思，集中智慧，生活才能大放异彩。这正如古诗里写的那样："山穷水尽疑无路，柳暗花明又一村"。很多时候，我们的情绪状态不太好，是因为我们自以为走进了死胡同，站在自己的角度看不到事情的全部，若是换位思考，就能了解他人情绪，解开自己的迷惑，还自己的心灵一片清明。

换位思考，体会他人的情绪和想法，理解他人的立场和感受，人们才能心照不宣、彼此理解，人际关系才能和谐安定，让人不必再为此发愁。

想要理解一个人，就必须把自己放到他的位置上去，这样才能得知对方的想法。换位思考，是人与人相处的一个重要技巧，要求我们将自己的内心感受，如情感体验、思维方式等与对方联系起来，站在对方的立场上体验和思考问题，从而与对方沟通情感。

懂得换位思考，可以为增进理解奠定基础，而后架起一座沟通的桥梁。会换位思考的人，会设身处地地感知别人的一切，从对方的角度剖析对方，很容易做到理解对方。而当你理解一个人的时候，你懂得他的一言一行有什么含义，沟通起来自然也就事半功倍。

多为对方考虑，分析对方的处境，站在对方的位置进行思考，就能做到想人所想，还会让自己明白对方的行为的背后含义。

有一个超市售货员，她除了推销商品外，还负责监管商品，防止有不怀好意的人偷盗产品。有一天，她发现一个衣着寒酸的女人一直在摆放着巧克力的区域

晃悠，心里顿时提高了警惕。她悄悄地走到不起眼的角落，那个女人发现她走了就开始偷拿巧克力，不过女人只偷拿了一个小袋包装的巧克力。她疑惑了：真要做贼，不至于只偷这么一点儿吧？莫非，那个女人的行为背后有什么隐情？她走出去看着那个女人，女人低下了头，自己又把巧克力放回了原处，小声解释："孩子生病了，想尝一下，没钱买。"她顿时明白了，暗自庆幸自己没有大声揭发女人，不然这个母亲该有多难堪。她动了恻隐之心，自己买了巧克力和其他物品送给女人，觉得心里开心极了。

在人际交往中，需要懂得换位思考，做到想人所想，这样就会成为一个善解人意的人，得到别人的尊重和感激，同时自己的心灵也会干净澄澈。

323. 巧用阿Q精神，找回心态平衡

人生本就不可能完美无瑕，何必纠结于自己达不到的完美，这岂不是自寻烦恼？总想着自己比别人好，可是"山外有山，人外有人"，比你好的人大有人在，你不可能成为世界第一，也没必要对人生奢求太多，人生苦短，一味执着于追求却永远得不到满足造成苦恼，还不如放下一切，学学阿Q精神，给自己一丝轻松快乐感受。

所谓不快乐就是因为心灵得不到满足而产生的不平衡之感。心态失衡并不是什么健康的情绪，心态失衡的危害是很严重的，不但会造成人心理上的病变，还可能带来身体上的疾病，严重者甚至会影响到人们正常的生活。所以说找回心理平衡是相当重要的。那么如何找回心态平衡呢？美国心理学家曾总结心态不平衡完全是由于人们总爱与人攀比，斤斤计较而使自己处于紧张状态。所以要找回心态平衡首先就要学会不斤斤计较。

中国文学作品中有这一位经典的形象：阿Q，他有一套"独门"的"精神胜利法"，他在没有能力打败别人，在受欺负没有能力回击时他就会在心里骂骂别人，在心里自我安慰，比不过强大的人就和比自己弱小的人作比。虽说阿Q精神是一种自我麻痹、自我安慰、自我解脱的消极精神，可是在生活中适时运用阿Q精神，在一些事情上不那么斤斤计较，适当退步，在非原则问题方面不过分坚持，就可以极大程度的减少自己的烦恼。

其次，就是要学会量力而行。每个人都应该有属于自己的理想和追求，别人不一定适合自己，一味和比自己强的人作比，把目标和抱负定的太高，而自己根本做不到，反而会让自己忧愁烦恼，实在是不值得，这种近乎苛刻的要求自己十全十美，实属心理不平衡而造成的心态扭曲。所以要懂得巧用阿Q的精神，避免

自己的挫败感，懂得把目标定在自己的能力范围之内，自己欣赏自己的成就，自然就少了许多的不愉快。

最后，要懂得知足。例如阿Q即使一无所有，他也从不让自己感觉到自己不行，从不给自己自卑的机会，他十分懂得知足。不懂知足的人永远不会快乐，因为不管你有多大成就，不管你有多少财富，你永远会觉得自己还是少了一些，又渴望更多，这样永无止境的欲望只会换来永无止境的烦恼。"得之，我幸，不得，我命，如此而已。"如果能有这样的心态还哪来的人生苦海。

每个人都要学会做自己的心理医生，阿Q从某种意义上说就是自己最好的心理医生。适当学习阿Q精神并不是什么坏事，那是让你保持心态平衡的良药。

324. 做个"白日梦"，带来好心情

在孩童时代，我们大多数人都有过上课神游的经历，当你的思绪无际无边，正幻想自己在云端飞翔时，老师大声叫道："XX，做白日梦呢？醒醒，快看黑板！"被打断美梦的人马上装模作样地眼睛盯着黑板，心里还对自己没做完的白日梦留有一些遗憾。后来，我们长大了，成熟了，繁忙的工作、生活的重担迫使人马不停蹄地奔波，一天的工作结束后，简单洗漱一下就睡着了。匆忙的生活节奏，儿童心理的消逝，心境不再，我们再也不会尽情地做白日梦了。

然而，近些年来，经研究表明，做白日梦有很多益处。做白日梦有益于让我们紧绷的神经松弛下来，能减轻心理压力，稳定情绪。美国十项全能选手吉姆·索普就有做白日梦的习惯，每次比赛前，他都会闭目静坐，幻想自己战胜了所有对手，大获全胜。结果，他总能在比赛中发挥出自己的最佳水平。他个人解释道，每次做完白日梦，他都觉得神清气爽，心情很好，就能够自信地、从容地迎接比赛了。

科学家认为，反复地在脑海中幻想一件事，能使幻想进入下意识系统，直到人的行为向目标前进。而做白日梦，就是以幻想的形式将想要达到的目标在脑海里重复播放，十分契合科学家的观点。

有人认为做白日梦是沉迷于想象的表现，让人浪费精力，还耗费时间。但做白日梦其实是一种创造性想象，你在白日梦里幻想出来的场景，正是你向往和祈求的事物。你在梦里得到了它们，睁开眼自然是心情愉悦，神采奕奕。而且做白日梦是一件很简单的事情，只要在生活的空隙里，挤出十到二十分钟的时间，营造一个美好的场景，便可放松自己的心情。通过做白日梦，你也可以听到自己心里的声音，明白自己到底想要什么。

325. 摆脱"情绪泥潭"，不做顾影自怜者

泥潭，在自然界里是种恐怖的存在。无论动物的爪牙有多锋利，奔跑速度有多飞快，一旦陷入泥潭，挣扎得越厉害，陷落得就越快，直至死亡的来临。人也如此，不慎陷入"情绪泥潭"后，大多数人都会越陷越深，无法自拔，导致悲剧的发生。

有一个真实故事，一名有望考入名校的女生，因在高考时发挥失常，精神恍惚，填报志愿时又犯下大错，最终被一所大专录取。她不愿复读，哭哭啼啼地去报到，舍友主动打招呼她也不理。在她的心里，她始终没有从高考失利的阴影里走出来。她夜夜做梦，就是高考的种种不顺，老师、家人的失望眼神；早上醒来，擦掉额头冷汗，却擦不掉内心的痛苦。十几年的骄傲被高考击败，她无心学习，自暴自弃，连生活的热情都没有了，学校无限惋惜地劝退了她。对她来说，她的智商能力足够优秀，却因为一路平顺，稍遇挫折就一蹶不振。

事实上，在面对同样的打击时，性格直爽的人，会明显消沉，而后振作；反而是敏感内向的人，表面上一派平静，内心却挣扎不已，顾影自怜，苦苦追问自己的付出为何没有回报。而失望、痛苦、故作坚强等负面情绪构成的泥潭，会让一个人在不知不觉中深陷其中。

不久前，文学大师杨绛先生因病逝世，众人为之哀悼不已。杨绛先生在文学方面颇有建树，著作等身，而她直面人生苦难的生活态度也同样出类拔萃，值得学习。她经历很多挫折，在那些艰难的岁月里，一部分学者顾影自怜，不愿苦苦坚持下去，选择了自我结束，比如杨绛的好友傅雷夫妇。对此，杨绛在惋惜、哀痛的同时，依旧控制情绪，尽自己最大的努力保持镇定，咬牙度过了这段艰苦岁月。杨绛本是柔弱的大家闺秀，却没有怜惜自己的遭遇，而是充满韧劲的生活，这与她杰出的情绪控制力是分不开的。

晋朝陆机有诗："伫立望故乡，顾影凄自恋。"不难从中读出一片凄苦、怜惜之意。但在生活中，顾影自怜却是要不得的，一味地同情自己的遭遇，很容易引发负面情绪，陷入泥潭。只有像杨绛先生那样，始终在胸怀里充斥着"向上之气"，坚定自己的信念，才不会被外界种种所烦扰、自乱了阵脚。

326. 与其抱怨，不如行动

抱怨是一种有害的情绪，也是人们最容易产生的情绪。抱怨为什么有害，是因为抱怨会让人产生消极的情绪，让人带上有色眼镜看世界；抱怨会磨灭人的斗志，磨损人的动力。倾向于抱怨的人，总会否认人存在的主观能动性，否认外界存在的有利因素，只在那里喋喋不休地抱怨。如果不想成为这种人，就行动起来吧，通过自我改造来适应世界，改造环境使之变得美好。

如果你想抱怨，那么，生活中的一切都能够成为你抱怨的对象；如果你不抱怨，生活中的一切就都会变得美好。一味地抱怨不但于事无补，反而还会使事情变得更糟。在《古兰经》中，一位大师声称自己明天早上要当众表演"移山"，把广场对面的那座大山移过来。第二天，很多人聚集在广场上，只见大师面对大山高喊：山过来，山过来！半晌之后，山体纹丝不动。大师喊了一天，黄昏时分，观众快要没有耐心了，大师开始做最后的努力。只见他口中边高喊："山过来！"边喊边移动脚步，朝那座大山走过去。最后，大师用他嘶哑的声音说："诸位，你们都看见了，我用了一整天的时间，用尽了我全身的力气叫'山过来'，山都不过来，怎么办？那我就只好过去了，山不过来，我就过去！"

"山不过来，我就过去。"道理何其简单啊！很多人一味地抱怨、发牢骚，却不想办法去行动，去努力改变，结果事情永远不会因为你的抱怨而变得更好。

遇到问题时，一味地抱怨会降低自己的士气，不如行动起来，使问题得到圆满解决。伊珊是一位爱美女性，但因为自己比较肥胖，很多新潮漂亮的衣服都穿不了，她因此向好友抱怨，说上天不公，有些人怎么吃都不胖；说自己喜欢一款新裙子，可腰太粗穿不下……好友一针见血："亲爱的，只要减肥成功，这些问题都会被解决。"好友监督伊珊办了健身卡，总提醒她锻炼、合理饮食，三个月后，伊珊的身材好了很多，因此感谢好友，没有她，自己不可能行之有效地行动起来。

成功人士大都有迅速的行动力，遇到问题就去商讨办法，拿出实际行动，他们的敢想敢做，让他们充分发挥了主观能动性，促使自己的理想变成了现实。其实，一切抱怨都是毫无意义的，只有立刻付出行动，抓住现在，问题才会有解决的可能性。在原地抱怨，问题不会自己消失，行动才是解决问题的必由之路。

停止你的抱怨吧，世界并不是为你自己设计的，每个人都有不如意的地方。只有行动起来，才能克服困难，超越障碍，走出一条成功的路。

327. 敞开心扉，不做"宅男"和"宅女"

有些人生性胆小，或者是因有什么缺点而自卑，他们不会主动和人接触，比较内向，久而久之，就关闭了心扉，慢慢成了所谓的"宅男"和"宅女"。这样做对人际关系的建立有着极大的危害，也会对人的日常生活造成消极的影响，甚至会影响人的心理健康。所以，有"宅"属性的人不能对此掉以轻心，要试着慢慢改变，逐渐打开心扉，去享受与人交往、敞开心扉的乐趣。

一般来说，紧闭心扉的人大都有不同程度的社交恐惧症，究其原因，是对自己没有自信，才害怕接触别人。因此，敞开心扉的第一步，应该从建立自信开始。哪怕是一片再普通不过的树叶，都会有与众不同的纹路，自己仔细想想，再问问家人朋友，每个人都能找到自己的优点！将自己的优点发挥出来，再摆正自己的心态，坚信天生我材必有用，努力去做一些事，自信慢慢就有了。

有人说，我知道自己擅长什么，也很相信自己，但就是不敢多接触别人，也害怕在公众场合出丑。的确，有社交恐惧症的人想要马上改过来是不可能的，那么，敞开心扉的第二步，就是制订与人交往的计划，按计划一步步实施。比如说，第一星期，要求自己每天都和一个认识的人说话；第二星期，去和陌生人说话，并交到一个以上的朋友；第三星期，每天和朋友们交流三个小时……就这样，随着时间的推移，结交新朋友、与人深入交流、外出聚会，直到在公众场合说话也不紧张，社交恐惧症就被完全克服了。

在敞开心扉的过程中，可能会遇到一些困难，这时千万不能停止前进，否则就会前功尽弃。遭遇问题时，可以试试以下小技巧：一，深呼吸放松法，在公众场合感觉紧张、烦躁时，可以缓慢地做几次深呼吸，在心里默念放松；二，想象放松法，想想自己在广阔的草原，或者辽阔的海边等等，用美景抚慰自己；三，记忆回溯法，想想自己已经做到了的社交成就，就会觉得眼前的社交场景也不是挑战了。

关闭心扉，外界的万千美好便被拒之门外，走出自闭，外面便是碧海蓝天。建立自信，战胜恐惧，敞开心扉，心情会越来越放松，领略到外界的旖旎风光。

328. "装"出好心情，心情就会真的好

当你情绪低落时，不妨假装自己的心情很好，这并不是让你进行自我欺骗，而是一个十分有效地改善情绪的良方。我们的心就如同一个容器，当它被坏情绪占领时，好心情便无容身之处，而好心情被我们灌入容器时，坏情绪就会逃之夭夭。

以前有很多人认为人的反应是情绪引发的，证据是人恐惧时会瑟瑟发抖、高兴时会哈哈大笑等。但研究证明，这个观点不是完全正确的，因为人会越发抖越恐惧、越笑越开心。所以，有人提出人的行为会影响自己情绪的观点。关于这一观点，比较常见的例子是影视作品里演员们的表现，很多演员说过，自己要演哪种情绪，就会先装出那种情绪该有的样子，而后就会慢慢进入那种情绪。比如一个人装出高兴的样子，就会因为这个角色扮演而陷入这种情绪，变得心跳加速、心情愉悦。

好心情是可以"装"出来的。心理学家艾克曼曾进行过实验，让实验者故作愤怒，结果由于行动的影响，实验者的心率和体温真的上升了。实验表明，我们可以通过"心临美境"的方法，想象自己进入了一个轻松愉悦的情境，感受开心的情绪，那么就会真的感受到开心这种情绪的到来。

在消沉时，唉声叹气只会让人更加郁郁寡欢，假装开心则可以让人走出情绪低谷。一天，生活上的琐事让雷蒙心烦意乱，一般这种情况下他都选择自己独处，不见别人，自己慢慢调节情绪。但这天，有一个重要客户突然打电话来约他见面，商洽合作事宜，这个合作对雷蒙来说非常重要，他想自己一定要装出开心的样子，让客户满意。他笑容满面地和客户打招呼，用轻松的口吻商谈合作，客户也与他谈笑风生。雷蒙觉得十分惊奇，因为他发现自己渐渐不再郁闷了，心情真的既轻松又愉悦。最后，他谈成了这笔生意，并打算以后遇到了困境，也要装作乐观的样子。

人的情绪是可以由行为引发的，这不仅是个心理学原理，还有生理原因做依据。的确，刚开始装做心情很好时，人是在假笑，但假笑也能触动体内的变化，人体内的横膈膜会将假笑引发成真笑，使人笑出声来。不信的话，可以对着镜子试试看，对着镜子假笑几分钟，心情就会好很多。

好的心情会使人容光焕发，精神十足，对人的身心都大有裨益。所以，有什么烦恼时，可以闭上眼睛，想那些令人高兴的事，嘴角上扬，做出笑的表情，就可以让自己积极起来，为自己带来一份好心情。

329. 把问题简单化，让情绪晴朗化

生活中面对同样的问题有两种解决模式，其一是将问题简单化，其二是将问题复杂化。其实很多事情的难易程度在于你的思维模式，你把它想得简单，它就简单；你把它想得复杂，它就复杂。生活中很多人习惯将事情复杂化，这样一来不仅不能高效率地解决问题，反而会增加自己的心理压力。如果换个角度，把问题想得简单一些，反而可以获得心理上的轻松感，轻装上阵更容易获得成功。

把复杂的问题简单化是一种逆向思维，不仅是一种创新能力，也是一种人生智慧。

第一，把问题简单化，能帮助你战胜内心的恐惧。

有一个人从孩提时期每天晚上都在惊恐中度过，他总是害怕晚上他入睡后有人在他床底下。每天晚上上床睡觉时，只要想到可能有人会在他的床底下，他就很害怕，甚至有些抓狂。他去看了好几个颇有声望的心理医生，都没有解决这个困扰。结果一位在酒吧工作的服务员却轻而易举地解决了他的害怕。这个方法其实非常简单，那就是砍掉床的四个腿，床没了腿，就不会有人在床下面了。

第二，把问题简单化，更高效地解决问题。

20世纪60年代初，中国某大学的一个研究室需要弄清楚一台进口机器的内部结构，却没有任何与机器相关的图纸可以查阅。这台机器由100多根弯管组成，要弄清楚其中每一根弯管所对应的出入口真的非常困难。大家纷纷集思广益，但想出来的办法都很麻烦费事，而且要付出不少时间、花不少钱。最后，学校的一位老校工提议，只要几支香烟和两支粉笔就可以解决问题。具体做法是：点燃香烟，大大吸一口，将烟往管子里喷并在弯管的入口处标上"1"。这时只要让另一个人在管子另一头看烟从哪一根管子里冒出来并标上"1"就行了。短短两个小时的时间，这个困扰大家数日的难题就被轻松解决了。

第三，把问题简单化，更容易把握成功的契机。

一家公司招聘部门主管，过关斩将，最后一只"拦路虎"却让大家出乎意料："5-1=？"面对这道简单得过分的题目，所有应聘者都绞尽脑汁，答案也五花八门。最后所有的应聘者众只有一个人说："答案就是等于4啊。"让大家意外的是，最终被录取的正是这个说出最简单、最直接答案的应聘者。原来公司出这道题目的目的就是考核大家面对困难时解决问题的方式。通常情况下，那些喜欢把问题复杂化的人，办事效率也高不到哪里去。

可见，所谓的"简单思维"并非一种低级的思维方式，而是一种创新性的思

维方式。当人们面对问题、处理问题时，只有具备化繁为简的能力才能过五关、斩六将，顺利通关。

330. 爆发的临界点，给情绪降降温

　　美国著名思想家爱默生曾说过："凡是有良好教养的人都有一禁诫：勿发脾气。"这句话表明不发脾气是修养良好人士的特征之一。人们都向往做一个高素质的人，谁也不想情绪失控，不想让自己像炸弹一样爆发，一冲动起来，修养什么的都抛之脑后了。其实想控制将要失控的情绪并不难，注意要在情绪即将爆发的临界点，给自己情绪降降温，火气一降下来，理智就回来了。

　　控制自己的愤怒情绪可以从掌握一些技巧开始。伊桑是一个脾气很坏的人，他经营着一家蛋糕屋。他的蛋糕十分美味，而且造型独特，富有新意，曾被很多美食杂志刊登过。尽管如此，邻居们都不买他的蛋糕，因为他脾气实在是太爆了，一点就着，经常因为小事就面红耳赤地与人争执。

　　渐渐地，他的家人也受不了了，都不愿意和他沟通，而他的身体也因此而每况愈下。万般无奈之下，他去看了心理医生，他说他也讨厌这样的自己，自己勃然大怒后，总会感到后悔，但没什么用，一遇到不顺心的事他的情绪就要爆发。心理医生要求他学着控制愤怒，要他尝试在爆发前从 1 数到 10。他照做了，并且越来越能控制自己，最后不用数数就可以做到心平气和地面对问题，他开始拥有了美好的新生活。

　　伊桑之所以能坐到控制情绪，是因为他用数数的方法给自己的情绪降温了，就在这数数的短暂时间里，他将要爆发的情绪被缓解了，理性最终战胜了冲动。哈佛大学医学院教授哈罗德·布尔兹坦恩也曾说过说，一旦发现自己怒不可遏时，请深呼吸，在心里从 1 默念到 10，然后再说话。

　　控制愤怒的技巧有很多，除了数数和深呼吸，还有转移注意力、快速思考愤怒的后果等等。总之，要在愤怒爆发之前，做点别的事情，拖延一下时间。积累的怒气值到达了临界点，若是任其发展，毫无疑问，人会让怒气爆发，稍微让它暂停一下，大脑就会夺回对情绪的控制权，随着情绪的逐渐降温，就不会爆发了。

　　美国政治家富兰克林说："愤怒一旦与愚蠢携手并进，后悔就会接踵而来。"为了避免情绪爆发的不良后果，我们必须学会控制情绪，而控制情绪也是保持心灵健康的必备法宝。要想让幸福在自己身边围绕，就要练习给情绪降温的小技巧，这样便能避免很多事端，用平和安宁的心境去创造幸福。

331. 换个角度看生活

　　法国作家拉伯雷说:"生活是一面镜子,你对它笑,它就对你笑;你对它哭,它就对你哭。"生活是自己的,烦恼或是快乐是由自己决定的。无论心情如何这一天都会过去迎来新的一天,何不让自己快乐着呢?有时候执着于生活中的烦恼只会让自己更痛苦,尝试着换个角度去看或许看到的就是快乐。

　　上帝给每件事情都设定了两面:一面阴暗,一面光明,就像这世间的白天与黑夜。不要执意"一条道走到黑",做人一定要学会变通,懂得在必要时换个角度看问题的人才是智者。生活在农村的孩子或许大都羡慕城市里的五彩灯光与繁华街市,渴望那天堂一般的灯红酒绿,总会认为自己所生活的这座大山是最不堪的地方了,这里只有贫穷,只有过分安静和偶尔粗俗的山歌。可是生活在城里的孩子同样在羡慕山里的幽静,羡慕那绿树环绕,鸟语花香,渴望那依山傍水、烟雾缭绕的仙境一般的美好,总认为城市里除了繁华就什么也没有了,有的只是喧闹,有的只是污染过的空气与恶臭,有的只是这冰冷的楼房。人就是这样永远不知道知足,永远不懂换个角度想想自己是多么幸福。

　　换个角度想想,农村的孩子就会发现原来这大山里还有城市里没有的星星,还有那绿茵环绕的清新,还有山水和鸣的安详。城里的孩子也会想到这里还有便捷的生活设施,还有发达的交通和绚丽的夜景。换个角度看生活,他们每个人便都没了烦恼,每个人的生活都是快乐而幸福的。"横看成岭侧成峰",无论哪个角度在不同人眼里都有美好的一面,"塞翁失马焉知非福"痛苦与快乐总是相伴而生的,当你生活在烦恼之中而不能自拔时那就换个角度看看吧,或许自己的烦恼是别人所渴望的幸福呢,这样就变得快乐了,不是吗?

　　"你站在桥上看风景,看风景的人在楼上看你。明月装饰了你的窗子,你装饰了别人的梦。"不要沉浸于自己的苦恼之中,想想自己还有的幸福吧,这个世界没有什么是绝对的,没有绝对的痛苦,没有绝对的烦恼,有的是不会换个角度看生活而执着于自己的痛苦而不愿走开的人,那是自己对自己的偏见,是自己强加给自己的不快乐,如果自己不能走出自己的执着换个角度去观察和思考生活,就没人能够给你你快乐。卸下所有的痛苦吧,换个角度看看不一样的人生。

332. 把夸奖的话作为礼物送给自己

　　对于每个人来说，能让自己快乐是一种能力。生活中我们常常会为自己的不完美而苦恼不堪，很多时候我们都走在追求完美的路上。我们无奈于生活中如此多的烦恼、不公，这种情绪往往会成为我们抱怨生活的源头，如何才能让自己爱上自己，每天都给自己一个好心情呢？那就每天把夸奖的话送给自己吧。

　　斯迈利布兰顿博士写过一本书名为《爱与死亡》，他在书中曾说过："每个健康的人都有一定程度的的自恋。这是正常的。自恋是完成工作和取得成功所应具备的不可缺少的因素。"布兰顿博士说的很对，健康的人是需要自我肯定的，不一定必须从别人那里获得那些美丽的话语，自己也可以每天把夸奖的话送给自己。当自己完成了一件了不起的任务时，给自己说："你真的很棒！"当我们做了一顿可口的饭亦或是帮助了别人的时候都可以给自己一点奖励。这当然不是在倡导骄傲，而是必要的心理疏导。把夸奖的话当作礼物送给自己为的是让自己爱上自己，时时刻刻给自己自信，时时刻刻让自己保持一份愉悦的好心情。

　　爱自己才是让自己远离烦恼的最好办法，能让自己陷入苦恼而不能解脱的只有自己，所有的不快乐都是自己对自己的厌恶。看过一篇文章介绍了说：美国医院有一半以上的病床上躺着的是精神科病人，这里面有很多人对自己有着很严重的厌弃感，他们由于这种厌弃长期使自己沉浸在压抑、痛苦之中，他们忍受着精神上的折磨，在他们心里自己就是"上帝的弃儿"，他们抑郁不堪，甚至有很多曾经想不开尝试过自杀。他们活在自己的厌恶和别人的目光中，从没有认真地自视过自己的优点，他们从不懂得自我欣赏。如果有一天他们能够学会将赞美的话当作礼物送给自己，认真审视自己灵魂深处的美好，或许结果会不一样。

　　把夸奖的话当作礼物送给自己。不要害怕没人欣赏你的美丽，自己懂就够了，人是为自己而活的。每个人都不应该为在别人眼中不完美的自己而闷闷不乐，别人眼中的自己是对自己的过度批判，真实的自己是独一无二的，忘记那些不快乐的事，懂得欣赏自己，抛开自卑的情绪给自己最好的赞美，要知道快乐才是这个世界上难得的幸福。

333. 坏事发生时的"空杯"应对法

坏事发生时，很多人会心情沮丧，悲观伤感，一个劲儿地想接下来会有什么后果，对自己会有什么不良的影响，该怎么解决这个问题等等，然后就会越想越烦躁，越思考越悲观，不复平时的理智态度，为自己徒添许多烦恼。心理学家给出建议，坏事发生时，不妨采取"空杯"应对法。

"空杯"应对法，指的是人应该保持"空杯心态"去面对问题。古时候有一个佛学造诣很深的人，他听说附近的寺庙里有位德高望重的老禅师，便动身去拜访，想要请教一番。初到寺庙时，他态度极为傲慢，心想："我的佛学造诣很深，你算老几？"老禅师依然恭敬地接待了他，并为他沏茶。可在倒水时，杯子明明已经装满了水，可是老禅师依然倒着。他不解地问："大师，为什么杯子已经满了，还要往里倒？"大师说："是啊，既然已满了，干嘛还倒呢？"禅师的意思是："既然你已经是一个佛学造诣很深的人了，为何还要来请教于我？"来者急忙叩谢悔过。

"空杯心态"由此而来，表面含义是装满水的杯子是无法容纳新东西的，只有倒光水，才能注入新的水；深层含义是只有将自己的心腾空，才能容纳新的事物。发生坏事时，若心里全被坏事所占据，怎能做到理智面对？把自己的心想象成"一个空着的杯子"，清空垃圾，准备好放入新的东西，才能轻松上阵。

"空杯"应对法要求我们将已发生的坏事放下，清除心灵的污染，去面对新的生活。这并不是说要否定已成过去时的事情，而是要怀着放空的心态前行，不要对过去耿耿于怀，这样才可以让自己理智面对崭新的生活，对新的问题及时解决，保证在前行道路上，不受羁绊。

文韬武略的商汤王曾在他的澡盆上写了九个字——"苟日新，日日新，又日新"，他便是"空杯"应对法的践行者，在洗澡的时候，既洗了身体，又清干净了内心，如此才做到"身心舒畅"。在坏事发生时，我们要向商汤学习，把心里那不安的情绪等，通通处理掉，让自己的心灵空旷干净起来，如此才能保持活力，思考出下一步该如何做。

334. 怒气有信号，只要多加观察

当我们与别人发生摩擦时，遭遇不公平对待时，或者遇到其他麻烦时，很多人都会控制不了自己的情绪，变得怒气冲冲，与别人大声争吵或者做出一些其他的不理智行为。这难免会损害到我们自身的形象，也有很多人恢复理智后便追悔莫及：我怎么会这样了？事情不发火也能解决的啊……愤怒的消极作用非常大，既会损害人的身体健康，让人产生高血压等疾病，还会降低人的交际能力，影响社交关系的建立。

因为一时愤怒而酿成错误的人数不胜数，在反思自己的行为后，这些人不断寻找克制怒气的办法，以保证自己不被怒气干扰。当然，最好的方法是修炼出如禅师那样博大、宽广、与人为善的胸怀，或者努力提高自己的情商，但想做到这些绝非易事，需要点点滴滴的积累，不会有什么立竿见影的效果。如果能对自己就要爆发的愤怒情绪敏感一些，及时察觉到自己愤怒的信号，就能事半功倍地化解愤怒。

如果能发现怒气的信号，稍微想一下发怒的不良后果，相信很多人都会及时调整自己。怒气的信号其实就是自己的反常表现和行为，比如，被气得说不出话来，心脏突突地跳，感觉全身血液往上涌，攥紧了拳头，指甲陷进手心里，瞪大了双眼，嘴抿的很紧等等。这些愤怒的信号其实很明显，只是在气头上的人忽略了自己的异常，多加观察，就能发现。

在察觉到自己的怒气信号时，首先要做的就是采取措施，平息自己的怒火。在人们刚开始有怒气时，人的情绪和行为还是可控的，但如果不对其加以控制，轻微的怒气会慢慢积累、发酵，而后猛然爆发，使人情绪失控，出现冲突。

我们应该掌握一些小窍门，来控制愤怒的情绪：其一，主动回避。察觉自己生气后，暂时回避，调整心态。其二，转移注意力。先不要想让你生气的事情，做其他喜欢的事。其三，做深呼吸。深吸一口气，可以把身体调整到平时状态。其四，自我预告。生气时要提醒自己，发怒的后果有多严重的影响，这样你就会尽力控制情绪。

西方一位哲学家曾说过说："愤怒以愚蠢开始，以后悔告终。"可见愤怒的影响太过负面，因此很多名人的书房里都挂有写着"制怒"的条幅。我们要做的就是把"制怒"记在心里，让它成为我们的一种习惯，就不会因愤怒而犯错了。

335. 拥有"妄想"能力，才能快乐生活

古罗马哲学家西尼加曾说过："乐观主义者总是想象自己实现了目标的情景。"的确，生活中有很多困境，如果我们一直因此沮丧，便很难走出，这时候就需要我们发挥主观能动性，用我们的"妄想能力"，帮助我们走出困境，用快乐的心情生活。

巴泽尔有一段时期非常不顺心，工作出现了一些问题，妻子提出了离婚，还要和他争夺孩子的抚养权。他便约朋友喝酒，想借酒浇愁。朋友看到他颓废的样子，就说你为什么不向好的方面想想，以后生活说不定会很美好。这使他茅塞顿开，向朋友表达了感激之情后，他就回到了家里。孩子已经香甜入睡，他想着自己可以陪伴孩子成长，每天都可以看到他甜甜地入睡，这让他感到安心。第二天，他亲自送孩子去学校，在路上和他说笑、聊天，还约定会来接他放学，孩子无比高兴。接着，他去公司重振旗鼓，全身心投入工作。他的生活变得简单了，除了工作以外的时间，就是在陪伴孩子，他觉得轻松快乐。一段时间后，因为孩子更喜欢爸爸，所以妻子放弃了抚养权的争夺，事业上的问题也都解决了。这一切使他更加感激生活，心想：还好自己拥有"妄想能力"，激励自己走出了困境。

"想象力比知识更为重要，知识是有限的，而想象力则包围着整个世界。"爱因斯坦如是说。的确，巧用想象力，多一些"妄想"，这能给我们带来源源不断的力量。毫无疑问，充分发挥自己的想象力，在自己幻想的时间段内，我们的心情会得到极大的改善，幻想之后，我们仍沉浸在对未来的美好期望中，这会激励我们努力奋斗，向幻想目标前进。而吸引法则的存在，也表明：只要你敢于幻想，你的愿望就会慢慢实现。

莎士比亚说过：明智的人绝不会坐下来为失败而哀号，他们一定乐观地寻找办法来加以挽救。在感到疲惫不堪、难以支撑的时候，不妨用幻想的方法使自己放松，感受快乐。同时，幻想有时也是我们前进道路上的加油站，照亮我们阴霾心情的皎洁明月。恰当的幻想会引导我们走向胜利，走向成功！

336. 坚信任何问题都有解决的办法

著名女作家海伦·凯勒曾说过:"虽然世界多苦难,但是苦难总是能战胜的。"既然再大的苦难都会被我们战胜,那么在生活中、工作中遇到的问题又算什么?所以,不管以前是什么心态,以后都要牢记:方法总比问题多,任何问题都有解决的方法。

面对问题,不能太过焦虑,自乱阵脚,要用平常心看问题。没有什么情感比焦虑更令人苦恼,它不仅会拖延我们解决问题的速度,还会给我们的心理造成巨大的痛苦,焦虑已逐渐成为一个健康杀手。但放眼望去,焦虑的人大有人在,有人为升职焦虑,有人为买房焦虑,有人为教育问题焦虑……难怪有人会说,中国正在步入"焦虑时代"。要知道,人一旦焦虑起来,做事的速度就会迟缓很多,妨碍我们的日常生活,所以要有一颗平常心。范仲淹有曰:"不以物喜,不以己悲。"不管遇到的是什么问题,平常心总可以打败焦虑,从而让我们理智处理问题。

要想解决问题,不仅要有平常心,更重要的是要有自信心。如果说平常心让我们能够正常解决问题,那么自信心将大大提高我们解决问题的效率。中国空降兵"雷神"突击队是一支特种作战队伍,它的口号呈现了自信:"到达一切地域、夺占一切先机、克服一切困难、战胜一切对手"。正是这条彰显霸气和自信的口号,激励突击队队员在作战时总能给敌人致命一击,从数千米高空跳伞落地也毫不畏惧,圆满完成了众多艰险任务。一支充满自信的队伍才是王牌队伍,那么,一个充满自信的人才能解决问题。

翻阅历史,从古至今,人类经历了多少艰难困苦,解决了多少历史难题,才发展到今天这一步。这也告诉我们,有些问题不是一时就能解决的,但凭着人类的聪明才智,迟早都有被解决的那一天。而对常人来说,随着我们的不断学习,充实自我,过去不能解决的问题慢慢地都会找到解决之道,现在面临的问题以后也将不再是难题。

焦虑、担忧会让人的生活变得了无乐趣,乐观、积极的态度才能丰富人的内心。坚信任何问题都有解决的方法,不急不躁,就能抑制忧愁、烦恼等负面情绪,保持正常的生活频率,快乐生活。

337. 正视我们内心住着的"小孩"

作家露易丝·海在《生命的重建》里写道:"我们很多人的内心深处都住着一个迷茫孤独的小孩。长久以来我们与这个内心的小孩唯一的交流就是责骂与批评。事实上,我们不可能否定自己的这一部分依然保持着存在的和谐。心灵治愈的一个环节,就是把我们自身的各部分聚集起来,拼凑出一个完整的自己。"我们每个人内心都住着一个小孩,我们经常忽视他,或者因为他觉得别扭,随着我们的日渐成熟,是时候去了解他,正视他了。

每个人的心中都有一个内在小孩,一个曾经是你,但你却也许不再认识的小孩。无论你是否看到他、关注他,他都如影随形地跟着你、提醒你。他有时天真可爱,有时脆弱敏感,有时也会让你陷入情绪不能自持。

有人说内在小孩是我们的"真我",而所谓"成为你自己"就是为他去除各种束缚,从而活出真实的自己;也有人说内在小孩就是我们内心那个受伤后没有长大的一部分自己,需要我们的关爱和支持才能真正长大。无论用什么理论解读,用何种言语表达,这个小孩都真实地存在于我们心里,不离不弃地等待着我们,去发现他而不是忽视他,去观照他而不是遗弃他。

所谓"恢复童心""重拾赤子之心",并不是要摒弃一切知识和经验,变得无知、幼稚,而是能像儿童一样"无分别取舍之心",没有分别取舍,没有无谓的牵挂,自然就无忧无虑。这个赤子之心,其实也就是你的本心;而你心中的小孩,也就是你的"真我"。他虽然不认识长大成人的你,但你依稀还记得他,而且还对他充满了怀念。

正视内心的小孩,重新试着以孩童的眼光看待成人世界,你将带着更加清醒、敏锐和真切的感受投入生活。

338. 接纳痛苦感受,心路历程的五个阶段

人生原本就是苦乐参半的,每个人在一生当中都会遇到大大小小的痛苦,其中最大的痛苦莫过于生离死别。任何人失去至亲时都会陷入痛苦无法自拔,这种无影无形的痛苦会渗透到生活的方方面面,让你饱受折磨。

面对痛苦,尽管我们每个人的感受和应对方式不尽而同,但是只有一次走过以下五个阶段的心路历程,我们才能逐渐走出痛苦的泥潭,在痛苦中感受人生的真谛。

第一阶段：得知噩耗的前三个月。这是最痛苦也最难熬的一段时间，这三个月里你处在极度的震惊当中，你不愿意承认至亲至爱已经永远离开了你、离开了这个世界。这种强烈的痛苦大部分人会持续几个月，更有甚者会持续数年。这段时间里每次一想到逝去的至亲甚至是听到旁人提起逝者的名字，就会将你拉入痛苦的深渊当中。这一阶段最为重要的是向你信任、亲密的人宣泄你的痛苦，从情感层面获得他人的支持。

第二阶段：六个月后。这一阶段，较之丧亲的悲伤，那种无依无靠的空虚感更让你难以忍受。你一遍遍问自己，是否还能从这种巨大的痛苦中走出来。这一阶段最为重要的是坚定信念，一步一步慢慢来，并坚信自己能摆脱这种痛苦。

第三阶段：一年后。人在心理适应上有一个循环期，所以第一个忌日会让你恐惧，你担心自己再一次经历那种失去的痛苦。这时要尽力消除这种恐惧，暗示自己，痛失所爱的悲伤持续一年时间是在正常不过的。

第四阶段：三年以后。这时候你已经坦然地接受了那种失去的痛楚，但思念和孤独仍会不时袭上心头。你要坦然面对这种悲伤，告诉自己怀念和流泪都是正常的。不过如果这时你仍处在巨大的悲伤当中，对亲人的逝去不能释怀，就需要寻求更为专业的帮助。

第五阶段：六年以后。你仍能感到那种失去感，你还会怀念逝去的至亲。但是随着时光的流逝，那种痛苦已经慢慢被稀释。时间赋予了你力量，抚平了你的伤口，让你能在生活中继续前行。

339. 对生活中的美好心怀感激

令人烦恼的事每天都会出现，既然烦恼那么多，怎么才能让自己快乐起来呢？有句话说的好："烦恼是自己找的，快乐是自己给的。"想让自己有着阳光明媚的心情，就不能给自己的心灵太多的负担。对生活中的美好心怀感激，看淡生活的痛苦挫折，不抱怨太多，不奢望太多，这样心灵自然就只剩下了美好，少了些"垃圾"，就会多些快乐。

美国心理学家也曾总结：自寻烦恼是人的本性，因为人并不完全是理性的动物，人常常被烦恼所困，而烦恼的原因多半来自自己，很少是由外界造成的。所以解决坏情绪的根源在于自身的修养，而最好的修养就是对生活中的美好充满感激。每一个快乐的人不会是整天怨天哀地、愁眉不展的人，每一个幸福者也都不是欲望繁多的人，时刻记住生活曾经给过你的美好，淡忘那些不幸的回忆，这样快乐的人不一定是因为他有了百万财富，痛苦者也不一定就是路边的乞丐。每个人都是上帝的宠儿，每个人得到的和失去的都是平等的，要懂得知足，要知道感恩。生活中，你多一份微笑就多得一点快乐，你多一分感激就多一份幸福，然而，多一分抱怨就多了分烦恼。

有的人看这个世界怎么看都是美好的，有的人看这个世界怎么看都一样是苦海。不是看者的眼睛不同而是心不同。有这样一个故事，一个孩子从出生那一刻开始他就失去了母亲，六岁没了父亲，成为孤儿的他受尽了这世间的各种歧视。他仇恨这社会，仇恨所有歧视他的人，他看一切都带着恨意，拒绝所有的关心和帮助，甚至为了泄愤打伤过人几次入狱，他一直认为伤害别人是让他感到最痛快的事了。可是尽管这样，每次付出代价伤害过别人后他还是不曾感受到过快乐。中年之后的他再也不能忍受这种生活，于是他去拜访一位禅师，向禅师寻求帮助。禅师问他："你还记得生活中曾有过的美好吗？"他苦笑着说："这个世界哪里给过我美好，给我的只有不幸和痛苦罢了。"禅师随后温和的说："那你随我坐下，闭上眼睛安静地想一下你这半生的经历，想想和父亲一起的时光，想想曾经给你过帮助的人，想想那些你不愿忘记的东西。"一刻钟过去了，男子的眉头渐渐舒展，少了些许凶狠，两刻钟之后男子嘴角微微上扬，多了分温和。

这时禅师继续温和的说："是不是发现了一些不一样的呢？人生中不要只盯着那些烦恼看，这个世界还有很多美好就在你身边，放下仇恨吧，试着去感恩生活中的那些美好，或许你就会快乐呢。"男子惭愧地点了点头说："这是我自六岁以后第一次感觉自己很平静，第一次感觉原来有那么多温暖都被我错过了，第一次感觉心里没有了重负，第一次感觉自己还可以微笑。谢谢您，我明白了。"男子再次睁开眼时顿时觉得整个世界都不一样了，他终于知道快乐是什么感觉了。

心存感恩这个世界就快乐了，美好是自己的，快乐也是自己的。即便人生再多不如意，总会有那么一些人、那么一些事曾"温柔"过，把痛苦写在沙上，随风忘却，把美好刻入石头，铭记永远，你会发现整个世界在心里都是光明的、温暖的。

NO.16 情绪外在疗法：收获欣欣向荣的身与心

340. 规律生活，成就好心态

一个人的生活理念会影响自己的生活方式，我们要树立规律生活的理念。有规律地生活，可以促进个人的身心健康，而且也能够对人的未来发展起到正面的影响，最重要的是，能成就我们的好心态。

有规律地生活是确保工作顺利和家庭幸福的重要基础。规划好每天的生活，安排自己在哪一时间段该干什么，能确保事情有条不紊地进行。让生活有节奏有规律，就可以远离不良的生活方式，规定自己几点该睡觉，就不会去熬夜；规定自己一天锻炼多长时间，就不会因运动量过少而损害身体健康；每天有固定的时间做饭，就不会乱吃快餐；确定好何时处理工作，就不会让工作任务积累了一大堆……凡是在生活中有大成就的人，都懂得珍爱自己，也就是说，这些人会尽一切的努力，养成有规律的生活习惯。

养成有规律的生活习惯，有助于把握生活，养成控制生活的好心态。宋义是一家公司的经理，他的工作十分繁忙，按理说他应该整天围着工作团团转，但他是个例外。他有自己的生活计划，一直过着很有规律的生活，每天抽空锻炼身体，三个月出去旅行一次。宋义认为保持有规律的生活，是对生活的一种享受。因为规划得当，他一进办公室，就全身心地投入工作，取得了高效率的工作成果。因为能在规定的时间内完成任务，他也就有了空闲去发展自己的兴趣爱好，或是定期陪家人。由此可见，一个能规律生活的人，他能在很大程度上掌控生活，因为做起事来从容不迫，心态也就悠闲稳定了。

如果做不到有规律地生活，就很容易陷入不良生活方式的泥沼，不仅危害健康，还会使人的情绪起伏不定，心态失衡。随心所欲地生活，等于放纵自己，饮食不规律、饮食结构不合理，会使人出现胃病；缺乏运动，会使人渐渐肥胖。而因此产生的不良情绪，更会使人无法养成健康的心态。

医学专家指出，现代人有很多都有这样那样的慢性病，而慢性病又叫生活方式病，主要是由于生活方式发生很大改变导致人体机能出现不适应造成的。而养成有规律的生活习惯，就可以规避这种情况的发生。当生活中的每一件事都做好了安排，按照顺序去逐步完成它们时，人会产生满足心理。因为什么都做好了安排，做起事来就不慌不忙，格外地胸有成竹，不会因为急躁冒进而犯错。由此可见，有规律地生活，可以成就一个人的好心态。

341. 一步一步培养你的爱好

兴趣爱好是人的生活不可或缺的一部分，人们通过爱好来调剂和丰富生活。当我们拥有爱好时，就会有一种愉快的感觉。我们提倡人应该拥有爱好，因为爱好会增加人获得快乐的途径和机会。当然，人不可能一口吃成个胖子，爱好也需要一步一步地培养。

第一步，热爱生活，诱发兴趣。

一个人只有深入现实生活，才能遇到各种各样的事物，而后可以从中挑选自己感兴趣的。人要有积极的生活态度，带着热情去观察了解世界，多参加各类活动，将自己和世界紧密联系在一起。一旦你感受到生活的多姿多彩，世界的新奇美好，自然就会有事物激发你的兴趣。

第二步，明确志向，稳定兴趣。

人的兴趣是容易改变和转移的，只有将自己的兴趣与志向结合起来，让二者紧密相连，才能让你的兴趣保持稳定性和持久性。

一代科学巨匠达尔文少年时代兴趣十分广泛，分别对气象学、金融学、小提琴、医学都产生过兴趣，并且学习了一段时间，后来因为兴趣不大都又放弃了。直到他二十四岁时，他在卢梭的引导下，把生物学当作了自己的志向，从此致力于生物研究，后来还提出了著名的生物进化论。

第三步，保持好奇，发展兴趣。

好奇心是兴趣产生的基础，但好奇心一旦消失，兴趣也就减退了。所以要始终保持好奇心，使兴趣不断发展增强。比如说，可以经常提出一些疑问，向事物的深处挖掘，不断进行探究。问题是无穷无尽的，好奇心就会被长期维持，兴趣也就稳定地发展了。

第四步，深化兴趣，形成爱好。

从兴趣的发展过程来看，兴趣可分为三个阶段：有趣—乐趣—爱好。在第一阶段时，我们对事物不过是有短暂的兴趣；第二阶段时，我们可以从感兴趣的事物中获得乐趣；只有在第三阶段，我们才会对某一事物乐此不疲，深深眷恋。

所以，我们要选择具有积极意义的事物作为兴趣，争取把兴趣与自己向往的职业结合起来，与自己的志向结合起来，让它上升到爱好水平。

兴趣是智慧的火种，是求知的源泉，是成长的推动力，让我们培养自己的兴趣爱好，为自己铺筑一条快乐之道。

342. 一杯咖啡的时光，让你的心灵小憩

咖啡魅力无穷，深受大众喜爱。冲泡咖啡时散发出的浓郁香味，咖啡入口时的独特口感，漂亮的咖啡杯，安静的咖啡馆……与咖啡有关的一切都那么的令人神往，让人心甘情愿在咖啡的香气里度过美好时光。是的，一杯咖啡，就足以可以让时光缓慢下来，让生活浪漫起来，让你人的心灵小憩。

喝咖啡已经成为现代生活中品味格调的象征，但更重要的是喝咖啡可以让人提神醒脑，能让我们拥有一段私密的放松时光。现代社会，生活的压力越来越大，当我们想放松自己的时候，可以约上好朋友，去咖啡馆度过闲散时光，咖啡馆舒缓浪漫的音乐，也有一定的放松作用，再和朋友畅聊一番，说说最近的生活，这美妙的氛围就让人沉醉，宣泄压力之后，心灵的重担放下了，整个人也变得神采奕奕。

繁忙的工作让人不堪劳累，神经也绷得紧紧的。当在工作日里有空闲时间时，有些上班族喜欢三五成群地聚在一起，漫无边际地聊天，这样看起来很热闹，却也难免让人觉得无聊。不如趁这个时候，冲上一杯浓浓的咖啡，仔细品尝，从中获得能量。在公司的个人空间里放上各式各样的咖啡，再搭配一个自己喜爱的咖啡杯，每天抽出时间喝一杯咖啡，就像是赴一个自己和咖啡的约会，享受那一段美妙的时光。

上班族的工作压力都比较大，同事间的竞争更是让人耗费心力，时间一久，压抑感便笼罩心头，危害人的情绪。这时候，慢慢地品尝一杯咖啡，在浓郁的香味中，焦虑的心情消失了，乏味的工作也被抛在脑后，闭上眼睛，让自己的思维如脱缰野马，尽情地去想象曼妙的风景、快乐的生活、美好的未来……咖啡为人带来物质和精神的双重享受，疲倦不见了，激情重被点燃，心灵进行了足够的休息，人们能够带着活力投入到工作中。

等到了休息日，处理好家务，安顿好家人，就到了放松自己的美好时光。在

暖暖的午后，放上一曲喜欢的钢琴曲或轻音乐，搅拌着杯里的咖啡，营造出有情调的氛围，笑容便可以轻易地绽放在人的脸上。此时更可以缓慢地品尝咖啡的香醇，放松自己的身心。当然，为家人泡上香浓的咖啡，一起享受这段好时光，也不失为一件乐事。

生活再怎么繁忙，也要寻出一段时间，坐下来，在冲泡咖啡的香味里，在咖啡勺与咖啡杯的清脆碰撞声里，在唇舌上传来的美妙触感里，静静地享受着咖啡的独特魅力。一杯咖啡的时光，便足以让你的心灵小憩。

343. 旅游散心，你的灵魂在路上

耶稣说："人不能只靠面包过活，你的心灵需要比面包更有营养的东西。"当所有的心理暗示都无法排解内心的苦闷之时，我们或许真的需要换一种方式寻求解脱了。出去走走吧，放下极大的工作压力，放下繁重的生活负担，放下一切去旅行吧，心灵就在路上。

当我们一直把自己禁锢在一个地方时，你会发现你的心情会慢慢变得糟糕。没有好的情绪，生活自然不能很好地进行下去，这个时候的自己需要带上几本书带上几个朋友亦或自己一人，放空身体走出那个一直待着的地方，去到外面的世界看看。不用太长时间，也不需要走很远，到一个你喜欢的地方就行，安静或热闹都行。享受一下外面的阳光、沙滩、美食、风景或是不一样的风土人情，你会发现所有的一切都变得不一样了。静静地看看这个世界，用心聆听所有的美好与憧憬。一路上领悟的不仅是美丽的风景与人情，更是一种修行。安其身先修其心，旅行就是最好的修行。

杰克·凯鲁亚克曾在名为《在路上》的书中写到："当生活变得令人难以忍受，就拿起背包，起身上路，才能从心灵的黑暗漩涡中抬起头，看到自己的各种梦想。"

曾有个女孩，那年突然被炒鱿鱼的她几近绝望，所有的努力在那一瞬间都被无情地否定了，她歇斯底里地哭过、闹过。大家以为她会就这样失去了前进的勇气。直到一天她突然向大家说："我要来场旅行。"

就这样，她徜徉在夏日的绿色中，走进大山、走近绿水，坐在山谷听流水潺潺，虫鸟和鸣，那纯净的声音仿佛魔力一般，瞬间就能涤净忧愁。在自然中放大自己的渺小，把自己当作那万里丛林中的一草一木或是一只鸟，放声高喊、纵情歌唱。穿上不一样的服装给自己一次别样的疯狂。远离了喧嚣与功利，在五彩斑

斓中享受了十几天的快乐。

在旅程结束的那一天，她很平静地说："有什么大不了，我还会找到更好的工作。"大家相视而笑，真心为她感到高兴。她说："原来大自然真的可以抽去我们所有最不堪的过往，给我们重新奋斗的勇气。"所以爱上旅行吧，让心灵在路途中安静下来，让灵魂在路途中绽放，丢掉烦恼，放空一切，找回最初的快乐。

我们每个人都来自于大自然，最终也要回归于大自然，从出生起大自然就是我们永远的心灵归宿。大自然宽容到可以包容一切，包括我们的烦恼，所以，去亲近和感受大自然，才是净化心灵最好的选择。

344. 瑜伽帮你回归自然的宁静

生活在快节奏生活中，我们经常被生活压力折磨的身心俱疲，这样的情况下我们不免会烦闷躁动，这样的坏情绪是埋藏在身体里的毒素，它压抑着我们的快乐，带给我们烦躁不安，让我们的精神埋没于阴暗之中，所以我们如果想要得到身心安宁就一定要学会清理心理上的垃圾。然而喧闹的生活中想要寻得一片安宁是何其困难，或许只有在瑜伽慢节奏的世界里才能寻得那份身心上的安宁。

西奥思·伯纳德曾在其作品中写道："瑜伽学习及修行可净化身体，改善健康状况，强化心志。也就是说，可以加强心灵成长。任何一个身心健康的人都能以某种方式达到瑜伽身心结合的目的。"身体是心灵的媒介，瑜伽以一种宁静的方式安抚身体，同样安抚着心灵。

瑜伽最初来源于佛教，最初人们练习瑜伽打坐是修行的一部分。瑜伽里有着佛教的"净"的精神，瑜伽可以通过打坐冥想而达到精神集中的目的，以求得在不安宁的世界中寻求内心的平静，它可以以舒缓的方式除去身体的不安定因素，达到身体、心灵与精神的和谐统一。所以瑜伽在一定程度上可以改善人们的生理、心理和情感方面的问题。

在忙碌的工作之后，回到家中在房间里放一段舒缓的音乐，在音乐中自然放松呼吸，让思绪在音乐中安顿，让情绪在音乐中安定，并慢慢在音乐的指导中舒展身体，让肌肉和韧带得到舒展拉伸，慢慢地，你会感觉全身的筋骨、血液都被唤醒了，这种体验一定妙不可言，在瑜伽中给身心一次彻底的清理，一定畅快淋漓，那种身心自然舒展的宁静定会让你心情豁然开朗。偶尔也可以走到野外置身于大自然的怀抱之中，晨光下、海边亦或是在花草丛中，在自然的清新中由内而外地释放所有的不快与不安，感受由内而外的宁静，更是一种别样的体验。

如果生活让你感到疲倦了就尝试着练习瑜伽吧，它会扫除你心灵上的"阴雨"，它会给你自然的宁静与安详。练习瑜伽是一种享受，也是一种修养，是身体和心灵的双重修养。如果生活让你感觉单调就爱上瑜伽吧，它会为你打开另一扇窗口。

如果你进入了瑜伽的世界，一定再也不愿走出了，因为你的心灵会"上瘾"。瑜伽改变的不仅是你的身体形态，更是你的生活态度，有瑜伽的日子你会发现自己总能保持积极向上的心态，烦恼与困扰也会越来越少，你会更热爱生活，更懂得生活的意义。享受这份美好吧，享受瑜伽里自然的宁静与快乐吧。

345.面朝大海，浪花赶走负能量

海子有首诗叫《面朝大海，春暖花开》，那是海子对单纯自由人生境界的向往。海是博大纯净的，它是充满正能量的使者。不仅是海子，每个人都有对大海的向往，相信当我们带着烦恼面朝大海时，大海定会有一种让人忘却痛苦的能力。

没有在海边生活过的孩子一定常听说大海的苍茫辽阔、波涛汹涌，一定想象过那海水湛蓝，海浪奔腾的模样，海的博大与壮美，神秘与浪漫一定深深地刻在记忆的深处。那种痴迷的向往必追随着成长走过了无数个日夜，当终于有机会走近大海，轻轻接触海水，却感受到了无比的温柔，看那浪花拍打着岸边的礁石，像母亲般的抚摸，兴奋不安的心顿时平静了不少，那种雄壮中的柔情，是不是又好似父亲一般给人温柔与安全感，在不知不觉中使身体自然的放松了呢？

生活中难免会遭遇各种烦恼之事，无力解决之时何不尝试着给精神一次"面朝大海"的机会。海洋是广阔的，看海水卷起浪花任它起伏漂泊，是不是感受到了那种洒脱和从容，这就是大海的性情。站在沙滩上感受海风，是不是能感受到温柔，这就是大海的态度。瞭望海天一线，无边无际，纳百川、吞江河，无所不能包容，这就是大海的气度。大海的魅力不是在于它的无边无际，而在于它的洒脱、从容、温柔、包容。面对鱼龙混杂的生活，面对不堪的情绪，如果能像大海一样，那还有什么问题是解决不了的，还有什么烦恼是值得纠结的？当生活中的我们迷茫于如何面对生活之时，是不是尝试着学习一下海的精神呢，从容面对得失，温柔对待生活，包容所有的快乐和不幸，给心灵一次"面朝大海"的机会，相信浪花会赶走心中所有的负能量。

当生活不尽人意时请选择一个阳光明媚的日子走近海边吧，让清凉舒爽的空气包裹你的身体，让蓝蓝的海水洗去你一身的尘埃与疲惫，浪花会把你所有的不如意带进浩瀚的大海，给你的心灵一次彻底的按摩放松。

当困惑于生活的琐碎，与工作压力之时，请在音乐中，想象一下大海吧。想象那沉默柔软的沙滩，想象那海天合一的辽阔，想象那涌动的海水、安静的阳光，想象自己在海边酣畅淋漓的疯狂。在这种意境之中，你必然能给紧张压抑的心情带来一丝的安宁与轻快。睁开眼睛那一刻你必然能感受到心情豁然开朗，充满了继续奋斗的力量。

面朝大海，赶走身体的负能量。海洋是自由与博大的象征，然而在生活的夹缝中为生存而奋斗的我们恰好缺少的就是这两种感觉。我们面对人生坎坷、面对生存压力如若无处释放，必然积郁成疾，所以多到海边走走吧，享受一下大海赐予你的自由与宽容，给心灵一次解放，驱散灵魂的阴霾．

346.阅读清单，拯救你的心灵

"读书是最简单的美容之法；读书是在聆听高贵的灵魂自言自语。"这是作家毕淑敏送给广大女性的良方。腹有诗书气自华，想要变得更加美好的女人，就去在书海里徜徉吧，花费少量的钱，便可为自己的优雅气质做一笔效果显著的投资。最重要的是，在心灵荒芜时，书籍可拯救人的心灵，如泪泪清泉滋润田地，又如大地母亲为植物提供充足的养料，可以让心灵之树枝繁叶茂。

阅读不需要花费太多的钱，只是需要花费较多的时间，需要人持之以恒地坚持下去。或许，你是一名学生，有着繁重的功课，还在苦苦抵抗游戏的诱惑；或许，你毕业已久，整日为工作而忙碌；或许，你已有自己的小家，爱人和家庭需要你的悉心照顾；或许，你年事已高，被生活折磨的缺少活力，靠电视剧打发时间……可这一切都不能成为你不读书的理由，读书使人优美，如果一个人想要在岁月的冲刷和琐事的打磨下不失光华，永远拥有充盈的内心，那么就要经常为自己准备几本书。

制作一份阅读清单，可以让读书计划良好地进行下去。曾有幸见过一个朋友的阅读清单，上面的书目俱是名著：塞林格的《麦田里的守望者》，严歌苓的《小姨多鹤》，西蒙·德·波伏娃的《第二性》，沈从文的《边城》……其中，有一部分后面已经打勾，说明已经读完，有的标注了读到了哪一页，有的后面写着"待购买"。清单上罗列得十分清楚，在哪个时间段读书，一天要读完多少，什么时候读完等等，让人一目了然。朋友说，自从自己制作了清单，就开始按计划读书，再也没有半途而废过，觉得自己从书中看到了外面的世界，很是有趣。

如果买回来一堆书，放着不看，或者是看一半又去翻另一本书，又或者是别的情况，都等于埋没了书的价值。而阅读清单可以有效督促我们阅读，记录我们阅读的进程，见证我们如何放飞思绪。

制作清单的第一步是挑好自己喜爱的书籍和优秀的书籍，而后可根据个人具体情况制定阅读计划，比如一天抽出多少时间读几页书，先读哪本后读哪本。最后，要制定监督制度和奖惩制度，确保读书计划实行。另外，每读完一本书，可以试着写一些书评和感悟，畅快表达自己的想法。有书为伴，脑海里有诸多知识，气质里带了一份从容，心灵再也不会荒芜。

347. 把抱怨的事写在纸上，烧掉它

歌曲《记事本》里有一句经典歌词："劝自己要放手，放开手让你走，烧掉日记重新来过。"这里的"烧掉日记"指告别过去，毁掉曾经的感情经历，开始新的生活。触类旁通，我们不妨试着将抱怨的事写在纸上，而后烧掉它，看看会有什么意想不到的收获。

人无远虑，必有近忧。生活中经常会发生一些不愉快的事情让人感觉不舒服，比如说穿的白鞋子被人踩脏了，朋友跟你说话时态度敷衍……这些事看似都很小，但若是一点一滴积累起来，则会让人忍不住抱怨。但糟糕的是，抱怨只会让你散发负能量，而不会有什么良好的作用。祥林嫂在经历丧夫失子之痛后，每天都沉浸在过去的痛苦中，一次又一次地抱怨上天不公，人们一开始是同情她的，后来就对她无休止的抱怨产生了厌恶之情。由此可见，把抱怨的事挂在嘴边，只会让大家远离你。不如写在纸上，进行自我调节。

把抱怨的事写在纸上然后烧掉，是一种有效的发泄不良情绪的方法。"滚滚长江东逝水，浪花淘尽英雄""大江东流去，千古风流人物"，古人在奔涌而去的江水前，总是感慨万千，烦恼被抛在脑后，只余一腔豪迈。我们可能做不到望江水诉抱怨，但烧掉写有烦心事的纸却是简单易行的，且能收到相似的效果。认真地把抱怨的事写在纸上，就相当于倾诉了自己的不满，也能让自己正视自己在为什么而烦恼，

进一步思考这些事是否值得自己抱怨。最后，点燃纸张，纸张成灰，上面的字也随之不见，你会体会到释然的意味，心境也会明朗起来。

把抱怨的事写在纸上，就是把烦恼化无形为有形了，可以被烧掉。我们也就能做到放下，不再对琐事耿耿于怀，还自己内心一片清净。本来，若能心怀碧海蓝天，心境澄澈，谁愿意怨天尤人，让自己一片怨气？

348. 深呼吸，做温和之人

这是一个几乎每个人都知道，但很少有人会习惯性地去做的一个动作：深呼吸。事实上，深呼吸不仅是一个有益身心健康的动作，更是一个快速控制情绪的好方法。

深呼吸就是呼吸时胸腹联合呼吸，也就是呼吸时吸入更多的新鲜空气，排除肺内残气及其他代谢产物。此种呼吸方法可以吸进更多的氧气吐出二氧化碳，加强血液循环，有利于人体脏器官的改善，同时这种呼吸方式也有利于解除疲劳，放松心情。瑜伽中的呼吸法中也包含此种方法。另外科学研究表明除非有足够多的新鲜空气达到肺部，否则静脉血管中的污秽血液将得不到完全净化，所以说深呼吸真的有净化身心的作用。

坏情绪来临之前，请深呼吸，做温和之人。每个人都有会发怒的时候，暴脾气上来谁也拦不住，但是愤怒就像魔鬼，不仅会伤了别人，也会伤害自己。研究表明，人在愤怒或恐惧时产生的身体毒素，足够杀死一只小白鼠，所以轻易不要愤怒。愤怒来临之际，请做个深呼吸，不仅可以给身体排毒，还可以安定情绪，同时在呼吸的片刻我们有机会让自己的冲动回归理智，冷静思考自己的做法是否正确。

生活中难免会遇到一些困难或痛苦，当我们处于焦虑和紧张的状态时很难会清醒地思考问题，让自己来次深呼吸吧，减缓身心压力，给心灵一次放松，急躁并不能处理问题，冷静下来才是首要任务。不论什么时候处于什么境地情绪波动时，请深呼吸，我们需要一个短暂的停顿去整理思绪，我们要学会用温和的方式去解决问题。

深呼吸，做温和之人。清晨迎着晨光与柔和的风，深呼吸，不管接下来的一天会如何进展，先来口新鲜的空气，必然会觉得神清气爽、精神抖擞。这种幸福感与满足感必然会送你一天好心情。生活就是这样，快乐就好，温和就好。

349. 学习在喧嚣的环境中思考

　　作家周国平曾说过："我发现，世界越来越喧嚣，而我的日子越来越安静了。我喜欢过安静的日子。"从这句话里，不难看出，在喧嚣的社会中，他选择安静的生活方式，安静地写作，安静地思考，不受外界喧嚣的干扰或诱惑，守着自己的内心生活。周国平的态度值得每个人学习，因为只有做到在喧嚣的环境中思考，才能够真正的沉下心来。

　　学习在喧嚣的环境中思考，可以开辟一片属于自己的净土，静下心去钻研事业，最终有所成就。梅贻琦曾说："人生不能离群，而自修不能无独。"这是说，哪怕身处喧嚣的环境之中，心灵也不能浮躁起来，而要修养则离不开独立的思考。无独有偶，季羡林先生出名后，各种人士前去拜访，社会上很多活动也邀请他参加，而他潜心钻研国学，成为了一代大家。他们无视外界喧嚣，不在乎别人怎样褒贬自己，静心思考，与文化进入了深层次的交流，成就了自己。

　　该如何在喧闹的社会中静心思考呢？唐代诗人陶渊明告诉我们："心远地自偏。"身处同样吵闹的环境里，心态沉稳的人能不受外界干扰，依然思索着自己的事，心态浮躁的人却大受环境感染，注意力全放到了外界的事物上。仔细观察当下状况，所谓的"专家""教授"一直在博人眼球，有人不禁开始调侃："让我做一个安静的美男子吧。"随着环境而浮躁的人就像昙花，刚刚绽放就要凋谢，而不受干扰的人像树一样，慢慢思考自己怎样才能长得更加茁壮，然后存活很久。

　　喧嚣的环境是一个挑战，能克服它的人才是人生的强者。莫言获得诺贝尔文学奖的消息一经传开，接连不断的采访纷至沓来，而莫言却表示，他最希望的是在获奖之后，仍能过上从前的生活。这是他经过思考给出的态度，也是明智的态度。因为他身为作家，只有过着和以前一样的安静生活，才能潜心创作，写出更多优秀作品。只有做到独立思考，我们才能在喧嚣中听到自己的心声，才能自我成长。

350. 放松时，应当尽情放松

　　劳逸结合的生活方式为很多人所提倡，指的是辛勤工作后，要给自己放松一下。实际上，很多人都没有践行这一生活方式，他们在工作时能专心工作，但到了休息的时候，还在想着自己是否还有什么任务没完成，刚刚完成的那个方案要不要再改改，东想西想，放松的时间一晃而过，他们又叹息自己还是很疲累。如此看来，放松的时候，要彻彻底底地给自己放个假，不要再想什么公务或者生活杂事，尽情地放松自己。

　　尽情地放松自己，是对自己的奖赏，是让放松时光有价值的体现。平时的工作、杂事一大堆，在费心费力完成之后，好不容易挤出时间让自己放松一下，就应该好好享受无压力的这段时光。有人的放松方式是泡温泉，有人的是去旅游，有人喜欢逛街，等等，不管是哪一种方式，应该都是舒适的，应该好好珍惜，而不是在放松时心有旁骛，辜负了自己。

　　比如说，一个医生在接连完成几台手术后回家大睡了一觉，而后决定去美食店犒劳自己。当一桌美食摆在眼前时，各种色彩搭在一起格外诱人，如果这时他想起了手术台上那血淋淋的画面，那该有多煞风景啊，恐怕连吃美食的心情都没有了，还谈何放松？这个医生既然来享受美食，就应该不想别的事，吃得不亦乐乎，如此才是对自己的奖赏。当然，不论是什么职业，在放松时都要放下工作。

　　尽情地放松自己，能让身体的酸痛大为减轻，心里的压力消失的无影无踪。繁重的工作使人劳累，多数上班族都会有颈椎病、腰酸腰疼等病症，出去放松可以锻炼身体，缓解疼痛，增强体质。一直待在公司里难免让人觉得枯燥无味，出去放松可以领略别样的风景，在惬意的放松环境里，人的心情也会变得舒缓而愉悦。

　　尽情地放松自己，可以让自己从中获得能量，再次精神倍增地投入到工作中，从而高效率地做事。在放松时不想其他事，自然可以全身心地投入到放松活动中，宣泄出自己的劳累，然后通过放松变得情绪高涨，身体也被注入了活力。尽情放松后的你，就像一艘准备充分、装备优良的船，尽管去扬帆起航吧！

351. 走进健身房，给身心排毒

有一个女孩，从小体弱多病，后来病治好了，身体还是很瘦弱，吃的少，很少运动，情绪很容易低落，家里父母很担心她的健康问题。过了不久，她家附近新建了一家健身俱乐部，全家人都去看新鲜。女孩觉得这家健身俱乐部规模不小，有很多健身器械，健身房里的人也都活力十足，再一看自己的细胳膊细腿，不禁叹了下气。她母亲给她办了张健身卡。渐渐地，女孩脸上多了光彩，胃口也变大了，整个人都活泼了不少，家长心里高兴极了。女孩跟父母说："在健身房里，我流了很多汗，还把我的坏情绪都甩出去了。"是的，健身房就是有这种神奇功能，可以让人排出身体里的毒素。

健身房是人们想要健身时的首选去处，因为那里的器械设备比较齐全，有各种种类的健身及娱乐项目，有经验丰富的指导教练，还有良好的健身氛围。这一切可以确保人们享受正规的器材、专业的指导，而且就算自己想要偷懒了，周围人热火朝天的健身热情也会感染你，在大家的带动下，你也会全身心地投入到运动中来。

身体是革命的本钱，健身会增强我们的体质，放松我们僵硬的身体，使我们的内脏器官系统变得有活力。在健身房里，不管是选择什么运动，都会酣畅淋漓地出一身汗，身体里的毒素会随着汗水排出，而后再去洗个澡，换上一套干净的衣服，不由让人觉得全身的每一个毛孔都在自由地呼吸，浑身舒坦。所以，经常去健身房的人的皮肤状态都比较好，这是一种从里到外的调节，比使用化妆品来的自然。

在健身房不仅可以锻炼身体，还能让自己的坏情绪一扫而光。做着自己喜欢的运动，这已经让人愉悦了。如果你不喜欢运动，只要你渐渐地投入进去，随着身体的伸展，你内心的"小人"也会运动起来，不再无聊。若是能够专注地投入健身中，凡尘杂事都被遗忘了，你的心灵会慢慢空灵起来，身体在出汗，灵魂则在云端之上翩翩起舞。如果你有很多压抑的情绪，尽情地运动吧，发泄出来后，心灵毒素也就被排出了。健身可以塑身美体，更是让人免去了身材不好的苦恼，感受到自己的身姿一天天轻盈起来，身体曲线愈加优美，好心情就不请自来了。

352. 哭一下又何妨，我们可以不勇敢

有时候假装坚强并不是一个好的选择，痛就痛了，悲伤、难过并不是什么见不得人的耻辱，谁没有喜怒哀乐。哭泣，是人最本能的发泄情绪的方法。生活中，我们都是最平凡的人，在面临生活中的坎坷起伏时，当事业、婚姻、爱情不尽人意之时，最简单的发泄方式就是大哭一场。

有人说："哭泣是最无能的解决问题的方式。"在困难、苦恼面前，哭泣确实对解决问题没有任何的帮助，但是哭泣是不良情绪疏解的最简单的渠道。当情绪很糟糕的时候我们已经失去了去思考的能力，这个时候既然什么都做不了还不如痛痛快快哭一场，当宣泄完所有在心中积压的不快之后，我们才更容易冷静下来思考问题，不是吗？

曾经有美国学者做过一个实验，他们通过对几百个男女老少不同的志愿者进行研究分析：发现当人们在情绪抑郁之时，过分的压抑情绪会产生一些对人体有害的物质，并且在这些人群中也得到了验证，那些平时不爱哭的人，不喜欢用眼泪去消除情绪压力的人身体健康状况确实没有那些所谓的"爱哭群众"的身体状况好，而且这些人更容易患有结肠炎、胃溃疡等疾病。而且研究发现当他们情绪压抑时痛快地哭一场后，自我感觉明显比哭前好了很多。

通过进一步的研究，学者还发现正常人的泪水是咸的，糖尿病人的泪水是甜的，而且悲伤时流的眼泪比在某种刺激下流的眼泪所含的蛋白质及荷尔蒙更多一些，这说明人在悲伤时哭泣是可以通过眼泪把人体产生的毒素排泄出来的。由此看来哭泣是有很大的好处的，所以有时候哭一下又何妨。

事实上，在生活中我们也会发现，遇到烦恼挫折之时女生哭的概率远远超过了男生，男生往往以大男子主义的形象要求自己把悲伤压抑在心里，把泪水咽下，可是殊不知这强装坚强的举动是对身体极大的伤害。因此，男性的平均寿命较女性短或许与此有一定的关系。

委屈时何必憋着，潇洒地哭一场，哭完之后静静地思考所有的对与错，然后忘记一切的不快乐，再去重新开始才是聪明之举。无论是嚎啕大哭还是无声流泪只要哭出来就好，再多撕心裂的的痛苦都可以在一场哭泣中洗去，我们尽可大大方方地哭，不坚强、不勇敢又何妨，人生快乐就好。

353. 美好爱情，是好情绪的基础

传说上帝在造人时，只造出了一个名为亚当的男人，亚当在伊甸园里无忧无虑地玩耍，时间一久，觉得自己十分孤独，便要求上帝给自己找一个同伴。上帝取出了亚当的一根肋骨，造出了一个女人，名为夏娃。两人在一起生活，亲密无间，产生的感情就是爱情。因此有人说，拥有爱情的人，生命才算完整。爱情是一种神奇的感情，可以让两个素不相识的人相互吸引、依恋，成为彼此生命中最重要的人之一。美好的爱情会使双方都有所进步，体会到别样的温暖与感动。大诗人杜甫写"随风潜入夜，润物细无声"，好的爱情也是这样，不动声色，却如夜晚的春雨，从四面面八方包围渗透爱人的生活，滋养两人成长。

小伟是个性格开朗的男生，正值青春的他常常希望能拥有一份美好的爱情，不久后他注意到了邻班一位文静的女生小婉，经过一段时间的接触，两人成为了恋人。小伟性子有些毛躁，小婉就经常在他冲动时劝住他，慢慢地他变得沉稳了；小婉很有能力，却信心不足，不敢参加什么大型活动，小伟便一直鼓励她要勇于尝试，后来小婉参加朗诵比赛得了奖，两人心里都特别高兴。爱情，就是这样促人成长，而越成熟的人，越容易拥有好情绪。

爱情的甜蜜会使人笑容满面，心爱的恋人随意的一个动作，都让人觉得很很有魅力；恋人的一句俏皮话，便让人心醉不已；爱人的暖人举动，又会让人从心底荡起丝丝甜意。感情好的恋人，常常喜欢腻在一起，哪怕是相互间的一个对视，都能感觉到对方对自己的爱意。在文学作品里，爱情也是一个永恒的话题，它的美好被人翻来覆去地描写。

美好的爱情是拥有好心情的基础，当人陷入爱河时，身体会分泌一种叫作多巴胺的物质，刺激人产生幸福感，此外，去甲肾上腺素等激素的分泌量也会增加，让人的身体增加不少活力。另外，拥有爱情，爱人会十分疼爱你，会倾听你的心事，心疼你的脆弱，会带着你出去游玩，替你分担生活的压力，一直陪伴着你、爱护着你，充分满足你的心理需要。美好的爱情就像是有魔力的药剂，让原本平淡的生活变得多姿多彩，人的心情也就好起来了。如果你想尝试一下它的魔力，就去大胆地恋爱吧！

354. 甜言蜜语，女人最美味的精神食粮

爱美之心，人皆有之。每个人都希望有人能够欣赏自己的美丽，尤其是女人。甜言蜜语天生就是女人的精神食粮，无论什么年岁的女人对这种精神食粮都"爱的深沉"。

都说恋爱中的女孩是傻瓜，男生的几句"糖衣炮弹"就会把她们迷得晕头转向，殊不知，甜言蜜语对女孩都多重要。曾经有个女孩，仿佛自卑到了骨子里，自己早已把自己放弃，每天不修边幅，也不再在意别人的眼光，甚至有点男人的痞性。她几乎是所有女生远离的对象，颓废到极点的她从不交朋友、不学习，甚至所有老师都拿她没办法，因为她坐在教室的一角，在课堂上，她不逃课、不睡觉、不说话，只是目光呆滞，没有人知道她在想什么，像个活死人。"从来没有遇到过像她一样的女孩，真不知道她是怎么来到这里的。"几乎所有老师都这样说。

女孩一直处于自闭状态，直到有一天班里转来了一位新同学。新同学被暂时安排到了她的座位旁边。那天她本能地出于礼貌对新同桌微笑了一下，男生也回以微笑并说了一句："你笑起来很好看。"她当时震惊了，她没有想过会有人这么夸她，不知多长时间以来她都是在嘲笑与怜悯中度过的，没有人想过去赞美她。那么直接、那么真挚的赞美，她也考虑过是不是这男生随便说的，可是最终那句话还是让她的内心久久不能平复。

后来，不知从何时起，同学们发现那个脏兮兮的她变了，她变得和其他女生一样留起了长发，把自己收拾得干净利索，不再目光呆滞的面对课堂，她开始变得积极，成绩也越来越好，慢慢有了很多朋友。毕业时，她以不错的成绩考上了一所大学。毕业那天她说出来了自己的秘密：高中以前的她也曾是个很优秀的学生，几乎和所有女生一样活泼快乐，可是初三暑假一场车祸夺走了她的所有，亲人、乐观连同所有的生活的勇气。短短的几十天她尝尽了人生的悲苦，身边除了怜悯就是嘲笑与欺凌。她丧失了努力的勇气，也没勇气去改变什么了。她以为她的一生就要以这样的沉沦而结束了。那天当她意外地听到新同桌的那句夸奖后，她"活"了过来，那是亲人走后她听到的第一句"甜言蜜语"，她想原来还有人把她当正常人看。就这样她鼓起勇气找回了从前的那个她。她那个时候只想听到更多的赞美，她说："赞美才是我继续努力下去的动力。"

世事就是这样，你无意间的一句赞美可能真的会改变一个人的一生。对女人千万别吝啬你的甜言蜜语，那可能就会成为她命运的转折点。女人是最感性的动物，她会把甜言蜜语当成爱的标准，当成自己魅力的体现。

355. 逛街是女人放松心情的最佳娱乐

女人似乎天生就爱逛街，一提起逛街整个人都有精神了不少。有些男性就开玩笑说："女人真是种奇怪的生物，不愿意坐车去郊外旅游，也不愿意爬山，领略一下顶峰的风光，就乐意去逛街。平常走一会儿路就嚷嚷着腿疼，一逛起街来逛多久都不说累。"男士之所以这样说，固然有一些道理。主要是他们不明白逛街对女人来说有多重要，简直就是女人放松心情的最佳娱乐活动。

逛街是追求美的表现，一想到自己会变得更美丽，女人心里就开心了许多。现在的生活条件越来越好了，女人乐意把钱花在购物上，各种店铺鳞次栉比，里面的商品琳琅满目，新奇漂亮。女人天生爱美，喜欢给自己画漂亮的妆，喜欢穿好看的衣服，也喜欢给家人买合适美观的东西。这样一来，就要去街上好好选购一下需要购置的商品。哪怕是没有目的地去逛逛，看到什么新潮的东西，都会让人心情愉快。

逛街可以让女性锻炼身体，消耗掉多余的脂肪，这也会让女性在心理上产生快感。在交通便利的现在，女性长时间步行的机会也比较少，逛街则可以让她们心甘情愿地运动起来。尽管逛街时的运动强度不算很大，但在女人心情愉悦的情况下，脂肪的燃烧速度会加快不少，就能起到减肥的效果了。对于小腿粗壮的女性来说，步行逛街是很恰当的瘦腿方法，不过最好是穿平底鞋，才能长时间走路。

逛街可以制造和朋友在一起的机会，几个女人热热闹闹的去逛街，会让女人心理上有满足感。女人们在一起逛街时，会交流一下最近的情况，说一些生活中的琐事，如果有什么不开心也会说出来，宣泄自己的情绪。朋友之间也会互相安慰、鼓励，获得前行的动力。另外，她们会互相交流买东西的参考意见，帮助对方买到称心的衣服、鞋等商品。买完东西，还可以接着逛，去寻找美食，坐下来美美地吃一顿。

从医学方面来说，逛街也是有益于对女人的心理健康的。有时候女人去逛街并不是为了买什么，只是单纯地去享受那个过程。比如说，如果她们想知道自己最适合什么风格的衣服，她们就会去逛街，试穿各种不同的衣服，以便找到答案，这也会让她们心情大好，满足自己的掌控心理。

娱乐方式有很多，可是没有哪种方式比逛街更受女性欢迎，由逛街而产生的巨大愉悦感是不可取代的，难怪众多女性青睐于它。

356. 停下脚步，静心思考

现代社会的生活压力比较大，每个人都匆匆忙忙地往前赶，有时走得太快，难免就会跑错方向，还需要返回原来的路，再往前赶。为了避免这种情况，我们不妨定期停下脚步，回头看看走过的路，眺望一下远方，静心思考自己是否走对了，再计划接下来的行动。不要怕耽搁时间，没有人敢说自己走的路永远是对的，没有人能保证自己从不走弯路，停下脚步，才能反省自己的错误和不足之处。

在龙门寺禅院前的围墙上，有学僧正在临摹一幅龙争虎斗的画像，画中盘旋在云端的蛟龙直欲扑下，蹲踞山头的虎昂头迎上。作画的学僧即使多次修改，也不能显示其中动态，恰巧无德禅师从外面回来路过此处，这个学僧就恳请禅师给他评鉴一下。

无德禅师看了看说："对龙和虎的表面形态画得不错，但你了解多少龙与虎的特性呢？现在你们应该先要明白的是，龙在进攻之前，头一定先向后退缩；虎要前扑时，头一定先向下压低。龙的脖子向后弯曲的幅度愈大，虎的头愈向地面靠近，那么它们就能冲得愈快、跳得愈高。"

这些学僧很是欣喜地说道："尊师您真是一语中的，我们不仅把龙头画得太靠前，虎头也画得高了，难怪总觉得这龙虎的动态画得不够。"无德禅师便借机对他们说："不仅画画如此，处事为人、参禅修道的道理也不例外，停下脚步，精心准备后再做出准备，就能走得更远，谦卑地自我反省之后才能攀得更高。"

这个故事有着深刻的寓意，一个知道停下脚步、懂得反省自己的人才是有自知之明的人，这样的人才能了解自身的错误，经过思考后想出办法去改正、弥补错误。

做人切忌盲目自大，也忌讳只做不想，这样的人会很容易走冤枉路，因为他们只顾埋头往前走，走错了还一无所知，因为走的不是正确的道路，到头来只能是一场空。所以，在感觉不对劲时，及时停下脚步，回过头来看看自己走过的脚印，养成随时反省的好习惯是非常必要的。

一旦发现自己走错了，或者是有更好的路，就要开始静心思考，这个时候，要慎重地反思自己究竟想要什么，选择正确的道路。不能在走到悬崖前才知道反省，那样就太晚了。

357. 结交新朋友，打开新世界

人生不是一场独舞，我们每个人也都不是一座"孤岛"。没有人分享的人生是最悲哀的人生，我们的人生需要有人走进来，我们的心灵需要更多的人去亲近。我们需要不断结交新朋友打开新世界，这样的人生才会更美好。

当我们独自来到一个陌生的地方之时，人往往会本能地产生复杂的情绪，会欣喜、期待，也会恐惧、自卑、忧虑、不安。因为这是一个完全不熟悉的地方，对于一切的陌生我们都会没有安全感，陌生的人或事都很容易打乱我们原有的生活，当生活秩序变得糟糕时我们就会恐惧。这种感觉很容易让我们的情绪陷入一个死循环，越是难以接受就越不敢接受。人是感性的动物，会本能地回避一些东西，尤其在新进入环境的一段时期内，如果我们不能找到一定的安全感，就很容易在一个死循环中继续下去，再也无法适应新环境。所以到达一个新环境里，为了防止情绪发生异变，我们要及时找到安全感。最简单的方式就是结交新的朋友，通过他们打开一个新的世界，尝试着去接触新事物、新思想，这样就很难让坏情绪趁机扰乱我们的生活了。

一个人不能只待在一种环境中，一成不变的生活模式很容易让人感觉到生活仿佛失去了意义，毫无色彩的生活是滋生懒散、焦虑、悲观情绪的温床。因为毫无悬念的生活就毫无刺激感，精神上没了刺激就没了动力。没有新鲜感的生活永远不会有乐趣，人生若没了乐趣那还有什么意义。厌倦感就是精神世界最大的杀手，悲观消极就是因它而起，所以我们要积极寻找新鲜的人或事寻求精神上的刺激，以满足心灵的渴求。这个时候如果有一个或几个你不了解的人闯入你的世界是不是就很有征服欲？你很希望通过他们打开一个新的世界。这种感觉就像在探险，好奇心会让你精神抖擞地期待一种你从未见过的东西。所以当感到烦恼时，可以尝试着去结交一些新的朋友，了解一些新的领域，不仅会拓宽心灵的"视野"，还会带给自己无尽的兴奋和雀跃。

尝试结交些新朋友，打开一个新的世界吧。不管你处于什么境遇，新的朋友都会给你不一样的体验,一个爱生活的人总是在不断地交友中成长的,朋友总会给你书本中没有的知识。不同的朋友会教会你不同的爱的方式,不同的朋友也会是不同境遇中的情绪安抚者。

358. 人生"充电",直面内心恐惧

你有没有因为生活压力而恐惧过?比如说,怕自己工作能力不够强,被老板辞退;怕自己的交际能力有问题,从而失去朋友;怕自己不够有气质,导致爱人对自己失去兴趣……这种时候,就去"充电"吧!只有在"充电"中努力提升自我,让自己的优点越来越多,才会有对抗困难的能力,才能无所畏惧。

现在的工作竞争越来越激烈了,企业在招聘员工时自然是择优录取,在提拔人才时也会特意挑选能力出众者,这就要求身在职场的人不断进修,给自己"充电"。小云因为高考失利,读了大专,她大学毕业时成绩优异,被招进了一家酒店。酒店里的员工年纪都比较大,小云因为年轻,脑子灵活,颇受上司器重。她过着一般上班族朝九晚五的生活,觉得生活对自己挺不错。但好景不长,酒店又招了一批应届毕业生,她们的学历都是本科,懂得的知识也更多,比小云博闻广见多了。小云产生了浓重的危机感,她开始慌了,要知道,学历高的人容易得到提拔的机会,难道自己就要一直原地不动吗?

小云跟闺蜜倾诉了烦恼,闺蜜说现在很多专科生都在上学习班或者自学,以考取本科文凭。小云想了想,一个大专文凭确实让她底气不足,恐惧自己无法升迁或是失业。她立马行动起来,报好了学习班,一有空闲就自己看书,开始了"充电"。经过两年的努力学习,小云获取了本科文凭,并在学习中掌握了很多新的知识,并能在工作中应用它们,职位也有了提升。小云觉得自己虽然为"充电"付出了许多金钱、时间和精力,但这让她变得底气十足,整个人都自信了不少,再也没有害怕新人把自己比下去的担忧了。

在职场上,流传着这样一句话:"你如果一年不学习,你曾拥有的知识就会折旧80%。"为了能拥有充足的知识去进行工作,职场白领们充分利用每天的空余时间,在家里、地铁上、各种培训班等地方忙于"充电"。这样的生活虽然紧张,却也充实,能使白领们积累更多资本,去面对工作上的各种挑战,增强他们的自信心。

一个积极进取、努力奋进的人,他可能没有出色的外表,没有漂亮的服饰,

但这个人身上会散发着智慧的光芒，因为他有昂扬的生活态度，他知道不断给自己"充电"，提升自己的能力和气质。俗语说，活到老学到老，坚持为自己"充电"的人，会变得越来越有魅力。

359. 记录心事，让日记成为你的知己

宋代词人柳永在与朋友分别时，写道："此去经年，应是良辰好景虚设。便纵有千种风情，更与何人说？"柳永在担忧、离别后，即使有满腹的情意，又能对谁倾诉呢。生活中，我们也会遇到这样的情况，觉得自己心事重重，又没有合适的倾诉对象，事情积在心里更加叫人难过，便开始唉声叹气。这时，不妨开始写日记，把烦重的心事记录下来，让默默无闻的日记成为你的"知己"。

写日记可以记录已发生的事情，日后翻开来看，便能站在客观的角度看待事情，不再被自我意识的浮云遮住眼睛。小菲是个应届毕业生，毕业后进了外企当文员。不久后，跟她一起入职的两个同事都升迁了，而她还是一个基层文员。她的嫉妒心理发作了，觉得自己怀才不遇，开朗的她日渐沉默，想跟朋友倾诉，又不想别人知道自己的低落状态，她的心情越来越糟。她想起了日记，就开始如实记录，把自己的不如意都倾诉给日记听。

写完日记，她感觉心里畅快多了，回头翻看日记，发现自己也犯了不理智的错误。两个同事升迁了，是因为她们除英语之外，都还精通另外一门外语，而自己所在的外企就需要这种多语种的人才。想到这，她的不平之心消失了，同时开始考虑自己应该去找专业对口的工作。当她在新公司一帆风顺时，十分感激自己写下的日记，使自己明白了问题的症结所在。从那之后，她就爱上了写日记，时常通过日记纠正自己的错误。

人都希望自己能有三五知己，在自己得意时，分享自己的快乐，在自己悲伤时，分担自己的痛苦。但人人都有很多事，真正的知己太难得到。家人不能成为知己，因为自己不想让他们担忧；朋友很少能成为知己，因为会有利益牵扯，陌生人不能成为知己，因为彼此都不了解……这样一一排除下来，最容易找到的"知己"，就是日记。你可以在日记里尽情宣泄自己的喜怒哀乐，把心事都倾诉给它。日记虽然默默无言，但陪伴是最长情的告白，倾听是最合适的安慰，它完全可以胜任知己一职。

有了日记做"知己"，在宣泄自己压力的同时，还能够通过它进行反省。日

记如实地记录了历史，翻看日记就可以知道自己在哪一天在想什么做什么，在哪件事上犯了错误等等。日记，能够让你清楚地知道自己的处境，自己的优缺点，你会在了解自我后反省，成为更好的人。

360. 一抹绿色，让你的生活灵动起来

生活需要绿色，生命需要绿色。绿色象征着生机，也孕育了生机。春天看绿意萌发，夏季看绿色盎然，秋冬看绿色青翠。从这些绿色中都能感受到蓬勃的生命力，绿色总能让我们的生活灵动起来。

身处城市的高楼大厦之中我们已很难在看到大片的绿色，很难找到那种生命一点点成长的生动了。这里有的是灰色的混凝土建成的楼房，有的是灰色水泥石板的道路和永远看不到白云的灰色的天空。灰色总是沉闷的、压抑的，总给人难以呼吸的忧虑，我们的生活中需要点绿色去点缀。

长久待在办公室和室内我们经常会感觉到头晕、厌倦、心烦意乱，这个时候不妨在室内放上几盆绿色的盆栽，不仅赏心悦目，而且能够缓解情绪烦躁的问题。绿色植物的功效绝对超出你的意料。经检测大多数绿色植物都具有很强的净化空气的功能。例如，研究表明，君子兰是释放氧气，吸收烟雾的清新剂，一株成年的君子兰，一昼夜能够吸收一立升空气释放80%的氧气。即使冬天空气不流通时它也能保持室内空气清新。吊兰是吸收空气中甲醛和一氧化碳的"能手"，除此之外它还能分解苯，吸收香烟烟雾中尼古丁等有害物质，是一顶一的"室内空气净化器"。文竹可以消灭细菌和病毒，一盆芦荟相当九台生物空气清新剂，滴水观音可以有效清除空气中的灰尘……由此可见植物具有相当强大的空气清洁作用，几盆植物就能将空气问题全部解决，既健康又省成本。

另外，给房间或办公室放些绿色植物不仅可以净化空气还可以缓解视疲劳，给人带来心旷神怡的感受。在房间放几盆绿色植物会让环境显得幽雅、闲静，陶冶情操。同时科学证明人们天生讨厌黑色、灰色、红色、黄色等太浓烈的颜色，这些颜色也很容易让人产生视觉疲劳，只有绿色能给人稳重舒适的感觉，同时又因为它对光线的反射比较适中，对人体的神经系统、大脑皮层和眼睛里的视网膜组织比较适应。所以绿色总能给人凉爽、平静的感觉，对镇定神经，稳定情绪，降低眼压，缓解视疲劳有很大的作用。也因此自然的绿色总能给人希望。

不管是绿色的植物、绿色壁纸还是绿色花架，总之一抹绿色总能让我们的生

活灵动起来。忙碌而烦躁的时候抬头看看那几盆绿色的植物，总会感到一丝的悠然，缓解劳累的心灵。待在家里烦闷之时，一把椅子、一本书，置身于绿色盆栽之间那又是何等的雅致。我们终会爱上绿色，爱上那些许灵动。

361. 鸟语花香的家，是心灵休憩的港湾

家，是一个温馨而又美好的字眼，是我们每个人生活居住的地方，是承载着亲情的地方。家里有亲人，这让我们想到家就变得温情脉脉；家里有我们喜欢的各个物件，有可口的饭菜，有舒适的环境，这一切都让我们对家眷恋不已。美中不足的是，自己的家若是一成不变，亦或是装修得单调乏味，缺少美的元素，时间一长，自己就会觉得家缺乏新鲜感和美感。这就需要我们做一些改变，将鸟语花香装进我们的家里，让家变得更加美好。

鸟语花香的家，是送给家人的最好的礼物。梅恩是一个推销员，最近的工作任务比较重，他总是带着一身疲倦回到家里。因为心里装着烦心事，他回家后对家人横挑鼻子竖挑眼，也不再对妻子说温柔的言语，一会儿嫌家里空气不好，让人胸口闷得慌，一会儿又嫌家具的颜色太沉闷了，让人压抑，他总是在挑剔。他的妻子是一位温柔体贴、善解人意的女士，她倾听着丈夫的抱怨，把他挑剔的地方都记了下来。趁着梅恩出差的时间，妻子仔细挑选了新的家装，把家里重新装扮了一下，希望梅恩的心情会好起来。当风尘仆仆的梅恩回到家后，立刻被焕然一新的家惊呆了。他看到家具更换成了白色，款式都很简洁、大方，窗帘换成了自己一直向往的米白色颜色，卧室里的床单被罩上带有浅紫色印花，家里摆上了很多绿植、盆栽，花盆的形状都很美观，家里还多出了一面照片墙，挂着他们昔日的合影……所有的一切都令他惊喜，他给了妻子一个感激的拥抱。从那以后，他一回到家就觉得十分放松，去摆弄植物，心态变得沉稳了不少，工作效率也提高了。

繁华的城市缺少大自然的宁静，在外奔波劳累的人，内心渴望拥有一个鸟语花香的家，让自己能够在家里享受大自然的美好，让疲倦的心灵休憩一下。你可以在墙壁上贴碎花墙纸或者在墙壁上手绘喜欢的图画，为家带来无限的乐趣。各种盆栽更是装饰利器，吊兰、文竹等植物都具有观赏价值，还能净化空气，仙人掌可摆在电脑旁，让眼睛感受到绿色的灵动。至于各种家具，你尽可以选择喜欢

的款式，再好好搭配一下，便魅力无穷。如果有空闲的的话，买上两只活泼的小鸟，在每一个清晨唤醒你的会是清脆的鸟叫声。

　　只要多下功夫，家可以变成鸟语花香的世界，而充满了生机和活力，还有一份安然的宁静。这样的家，就是一个美丽的世外桃源，令人感觉惬意，是家人心灵休憩的港湾，补充能量的驿站。